EVOLUTION 2021

Dieter Broers & Freunde

EVOLUTION 2021

Dieter Broers Verlag

Ich danke allen meinen Freunden und Lesern für ihre kostbaren Beiträge zu diesem außergewöhnlichen Buch und für Ihr Vertrauen in mich und mein Team. Wir werden alles unternehmen, um Eure Botschaften in die Welt zu tragen. Ganz besonders möchte ich mich bei allen meinen Mitstreitern und Seelenverwandten bedanken, die mich in diesen schwierigen Zeiten begleitet, beraten und unterstützt haben und dies jeden Tag tun.

IMPRESSUM

EVOLUTION 2021

Deutsche Erstausgabe, 2021

Autoren: Dieter Broers & Freunde

Lektorat: Rebecca Süess, Doris Graf, Vera Brandes

Cover Design: Frank Jacob, jacobmedia

Art: Petra Slivnjek

Layout: Henrietta Sampson

Druck: CPI Moravia Books s.r.o.

Verlag: Dieter Broers Verlag GmbH

Postfach 20, 1182 Wien, Austria

1. Auflage Juli 2021

http://www.dieterbroers.com/

ISBN: 978-3-200-07807-9

INHALTSVERZEICHNIS

GEBRAUCHSANWEISUNG FÜR DIESES BUCH

In diesen bewegten Zeiten orientieren sich viele Menschen neu. Es kommt auf jeden einzelnen an und alles hängt davon ab, welche Informationen zu ihm durchdringen und welche davon vertrauenswürdig sind.

Im Dezember 2020 haben wir in einem Newsletter meine Leser gebeten, ihre persönlichen Zukunftsvisionen zu formulieren. In den folgenden Monaten haben wir zudem eine Reihe von Experten aus den verschiedenen relevanten Fachrichtungen darum gebeten, aus ihrer Sicht die folgende Frage beantworten:
Wo steht die Menschheit, wie kann es weitergehen und wie müssen wir unsere Zukunft gestalten, um ein wirklich lebenswertes Dasein für alle zu erschaffen?

Da jeder einzelne Beitrag so individuell, wertvoll und bereichernd ausfiel, haben wir sie alle zusammengestellt und uns dazu entschlossen, sie in diesem Buch gemeinsam zu veröffentlichen. Es geht also nicht konkret darum, dieses Buch von Anfang bis Ende durchzulesen, sondern jeder kann für sich die Beiträge auswählen und lesen, die sie oder ihn in dem Moment interessieren - oder intuitiv das Richtige aufschlagen. Wir hoffen, dass jeder für sich interessante Texte und Passagen finden kann, die ihn dazu inspirieren, sich seinen eigenen „Fahrplan für Erde 2.0" zu machen und ihn zu visualisieren.

Wie eie meisten Büchern ist auch dieses Buch durch die Hände eines Lektors gegangen, aber wir haben die Texte meiner Leser, soweit wie möglich, um ihre Authentizität willen im Original belassen. Wir hoffen, dass so alle Leser Beiträge finden, mit denen sie in Resonanz gehen können.

VORWORT

28. Juni 2021. Auf die zunehmend komplex erscheinende Weltlage reagierten die Menschen sehr unterschiedlich. Selbst klugen Köpfen wurde zuletzt alles zu viel; sie gingen zur Impfung, als wäre das ganze Problem damit schnell gelöst. Sie übersahen die Hinweise auf die falschen Annahmen, die höchst fragwürdigen Rechenarten und unzulässige Zahlenkonstruktionen, mit denen alle Maßnahmen gegen die „Pandemie" gerechtfertigt wurden, als wären sie blind. Wer gut hörbar darauf hinwies, wurde angefeindet, Zensur war zur Normalität geworden.

Inzwischen ist klar: Die „Verschwörungstheoretiker" sollten am Ende Recht behalten. Das Virus, das die Welt in Atem hält, wurde in einem Labor in China konstruiert und das nicht, wie lange vermutet, weil die chinesische Regierung - wie viele andere Regierungen auch - im Bereich biologischer und chemischer Waffen schon lange forscht und entwickelt, sondern weil Auftraggeber aus U.S. amerikanischen Regierungskreisen mindestens seit der Barack Obama Administration solche Kampfstoffe in China entwickeln ließen, da es in Amerika schon lange verboten war. Und das von einem Professor für Biochemie und Nanotechnologie (Anwärter für den Nobelpreis 2011) aus Harvard, Charles M. Lieber, der von seinem offiziellen Auftraggeber, der Wuhan University of Technology in Wuhan, China monatlich 50.000,00 $ dafür erhielt, aus einem natürlichen Corona-Virus (von dem es vermutlich seit sehr langer Zeit bereits tausende natürlich entstandene Varianten gibt, von denen die eine oder andere in jedem Jahr aufs Neue in der Gruppe der Erreger auftauchen, die sich in der kalten Jahreszeit auch unter Menschen verbreiten und leichtere oder schwerer Grippeerkrankungen auslösen können) eine biologische Waffe zu entwickeln bzw. gleich eine ganze Serie davon mit verschiedenen Wirkungsgraden (Gain of Function-Entwicklung). Das Virologische Institut in Wuhan wird übrigens von George Soros und der Bill und Melinda Gates-Stiftung finanziert.

Die Lieber-Story wurde zwar schon Mitte 2020 aufgedeckt, aber es dauerte bis Januar 2021, bis der Professor vom FBI inhaftiert wurde[1]. Von der Wuhan University of Technology erhielt Lieber laut belastenden Dokumenten die o.g. 50.000 US-Dollar pro Monat, dazu rund 158.000 Dollar für seinen Lebensunterhalt und 1,5 Millionen Dollar für den Aufbau eines Forschungslabors. Im Gegenzug sollte Lieber mindestens neun Monate im Jahr für die Wuhan University of Technology tätig sein, mit Beginn im Jahr 2011. Daneben soll der auch von 2012 bis 2017 vertraglich in das chinesische «Thousand-Talents»-Programm eingebunden gewesen sein. US-Stellen werfen dem Programm vor, es diene dazu, Wissenschaftler dazu zu bringen, sensible Daten zu stehlen. Während Lieber mit den Chinesen zusammenarbeitete, erhielt er laut Medienberichten insgesamt mindestens 15 Millionen Dollar Zuschüsse vom amerikanischen Verteidigungsministerium und den nationalen Gesundheitsinstituten. Seit bekannt wurde, dass der wichtigste Corona-Berater der amerikanischen Regierung, Dr. Anthony Fauci, von all dem wusste und die Bevölkerung von Anfang an wissentlich fehlinformiert hat, fordert eine Gruppe republikanischer Senatoren seine Absetzung[2].

Der japanische Virologe Prof. Tasuku Honjo (Nobelpreis im Jahr 2018 im Fach Medizin) wies schon im April 2020 daraufhin, dass SARS-CoV-2 keine auf natürlichem Wege entstandene Variante des bekannten Corona-Virus sein KANN und trat mit seiner Überzeugung, dass es sich um einen künstlich erzeugten Erreger handeln muss an die Öffentlichkeit. Er sagte, sollte sich seine Einschätzung als unwahr erweisen, dürfe man ihm seinen Nobelpreis aberkennen und das auch posthum. Er wusste nicht zuletzt deshalb, wovon er redet, weil er selbst im Virologischen Institut in Wuhan gearbeitet hatte. Als er nach Ausbruch der „Pandemie" versuchte, seine ehemaligen Kollegen dort zu erreichen, musste er feststellen, dass diese seine E-Mails nicht mehr beantworteten und ihre Handys abgeschaltet waren. Er äußerte seine Befürchtung, dass sie alle nicht mehr am Leben sind, öffentlich. Auch sein Kollege Luc Montagnier (Nobelpreis im Jahr 2008 für die Entdeckung des HI-Virus) trat im April 2020 vor die Kameras des französischen

---

1   https://www.watson.ch/international/wissen/543127234-us-top-chemiker-charles-m-lieber-in-harvard-verhaftet
2   https://www.aerzteblatt.de/nachrichten/124741/US-Republikaner-fordern-Entlassung-von-Fauci

Senders CWEWS[3] und berichtete, dass die vom ihm isolierte Variante von SARS-CoV-2 einen Abschnitt eines HI-Virus enthalte, der in das Corona-Virus eingebaut worden sein muss, da eine solche Variante nicht auf natürlichem Weg entstanden sein kann.

Dabei wusste die chinesische Regierung angeblich schon sehr früh, dass der Erreger SARS-CoV-2 nicht von Mensch zu Mensch übertragen wird. Wie er sich verbreitet und ob es vielleicht doch solche Varianten gibt - möglicherweise die, die in einigen Ländern Südamerikas und in Afrika und Indien aufgetaucht sind - ist noch unklar und vermutlich einer der zentralen Steine im komplizierten Mosaik der wahrscheinlichen Motive und undurchsichtigen Strategien, die mit der von langer Hand geplanten „Pandemie" verwirklicht werden sollten. Die letzte Kabinettssitzung vor der Sommerpause schloss Angela Merkel mit dem vielsagenden Satz „die Pandemie ist erst vorbei, wenn alle geimpft sind".

Verantwortliche Wissenschaftler, Ärzte, Rechtsanwälte, Whistleblower und die letzten unbestechlichen Journalisten weisen unermüdlich und mit allem Nachdruck darauf hin, dass das, was wir im Corona-Kontext erleben, einem medizinischen, ökonomischen und juristischen Irrsinn gleichkommt, dessen gesundheitliche, seelische und finanzielle Folgen unabsehbare Schäden nach sich ziehen werden. Auf der anderen Seite wird berichtet, dass bereits vor der Krise existierende Vermögen sich wie von Wunderhand trotz aller Umstände weiter vermehrt haben - als wenn sich kein Kapital auf der Welt vor dem Crash fürchten würde, der von Finanzexperten schon lange vorausgesagt wird. Dabei drängt sich der Eindruck auf, als sei diese Krise auch die finale Schlacht am Finanzbuffet von Ländern und Staaten, das ultimative Selbstbedienungsangebot für Pharma & Co, bei dem die Regierungen jede Höhe der Volksverschuldung auf Generationen hinaus in Kauf nehmen bzw. zum unvermeidbaren Tribut erklären. Der unabhängige Corona-Ausschuss[4] kommt zu dem Schluss, dass die Bestechung von Politikern und Ärzten an der Tagesordnung sein muss und dass die ganze Krise eine Inszenierung ist, die am Ende die Vernichtung der bürgerlichen Rechte und die komplette Kontrolle des Individuums verwirklichen soll.

---

3   cnews.fr/critical-news.tv
4   Der unabhängige Corona-Ausschuss ist eine von der Berliner Rechtsanwältin Viviane Fischer und dem deutsch-amerikanischen Rechtsanwalt Dr. Reiner Fuellmich gegründete deutsche Stiftung <https://corona-ausschuss.de>

Wir sparen uns an dieser Stelle, alle Fakten aufzuzählen, die belegen, wie es zu diesem größten Betrug der Geschichte kommen konnte. Wir gehen davon aus, dass sich bis zum Erscheinen dieses Buches die s.g. Leitmedien mit Erklärungen dazu überschlagen werden. Die Frage ist nur, wer diesen Blättern nach diesem über fünfzehn Monate langen politischen, „wissenschaftlichen" und medialen Wahnsinn noch ein Wort glaubt. Es ist nur eine Frage der Zeit, bis diese Medien, ihre Redakteure, Autoren, Sprecher und Programmverantwortlichen von der Bildfläche verschwinden, weil ihnen einfach niemand mehr zuhören oder zuschauen wird.

Wie unfassbar dreist die Bevölkerung von der Politik und den Medien belogen wurde, zeigten die Ergebnisse der Auswertung von 190.000 PCR-Tests von mehr als 160.000 Menschen, mit der Forscher der Medizinischen Universität Duisburg/Essen belegen konnten, dass positive Testergebnisse nicht hinreichend beweisen, dass mit SARS-CoV-2 Infizierte andere Personen mit dem Coronavirus anstecken können[5,6]. Damit bestätigen die Forscher die Warnungen derjenigen, die bereits seit Monaten auf dieses Problem hinweisen. Damit ist endgültig klar: Die Ergebnisse von PCR-Tests haben allein eine zu geringe Aussagekraft, um damit Maßnahmen zur Pandemiebekämpfung begründen zu können.

In der Video-Aufzeichnung der Corona-Ausschuss-Sitzung vom 18.06.2021 berichtete Dr. Reiner Fuellmich von einem Gespräch mit einem Spezialisten für Infektionskrankheiten an einem Krankenhaus in New Jersey, der aussagte, dass aufgrund neuester Forschung schließlich jeder Geimpfte unter s.g. Adverse Effects, also unter negativen Auswirkungen dieser sogenannten "Impfung" zu leiden haben wird, weil die Spike Proteine an die ACE2 Rezeptoren anbinden und zwar im gesamten Körper, nicht bloß an der Einstichstelle, wie es ursprünglich gesagt wurde, sondern in allen Organen, sogar im Gehirn. Dies sei der Food and Drug Administration, also der Arzneimittel Behörde in den USA, von Anfang an bekannt gewesen.

Dr. Sherri Tenpenny hat eine Dokumentation mit den über 20 Mechanismen zusammengestellt, mit denen die Impfungen die Gesundheit

5   https://www.uni-due.de/2021-06-18-studie-aussagekraft-von-pcr-tests
6   https://www.journalofinfection.com/article/S0163-4453(21)00265-6/fulltext

der Geimpften beeinträchtigen bzw. ihr Leben bedrohen[7]. Jeder verantwortliche Arzt sollte diesem Report lesen und alle seine Kräfte zur Verfügung stellen, um das Leben der von Nebenwirkungen beeinträchtigten Geimpften zu erhalten und den Geschädigten ein lebenswertes Leben zu ermöglichen. Angesichts der unabsehbaren Folgen der Impfung sollte den Ärzten, die selbst geimpft haben, ans Herz gelegt werden, ihre Approbation zurückzugeben und sich zukünftig anderen Aufgaben zu widmen.

Selbst der frühere Chefwissenschaftler und Vizepräsident des US-Pharmaherstellers Pfizer, Dr. Michael Yeadon erhebt schwere Vorwürfe gegen die global praktizierte Corona-Politik und warnt: „Wir stehen an den Pforten der Hölle."[8] Der Top-Virologe Geert Vanden Bossche[9], einer der weltweit führenden Virologen und ein starker Befürworter von Impfstoffen, schlägt Alarm: Die Massenimpfungen gegen Corona würden eine globale Katastrophe epischen Ausmaßes auslösen. Prof. Dr. med. Luc Montagnier und zahlreiche weitere Wissenschaftler fordern, die Impfungen sofort einzustellen.

Zu den größten medizinischen „Irrtümern" mit katastrophalen Folgen während der „Pandemie" zählen die die absichtlichen Fehlinformationen über die angebliche Ansteckungsgefahr, die von „symptomlos Infizierten" ausgehen sollte und die wissentliche Unterschlagung der Wirksamkeit der natürlichen Immunität, die nach einer überstandenen Infektion eintritt. Die Regierungen wollen, dass jeder geimpft wird, auch diejenigen, die - vorausgesetzt, es gäbe einen tatsächlich wirksamen Impfstoff ohne negative Nebenwirkungen - gar nicht geimpft werden müssten. Sowohl die Moderna-Studie als auch die Pfizer-Studie zeigten, dass die Impfung keinem Genesenen einen zusätzlichen Nutzen bringt.

Eine kürzlich durchgeführte Studie an der Cleveland Clinic mit über 52.000 Menschen[10], von denen mehr als 1.300 den Impfstoff nicht erhalten hatten, aber eine frühere Infektion hatten, zeigte, dass keiner

---

7   https://www.drtenpenny.com/
8   https://uncutnews.ch/wir-stehen-an-den-pforten-der-hoelle-ex-vizepraesident-von-pfizer-packt-aus-planet-lockdown-de/
9   https://www.geertvandenbossche.org/
10   https://www.news-medical.net/news/20210608/No-point-vaccinating-tho-se-whoe28099ve-had-COVID-19-Findings-of-Cleveland-Clinic-study.aspx

von ihnen eine erneute symptomatische Infektion bekam. In einer israelischen Studie[11] zeigte sich, dass die Gefahr, sich mit einer der neuen Varianten des Virus zu infizieren, bei Geimfpten sogar höher ist, als bei Ungeimpften.

Die Blutuntersuchung einer uns bekannten weiblichen Person, die sich auf vorhandene Covid-Antikörper in einem Labor testen ließ, ergab, dass sie mit 269.7 IGG AU/mL mehr als fünfmal so viele Antikörper hatte, als es für den Nachweis, von sich aus bereits immun zu sein, erforderlich ist (> 50.0 AU/mL):

Test description	Result	Units	Reference range
ANTIBODIES COVID ANTI-SPIKE IGG	269.7	AU/mL	Negative <50.0
			Positive >50.0

und das OHNE Symptome einer Atemwegsinfektion in der Zeit seit Beginn des ersten Lockdowns! Vermutlich ist die natürliche Herdenimmunität inzwischen trotz Isolation, Abstand und Maskenpflicht bei über 90% der Bevölkerung gegeben. Mittlerweile bereits veröffentliche Studien sprechen von noch höheren Zahlen.

Inzwischen gibt es aus wissenschaftlicher Sicht für niemanden mehr eine Notwendigkeit für eine Impfung. Ganz im Gegenteil, die Impfungen nutzen nicht nur nichts, sie lösen mehr schwerwiegende gesundheitliche Folgen aus bzw. kosten mehr Menschen das Leben, als die angebliche „Pandemie" ist je tat. Über 1,5 Millionen einzelne Nebenwirkungen nach Corona-Impfungen wurden bislang an die Europäische Arzneimittelagentur (EMA) gemeldet. In der „Datenbank zur Erfassung der Verdachtsfälle auf Nebenwirkungen von Arzneimitteln" fällt zudem auf, dass über 50 Prozent aller Meldungen als „ernst" eingestuft werden. Darin enthalten sind außerdem knapp 15.500 Berichte mit tödlichem Ausgang. In Finnland (einem Land, in dem es bisher keinen einzigen Corona-Toten gab, liegt die Zahl der berichteten Nebenwirkungen bei aktuell über 2.500 von denen 60% lebensbedrohlich waren und bereits 78 Menschen an den Folgen der Impfung gestorben sind), teilte der Abgeordnete Ano Turtiainen den Mitgliedern den Parlaments am 09.06.2021 mit, dass sie sich an einem

---

11   https://directorsblog.nih.gov/2021/05/04/a-real-world-look-at-covid-19-vaccines-versus-new-variants/

vorsätzlichen Völkermord beteiligen, wenn die Impfung nicht umgehend gestoppt wird.

Bisher scheint diesen Wahnsinn niemand stoppen zu können. Gerade wird von Politik und Medien als nächste Hiobsbotschaft verkündet, dass sich nun die erheblich gefährlichere „Delta-Variante" ausbreite mit der sich ab September dann die letzten Impfverweigerer anstecken würden. Dass das Impfen während einer Pandemie Mutationen des Erregers fördert, lernt jeder Biologe und Mediziner im Grundstudium. Aber man braucht ja wieder einen scheinbar zwingenden Grund für das Turbo-Marketing für die nächste Impfrunde oder den nächsten Lockdown. Schon fordert Hamburgs Bügermeister Peter Tschentscher, daß alle nicht geimpften Reiserückkehrer aus Risikogebieten und Hochinzidenzgebieten grundsätzlich in Quarantäne gehen müssen, die frühestens nach fünf Tagen bei einem negativen PCR-Test aufgehoben werden dürfe[12]. Als hätte es die o.e. Studie der Medizinischen Universität Duisburg/Essen mit ihren glasklaren Ergebnissen nie gegeben. Wer jetzt noch nicht begreift, dass totale Willkür im Einsatz ist, dem ist nicht mehr zu helfen. Dabei ist Vorsatz an der Tagesordnung: Ein am 25. Juni 2020 von der britischen Regierungsbehörde Public Health England veröffentlichter Bericht[13] bestätigt, dass Menschen, die einen COVID-19-„Impfstoff" erhalten haben, mehr als dreimal häufiger an der Delta-Variante sterben als nicht geimpfte Menschen.

Die für die Volksgesundheit offiziell verantwortlichen Politiker tun - wie in all den früheren Phasen dieser Krise - immer noch so, als wüssten sie nicht, wie die Realität wirklich aussieht und schauen tatenlos zu. Schon die Hälfte der deutschen Bevölkerung hat sich impfen lassen und das mit ungetesteten Impfstoffen, die bei einer erheblichen Zahl der Geimpften verheerende Nebenwirkungen haben und an der in Deutschland bereits mehr Menschen gestorben sind, als an einer Infektion mit SARS-CoV-2. Warnungen hochqualifizierter Wissenschaftler blieben ungehört. Dass bei einem Kontakt von Geimpften mit Ungeimpften Spike Proteine und Nanopartikel mit der Impfstoff-RNA auf die Ungeimpften übertragen werden können, gibt Pfizer selber zu und

---

12   https://www.rtl.de/cms/angst-vor-delta-bald-quarantaene-und-doppelte-test-pflicht-fuer-reise-rueckkehrer-4785929.html
13   https://assets.publishing.service.gov.uk/government/uploads/system/uploads/attachment_data/file/996740/Variants_of_Concern_VOC_Technical_Briefing_17.pdf

warnt vor allem Schwangere vor dem Kontakt mit Geimpften. Fatalerweise fühlt sich von den offiziellen Stellen aber allem Anschein nach keiner dafür verantwortlich, die Bevölkerung auf diese Gefahren aufmerksam zu machen.

„Wir müssen also damit rechnen, dass der wirkliche Wahnsinn erst beginnt, wenn unsere manipulierten Mitmenschen, gerade die, die jetzt noch stolz sind, dass sie sich haben impfen lassen, erfahren werden, was diese Behandlung wahrscheinlich auslöst. Was wird wohl in diesen Menschen vorgehen, wenn sie das realisieren? Und was bewirkt die Offenlegung der Lügen und der Manipulation? Kartenhäuser und Weltbilder werden einstürzen. Es wird eine gigantische Welle der Verzweiflung geben und daraus resultieren Wut und Aggression auf der einen und Resignation auf der anderen Seite. Die einen werden ihrem Ärger Luft machen, andere ihre Inkarnation beenden.

Da kommt noch richtig was auf uns zu. Wir sollten uns auf dieses Chaos vorbereiten so gut es geht, Gott um Unterstützung bitten, damit wir unseren Mitmenschen helfen können. Wir sind dann gefordert. Wir, die an den Rand gedrängt, verleumdet, beschimpft und ausgegrenzt wurden. Das hat uns gestärkt und geformt und so können wir hingehen und denen, die uns heute noch ablehnen, die Hand reichen, ihnen vergeben, sie stützen und halten. Das wird uns nochmals fordern und erneut an die Grenzen bringen. Wir werden das meistern. Gemeinsam sind wir stark, gemeinsam durchschreiten wir das Tal, gemeinsam räumen wir nach dem Sturm auf. Nach dem Sturm wird die Sonne scheinen und wir werden erkennen, dass sich die Mühen gelohnt haben."[14]

Wir glauben nach diesem tiefen Tal der Tränen an eine grundlegende Erneuerung der Gesellschaft und darauf wollen wir uns mit diesem Buch konzentrieren. Was bleibt übrig, ist die Frage, was taugt überhaupt noch was? Wir hoffen darauf, dass wir alles hinter uns lassen können, was sich als überflüssig und unzuträglich erwiesen hat. In einem kleinen europäischen Land, dass sich den Direktiven der globalen Schattenregierung ebenfalls gebeugt hat, ist an vielen Ecken erkennbar, was z.B. im Arbeitsmarkt zukünftig auch andernorts passieren wird. Viele griechische Arbeitnehmer, die von den Firmen, für

---

14   von Steffen, Telegram, 25.06.2021, 09:31 Uhr

die sie arbeiteten, während der „Pandemie" ins Homeoffice geschickt wurden, kehren zu ihren Arbeitsplätzen nicht zurück, weil sie einfach lieber zuhause bleiben. Der Wertewandel wird so schnell stattfinden, dass viele nicht mehr mitkommen werden. Wie verhält sich eine Gesellschaft, die all das zugelassen hat, was in dieser Zeit passiert ist? Und was konnten die Menschen dabei erfahren und erkennen, was sie sonst vielleicht nie erlebt und verstanden hätten? Es muss einen neuen Anfang geben.

Es braucht Visionen für eine bessere Welt. Wie wir sie nennen, spielt dabei keine Rolle. Erde 2.0 ist eine Metapher für den Willen und die Entschiedenheit, mit der wir bereit sind, Neuland zu betreten, unsere vermeintlichen Komfortzonen zu verlassen, die Dinge selber in die Hand zu nehmen und es radikal besser zu machen als die bisher praktizierten Lebenskonzepte, die sich alle überlebt haben.

Gedanken erschaffen Realität. Diese fundamentale Erkenntnis, die von der Quantenphysik bewiesen wurde, wurde schon von den Philosophen der Antike postuliert. Für uns ist dieser Ausspruch keine Theorie, wir wissen, was sie praktisch bedeutet. Dieter Broers hat seine Leser immer wieder darauf hingewiesen: Was man sich nicht vorstellen kann, wird sich nicht ereignen können. Deshalb hat er schon Ende 2020 seine Leser dazu aufgerufen, Ideen und Konzepte für eine neue, bessere Welt zu formulieren, auch wenn sie angesichts der als „Realität" wahrgenommenen Wirklichkeit in dieser Zeit vollkommen utopisch erschien. Im Stadium des Entstehens neuer Ideen haben Beschränkungen keinen Platz. Das Undenkbare zu denken und auszusprechen ist nicht nur erlaubt, es ist die beste Möglichkeit, einen Anker in die Zukunft zu werfen.

Unsere Freude über die eingegangenen Beiträge war ansteckend. Als wir begannen, darüber auch mit unseren Freunden und Kollegen zu sprechen, stellte sich bald heraus, dass einige von ihnen schon Großartiges dazu formuliert hatten. Andere waren sofort dazu bereit, ihre Überzeugungen davon beizutragen, was sie für die wesentlichen Grundpfeiler einer neuen Gesellschaft halten. So ist dieses Buch entstanden. Es ist ein erster Schritt, dem noch viele folgen müssen, aber der Anfang ist gemacht.

(Ich danke Doris Graf, Rebecca Süess, Klaus-Peter Zeyen und Christian Sailer für ihre Unterstützung.)

Dieter Broers

GEMEINSAMER EVOLUTIONSSCHRITT IM NEUEN ERFAHRUNGSRAUM

Liebe Freunde,

Etwas zu wissen und dieses Wissen zur Anwendung zu bringen sind zweierlei Dinge. In besonderer Weise trifft das auf das Wissen um das Phänomen „Mind over Matter" bzw. „**Geist** (altgriechisch πνεῦμα pneuma, νοῦς nous und auch ψυχή psyche, lateinisch spiritus, englisch **mind, spirit** über Materie" zu. Kaum ein spirituell orientierter Mensch würde das bezweifeln. Erstaunlicherweise findet dieses Gottesgeschenk von uns kaum eine bewusste Anwendung. Wie wir an unserer Weltlage erkennen können, wird dieses Schöpfungsgesetz offenbar eher von der sogenannten „dunklen" Seite ausgeübt als von den meisten spirituellen Suchern. In diesem Sinne könnte man meinen, dass sich die „Fraktion der dunklen Seite" in einem selbstbewussteren Zustand befindet als die spirituell Orientierten. In der Welt der Dunklen sind sie die Wachen, die uns von unserem Erwachen abhalten wollen. Ich möchte Euch heute noch einmal daran erinnern, dass die materielle Welt geistigen Ursprungs ist. Dieser Geist existiert außerhalb von Raum und Zeit. Er ist das, was wir als reines Bewusstsein bezeichnen können. Er ist immer das Ergebnis von visionären Vorstellungen.

Die elementare Bedeutung des momentanen Wandels besteht in einer fundamentalen Selbsterkenntnis aller menschlichen Seelen. Letztlich wird sich niemand diesem Evolutionsschritt entziehen können. Im Sinne des freien Willens wird jedes beseelte Lebewesen auf der Erde - zumindest kurzzeitig - seinen göttlichen Ursprung erkennen, um dann aus diesem Wissen zu entscheiden, in welche Richtung es seinen Weg weiterführen will.

Liebe Freunde, ich fühle genau, dass diese Entscheidung bereits getroffen wurde.

Daraus ergibt sich, dass wir gemeinsam unsere neue Welt be- und erleben. Es ist sicherlich hilfreich zu wissen, dass diese neue Welt bereits existiert - viele von uns bemerken, dass sie bereits in beiden Welten leben. Der Grund, weshalb dieser Umzug immer noch nicht abgeschlossen ist, liegt an uns selbst und daran, dass wir - meiner Überzeugung nach - einen entsprechenden Schwellenwert immer noch nicht erreicht haben. Es hat sich als hinderlich erwiesen, dass viele von uns sich immer noch in einem Zustand des Verharrens befinden, indem sie auf eine von außen einwirkende Hilfe warten. Diese besondere Hilfe kann jedoch nur von uns kommen, indem wir voll bewusst von unserer göttlichen Schöpfungsmacht Gebrauch machen. Dabei gilt es, unsere gewünschten Visionen bildlich im Zustand der Freude zu definieren und anschließend in unserem Fokus behalten. Um die Realitätswandlung von „Erde 1" zu „Erde 2.0" zu beschleunigen, ist es von großem Vorteil, unsere Visionen zu teilen. Ähnlich der Entstehung eines 100sten Affen ist eine gewisse Anzahl von Gleichgesinnten erforderlich, um eine neue Realitätsbildung zu erschaffen. Basierend auf dieser Erkenntnis entstand die Idee, die letzte Phase des Umzugs auf „Erde 2.0" mit Euch gemeinsam zu vollziehen, nach dem Motto: „Wenn wir einen neuen Garten anlegen, geht es schneller, wenn uns Freunde dabei helfen." In diesem Sinne habe ich Euch eingeladen, unsere neue Welt gemeinsam zu gestalten und bat Euch deshalb darum, Eure Visionen konkret auszuformulieren.

So lade ich Euch jetzt dazu ein, Euch von den Visionen von zahlreichen Freunden inspirieren zu lassen.

Seit dem 14. Juni 2021 blicke ich auf mein 70jähriges Leben zurück. Bereits seit meinem dritten Lebensjahr begleitete mich die Ahnung, dass ich in dieser Inkarnation das einzigartige Ereignis erleben darf, was ich heute das große Erwachen nenne. Irgendwie hatte ich die Gewissheit, dass etwas mit dieser Welt nicht zu stimmen schien; die Menschen um mich herum schienen mir irgendwie nicht ganz wach oder nicht die zu sein, die sie wirklich sind. Spätestens nach meiner Einschulung erkannte ich, dass die Ursache hierfür eine Art Hypnose ist, die die Menschen in einem halbschlafähnlichen Zustand hält. Allerdings konnte ich diese Wahrnehmung und mein Wissen nicht vermitteln. Bis auf meinen Großvater, der mich bis zu meinem achten

Lebensjahr begleitete, schien niemand etwas mit meinen als altklug gedeuteten Ausführungen anfangen zu können. Was zur Folge hatte, dass ich mich immer weiter mit meinen absonderlich erscheinenden Ansichten zurückzog und mein Wissen über das anstehende Erwachen der Menschheit für mich behielt. Seitdem hatte ich den Eindruck, als ob ich in zwei unterschiedlichen Welten lebte. In meiner als leise erscheinenden Welt erhielt ich immer wieder Eingebungen, die mir Gewissheit, Kraft und Zuversicht vermittelten. In der anderen Welt - die ich heute Erde 1 nenne - gelang es mir, mich irgendwie anzupassen, ohne meine Mission aus dem Fokus zu verlieren. Diese Mission hat sich bis heute nicht verändert und besteht in erster Linie darin, die Menschen an das zu erinnern, was sie scheinbar vergessen haben: ihre Göttlichkeit und die damit verbundene bedingungslose Freiheit, als Schöpfer zu wirken. Trotz dieser Gewissheit bin ich in den letzten 65 Jahren mehrfach in Situationen geraten, in denen ich an der Existenz meiner „leisen Welt" und an meiner Mission zweifelte. Diese Momente waren für mich unerträglich schmerzvoll.

Ich denke, dass viele von Euch ähnliche Erfahrungen gemacht haben. Ein Hauptanlass hierfür dürften die Momente gewesen sein, in denen wir den Eindruck hatten, dass eine Erlösung von dem leidvollen Schmerz bis ins Unendliche immer wieder verschoben wird. Mit der quälenden Frage: „Wie oft sollte denn das Erwachen nicht schon geschehen sein?" fühlen wir uns immer wieder auf einen späteren Zeitpunkt vertröstet. Es gab Situationen, in denen sich Resignation ausbreitete und damit einhergehend der Eindruck, dass sich die Weltlage immer weiter verschlechtert.

Zu meinen jüngsten Erkenntnissen zählt, dass diese Auf- und Erlösung bzw. das Erwachen auf Erde 2.0 nicht fest terminiert ist! Wir selbst bestimmen den Zeitpunkt des nächsten Evolutionsschritts. Nicht unser Glauben und Hoffen, das uns zum Durchhalten auffordert, ist die Er-Lösung, sondern unser klar gefasster Fokus auf die neue Welt wird den Zeitpunkt bestimmen! Mit dem Verharren in der Angst, die angesichts der aktuellen Ereignisse auf der 3D-Ebene verständlich und verzeihbar ist, manifestieren wir energetisch die Fortsetzung des Status quo.

Eine gemeinsame Wirklichkeit

Im Schlaf erschaffen wir eigene Welten, die für uns als Träume real sind. Universen mit eigenen Formen, Farben und Gesetzen. Es gibt keine Wegweiser, die uns helfen können zwischen Traum und Wirklichkeit zu unterscheiden, bis zum Moment des Erwachens. Doch sind wir je aufgewacht? **Auch wenn wir glauben, dass wir wach sind, ist alles, was wir wahrnehmen, eine Erfindung des Gehirns.** Die Welt findet im Kopf statt. Genauso wie uns das Gehirn im Traum vorgaukelt, dass Farben und Formen real seien, genauso **ist jede Empfindung im Wachzustand eine Projektion „blitzender" Neuronen.** So vielfältig die Welten, die unser Gehirn konstruiert, auch sind, wir nehmen diese Welt nur wahr, wenn unser Bewusstsein Teil ihrer Gegenwart ist.

Allmorgendlich wachen wir aus unserem Nachtschlaf auf und grenzen ihn klar von unserem Tagesbewusstsein ab. Aber gibt es noch eine andere Art des Erwachens? Diese Frage impliziert einen unerwachten Zustand, der dem Schlaf ähnelt, ohne dass wir ihn als Schlaf erkennen. Und in der Tat: **Obwohl wir uns wach w**ähnen, gleichen wir Schlafwandlern. Nur wenigen ist bewusst, dass eine Massenillusion unsere wahrgenommene Realität aufrechterhält. Im ontologischen Sinne könnte man sagen, dass wir nicht wissen, was wir tun und wer wir sind. Wir können nicht zwischen der wahren Welt und vorgestanzten Mustern, die wir übernommen haben, unterscheiden. Was wir Wirklichkeit nennen, ist lediglich ein System, das uns steuert, mit Regeln, Bewertungen und Routinen, die wir nicht reflektieren: die Matrix. Der Schlafwandler geht nur scheinbar wach durchs Leben. Deshalb läuft er Gefahr, gegen einen Laternenpfahl zu stoßen oder von einem Auto überfahren zu werden. Im übertragenen Sinne heißt das: Unser Verstand ist gefangen in Interpretationen, die uns keinen Aufschluss über das wahre Wesen unserer Existenz geben. Karl-Martin Dietz[15] beschreibt diesen Zustand folgendermaßen:

„Als ein solcher Wachläufer läuft derjenige durch die Welt, der sein Handeln nach der Tradition ausrichtet, indem er einfach so lebt

---

15   https://hardenberginstitut.de/mitwirkende-details/karl-martin-dietz.html

und handelt, wie es Sitte, Brauch und Tradition ist, ohne eigenen Zugriff, ohne Veränderung oder Verwandlung."

Seit mindestens 2.500 Jahren sind Weisheitslehrer und Philosophen auf der Suche nach der Wahrheit hinter den Erscheinungen. Einer der größten unter ihnen war der Vorsokratiker Heraklit. Nach Heraklit **existieren drei verschiedene Bewusstseinsschichten.** Er unterscheidet zunächst zwischen der Bewusstlosigkeit im Schlaf und dem bewussten Handeln im Wachzustand. Daraufhin fügt er eine dritte Bewusstseinsebene hinzu: einen höheren Bewusstseinsgrad. Vergleicht man ihn mit dem Alltagswachzustand, so ist auch dieser eine Art der Bewusstlosigkeit. Die Griechen nennen den höheren Wachzustand *Aletheia*, was Verborgenheit oder Unvergessenheit bedeutet. Die Aletheia, üblicherweise mit **Wahrheit** übersetzt, bedeutet dasjenige, was dem Vergessen entrissen wird, sich aus dem Verborgenen heraus entbirgt: die eigentliche Seinsgrundlage der Welt.

Heraklit berichtete in seinen schriftlichen Überlieferungen von solch einem **Erwachen, das den Einzelnen aus seiner befangenen Weltsicht erlöst.** Heraklit geht es darum, **aus einem Zustand aufzuwachen, in dem die Welt lediglich als Konglomerat fragmentierter, unverbundener Einzelheiten erscheint:** *„Die Wachenden haben eine einzige und gemeinsame Welt, jeder Schlafende aber wendet sich ab in seine eigene."* Heraklit ist überzeugt, dass wir noch „wacher" für die Welterscheinungen werden könnten, als dies im normalen Wachbewusstsein der Fall ist. Erst im Zustand eines vollen Erwachens, so Heraklit, sei eine ganzheitliche Welt wahrnehmbar und erkennbar.

In einer besonderen philosophischen Tiefe erklärt Heraklit uns **die Natur des Menschen.** Das Wesen der Menschen ist göttlich-geistiger Natur. Dass diese Auffassung vom Menschen nicht nur dessen Erdenleben, sondern auch seine Existenz nach seinem Tode betrifft, bemerkt Heraklit öfter. Rudolf Steiner hat seine Anschauung von der Wiederverkörperung des Geistes und vom Schicksal der Seele ausdrücklich an Heraklits Fragment 62 angeschlossen.

Heraklit ging es in erster Linie darum, die Menschen auf ihr halbschlafähnliches Tagesbewusstsein hinzuweisen und wie sie zu einem vollständigen Erwachen gelangen können. So wie der „Tagträumer", der nicht ganz wach durchs Leben geht, in den nächsten Bach fällt oder von einem Auto überfahren wird, so geht es all den halbwachen Menschen, die es bei dem gewöhnlichen Grad an „Wachsein" belassen wollen. Sie überlassen ihre Zukunft veralteten Programmen und Manipulatoren! Noch sind wir alle mehr oder weniger Wachschläfer, eingebunden in unsere persönlichen alltäglichen Lebensabläufe, die uns vergessen lassen, über die genaueren Wirkungsmechanismen und Wechselwirkungen nachzudenken, denen die Funktionen unseres schöpferischen Organs Gehirn unterliegen und mit denen unsere Realität kreiert wird.

Je mehr wir uns aus den gewöhnlichen Tagträumen in unserer Gegenstandswelt entfernen, desto unmittelbarer ist unsere Verbindung mit dem Kosmos. Nach Heraklit (Fragment 80) ist selbst der schlafende Mensch Mitwirker im Kosmos -aber er merkt es nicht. Was er bemerkt, ist eine Welt, die er anderen nicht mitteilen kann. Erst als Erwachte haben wir den Blick frei für die Wahrheit. Dort sind die Menschen aktive Mitwirker im Kosmos („wesensgleich mit den Göttern"). **Der Unterschied zum Schlafzustand besteht aber darin, dass er sich dessen auch bewusst ist.** Das von Heraklit geforderte Logos-Bewusstsein ist das Bewusstsein, mit dem man sich in derjenigen Welt in voller Wachheit bewegt, die der Mensch sonst täglich unbewusst in seinem Schlaf erlebt.

Die neue Welt existiert bereits

Wir befinden uns zurzeit in der finalen Phase des Erwachens. In dieser Zeit scheint jeder Mensch mit seinen persönlichen Schatten konfrontiert zu sein. Hierzu gehören all die Dinge, die wir für die neue Welt nicht mehr benötigen. Wir durchleben also die Zeit der Auflösungen unserer Altlasten. Für derartige Auflösungen ist es wichtig, uns diesen Themen zu stellen - wie könnten wir auch etwas auflösen und damit etwas befreien, was wir nicht erkannt haben? Um dieses Erkennen scheint es auf unserer alten Welt gerade zu gehen. Diese Auf- und Erlösungsphase verliert ihren oftmals schmerzvollen Beigeschmack in dem Moment, in dem wir unsere Altlasten als dienliche Erfahrung erkennen. Letztlich wären wir jetzt nicht genau da, wo wir uns jetzt befinden. So dienten all unsere Erfahrungen einer Bereicherung auf unserem Weg in die neue Welt.

Im Grunde resultiert unsere Sehnsucht nach Erleuchtung und Erwachen aus dem Verlangen nach Freiheit und Erlösung vom Übel. Hierbei sind wir auf der Suche nach etwas, was wir nur erfühlen konnten, etwas, was unser intelligente Verstand nicht erkennen kann. Meiner Erfahrung nach handelt es sich hierbei um die Suche nach unserer Heimat, unserer Quelle, möglicherweise auch nach Eden. Meiner Überzeugung nach ist es für uns sehr wichtig, besonders bei diesem Geburtsprozess eine einheitliche Klarheit zu erhalten. **Wir sollten unseren Wunsch zum Erwachen deutlich und unmissverst**ändlich definieren.

Solange wir uns nicht vollkommen über die wahren Inhalte unserer Worte im Klaren sind, werden wir nicht nur Umwege und Missverständnis in unserer Kommunikation erfahren, sondern auch wenig Erfolg bei unseren Manifestationen haben.

Wie sicherlich viele von Euch erfuhr auch ich auf meinem persönlichen Weg des Erwachens zahlreiche Rückschläge. Momente, in denen ich an meinem Lebensweg zweifelte. Dazu gehörten Momente der ewig erscheinenden Wiederholungen alter Themen. In diesem Zusammenhang war für mich hilfreich, daß ich vor einigen Jahren von den Multiwelten und den verbindenden Zeitlinien (Timelines) hörte. Was ich daraus lernen durfte, war, dass es an uns und der Intensität unserer Entscheidung liegt, ob und wann wir die nächste Evolutionsphase erreichen.

Welche göttlichen Prozesse hierbei im Spiel sind, möchte ich nun in den folgenden Zeilen beschreiben. Es handelt es sich um den Entwicklungsprozess einer „Neu-Strukturierung unserer Welt". Diese Neu-Strukturierung würde einer Geburt einer neuen Welt entsprechen, indem sich eine neue, quasi jungfräuliche Erde, von unserer Erde absplittet. So, dass es nicht unbedingt zu einer neuen Umbildung des alten Universums, bzw. der Erde 1. kommen müsste. Mit einer solchen Teilung würden zwei unterschiedliche Zeitlinien einhergehen, was bedeuten könnte, dass unsere Erde (Erde 1) ihren für sie existenziell wichtigen Reinigungsprozess Herstellung eines Gleichgewichtszustands, einer Homöostase. weiter fortsetzen wird, während eine neue und unbefleckte Erde (Erde 2.0) für uns bereitstehen würde.

Sollte sich dieses fabulös erscheindende Szenario tatsächlich so ereignen, sollte unter keinen Umständen der Eindruck entstehen, dass wir einfach mal eben unseren bisherigen Aufenthaltsraum verlassen können, um im neuen Ort die gleichen Schandtaten zu wiederholen. Wie ich in meinen Büchern mehrfach hinwies, entspringt diese „Ex-und-Hopp-Mentalität" einem übersteigerten Ego. Aus einer derartigen Haltung würden wir diese göttliche Option sicherlich so betrachten, als ob wir unseren zugemüllten und kontaminierten Garten verkaufen würden, um ein neues und reines Grundstück zu erwerben…- und um mit dem gleichen Verhalten fortzufahren.

Meiner festen Überzeugung nach wird genau das nicht geschehen. Nicht, dass eine zensierende Instanz hierüber wachen und entscheiden würde, sondern die in uns allen angelegten göttlichen Schöpfungsprozesse. Menschen sind Manifestoren. In unserer bisherigen Welt war es uns möglich, ob nun bewusst oder unbewusst, all die Dinge und Ereignisse, die wir bewusst wahrgenommen haben, nach dem Motto „Gedanken erschaffen Realität" zu manifestieren. Hierbei sind Wiederholungen und Emotionen die wirkentscheidenden Eigenschaften. Mit anderen Worten, ein Gedanke allein würde ohne irgendein Gefühl nicht zu einer Manifestation führen können, was uns beispielsweise von KI (Künstliche Intelligenz) unterscheidet.

In unserer gegenwärtigen Entwicklungsphase des sogenannten Erwachens vollzieht sich eine Änderung dieser Manifestations bzw. Schöpfungsprozesse. Wenn es bisher bei den Manifestierungen kaum einen Unterschied machte, in welchen Emotionen wir uns befanden (je höher die Emotionen umso schneller und deutlicher vollzieht sich eine Manifestation), so wird jetzt zwischen liebevollen und nichtliebevollen Emotionen unterschieden.

Meiner Überzeugung nach sorgt dieser evolutionäre Schritt genau dafür, dass sich im Zusammenhang mit der Neugeburt der Erde 2.0 nur noch die liebevollen Vorstellungen, Gedankenbilder und Wünsche manifestiert werden. Dies hätte zur Folge, dass eine Art Schutzfunktion dafür sorgt, dass die neue Heimat (Erde 2.0) nicht wieder von uns kontaminiert wird. Für mich entspricht somit die Erde 2.0 einer höheren Dimension, einer Dimension, in der kein Wesen mit einem übersteigerten Ego existieren kann. So würden all die lieblosen Gedanken und Gedankenbilder sich weiterhin auf die Erde 1 begrenzen und der neuen Heimat keinen Schaden zufügen können.

Zu schön, um wahr zu sein? Nein. Es ist eher schön, um wahr zu sein. Denn wer oder was bitte entscheidet, was möglich oder unmöglich ist? Wir selbst. Wenn Gedanken wirklich Realität erschaffen, dann sind wir dafür zuständig, was wir für möglich halten und was nicht. Der entscheidende Unterschied besteht darin, ob wir aus unserer konditionierten (und damit künstlichen) Verstandeslogik heraus urteilen, oder aus unserem Wesenskern. Ich möchte noch einmal in Erinnerung bringen, dass unser materieller Kosmos sich nicht selber erschaffen hat, sondern dass dies der Geist war - zwar nicht derselbe, doch der gleiche Geist, der in jedem von uns angelegt ist. Zu den elementarsten Herleitungen der Quantenphysik zählt die Aussage: Existieren heißt „Gedacht werden".

Zum gegenwärtigen Wandlungsprozess ins Erwachen gehört die Erkenntnis, dass wir tatsächlich mehr als das sind, was uns unsere konditionierten Vorstellungen und Glaubenskonzepte von uns und der Welt suggerieren. Darüber hinaus existieren eine ganze Reihe von physikalischen Messungen und Analysen, die meine bisherigen Aussagen hierzu klar belegen. Es ist also nicht so, dass all diese manchmal fabelhaft erscheinenden Sachverhalte nur Theorien sind.

Der menschliche Geist ist das Labor der Neuen Physik. Er macht wahrscheinliche Wirklichkeiten durch Beobachtung zu existenziellen Gewissheiten, selbst im Traum. Die Beobachtung von sich selbst im Wachzustand und die Beobachtung des Beobachtens sind möglich. Wenn wir den Mut haben, uns in diese Welt zu begeben, können wir das Hologramm verändern, indem wir mehr „Licht" in die höllischen Welten bringen, die es ebenfalls Seite an Seite mit unseren eigenen Wirklichkeiten gibt.

Wir könnten die Wirklichkeit, die wir als „normale" Menschen wahrnehmen, ganz anders gestalten, wenn wir unsere Sichtweise der Welt änderten und als Querdenker nicht in allen Dingen mit der Mehrheit übereinstimmten. Andere Gruppen oder Völker sehen die Welt vielleicht anders. Wir teilen nicht notwendigerweise die gleichen Wirklichkeiten, obwohl wir auf derselben Erde leben. Allerdings sollten wir alle lernen, toleranter zu sein. Diese soziale Tugend ergibt sich aus der Erkenntnis unserer Göttlichkeit. Letztlich sind wir unendlich viel mehr als all unsere bisherigen Glaubenskonzepte.
Genau jetzt ist es Zeit, den großen Laser des Bewusstseins einzuführen und die Illuminierung des Hologramms zu beschleunigen. Ganz praktisch bedeutet das eine gemeinsame Erneuerung der alten Wirklichkeitsvereinbarung.

Meine dringende Empfehlung und Bitte: visualisiert Euch Eure neue Welt (Erde 2.0) so klar und so häufig wie möglich und versetzt Euch in aller Liebe, in aller Freude in alle Einzelheiten, so, als ob Euer Schöpfungsauftrag bereits existieren würde - denn auf einer der zahlreichen Welten hat er sich bereits manifestiert!

Me Agape
Dieter Broers

www.dieterbroers.com

Olga Bruhns

CHANNELING ST. GERMAIN ZU EVOLUTION 2021

Wo steht die Menschheit, wie kann es weitergehen, und wie müssen wir unsere Zukunft gestalten, ein wirklich lebenswertes Dasein für alle zu erschaffen?

Liebe Alle, liebe Terraner,

ich bin Meister St. Germain, ich bin „Der ich bin." Ich grüße euch alle!

Ihr als Menschheit auf dem Planeten Erde befindet euch nun an einem Punkt, der euer Schicksal entscheidet, der euer Schicksal für Äonen entscheidet, für eure Kinder, Kindeskinder und alle Generationen in Zukunft. Und auch das Schicksal der Erde entscheidet sich JETZT. Ihr wart schon oft an kritischen Punkten in eurer Geschichte, und Schicksal nannte sich euer Lebensweg. Und Schicksal habt ihr empfunden, inkarnationenlang. Und Schicksal habt ihr gelebt, jahrtausendelang. Ihr seid durch alle Variationen gegangen, oft Leben für Leben das gleiche Thema um und um gedreht, ihr seid in jegliche Nischen hinabgestoßen, euch um eure eigene Achse drehend, und habt euch in tiefsten Tiefen wiedergefunden und verheddert. Jegliche Volte habt ihr geschlagen und jegliche Träne geweint.

Diesen Moment JETZT in eurer Geschichte habt ihr teils gefürchtet und teils herbeigesehnt, je nachdem auf welcher Seite ihr standet oder nun steht. Der Tag der Tage ist gekommen. Jetzt gilt es. Jetzt muss sich ein jeder von euch entscheiden. Ein „Vielleicht", ein „Ich weiß nicht." oder ein „Später" sind weder erwünscht noch akzeptiert. Aber: Keiner zwingt euch, ihr entscheidet selbst, wohin eure Reise geht. Ihr habt die Verantwortung für euch. Jedem Einzelnen werden „Vorschläge" unterbreitet vom Leben, vom Schicksal und von eurem höheren Selbst. Keiner bleibt ohne Vorschlag und ohne Hilfestellung dabei. Ihr entscheidet, so wie ihr immer entschieden habt. Ja, ihr habt immer entschieden, denn Opfer wart ihr nie. Dies werdet ihr eines Tages ganz klar erkennen. Uns allen ist euer freier Wille heilig, denn er ist euch vom Höchsten verliehen, ja geschenkt worden, von der Urquelle, von Gott.

Und nun schaut euch an, was ihr mit diesem freien Willen erschaffen habt. Gefällt es euch? Ich höre schon manche von euch, die da rufen: „Ich konnte nicht dafür, meine Eltern sind schuld, ich habe das nicht gewusst" etc. Doch, ihr konntet dafür, denn selbst, wenn ihr nichts getan habt, so habt ihr es doch zugelassen. Aus Gleichgültigkeit und mehr noch aus Angst.

Darüber ist eine Ewigkeit vergangen, und ihr wisst, wenn ihr euch nun umschaut, dass ihr an der Kreuzung aller Kreuzungen angelangt seid. Der Weg teilt sich auf. Was werdet ihr tun? Wofür werdet ihr euch entscheiden? Wohin euren Fuß lenken? Wir begleiten euch, aber wir entscheiden nicht. Ihr entscheidet. Das nochmal zu eurer Erinnerung.

Ihr spürt, dass der Tag der Tage gekommen ist, an dem sich eure Zukunft und die Zukunft der Erde entscheidet. Auch wenn ihr noch so blind seid, ihr fühlt es, dass etwas nicht stimmt, dass etwas besser anders wäre als es ist. Denn in euch ist eine Sehnsucht nach etwas, ja, nach was? Die meisten wissen es nicht genau, sie spüren es nur als diffuses Gefühl. Nur wenige von euch wissen wirklich und treiben die Veränderungen an. Es waren immer nur wenige, die bahnbrechende Veränderungen in eurer Geschichte einleiteten. Oft unter großen persönlichen „Opfern". Aber das war ihr Auftrag. So ist es nun wieder am Vorabend eures Paradigmenwechsels. Und so ist es gut.

Ihr habt ein Nadelöhr vor euch, durch das ihr hindurch müsst. Das letzte Stück eines dunklen und engen Tunnels. Jeder für sich und gleichzeitig alle füreinander. Es ist die spannendste und gleichzeitig die gefährlichste Passage eurer gesamten Geschichte, die viel weiter zurückreicht, als eure Geschichtsbücher es euch erzählen wollen. Wie geht ihr nun damit um? Die großen Linien beginnen sich bereits abzuzeichnen. Und sie zeichnen einen tiefen Riss, eine Spaltung, die euch fast auseinanderreißt. Denn es geht um nichts weniger als eine völlige

Transformation eures Bewusstseins. Es geht nicht mehr um Königreiche, um Länder, um Kontinente, um Regierungsformen, es geht auch nicht um Klima oder Krankheiten. Nein, das sind alles Themen der Vergangenheit, die man zum Zwecke der Manipulation noch einmal aus der Mottenkiste geholt hat, um euch endgültig zu versklaven. Jetzt geht es darum, ob ihr als Planet und als Menschheit euch aus eurer jahrtausendealten Versklavung mit unserer Hilfe befreit, die Quarantäne beendet, in der die Erde sich seit langem befindet, weil sie am tiefsten in die Dunkelheit abgerutscht ist, und aufsteigt in den Bund der galaktischen Völker, dort ihren Platz einnimmt und ihre Aufgabe erfüllt. Die Aufgabe, die sie originär hat und die nur sie erfüllen kann. Denn die Erde hat einen ganz bestimmten Status seit Menschengedenken, in den sie nun wieder hineinwächst, was alle Ältesten aller Kulturen immer wussten und auch prophezeiten.

Was macht ihr mit einem Haus, das baufällig geworden ist, wo der Schimmel drin ist, was marode ist und wo auch die Statik nicht mehr stimmt? Nehmt ihr ein wenig Mörtel und etwas Farbe und lasst es dabei bewenden? Nein, ihr reißt es ab, nicht wahr? Komplett, es bleibt nichts mehr. Nun, das ist das, was ihr jetzt mit dem macht, was ihr eure Welt nennt. Kein Stein bleibt auf dem anderen, denn nichts stimmt mehr. Ihr habt immer auf die Fassade geschaut, die sich in jeder Epoche etwas anders präsentierte, aber gleichwohl vom selben Ungeist durchdrungen war. Aber fast nie habt ihr in den Keller geschaut, wo sich der Unrat stapelte und immer alles abgestellt worden ist, was entweder nicht mehr gebraucht wurde und mehr noch, was nicht das Tageslicht sehen durfte. Das Aufräumen hat begonnen, auch die „Bagger" rücken bereits an. Es wird nichts übrigbleiben von diesem Haus. Ihr zerlegt es in alle Einzelteile, bis nur noch Schutt übrigbleibt, den ihr auf die Deponie kippt. Das geschieht im Ganzen wie auch im Einzelnen.

Viele schauen jetzt in sich und schauen nach ihren Blockaden, um sie aufzulösen, um sich im Frieden von ihrer Vergangenheit zu lösen, um zu heilen. Und so geschieht es auch im Großen. Ihr löst euch von den Lügen der Vergangenheit und deckt alles auf, was aufzudecken ist. Diese „Psychotherapie" wird einige Zeit in Anspruch nehmen, läuft aber schon seit geraumer Zeit. Dabei fallen alle Kulissen und zeigen eine nackte Bühne, auf der nun auch „Spielteilnehmer" zu sehen sind, die ihr nie wahrgenommen habt, weil sie verdeckt spielten. Wie ein Kartenspieler mit einem völlig verdeckten Blatt. Und gleichzeitig mit einem gezinkten, wie ihr sagen würdet. Man kann das Ganze mit dem Wort „Offenlegung" charakterisieren. Ich will euch nicht verhehlen, dass dieser Prozess nicht nur anstrengend, sondern auch schmerzhaft ist. Aber genau darin liegt die Heilung. Und in diesem Prozess fallen die letzten Entscheidungen. Wir respektieren jegliche Entscheidung, denn sie ist an den freien Willen gekoppelt. Wir unterstützen euch dabei jedoch gerne begleitend, sofern ihr dies wünscht. Und eure Seelen ziehen gemäß dem Resonanzgesetz Menschen und Situationen an, die euch helfen, Entscheidungen zu treffen.

Viele Entscheidungen sind im Übrigen schon gefallen. Der Prozess als solcher ist bereits voll im Gange. Die Entscheidungen werden bald in Gänze zu sehen sein. Dieses gesamte Geschehen läuft unter hohen kosmischen Energien ab, die nicht einfach für eure menschlichen Systeme zu verarbeiten sind. Populär gesagt, es sind alle und alles auf den Beinen. Ihr auf der Erde, die Erde selbst und wir. Wenn ich noch einmal das Bühnenbild bemühen darf, so sieht man einen Riesenscheinwerfer, der auf die irdische Bühne gerichtet ist und alles, reinweg alles ausleuchtet, jede Ecke und jedes Stäubchen. Im Übrigen habt ihr auch viele Zuschauer aus fernen Welten, denn ihr schickt euch an, als Erste den Bewusstseinswandel bzw. Aufstieg in eine höhere Dimension als Wesen mit einem physischem Körper zu vollziehen, was eine enorme Herausforderung ist. Nicht nur für euch, auch für uns. Es ist eine völlig andere „Logistik".

Aus diesem Grund habt bitte viel Verständnis und Mitgefühl für die Brüder und Schwestern, die diesen Weg nicht mit euch zu Ende gehen. Diejenigen, die ihre Aufgabe beendet haben, werden gehen, diejenigen, die aus welchen Gründen auch immer nicht mehr wollen, werden gehen, diejenigen, die nur für die Unterstützung des Prozesses als solchem gekommen sind, werden gehen und euch aus Liebe im Gehen ihre letzte Kraft geben, damit ihr es schafft. Denn ihr habt die „Überbevölkerung" nur deshalb, um diesen Übergang auch wirklich realisieren zu können. Sie hatten/haben nur diesen eng umgrenzten „Auftrag". Es gehen auch die, die alt und schwach sind. Sie werden wieder inkarnieren, wenn ihre Zeit gekommen ist. Gleichzeitig stehen bei mir auf der Seite viele Seelen Schlange, die mit einer anderen Ausstattung und Aufgabe zu starten bereit sind, weil sie fest in den Aufbau Erde eingeplant sind. Sie sind teils schon sehr ungeduldig. Sie starten in Etappen, entsprechend euren Aufstiegsetappen.

Ihr seid jetzt in der Phase, wo das Haus zu wackeln beginnt wie bei einem Erdbeben. Ihr seid wie gelähmt vor Angst. Euer gewohntes Leben beginnt sich nun vor euren Augen aufzulösen. Bei vielen ist das bereits der Fall, und sie wissen nicht mehr wie sie ihr Leben organisieren und bewältigen können. Das wird nun in die Breite gehen. Gleichzeitig jedoch kommt in euch eine Kraft aus euren Tiefen empor, die lange verschollen war und nun unter dem Druck der Ereignisse zu wachsen beginnt. An vielen Stellen wächst Mut, wachsen Ideen, wächst Kreativität, wachsen Innovationen. Blumen, dem Frühling gleich, beginnen zu blühen. Noch sind sie vom Frost bedroht, wachsen aber trotzdem weiter. Sie sind das Fundament für kommendes. Sie gewinnen in der Zeit des Aufbrechens und Aufräumens an Kraft. Diese Zeit jetzt wird „alte" Werte wie Solidarität, Gemeinschaft, Mitgefühl und vor allem Liebe hervorbringen. Liebe für sich selbst und für den anderen. Denn in vielen Familien werden ganz alte Gefühle aufbrechen, ganz viel Liebe und - Vergebung. Und vor allem die Erkenntnis, was Menschsein überhaupt bedeutet. Es wird klar, dass Materialismus niemals eine Gemeinschaft zusammenhält, und auch nicht eine wie auch immer geartete politische Ausrichtung. Das alles sind potemkinsche Dörfer. Ihr werdet in diesem unglaublichen und rasant ablaufenden Prozess auf eure Wurzeln zurückgeworfen und werdet in eurem eigenen individuellen Prozess die Worte von Jesus Christus erkennen, fühlen und integrieren: „Ich bin das Licht. Ich bin die Liebe. Ich bin die Wahrheit. Ich bin." Es wird tief in euch hineinfahren, denn es ist göttliches Wissen. Und damit wird das Christus Bewusstsein in euch geboren. Und es wird euch nie mehr verlassen.

Im Moment seid ihr noch auf dem Kreuzigungsweg. Gekreuzigt auf Raum und Zeit. Ihr tragt euer Kreuz, dessen Berechtigung ihr nie hinterfragt habt. Es wurde euch übergeben von euren Ahnen, die es genau wenig hinterfragt haben. Aber nun ist das dunkle Zeitalter zu Ende. Es ist euch vorausgesagt worden. Und ihr habt als Menschheit beschlossen, es schnell zu beenden. Diesem Entschluss ist ein Hilferuf der Erde vorausgegangen, und diesen Hilferuf hat die Menschheit vernommen und hat als Ganzes eine bahnbrechende Entscheidung getroffen. Aufgrund dessen dürfen wir auf der geistigen Seite auch mehr und tiefer eingreifen, als es uns in früheren Zeitaltern gestattet war.

Eure Zukunft ist golden. Und ihr habt die Kraft der Pioniere. Die Globalisierung ist vorbei, sie hatte keine wirkliche Kraft und war dunkel gefärbt. Es werden fünfdimensionale Gemeinschaften entstehen, die in sich autark agieren und im Einklang mit der Natur leben. Jeder Bereich in eurem Leben wird komplett umgestaltet. Es wird keine Jobs wie heute mehr geben, die nur dem Überleben dienen. Das ist menschenunwürdig. Ihr arbeitet aus und mit Liebe. Es geht nicht mehr ums Funktionieren des Einzelnen so wie heute, sondern es geht darum, das Potenzial jedes Menschen zum Leuchten zu bringen. Schulen wie heute wird es nicht mehr geben, sie sind nicht menschenwürdig. Energie kostet nichts mehr, denn das Universum schickt keine Rechnungen. Die Medizin wird sich vollständig revolutionieren. Es kommen Technologien, von denen ihr heute noch nicht mal träumen könnt. Eure Kinder, die, die schon da sind, und die, die noch kommen, werden euch an die Hand nehmen, denn sie sind wandelndes Licht. Sie sind anders als ihr, denn sie leuchten vor Liebe, sie sind nicht in der Lage die Energie der Quelle zu vergessen und zu leugnen, sie leben sie.

Wenn der Aufräumprozess zu Ende ist, der jetzt läuft und sich noch steigern wird, wird sich eure Entwicklung exponentiell steigern. Das Tempo wird schnell sein, das ist es ohnehin jetzt schon, und die Energien werden sich weiter steigern, so wie es eure Körper gerade noch vertragen. Wir überwachen diesen Prozess. Deshalb meine dringende Bitte an euch: Entzerrt euer Leben und eure Terminkalender. Schaut, was ihr wirklich braucht und was euch guttut. Verzichtet lieber auf Materielles und geht mit eurer Familie in den Wald. Denn in der Welt ist nun „High Noon". Alles läuft gleichzeitig: das Aufbrechen der alten Strukturen, das „Packen der Koffer", das Ausziehen aus dem alten, zusammenbrechenden Haus, und der Beginn des Aufbaus des neuen. Versteht ihr nun, warum ich zu Waldspaziergängen rate? Viele Seelen, die bereits über Jahre geschult wurden, tauchen nun ein in ihre Aufgabe, ihren Brüdern und Schwestern zu helfen, mit diesem rasanten Lauf der Welt klarzukommen und ihnen in jeglicher Hinsicht zu helfen. Es ist alles gefragt: trösten, helfen, beraten, heilen. Es wird quer durch die Wiese gehen. Manchmal wird ein kurzes Gespräch mit einer Tasse Kaffee genügen, manchmal lange Umarmungen, tiefe Gespräche, und in vielen Fällen werden es Heilbehandlungen sein müssen, die mit uns verbunden sein werden. Die ganze Palette wird gebraucht.

Eine tiefe Zeit und auch eine turbulente Zeit liegt vor euch. In dieser Zeit gebärt ihr euch neu, denn ihr werdet an Qualitäten in euch herankommen, von denen ihr nie gedacht habt, dass ihr sie habt. Aus ihnen wird eure Zukunft geformt. Und die kosmischen Energien schälen euch dabei wie eine Zwiebel, es kommen Tränen, aber auch gleichzeitig Glücksgefühle, wie ihr sie nie für möglich gehalten hättet und die euch über eure Grenzen tragen, die ihr heute noch vermeint zu haben. Ihr wisst nicht, wer ihr wirklich seid. Ihr gelangt jeder von euch auf seine Weise zu euch selbst und taucht in das Wissen um euch, eure Vergangenheit und eure Herkunft ein. Und während ihr taucht, heilt ihr. Es wird einen Moment geben, in dem die Erde und ihr den Atem anhalten werdet. In diesem Moment werdet ihr wissen: Es ist vollbracht! Und dieser Moment wird göttlich sein.

Dann beginnt euer Leben neu auf der Erde. Im Licht. Ihr habt euch dann selbst als Lichtwesen erkannt, das ihr immer wart. Und auch die Erde ist im Licht. Von diesem Punkt startet ihr in eine Epoche, die nichts, aber auch gar nichts mehr mit den alten Zeiten gemein hat. Ihr verabschiedet euch damit von der Dunkelheit, die euch fast verschlungen hätte. Deren Halbwertszeit ist bereits abgelaufen, und euer Weg ist unumkehrbar. Ihr marschiert schon im Licht. Und die Seelen, die zu uns kommen, werden wir hier gebührend empfangen. Sie haben Großes geleistet.

Verzagt nicht, eure Zukunft ist groß. Achtet auf euch und eure Kinder. Und achtet auf eure Gedanken. Denn mit euren Gedanken formt ihr eure Welt. So unterstützt ihr diesen epochalen Sprung in eine wirklich menschliche Zukunft.

In Liebe

Meister St. Germain

Über die Autorin:

Olga Bruhns ist Coach und Seelenexpertin und als Channel eine Klasse für sich. Vor allem seit Beginn der «Corona»-Jahre unterstützt sie mit ihren monatlichen Channelings von St. Germain vielen Menschen auf ihrem Erkenntnisweg. In ihrer Arbeit mit individuellen Klienten war und ist ihr eine große Freude, zu erleben, wie es Menschen körperlich-seelisch-geistig besser geht, wenn sich energetische Ungleichgewichte vermindern und vor allem die Selbstheilungskräfte, über die jeder Mensch verfügt, aktiviert werden, damit der „Innere Heiler" des Menschen seine Arbeit tun kann.

Website: http://www.olga-aurelia-bruhns.de

Armin Risi

POLARITÄT UND DUALITÄT

Zur Einleitung: Angesichts der vielen globalen Probleme und Herausforderungen lautet ein häufiger Aufruf, dass die Menschheit umdenken und ein „neues Bewusstsein" entwickeln müsse. Doch was ist dieses „neue Bewusstsein"? Wie denken wir, wenn wir umgedacht haben? Der Philosoph und Autor Armin Risi bringt hier einen wichtigen Punkt in die Diskussion, indem er betont, dass wir unsere Realität nicht nur als Einheit, sondern als Ganzheit sehen sollten. Was wie eine simple und selbstverständliche Aussage aussieht, entpuppt sich in Armin Risis Darlegung als eine höchst aktuelle Analyse, wie sie bisher noch nie in dieser Prägnanz ausformuliert wurde.

Polarität und Dualität
Wie wir echte Einheit finden können

Sind Gut und Böse letztlich eins? Oder ist beides eine Illusion? Oder eine notwendige Erfahrung? Das Kennen des Unterschieds von Polarität und Dualität ermöglicht es uns, Missverständnisse und Halbwahrheiten zu vermeiden und eine klare Ausrichtung des Bewusstseins zu finden -als Schlüssel zur Schöpfung einer neuen Realität in Resonanz mit der neuen Zeit.

Intuition und spirituelle Philosophie

Einheit, Polarität, Dualität -über diese einfachen und doch komplexen Themen sind unter-schied-liche bis widersprüchliche Vorstellungen vorhanden. Grundlegend sind zwei Sichtweisen zu unterscheiden: die der atheistischen oder monistischen Esoterik und die der theistischen (ganzheit-lichen) Spiritualität. Werden die genannten Themen nicht ganzheitlich verstanden, führt dies zu Ansichten wie: Gut und Böse seien voneinander abhängig; wer Gutes tue, fördere indirekt das Böse, und das Böse fördere indirekt das Gute, denn nur dank des Bösen könnten wir verstehen, was gut ist; „alles ist eins", „alles ist gut so, wie es ist".

Intuitiv können wir spüren, dass bei solchen Ansichten etwas nicht stimmt, doch in der heutigen Zeit, wo die Intuition vielfach verdrängt oder mental übertönt wird, kann es schnell geschehen, dass die Klarheit des Gewissens und des Unterscheidungsvermögens verwischt wird, nicht zuletzt auch in den hohen Rängen der Machtpyramiden.

Verabsolutierung der Einheit

Obwohl Atheismus ein Kein-Gott-Glaube ist, wird nicht selten auch in der atheistischen Esoterik von „Gott" gesprochen, und das mag verwirrend sein. Wenn ein Weltbild Gott beinhaltet, wie kann es dann atheistisch sein? Die Frage ist natürlich: Was versteht man unter „Gott"? Die atheistische Esoterik sagt, Gott sei „die Einheit" und nur die Einheit sei Realität, was bedeute, dass alles, was nicht „Einheit" ist, Illusion sei. Man glaubt, alles Relative sei Illusion, alles Individuelle sei Illusion, vor allem sei die Unterscheidung von Gut und Böse Illusion. „Gott ist Energie", und Energie hat weder Bewusstsein noch Willen. Dieser „Gott" ist bewusst-los und willen-los. „Dein Wille geschehe" (Mt 6,10) ist aus dieser Sicht ein sinnloses Gebet, eben weil geglaubt wird, Gott habe keinen Willen. Diese Weltsicht, die die Einheit verabsolutiert, wird *Monismus* genannt.

Demgegenüber betont das theistische Verständnis, dass Gott nicht nur „Einheit", sondern Ganzheit ist. Ganzheit umfasst sowohl die Einheit als auch die Vielheit. Wir sollten also unterscheiden zwischen einer ganzheitlichen Spiritualität und den verschiedenen Formen von Einheitslehren (Lehren, die die Einheit verabsolutieren).

Alles ist eins - auch Gut und Böse?

Wenn alles „eins" ist, würde dies bedeuten, dass auch Gut und Böse letztlich „eins" sind. Hinsichtlich des Karma-Gesetzes sagt diese monistische Ansicht, dass alles nach den Gesetzen von Ursache und Wirkung ablaufe, weshalb alles, was den Menschen zustoße, von diesen selbst in ihr Leben gerufen worden sei, auch Kriege, Versklavung, Unterdrückung usw. „Wäre es nicht ihr Karma gewesen, wäre es ihnen nicht zugestoßen. Die Tatsache aber, dass es ihnen zustieß, zeigt, dass es ihr Karma war, d. h. von ihnen selbst verursacht wurde. Denn alle schaffen ihre eigene Realität." Dies ist eine einseitige (halbwahre) Darlegung des Karma-Gesetzes und damit ein gefährliches Missverständnis. Wenn ein ganzheitliches Verständnis fehlt, wird die Einheit verabsolutiert, was -wie oben gezeigt -zu einer Rechtfertigung des Bösen führt.

Polarität und Dualität: nicht dasselbe

Der Einheit stehen die „Zweiheiten" unserer Welt gegenüber, und diese sind nicht einfach „eins". Die Zweiheit muss differenziert betrachtet werden, denn es gibt zwei Arten von Zweiheit: Polarität und Dualität. Diese Begriffe sollten nicht gleichgesetzt werden, denn sie sind nicht Synonyme. Polarität enthält den Begriff „Pol": Elektrizität besteht aus zwei Polen, die nicht zu trennen sind und sich gegenseitig bedingen. Ebenso hat eine sich drehende Kugel zwei Pole. Hier ist klar, dass gleichwertige Gegenteile gemeint sind, wo es kein Gut und Böse gibt -im Gegensatz zur Dualität, die entsteht, wenn ein natürliches Gleichgewicht gebrochen wird.

Polarität ist die Zweiheit von gleichwertigen, sich gegenseitig ergänzenden Polen. Polarität ist das Grundprinzip von Schöpfungsgleichgewicht und natürlicher Ordnung (Harmonie von Kosmos, Erde und Mensch) und ist Ausdruck der göttlichen Schöpfungs-dynamik. Beispiele für Polarität sind: maskulin und feminin, Yin und Yang, „positiv" und „negativ", Energie und Bewusstsein, Raum und Zeit, Ursache und Wirkung, Subjekt und Objekt, Individuum und Kollektiv, Sonne und Mond, Ein- und Ausatmen usw.

Dualität ist die Zweiheit von nicht gleichwertigen, sich gegenseitig ausschließenden Gegensätzen: gut und böse, Liebe und Hass, Friede und Krieg, Wahrheit und Lüge, Treue und Verrat usw. Dualität entsteht, wenn jemand das in der Schöpfung angelegte Gleichgewicht bricht (aufgrund von Einseitigkeit im Denken, Fühlen und Handeln). Die

Seite des Guten ist gut, weil sie in Resonanz mit der göttlichen Ordnung ist, die Seite des Bösen handelt gegen diese Ordnung. Deswegen betont diese Definition, dass es sich hier um zwei nicht gleichwertige Gegensätze handelt, das heißt, Gut und Böse usw. sind nicht einfach zwei Gegenteile, die zusammen ein Gleichgewicht schaffen oder zwei gleichwertige Pole darstellen.

Das Gleichgewicht kann man immer auf zwei Seiten hin verlieren, weshalb das Spaltende, das „Böse", doppelgesichtig ist und zwei Aspekte hat: das Zuviel und das Zuwenig. Dadurch entstehen Fronten, die sich bekämpfen, aber beide sind nichts anderes als zwei Seiten derselben Spaltung. „Wenn zwei sich streiten, freut sich der Dritte." Ein anderes Wort für „spaltend" ist *dia-bo-lisch* (von grch. *dia-bállein*, „durcheinanderwerfen; spalten, entzweien, verfeinden; verleumden"). Das Gute ist nicht einfach deswegen gut, weil es das Gegenteil des Bösen ist. Das Gute ist gut, weil es in Resonanz mit dem Gleichgewicht der göttlichen Ordnung ist. Das Böse hingegen definiert sich durch die Negation des Guten, weshalb die negierende („negative") Seite der Dualität den Men-schen immer in zwei Einseitig-keiten „zerrt", einerseits in ein Zuviel, andererseits in ein Zuwenig.

„Sowohl als auch" und „entweder oder"

In der modernen Esoterik sagen viele, dass sie nun „spiri-tuell" und „in der Einheit" seien und deshalb nur noch nach dem „Sowohl-als-auch" und nicht mehr nach einem „Entweder-oder" leben würden; „entwe-der-oder" bedeute Spaltung und Werten, und Werten solle man nicht („Urteile nicht", wie Jesus sagte).

Diese Ansicht missversteht Jesu Aussage und ist einseitig, weil sie das „Entweder-oder" ausschließt. Zudem beruht sie selbst auf einer Wertung, nämlich: sowohl-als-auch ist gut, entweder-oder ist schlecht. Und sie ist widersinnig, denn in der Konsequenz würde diese pseudo-spirituelle Lebens-einstellung bedeuten: sowohl nicht lügen als auch lügen, sowohl nicht morden als auch morden, denn man soll ja nicht „einseitig" sein …

Mit der Unterscheidung von Polarität und Dualität lässt sich auch hier Klarheit finden: Sowohl-als-auch gilt in der **Polarität**. Dort wäre es falsch und fatal, mit entweder-oder zu argumentieren. Entweder-oder gilt in der **Dualität**: Entweder man lügt, oder man sagt die Wahrheit. Entweder man handelt aus Liebe (Liebe in der weiten, göttlichen Bedeutung dieses Wortes) oder man handelt aus einem anderen Motiv.

Entweder man hat verziehen oder nicht. Entweder man ist im Frieden (mit sich selbst und den Menschen und denen, die sich feindlich verhielten) oder nicht, usw. Im Bild mit dem Hochseil: Entweder man ist im Gleichgewicht, oder man ist gekippt und abgestürzt.

Dunkelheit: Trennung vom Licht

Wenn man Polarität und Dualität gleichsetzt -was alle Einheitslehren tun –, führt dies zur Ansicht, Gut und Böse seien nicht zu trennen, so wie das Ausatmen nicht vom Einatmen oder (bei der Elektrizität) der eine Pol nicht vom anderen zu trennen sei. Dies jedoch ist ein Irrtum, der einer Verwechslung der Ebenen entspringt. Man kann das Ein- und Ausatmen oder die zwei Pole der Elektrizität (= Polarität) nicht mit Gut und Böse (= Dualität) gleichsetzen. Gut und Böse sind nicht gleichwertige Pole der Polarität, sondern gegensätzliche und nicht gleichwertige Aspekte der Dualität. Was innerhalb der Dualität nicht zu trennen ist, sind die zwei Seiten des Bösen, d.h. die zwei Einseitigkeiten des Zuviel und des Zuwenig. Wer irgendwo im Zuviel ist, ist woanders in einem Zuwenig.

Innerhalb der Dualität steht die Seite des Zuviel und Zuwenig (das Böse bzw. Schlechte / Falsche) immer dem Gleichgewicht, dem Guten, gegenüber, zu dessen Gegenteil sie sich gemacht hat. Das typische Symbol hierfür ist die Dunkelheit, die nur deshalb entsteht und existiert, weil sich etwas vom Licht getrennt und vom Licht ausgegrenzt hat. Nicht das Licht erzeugt die Dunkelheit, sondern die Kräfte, die sich aus eigener Initiative vom Licht trennen -und dann pseudoreligiöse oder atheistische Ideologien formulieren, um sich selbst und ihr Verhalten zu rechtfertigen.

Trennung vom Licht, d.h. von der Quelle, bedeutet, dass man sich von der Unendlichkeit des Seins getrennt hat und deshalb Energie woanders (bei anderen Lebewesen) holen muss. Diese Abspaltung mit der daraus resultierenden „Notwendigkeit", Energie von anderen zu rauben, ist der archetypische Grund für alle bösen Handlungen: Ausbeutung, Raubbau, Kriege, Gewalt, Lügen, Verleumdungen usw.

Eine Trennung vom Unendlichen ist durchaus möglich. Paradox ausgedrückt: Wir können uns von Gott trennen, aber Gott trennt sich nie von uns. Bildlich gesprochen: Wir können uns vom Licht trennen und Dunkelheit erzeugen, aber das Licht wird dadurch nicht verringert. Wir können innerhalb der Unendlichkeit der Schöpfung unsere dunklen Zelte aufschlagen und dadurch unser eigenes kleines Reich von Dunkelheit schaffen, aber Dunkelheit ist immer begrenzt, im Gegensatz zum Licht. Das Licht wird durch die Subtraktion von Dunkelheit in keiner Weise weniger und ist potentiell auch in der Dunkelheit präsent, denn sobald wir das Trennende überwinden und heilen, wird die Dunkelheit wieder Licht, wie wenn sie nie Dunkelheit gewesen wäre.

Das Gute braucht das Böse nicht

Gut und Böse sind relativ und sind die zwei Seiten derselben Dualität. Dennoch sind sie nicht gleichwertig und gleich-gültig. Warum nicht? Relativ bedeutet „abhängig von Bedingungen; in Relation stehend". Das Relative existiert nicht unabhängig, sondern ist immer eingefügt in das Ganze, und diese Ganzheit ist selbst nicht relativ. Mit anderen Worten, die Gesamtheit des Relativen ist abhängig vom Absoluten. Die entscheidende Frage lautet deshalb: Was verstehen wir unter „absolut"?

Die bisherigen Ausführungen haben gezeigt, dass das Absolute nicht einfach eine abstrakte Einheit ist. Das ganzheitliche Verständnis sieht das Absolute als den lebendigen Gott, die GANZHEIT, mit Bewusstsein und Willen, weshalb wir hier -und nur hier -einen absoluten Maßstab für das Unterscheiden von Gut und Böse haben, nämlich Gottes Willen: Liebe, Verbundensein mit der Quelle, Einssein mit Gott und allen Teilen Gottes, Leben im Einklang mit dem Schöpfungsgleichgewicht. Das Gute, auch das relative Gute, steht in Resonanz mit Gottes Willen, wohingegen das Böse sich selbst abtrennt und abspaltet so wie die symbolische Dunkelheit vom Licht.

Das Böse ist das Gegenteil des Guten, aber das Gute ist nicht einfach das Gegenteil des Bösen. Das Gute definiert sich nicht durch sein Gegenteil, sondern durch seine Entsprechung mit der göttlichen Ordnung. Das Gute kann aus sich selbst heraus existieren und braucht das Böse nicht, um gut zu sein, das Böse hingegen ist nichts anderes als eine Verneinung (Ignorierung, Verletzung, Bekämpfung) des Guten, der göttlichen Ordnung. Lüge ist eine verdrehte Wahrheit, aber Wahrheit ist nicht einfach eine verdrehte Lüge. Krieg ist Abwesenheit von Frieden, aber Friede ist nicht einfach Abwesenheit von Krieg. Dunkelheit ist das Gegenteil von Licht, aber Licht ist nicht das Gegenteil von Dunkelheit, denn die Ausgrenzung erfolgt nur von der Seite der Dunkelheit.

Das theistische Verständnis von Karma

Karma bedeutet nicht einfach Prädestination (Vorherbestimmung), wie in der oben beschriebenen Selbstrechtfertigung geglaubt wird. Karma bedeutet Kausalität, d.h. das Gesetz von Ursache und Wirkung. Und die wichtigste Ursache ist immer der Wille des Menschen. (Wie frei unser Wille ist, ist abhängig von der Ausrichtung unseres Bewusstseins.) Wir haben einen freien Willen, weil wir Teile Gottes sind und weil Gott Bewusstsein und Willen „hat". Wird das Absolute nur als Einheit gesehen -ohne Willen und Bewusstsein –, hätten auch wir keinen freien Willen. Wir wären wie willenlose Spielbälle im Fluss von Aktion und Reaktion.

Es stimmt: Es gibt keine Zufälle. Alles, was geschieht, hat eine Ursache, und die Hauptursache in unseren Interaktionen ist immer der freie Wille. Wir haben immer die Möglichkeit, die Weichen neu zu stellen. Das Leben findet immer in der Gegenwart statt. Wir können jederzeit neue Karma-Ketten beginnen und auch alte Karma-Ketten auflösen. Das ist die Verantwortung, die mit dem freien Willen einhergeht.

Durch die Gesetze von Aktion und Reaktion kommen wir in bestimmte Situationen, aber die Gesetze zwingen uns nicht zu bestimmten Handlungen. Karma prädestiniert nur Situationen, aber nie Handlungen! Selbst wenn jemand aufgrund eines früher erlittenen Unrechts die Möglichkeit bekommt, Gleiches mit Gleichem zu vergelten, sind neben den Gesetzen immer auch der freie Wille und das Gewissen vorhanden, und diese inneren Stimmen sagen uns, was dem göttlichen Willen entspricht. Ob wir dementsprechend handeln oder nicht, ist unser freier Wille (und unsere Verantwortung).

Ist das Böse außerhalb von Gott?

Wenn Gott die Ganzheit ist, umfasst „er" alles, also auch das Böse, denn es gibt nichts außerhalb des Allumfassenden. Wenn wir diese heikle Wahrheit monistisch interpretieren, führt dies wiederum zur bereits beschriebenen Rechtfertigung des Bösen.

Das Böse ist „außerhalb" von Gott, so wie Dunkelheit „außerhalb" des Lichts ist, aber wenn die Mauern fallen, ist dort, wo Dunkelheit war, ebenfalls Licht. Um es paradox zu formulieren: Gott ist alles, aber nicht alles ist Gott. Licht ist überall, aber nicht überall ist Licht, nämlich dort nicht, wo es dunkel ist. Aber „Licht ist überall", deshalb kann es dort, wo es dunkel ist, auch wieder licht werden. Licht schafft keine Dunkelheit, lässt die Dunkelheit aber zu, wenn sich jemand von „ihm" abtrennen will. Im Licht haben wir immer einen aktiven freien Willen: *Niemand muss im Licht bleiben, und niemand muss in die Dunkelheit gehen.* Die Trennung vom Licht ist eine freiwillige, keine notwendige Erfahrung. Wäre das Böse notwendig, hätte es den gleichen Stellenwert wie das Gute.

Mit den hier beschriebenen Differenzierungen wird es möglich, das Böse als solches zu erkennen, ohne es zu verurteilen, d.h. ohne es zu „verteufeln" und zu hassen, aber auch, ohne es schönzureden oder zu ignorieren. Ziel ist die Überwindung der Spaltung: Heilung, Friede und das Erreichen einer zukunftsfähigen menschlichen (nicht „unmenschlichen") Gesellschaftsform, die alle Aspekte der Polarität auf eine harmonische Weise integriert, insbesondere die Einheit und die Verschiedenheit, das Regionale / Nationale und das Globale, das Progressive und das Konservative, das Natürliche und die Technik, Natur und Kultur, usw.

Über den Autor:

Armin Risi (geb.1962) ist Philosoph und Sachbuchautor und lebte als Mönch für achtzehn Jahre in vedischen Klöstern in Europa und Indien. Studium der Sanskrit-Schriften und der westlichen und östlichen Mysterien-traditionen, seit 1999 freischaffender Schriftsteller und Referent.

Er ist Autor von drei Gedichtbänden und neun Grundlagenwerken zum aktuellen Paradigmenwechsel, unter anderem:
Der radikale Mittelweg (2009, Neuauflage 2016);
Einheit im Licht der Ganzheit (2010);
„Ihr seid Lichtwesen" -Ursprung und Geschichte des Menschen (2013, 7. Auflage 2020).
Anfang 2017 (als Co-Autor mit Sophia Pade): *Make That Change - Michael Jackson: Botschaft und Schicksal eines spirituellen Revolution*ärs (3, aktualisierte Auflage Anfang 2021).
Dezember 2020: *Gott und die Götter - Die prophezeite Wiederkehr des vedischen Wissens* (vollständig überarbeitete Neuauflage des Buches „Gott und die Götter", Erstveröffentlichung 1995).

Website: armin-risi.ch

Daniele Ganser

WIE GEHT FRIEDLICHE KOMMUNIKATION IN ZEITEN VON CORONA?

Wer mit Freunden und Bekannten über Corona, Masken, Lockdown, Ausgangssperre, PCR-Test, Demonstrationen, Todesrate, Impfen und die Rolle der Medien spricht, erkennt schnell, dass es ganz unterschiedliche Meinungen gibt. Im besten Fall kann jeder seine Meinung in Ruhe darlegen, ohne dass es zu einem Streit kommt. Man hört sich zu und denkt über die Erfahrungen und Argumente des Gegenübers nach. Doch manchmal gelingt dies nicht und es kommt zu Spannungen oder sogar heftigem Streit. Das Thema Corona wirkt spaltend, nicht verbindend.

Um in der Kommunikation friedlich zu bleiben, rate ich jedem und jeder, bei sich zu beobachten, welche der folgenden drei Ängste bei ihm bzw. ihr am größten ist: Angst vor dem Virus, Angst vor Diktatur oder Angst vor Armut. Dann empfehle ich, jeder Angst auf einer Skala von 0 (gar nicht) bis 10 (extrem) jeweils eine Zahl zuzuordnen.

Es ist wichtig zu erkennen, dass alle drei Ängste gleichberechtigt sind. Keine ist falsch. Die drei Ängste sind konkret und beziehen sich auf ein reales Leiden. Alle drei Ängste müssen ernst genommen werden. Wenn jemand einen schweren Krankheitsverlauf durchmacht oder einen geliebten Menschen wegen Corona verliert, dann ist das Leiden. Die Angst vor dem Virus ist begründet und real. Wenn jemand während Monaten sein Geschäft nicht öffnen darf, und danach seine ganzen Ersparnisse und seine Firma verliert, dann ist das Leiden. Die Angst vor Armut ist begründet und real. Wenn jemand sieht wie seine Freiheit eingeschränkt wird, daher an einer Demonstration gegen die Corona-Massnahmen teilnimmt und dann in den Medien beschimpft wird, dann ist das Leiden. Die Angst vor Diktatur ist begründet und real.

Anschließend rate ich, die Angst, die am stärksten ist, zu beobachten. Sie verändert sich von Tag zu Tag, das kann man schnell erkennen. Man sieht: Die Angst ist abhängig von den Texten, die man liest, den Videos, die man sieht, und den Gesprächen, die man führt. Es hilft zu erkennen, dass man nicht die Angst ist, sondern das beobachtende Bewusstsein, in dem Gefühle wie Angst aber auch Freude aufsteigen und auch wieder vergehen.

Angst gibt es schon lange. Früher, nach 9/11, gab es die Angst vor Terror. Noch früher während dem Kalten Krieg die Angst vor den Kommunisten oder während der Kubakrise 1962 die Angst vor dem Atomkrieg. Die Ängste ändern sich immer wieder in der Geschichte.

Im Gespräch mit anderen ist es wertvoll zu verstehen, welche Angst den Gesprächspartner besonders bewegt. Dann kann man offen und mit Achtsamkeit miteinander sprechen, ohne die Angst des Gegenübers zu verurteilen oder lächerlich zu machen. Friedliche Kommunikation ist im 21. Jahrhundert eine Schlüsselkompetenz. Vor allem aber hilft friedliche Kommunikation, friedlich, zentriert und gesund zu bleiben, während Angst und Streit uns immer Energie rauben.

Eine grafische Darstellung der drei Ängste finden Sie auf: https://www. siper.ch/frieden/infografiken/

Über den Autor:

Dr. Daniele Ganser ist Historiker, Friedensforscher und Autor. Er gehört zu den führenden Intellektuellen unserer Zeit und ist eine wichtige mahnende und kritische Stimme, wenn es um Politik und Geschichte geht. Sein aktuelles Buch „Imperium USA: Die skrupel-lose Weltmacht" erschien im April 2020 beim Verlag Orell Füssli und landete auf der Spiegel-Bestseller-Liste.

Website: https://www.danieleganser.ch/

Andreas Kalcker

DIE VIELLEICHT GRÖSSTE ENTDECKUNG DER MEDIZIN DER LETZTEN 100 JAHRE

Ich möchte hier als erstes Dieter und Vera danken, dass sie mich eingeladen haben, an dieser Stelle meine eigene kleine und möglichst sinnvolle Zukunftsvision zu teilen. Sinnvoll aus folgendem Grunde: Die Zukunft macht, wenn wir überlegen, eigentlich nur so lange für einen Leser Sinn, wie er auch hier auf dieser Welt lebt. Es ist zwar schön, davon auszugehen, dass es in einer fernen Zukunft viele tolle Sachen geben wird, aber ich möchte mit meiner Vision versuchen, so gut es geht auf dem Boden der machbaren Möglichkeiten zu bleiben und anhand der Veränderungen, die wir jetzt erleben, eine Zukunfts-Version zu erstellen, welche auf Ursachen und Wirkungen beruht und an der wir alle vielleicht noch mitarbeiten können, damit es auch für folgende Generationen Sinn macht.

Das Jahr 2020 wird in der Zukunft als Jahr der großen Veränderung der Menschheit in Erinnerung bleiben und das nicht nur aufgrund der Plandemie des Coronavirus. Man kann jedes Problem als Problem sehen, aber auch als Herausforderung. Ich versuche, Probleme meist als Herausforderung anzusehen, welche es zu lösen gilt, denn möglicherweise ist diese Ansichtsweise all denen ihr eigen, welche auf dem Weg oder auf der Suche zu einer höheren Bewusstseinsebene sind. Aufgrund der Herausforderungen im 2020 wird es immer mehr Menschen geben, welche die Wahrheit suchen und dadurch auch möglicherweise auf eine höhere Bewusstseinsebene kommen, in der das Leid der anderen nicht mit ihrem eigenen Lebensstil vereinbar ist.

Viele von uns fragen sich, was die Zukunft uns bringen wird und fokussieren sich hauptsächlich auf negative Nachrichten, wobei sie nicht wissen, dass diese Nachrichten dazu da sind, ihre Aufmerksamkeit zu erhaschen und dass die Informationen dieser Nachrichten eigentlich gar nicht relevant und oft sogar falsch sind. Es geht hauptsächlich um Manipulation, deswegen heißen Nachrichten auch Nachrichten, denn man soll sich nach ihnen richten.

In Wirklichkeit wird ein Mechanismus der Programmierung in uns ausgelöst, welcher sich hauptsächlich auf Negatives fokussiert und das liegt daran, dass in der Urzeit die Eigenschaft, sich auf Negatives wie z. B. Wolfsgeheul fokussieren zu können, dazu da war, das eigene Überleben zu garantieren. Heute wird es hauptsächlich wie ein Köder auf einer Angelschnur benutzt, um die Masse der Menschen zum Konsumieren zu bewegen. Am besten sind Produkte, welche einen Kaufzwang erzeugen, damit die Industrie sich den Umsatz ohne Risiko garantiert. Dabei ist die Industrie nicht als Bösewicht anzusehen, sondern man muss ihren Zweck verstehen und ihr Zweck heißt: Geld verdienen.

Das heißt auch gleichzeitig, dass zu billige Produkte, welche somit andere Produkte vom Markt verdrängen können, einfach nicht erwünscht sind und damit kommen wir genau zu dem, was die Zukunft ändern wird - eine einfache Substanz, ein einfaches Molekül und eine einfache Lösung - diese Lösung heißt Chlordioxid. Es ist ein einfaches gelbes Gas, welches sich sehr gut in Wasser löst und aus nur zwei Komponenten besteht. Einem Chlor-Ion mit negativer Ladung und O_2, auch als Sauerstoff bekannt. Es ist ein sehr kleines Molekül, das die Eigenschaft hat, überall hinkommen zu können und eine optimale Lösung darstellt, da es hauptsächlich Sauerstoff enthält. Es ist ein optimaler Sauerstoffträger.
Eine weitere, sehr wichtige Eigenschaft dieser Substanz ist, dass sobald sie auf bestimmte Säuren im Körper trifft, sie sich zu Salz und Sauerstoff zersetzt. Dadurch ist sie eine pH-gesteuerte optimale Substanz, welche genau dort ansetzt, wo das Problem der Übersäuerung vorhanden ist - sei es durch Viren, Bakterien, Pilze, Entzündungen oder Milchsäure - und wandelt sich dann zu Salz und Sauerstoff um. Dies geschieht in einem Oxidationsprozess, was nichts anderes ist als ein Verbrennungsvorgang.

Es ist also kein Gift im klassischen Sinne, sondern eine Substanz, welche saure Erreger oxidiert und gleichzeitig O_2, also Sauerstoff, freisetzt und zwar genau dort, wo das Problem besteht, denn wo Entzündungen sind, herrscht auch Sauerstoffmangel.

Da wir jetzt also alle wissen, dass jegliche Viren, Bakterien und Pilze und auch die meisten anderen gesundheitlichen Probleme, welche es gibt, Entzündungen sind und in saurem Milieu entstehen, haben wir den gemeinsamen Nenner gefunden, denn diese Substanz alkalisiert den Körper durch den Oxidationsprozess und setzt gleichzeitig Sauerstoff frei.

Und damit kommen wir auch zum kleinsten gemeinsamen Nenner fast aller Krankheiten, denn die meisten entstehen aufgrund von Durchblutungsproblemen. Und wozu benötigen wir das Blut in erster Linie? Für den Sauerstofftransport: Wenn wir nicht genug Sauerstoff in den Zellen haben, können diese nicht genug Energie erzeugen, da die Energieerzeugung auf Verbrennung beruht. Unsere Zellen; um genau zu sein die Mitochondrien, benutzen den Zucker und Sauerstoff, um Energie herzustellen - man nennt das auch ATP (adeno triphosphat).

Man kann also definitiv sagen, dass Krankheit in erster Linie Energiemangel ist und wenn wir es schaffen, diesen Energiemangel zu beheben, haben wir den ersten großen Schritt gemacht. Dabei ist es wichtig zu wissen, dass diese Substanz, wenn sie oral eingenommen wird, nicht giftig ist und sie hinterlässt keine Rückstände. Einige werden jetzt sagen, dass jede Substanz giftig ist und das stimmt auch, also wie giftig ist Chlordioxid (CDL/CDS)? Die Giftigkeit ist technisch gesehen gleichzusetzen mit der Giftigkeit von Koffein. Es ist sehr schwierig, sich mit Kaffee umzubringen, obwohl einige Leute es konstant versuchen.

Spaß beiseite, Chlordioxid in Form von CDL/CDS hat eine Giftigkeit von 292 mg pro Kilo, das heißt, man müsste 20440 ml (!) für 14 Tage lang zu sich nehmen, um eine Person von 70 kg (mit LD50) zu vergiften. Das ist nicht so einfach, da es sich um ein Gas handelt. Stellen wir uns doch einfach mal vor, wie viel wiegt die Kohlensäure in unserer Wasserflasche? Nicht viel, eben. Um sich mit Chlordioxid in Form von CDS/CDL zu vergiften, müsste man also 15 bis 20 l Wasser trinken und das ist schlicht und einfach gesagt unmöglich und auch der Grund, warum es keine wissenschaftlich belegten Todesfälle durch die Einnahme von Chlordioxid gibt. Im Internet wird zwar einiges behauptet, allerdings ohne wirkliche wissenschaftlichen Grundlagen oder Beweise.

„Aber Moment mal", werden jetzt einige sagen, „da ist ja auch Chlor drin". Tja, so einfach ist das nicht, es handelt sich um Chlorionen, was definitiv nicht das Gleiche ist wie elementares Chlor. Dieses Chlor-Ion hat eine negative Ladung und ist ein einziges Atom (und nicht wie elementares Chlor zwei Atome, also CL2), welches sich sofort im Körper an das meist vorhandene Kation bindet und das ist Natrium. Im Endeffekt heißt es nichts anderes, als dass es sich zu Natriumchlorid (NaCl), also Kochsalz, umwandelt. Und davon haben wir eine ganze Menge im Körper, denn alle unsere Flüssigkeiten sind salzig: unser Blut, unsere Tränen, unser Urin und so weiter. Und was ist mit dem Natriumchlorit (NaClO2)?

Natriumchlorit ist ein Salz, also nur der Vorläufer, um das Gas herzustellen, was nicht mit dem Gas an sich verwechselt werden darf, genauso wenig wie Schwarzpulver kein Kohlenstaub ist, obwohl es denselben enthält. In CDS/CDL ist kein Natriumchlorid vorhanden und deswegen entstehen auch keine schweren Nebeneffekte, welche gesundheitsschädlich sein könnten, denn es wird als Gas komplett im Magen absorbiert und geht von dort direkt in die Blutbahn, wo es dann seinen Job erledigt. Und den macht es auch gründlich, denn wir dürfen eines nicht vergessen - um richtig zu funktionieren, benötigt unser Immunsystem Energie und diese Energie wird durch die Mitochondrien erzeugt, welche seinerseits Sauerstoff benötigen. Ganz einfach gesagt: Es ist so ähnlich wie beim Barbecue am Wochenende. Wenn das Feuer nicht anfangen will zu brennen, bläst man einfach in die angezündeten Kohlen und dieser erhöhte Sauerstoff bringt das Feuer dann zum Brennen und garantiert eine schöne Grillparty.

Ich habe die letzten 14 Jahre damit zugebracht, nur diese eine einzige Substanz zu studieren und die Erfolge sind einfach umwerfend, obwohl sie von der breiten Schulmedizin noch nicht anerkannt sind. Das hat viele Gründe, denn Ärzte lernen in ihrem Medizinstudium nichts über Chlordioxid und dessen Anwendung, und zum anderen ist es noch kein zugelassenes Medikament. Es ist wahrscheinlich deswegen noch nicht zugelassen, da nicht genug Interesse seitens der Industrie besteht, ein Medikament, welches extrem viele Krankheiten heilen kann und zudem nicht viel kostet, auf den Markt zu bringen, aber wir arbeiten daran.

Fakt ist, dass wir seit 2020 die Corona Plandemie haben, wofür CDS in Deutschland, auch CDL genannt, zu 100 % wirksam ist, wenn man es früh genug anwendet. In Bolivien ist es mittlerweile auch per Gesetz zugelassen und im restlichen Lateinamerika ist es nicht mehr aufzuhalten, denn es gibt dort eine Koalition von Ärzten in 23 Ländern, auch bekannt unter dem Namen COMUSAV, wo es über 5000 Ärzte erfolgreich anwenden, denn laut der Welt-Ärztevereinigung und dem Paragraphen 37 dieser internationalen Deklaration darf es jeder Arzt mit einer Einverständniserklärung des Patienten anwenden, die meisten anderen Ärzte wissen allerdings nichts davon.

Es gibt auch mittlerweile erste wissenschaftliche Studien mit Menschen, in denen die Effizienz für Covid-19 zu 100 % nachgewiesen werden kann.

Aber was heißt das Ganze für die Zukunft?

Das hängt ganz und gar von uns ab. Denn wir können weiterhin in Angst als Sklaven leben oder die Zukunft selbst in die Hand nehmen, indem wir uns aufgrund eigener Erfahrung und eines höheren Bewusstseins darüber klar werden, wie wichtig diese Entdeckung ist.

Einer der wichtigsten Faktoren dieser Substanz ist, dass sie Ärzten und Fachpersonal, welche ständig mit Patienten zusammenkommen und Angst um ihr Leben und jenes ihrer Familie haben, diese Angst komplett wegnehmen und genau das ist es, was wir in der Zukunft brauchen: ein angstfreies Leben. Denn die Hauptursache aller Krankheiten ist zwar Energiemangel, aber wir müssen uns darin im Klaren sein, dass Angst einer der größten Energieräuber überhaupt ist, die es gibt und demzufolge krank macht.

Das Wissen um diese Substanz und somit auch der Kreis der Anwender wird mittlerweile immer größer und damit können zukünftig viele Gesundheitsprobleme gelöst werden, für die es heute in der Schulmedizin einfach keine Lösung gibt. Selbstverständlich wird es viele geben, die es ablehnen, aber früher oder später werden wir alle krank werden und dann wird es darauf ankommen, ob wir dieses Wissen haben und anwenden können oder nicht. Es wird wahrscheinlich noch einige Jahre dauern, denn Veränderungen sind nicht kurzfristig möglich, aber ich gehe davon aus, dass es in zehn Jahren ganz anders aussehen wird.

Meist kennt man mich aufgrund des CDS (CDL in Deutsch), aber ich muss zugeben, dass ich ein grottenschlechter Chemiker bin, denn mein Hauptgebiet sind Frequenzen. Genau diese sind es, die der Körper braucht, damit alle Zellen untereinander kommunizieren können und somit genau das tun, was sie sollen. Nur so gewährleistet sich eine gesunde Körperfunktion. Was werden Frequenzen in der Zukunft machen? Es werden sich langsam verschiedene gute Apparate vieler Hersteller als effiziente Therapie durchsetzen. In meinem Fall handelt es sich um den Biotrohn und den Plasmatron, wobei der Biothron auf einer Technologie beruht, welche elektrische Mikro Impulse an den Körper weitergibt anhand von zwei Elektroden und der Plasmatron ein Apparat ist, welcher digital angesteuert wird, um Plasma-Impulse sehr präzise für therapeutische Zwecke anwenden zu können.

Das Ganze beruht auf der Technologie der Kohärenz, denn nur wenn eine Kohärenz in allen Zellen des Körpers vorhanden ist, gibt es auch eine perfekte Zellkommunikation, welche für die einwandfreie Funktion unseres Metabolismus unumgänglich ist. Nur wenn wir eine perfekte Zellkommunikation haben, kann unser Körper auf jeden äußeren Einfluss korrekt reagieren, um das Gleichgewicht sofort wieder herzustellen.

Wie muss man sich das vorstellen? Wenn wir uns vorstellen, dass wir beim Münchner Oktoberfest dabei sind, umgeben von vielen Menschen, welche ihren Arm einhaken um zu schunkeln, werden wir feststellen, dass wenn wir auf jeder Seite links und rechts jeweils 20 bärenstarke Bayern eingehakt haben, welche lauthals singen und schunkeln, wir im gleichen Takt mitschunkeln werden - ob wir wollen oder nicht. Das heißt, wenn eine Zelle nicht richtig funktioniert und alle anderen Nachbarzellen in eine richtige Resonanzfrequenz kommen, wird auf der einen Seite Information übertragen, aber auf der anderen Seite wird auch Energie übertragen und genau das ist es, was der Körper braucht, um wieder in einen Zustand der zellulären Kohärenz zu kommen.

Wenn wir uns fragen, wie diese zelluläre Inkohärenz überhaupt erst stattfinden kann, liegt es daran, dass wir uns im Klaren sein müssen, dass Stresszustände Blockaden erzeugen. Diese wiederum sind oft elektro-molekularer Natur und unterbinden eine korrekte Zellkommunikation. Wir können z.B. beobachten, dass Krebszellen nicht miteinander kommunizieren im Gegensatz zu normalen Zellen, wo die

Fibroblasten in der Mitose sich alle gleichzeitig teilen. Das heißt einfach gesagt nichts anderes, als dass alle gesunden Zellen miteinander kommunizieren und sich bei der Zellteilung alle zusammen teilen.

Wenn ich jetzt weiß, welche Zellen welche Zellresonanzen haben, kann ich sie über Frequenzen direkt ansprechen und zum Schwingen bringen - es entsteht also ein Resonanzeffekt.

Liebe ist übrigens auch ein Resonanzeffekt und für mich physikalisch gesehen die größte Energie des Universums, welche sich selbst nur durch Resonanzeffekte geschaffen haben kann. Das heißt also, das Universum besteht aus Liebe. Jeder, der schon mal verliebt war, weiß definitiv, was ein Urknall ist.

Diese Frequenzen können auch sehr klein sein, wie es bei der Homöopathie der Fall ist, wo das Wasser die Frequenzen der Substanzen gespeichert hat und dann an unseren Körper weitergibt. Wir wissen, dass Wasser ein optimales Speichermedium ist und wer weiß, ob nicht unsere eigenen Erinnerungen möglicherweise auf diesem Prinzip beruhen? Homöopathie funktioniert jedoch nur, wenn das Körperwasser nicht verschmutzt ist und diese subtilen Frequenzen und deren Informationen auch an die Zellen weitergegeben werden können. Deswegen funktioniert Homöopathie normalerweise auch besser bei Kindern als bei Senioren. Dass Homöopathie schulmedizinisch nicht anerkannt ist, heißt nicht, dass sie nicht funktioniert, sondern dass die Schulmedizin nicht nachweisen konnte, warum sie funktioniert oder nicht. Ich möchte hier daran erinnern, dass laut Schulmedizin Placebos zu über 20 % effizient sind und es sogar legale Medikamente gibt, die unterhalb dieses Prozentsatzes liegen.

In Zukunft werden wir auch medizinische Hi-Tech Betten haben, welche verschiedenste Frequenz-Technologien anwenden können, sowohl induktiv als auch mit Kontakt und diese Betten werden in Zukunft immer mehr verbessert, um dann auch klinisch angewandt zu werden, denn ein pharmazeutisches System, welches nur Symptome behandelt, ist langfristig definitiv nicht haltbar und macht auch keinen Sinn. Kurzfristig erzeugt es zwar eine große Menge von Geld, aber auch Frustration bei Ärzten, welche dieselben Patienten jahrein jahraus mit denselben Problemen bei sich haben. Ich konnte feststellen, dass es für die meisten Ärzte nichts Schöneres gibt, als einen Patienten heilen zu können und auf diese Heilung werden sich viele Ärzte in Zukunft wieder konzentrieren wollen, solange sie nicht aus Angst weiterhin dieselben nutzlosen Chemotherapien verschreiben mit der Überzeugung, das Richtige zu tun. Allerdings muss ich dazu sagen, dass eine Veränderung nur dann kommt, wenn der Schmerz größer ist als die Angst vor einer Veränderung. Genauso war es in Lateinamerika, wo allein in Mexiko über 4000 Ärzte am Coronavirus starben und andere Ärzte somit keine Angst hatten, Alternativen wie in diesem Fall Chlordioxid zu studieren und anzuwenden.

Wir werden in der Zukunft feststellen, dass alles, was wir tun, einen viel größeren Einfluss hat, als wir bislang angenommen haben. Jede positive Aktion wird uns auch positive Energie bringen, welche essentiell ist, damit die Menschheit sich weiterhin positiv entwickeln kann. Wir werden in Zukunft starke Einbrüche in der sogenannten Bevölkerungsexplosion und möglicherweise Rezession sehen, denn alles ist zyklisch.

Wir werden in der Zukunft eine demokratische Inklusion sehen, da Länder wie Japan, Europa und in Zukunft auch China fallende Geburtsraten haben werden und sich die Pyramide des Wachstums umdrehen wird. Wir können es jetzt schon sehen und zwar, in dem das Verhältnis zwischen alten und jungen Menschen sich immer mehr verschiebt, da wir immer älter werden. Durch wachsenden Wohlstand und Bewusstsein wird immer klarer, dass es nicht sinnvoll ist, 10 Kinder zu haben. Langfristig wird sich eine ein- oder zwei-Kind Politik ohne Notwendigkeit von gesetzlichen Auflagen (wie es in China der Fall war) durchsetzen, denn der Wohlstand der Eltern bringt automatisch mit sich, dass sie für ihre Kinder optimale Verhältnisse haben wollen und dies ist bei sehr großen Familien nur schwer machbar.

Des Weiteren wird sich in Zukunft durchsetzen, dass wir als Menschen immer transparenter werden, da es keine Privatsphäre mehr geben wird. Alles, was wir tun oder sagen (oder in Zukunft vielleicht auch denken) wird gespeichert und mit künstlicher Intelligenz analysiert. Diese kann, wenn sie richtig angewendet wird, einer der größten Segen der Menschheit sein, aber im Gegenteil auch ihr Untergang. Ich sehe das Ganze positiv, denn uns geht es heute besser als jemals zuvor und das meine ich ernst, denn im Mittelalter hätten sie mich schon lange auf dem Scheiterhaufen verbrannt. Da wir heute keine nationalen Hungersnöte mehr haben wie vor 200 Jahren, kann man durchaus sagen, dass es uns so gut geht wie noch nie. Okay, ich gebe gerne zu, dass viele von uns Deutschen das etwas anders sehen, denn nörgeln liegt in unseren Genen. Aber es macht andererseits auch seinen Sinn, denn wir möchten Dinge optimieren, was wiederum eine Herausforderung ist, also ist das Ganze doch wieder positiv zu sehen.

Es wird in Zukunft viele Jobs geben, welche aufgrund schnell fortschreitender Technologien überflüssig werden. Das heißt aber auch gleichzeitig, dass wir Menschen uns dann auf genau das konzentrieren können, wo wir am besten sind und auch bleiben werden. Es sind unsere Träume, unsere Ideen und unsere Kreativität. Wir werden, wenn wir richtig vorgehen, sie in Zukunft so anwenden können, dass wir in relativ kurzer Zeit zusammen mit (dem Delegieren von Routinen an eine positive) künstliche(r) Intelligenz dazu fähig sein werden, Sachen zu machen, die unsere Vorstellungskraft bei weitem übertrifft.

Es wird ähnlich sein wie die Pyramide von Maslow, in der es am unteren Ende um das Überleben geht, die Hauptziele in der Mitte Liebe und Zugehörigkeit sind und an der Spitze befindet sich - das Einzige, was langfristig wirklich interessiert - das Wissen um die Wahrheit und Spiritualität. Nur wäre es in diesem Fall nicht individuell, sondern auf unser gesamtes Gesellschaftssystem bezogen.

Des Weiteren wird sich auch die Umwelt verändern, denn die Zeit der fossilen Brennstoffe neigt sich ihrem Ende zu. Es macht langfristig auch keinen Sinn, Milliarden Tonnen von Kohlenstoff, die seit Hunderten von Millionen Jahren vergraben sind und nicht Teil unseres normalen natürlichen Kohlenstoffkreislauf sind, aus dem Untergrund zu fördern und dem bestehenden Kohlenstoffkreislauf hinzuzufügen. Elektrofahrzeuge, welche die sich selbst steuern, werden in Zukunft selbstverständlich sein, das heißt wir werden keine Taxifahrer mehr brauchen, aber auch keine LKW-Fahrer denn die Fahrzeuge steuern sich selbst sicher durch den Verkehr.
Bis jetzt habe ich nur materielle Dinge erwähnt, aber wie wirkt sich das Ganze auf die spirituelle Ebene aus?

Auch in der Zukunft werden die Menschen materialistisch sein, denn jedes Lebewesen ist opportunistisch, allerdings ist der große Unterschied das Bewusstsein und die Möglichkeiten, welche die Menschen in der Zukunft haben werden. Die Menschheit der Zukunft wird begreifen, dass Energie aller Materie zugrunde liegt und kann dann auch die Materie manipulieren und somit kontrollieren. Die Gesellschaft wird verstehen, dass Gedanken der Energie zugrunde liegen, sie wird erkennen, dass alles aus Ideen besteht. Als Ergebnis wird die Menschheit in der Lage sein, Energie und damit auch Materie noch dramatischer als heute zu manipulieren und zu kontrollieren.

Fortgeschrittene Individuen werden möglicherweise in der Lage sein, materielle Objekte zu verändern, ja sogar zu erschaffen, natürliche Kräfte zu kontrollieren und Gedanken direkt mit anderen Menschen zu teilen - Fähigkeiten, die der Durchschnittsmensch heute als wundersam, magisch oder fantastisch ansehen würde. Während die Menschen jetzt in erster Linie durch ihr Eigeninteresse motiviert sind, werden sie in Zukunft versuchen, persönliche Perfektion zu erreichen. Während die Menschen sich jetzt mehr auf die Vernunft und den Intellekt verlassen, um zu einer tieferen Ebene des Verstehens zu gelangen, wird die Gesellschaft der Zukunft mehr auf natürliche Intuition angewiesen sein, aufgrund einer höheren Ebene des Denkens und Fühlens

Wir alle nutzen die Kraft der Gedanken auch, um die physischen Eigenschaften unseres Körpers zu bestimmen. Die meisten von uns wissen es allerdings nicht, weil wir es auf einer unterbewussten Ebene tun. In Zukunft werden die Menschen zuerst ein größeres Bewusstsein für ihre Gedanken und deren Auswirkungen bekommen und dann allmählich ihre Gedanken nach ihrem Willen lenken. Eine weitere besondere, mentale Fähigkeit wird die Fähigkeit sein, dass Männer und Frauen Gedanken austauschen können. So können wir die Gefühle des anderen viel tiefer und schneller verstehen. Somit können wir auch das Wissen besser integrieren und Wissen verstehen wird auf anderem Wissen aufbauen, anstatt einfach nur akkumuliert zu werden, um es nachher zu vergessen, wie es heute der Fall ist. Die Möglichkeit, gegenseitig weltweit zu kommunizieren und auch intuitiv zu fühlen, wird das Verbreiten von Wissen überall beschleunigen und dieses Licht wird die dunklen Machenschaften einiger weniger, aber dennoch sehr Mächtiger ins richtige Licht rücken und langfristig zu großen Veränderungen führen, welche die Menschheit in eine noch nie dagewesene Renaissance auf allen Ebenen bringen wird.

Über den Autor:

Andreas Kalcker ist ein Biophysiker und Erfinder deutscher Herkunft, der den größten Teil seines Lebens in Spanien verbracht hat und seit vielen Jahren in der Schweiz lebt. Sein Arbeitsschwerpunkt liegt im Bereich der Forschung der therapeutischen Verwendung von Chlordioxid bei zahlreichen Diagnosen, u.a. bei Entzündungen, Infektionen, Sepsis und Sars-Cov2-Coronavirus.

Dank seiner Anstrengungen wird die Chlordioxidlösung seit 2020 in einer Reihe von Ländern in Latein- und Mittelamerikas sehr erfolgreich zur Behandlung von Sars-Cov-2-Infektionen eingesetzt.

2021 verlieh ihm die University of Medicine of Mexico die Ehrendoktorwürde

Sein erstes Buch „Gesundheit verboten - unheilbar war gestern" wurde zum Bestseller.

Website: https://andreaskalcker.com/de/

Christa Jasinski

TANZEN IST WIE DIE BEWEGUNG DES ALLS

Jeder Tanz ist ein Erlebnis, jeder Tanz eine neue Erfahrung. Tanz und Spiel ist alles im Universum.
Als Kind liebte ich es, mit meinem Vater die Sterne zu betrachten und er erklärte mir Sterne, Sternbilder und das Zusammenspiel der Bewegung unter den Sternen. Ich verglich es damals schon mit dem Tanzen. Es konnte doch nur so sein: Die Sterne tanzen. Und so begleitete mein ganzes Leben die Vorstellung: «Die Sterne tanzen.»

Später ahnte ich: Licht, Zahl, Ton und Wort spiegeln das innere Wesen alles Geschaffenen. So entspricht eine Zahl, ein Ton oder ein Wort einer Farbe und die Farbe entspricht einem Ton oder einer Zahl. Jedes folgt seinem eigenen Gesetz und doch in ihrem inneren Kern sind sie vollkommen eins: Manifestationen der einen göttlichen Kraft. Jede dieser Erscheinungen offenbart einen anderen Aspekt, eine andere Seite des unendlichen göttlichen Daseins. Nirgendwo besser beschrieben ist das als in Hermann Hesses Glasperlenspiel.
Dann kam eines Tages mein Mann von einem Gespräch mit einer außerirdischen Frau nach Hause, das mich enorm beeindruckte - hier ein Auszug daraus:
Es geht um eine neue Form der Wahrnehmung eurer Umgebung und des Universums. Es geht nicht darum, einen GOTT zu erforschen oder SEINE Beweggründe zu definieren, weil etwas Grundsätzliches auch nicht zu analysieren ist, ohne ins Spekulieren zu kommen. Eure Wahrnehmung für einen ganzheitlichen Kosmos voller Leben und mannigfaltigen Erscheinungen würde euch soviel neues zum Erforschen geben, wodurch ihr für Jahrtausende ausgelastet sein würdet. Auf die Idee zu kommen, das Schöpfungsprinzip durchschauen zu müssen, zeugt von eurer Engsicht und Seelenvergessenheit. Welcher Apfel wäre

schon in der Lage, seinen Stamm zu definieren? Der ganzheitliche Kosmos, das holistische Miteinander, bestimmt erst eine breite Basis der Forschungen, die euch den Atem nehmen würden -euch das Staunen und die Erhabenheit der Schöpfung wieder vor Augen und Sinnen zu führen. Die Möglichkeit, durch Raum und Zeit zu reisen, ohne dafür eine Blechbüchse konstruieren zu müssen -oder die atemberaubenden Lichtspiele neu entstehender Galaxien mit eigenen Augen zu sehen -all das wäre euch möglich, wenn ihr es nur wahrhaben wolltet.

Das Spiel der Elektronen erforschen, wie sie sich formieren, wenn neues Leben entsteht, im Leib einer werdenden Mutter -Sternengesang eurer Neuronen hörbar zu machen mit einer Technik, die ihr im Moment nicht einmal definieren könnt. Es gäbe für euch und uns so viel gemeinsam zu erforschen und zu erleben! Aus „Thalus von Athos - die Offenbarung"

Das zu lesen war für mich der Moment, wo ich begann, die Welt mit völlig anderen Augen zu betrachten und es war, als zöge ich all das an, was mir in Etappen die Musik und den Tanz der Welt eröffnete. Seit Jahrtausenden denken Menschen darüber nach, dass in unserem Sonnensystem eine geheimnisvolle Ordnung verborgen ist. Pythagoras war von einer Sphärenmusik überzeugt, Platon brachte die Anordnung der Himmelskörper mit bestimmten Zahlen in Verbindung und Johannes Kepler entwickelte am Beginn der wissenschaftlich geprägten Neuzeit seine richtungsweisenden Gedanken zur „Welt-Harmonik". Er versuchte, sie mit Hilfe der von ihm entdeckten Planetengesetze auf ein exaktes Fundament zu stellen. Er schrieb:

In dieser Weise hat die Wunderwerke seiner Weisheit geschmückt Er, der vor aller Zeit und in alle Ewigkeit ist. Nirgends ist etwas zu viel, nirgends ist etwas zu wenig da; nirgends ist ein Angriffspunkt für die Kritik. Wie lieblich sind seine Werke! Alles ist gedoppelt; eins steht dem anderen gegenüber. Zu keinem fehlt das Gegenbild. Einem jeden hat er seine Vorzüge (Schmuck und Zier) sicher zugeteilt (durch beste Gründe festgesetzt), und wer bekommt genug in der Betrachtung der Herrlichkeit. Aus Johannes Kepplers „Weltharmonik".

Alles im Universum ist Bewegung, Musik und Tanz! Unser Planet gibt einen Ton von sich - den Ton D - so, wie jeder Planet seinen eigenen Ton ins All gibt. Alle Planeten zusammen ergeben ein riesiges Orchester mit dem Konzert dieses Universums. Und unsere Planeten tanzen dazu. Es gibt eine großartige Ordnung in unserem Sonnensystem, die den uralten Traum von einer Sphärenharmonie auf eine ganz neue Weise bestätigt. Man entdeckte, dass die Signatur der Sphären auf der Grundlage moderner astronomischer Erkenntnisse und Berechnungsverfahren den Nachweis erbringen, dass in unserer kosmischen Heimat tatsächlich eine wunderbare und äußerst verblüffende Ordnung vorhanden ist. Wer die Planetenbewegungen zueinander mit Linien verbindet der entdeckt sehr schnell, dass dabei wunderbare geometrische Figuren entstehen und musikalische Intervalle.

Hartmut Warm schrieb dazu:

Im Detail unterscheiden sich Sonnennähe und Sonnenferne, so wie der Zusammenhang zweier Oktaven von dem einer (um eine Oktave erhöhten) Quarte und einer Quinte differiert. Doch seien die Verhältnisse nun musikalisch oder nicht, die vier, wie gespiegelt ineinandergreifenden Hauptkreise zeigen mit einer solchen Deutlichkeit eine wohlwollende Struktur, dass es einen tieferen Grund dafür geben muss.

Hartmut Warm „Die Signatur der Sphären»

Seit langer Zeit ist bekannt -und möglicherweise wusste man schon im Mittelalter oder sogar bereits bei den Babyloniern davon -dass zum Beispiel die Bewegungen der Erde und der Venus in einem sehr ungewöhnlichen Verhältnis zueinanderstehen. Es ist daher einigermaßen verwunderlich, dass man in fast keinem Astronomiebuch etwas über das „Pentagramma veneris" erfährt. Ich könnte hierüber stundenlang in Schwärmen kommen, doch dann würde jeder erst einmal sagen: Thema verfehlt!

Wäre das Thema tatsächlich verfehlt? Ich denke nicht, denn auch unser Tanz hat ganz viel damit zu tun. Wir bewegen beim Tanz unseren Körper nach Musik und hier gibt es ebenso ganz bestimmte Regeln. Es passiert etwas beim Tanzen und Tanz bringt große Freude:

1. Freude an der Bewegung des Körpers
2. Freude am Einssein mit der Musik
3. Freude daran, mit anderen Menschen etwas gemeinsam zu tun.
4. Freude an einer Bewusstseinserweiterung

Die Punkte 1 bis 3 sind eigentlich ziemlich klar - vor allem für Menschen, die gerne tanzen. Ich gehöre dazu. Es bereitet mir ein großes Vergnügen, meinen Körper nach den Vorgaben einer Musik zu bewegen. Ich bin beim Tanz tatsächlich eins mit der Musik und es ist mir dabei erst einmal völlig egal, ob ich mit einem Partner oder mehreren Menschen gemeinsam tanze, oder ob ich das ganz für mich alleine mache. Wenn ich tanze, benötige ich Raum und bei den meisten Tanzveranstaltungen gibt es davon viel zu wenig. Man muss im Grunde ständig aufpassen, dass man nicht mit anderen zusammenstößt, was die Freude am Tanzen ein wenig schmälert. Allerdings gehöre ich auch eher zu den wilden Tänzerinnen. Vor vielen Jahren wünschte ich mir einmal, dass ich eine ganze Turnhalle für mich alleine zum Tanzen hätte (leider tanzte mein damaliger Mann nur sehr ungern, also tanzte ich eben alleine). Und einige Jahre später erfüllte sich dieser Traum von mir. Ich bekam tatsächlich die Möglichkeit, hin und wieder eine Turnhalle an Sonntagen, wenn sie nicht belegt war, für meine Tanzorgien zu benutzen. Ich war körperlich meist nach ein bis zwei Stunden völlig ausgelaugt, aber ich war glücklich! Mein Adrenalinspiegel hatte Höchstwerte erreicht.

Natürlich habe ich auch Freude, wenn ich mit anderen Menschen gemeinsam tanze. Als Kind war ich ein paar Jahre in einer Volkstanzgruppe und ich möchte diese Erfahrung nicht missen. Es ist sehr schade, dass es davon heute kaum noch welche gibt. Tanzen sollte in der Schule ein Hauptfach sein.

Nun aber zu Punkt 4, wo ich behaupte, dass wir durch Tanzen sogar eine Bewusstseinserfahrung erreichen können. Vor vielen Jahren beschäftigte ich mich mit dem Tanz der Derwische und die machen das aus einem einzigen Grund: Sie sagen, sie erhöhen dadurch ihr Bewusstsein!
Zuerst konnte ich mit dieser Aussage überhaupt nichts anfangen und ich konnte mir auch nicht vorstellen, wie es durch das Drehen des Körpers zu einer Bewusstseinserweiterung kommen soll. Doch dann begann ich damit, mich mit der Spirale zu befassen und mir fiel es wie Schuppen von den Augen: Ein Körper, der sich dreht, baut eine feinstoffliche Spirale auf und jede Drehung erzeugt so etwas wie einen kleinen Tornado, der nach oben immer größer wird. Es entfaltet sich beim Drehen des Körpers oberhalb des Kopfes ein Trichter, der in der Lage ist, das Kopfchakra zu öffnen. Ein Trichter, der zum Kosmos hin immer größer wird. Kosmisches Wissen kann auf diese Weise aufgefangen werden. Die Derwische haben Recht! Mich hat immer das Wirbeln des Körpers fasziniert - egal ob eine Tänzerin oder eine Eisläuferin ihre Pirouetten dreht - und nicht nur die Pirouetten. Tanz ist einfach etwas Wunderbares! Man ist

dabei gleichzeitig im Einklang mit den Bewegungen des Alls, mit sich selbst und mit den Tönen der Musik.

Über die Autorin:

Christa Jasinski wurde bekannt durch die Veröffentlichung der Aufzeichnungen ihres verstorbenen Mannes Alf Jasinski (Thalus von Athos) in denen es um die Themen InnerErde, Morpho-/Akasha-Feld und Blutlinien geht. In ihren Vorträgen berichtet sie von einer von Alf Jasinski oft besuchten Zivilisation im Inneren der Erde. In ihrem Buch „Aönen und Archonten" erklärt sie, dass wir diese Mächte alle in unterschiedlichen Anteilen in uns haben, und dass es für uns ein großer Segen wäre, wenn diese im Gleichgewicht sind, denn dann könnten wir diese Urmächte sogar aufbauend für uns nutzen: „Die Menschen früher sprachen von Göttern, wenn sie diese Mächte anriefen, wenn sie deren Unterstützung benötigten. Es gibt viele Möglichkeiten, sich dieser Kräfte zu bedienen, und diese Möglichkeiten werden in ihrem Buch aufgezeigt."

http://www.christa-jasinski.de

Vera Brandes

ÜBERGANG

Ich lag noch wach im Bett und auf einmal erreichte mich eine gewaltige Energiewelle. Eine unfassbar hohe Schwingung ergriff mich, ich hatte das Gefühl, jede Zelle in meinem Körper vibriert tausendmal stärker als sonst. Ich war eingetaucht in ein riesiges Liebesgefühl, es war wie eine Art "Liebesanfall".
Ich wusste nicht mehr, was Traum war und was Wirklichkeit - wenn es diesen Unterschied überhaupt gibt.

Im nächsten Moment fiel mir auf, dass sich mein „Liebesanfall" auf alles und alle bezog. Ich war völlig elektrisiert, ich erkannte das Wunderbare, das Einmalige, die Schönheit in allem, das Geschenk, das in jedem lag, dem ich je begegnet bin und in jedem Moment, den ich je erlebt habe und war erfüllt von tiefer Dankbarkeit. In diesem Zustand war es völlig unmöglich, irgendeine negative Emotion zu empfinden. Ich probierte es aus, ob ich ein negatives Gefühl in mir hervorholen könnte, aber es war nicht möglich. In diesem Zustand war nur Liebe möglich, kein Groll, kein Ärger, keine Wut, keine Enttäuschung, kein Versagen, keine Unwahrheit, keine Trauer, es war alles gut, alles perfekt, alles Gott gegeben.

Das Erstaunlichste war, dass auf einmal alle anfingen, die Welt durch diese Augen zu sehen. Es gab keinen Hass mehr zwischen den Menschen, keine Missgunst, kein Misstrauen, keinen Betrug, keinen Neid, kein Übervorteilen, keine Eifersucht, nur Wertschätzung, Zuneigung, Bewunderung, Vergebung, Verzeihen, Liebe. Die Menschen sprachen über die zurückliegenden Zeiten, über die Missverständnisse, über ihr falsches, blindes Vertrauen, ihre Ängste und Sorgen, die sie fast um den Verstand gebracht hätten. Die, die dafür verantwortlich waren, entschuldigten sich und es wurde ihnen vergeben und verziehen. Am Ende brach ein Gelächter aus, das sich wie ein Lauffeuer um den ganzen

Globus ausbreitete. Die, die Unwahrheiten verbreitet hatten, lagen sich mit den Geschädigten in den Armen, das Lachen und Weinen wechselte schnell.

Es stellte sich heraus, es gab für das ganze Geschehen verkettete Gründe, die vieles gemeinsam hatten: Existenzangst, Erpressbarkeit, Machtgelüste, Ignoranz, Ehrgeiz, Raffgier, Skrupellosigkeit. Aber vor allem völlige Unwissenheit, Ignoranz, Verdrängung und Blindheit gegenüber den Kräften, die die Welt bis dahin beherrscht hatten.

Eine gewaltige Welle zog über die Länder, die Welle des Bedauerns und der Reue. Wer Reue zeigte für seine Taten und/oder Unterlassungen, dem wurde vergeben. Wer nicht genug Selbstliebe in sich aufbringen konnte, um sich selbst zu verzeihen, was er getan hatte, löste sich physisch auf. Dies geschah schnell und schmerzlos, ich hatte das Gefühl, dass es dabei mehr um eine Art „verschieben" in eine andere Dimension ging.

Ich merkte, ich konnte mich auf einmal an alles erinnern, was ich je gehört, gesehen, gefühlt und gedacht habe. Ich fing an, die Namen aller meiner Lehrer aufzuzählen, die ich in meinen 15 Schuljahren hatte. Mir fielen alle ein.

Mir war klar, dies ist so, wie es eigentlich ist, sein sollte, früher war, zukünftig wieder sein wird. Ich erinnerte mich an die Worte meiner Freundin Tonia. Sie ist ein Wesen von einem anderen Stern und weiß fast immer, was gespielt wird. Sie sagte mir einmal: You will see, Vera, it's all about LOVE.

Im nächsten Moment sehe ich mich in einem Auto sitzen, am Steuer Angela Merkel, ich auf dem Beifahrersitz, dicht vor uns eine Mauer. Ihr Fuß steht immer noch auf dem Gaspedal. Ich drehe mich zu ihr um und sage: „Angela, siehst Du nicht, Du hast das Ding an die Wand gefahren; Gas geben macht keinen Sinn mehr!" Ich wiederhole den Satz mehrmals, bis sie endlich den Fuß vom Gas nimmt.

Website: www.traumwelten.at

Frank Jacob

DAS ENDE DER WELT, WIE WIR SIE KENNEN (...UND ES GEHT MIR GUT!)

Es steht uns technisch eigentlich nichts mehr im Wege, das Leben auf dieser Erde in ein lebendiges Paradies für alle zu verwandeln. Warum also haben wir das noch nicht erreicht? Diese eine Frage ist so komplex, dass es ein Ding der Unmöglichkeit zu sein scheint, sie überhaupt zu beantworten. Aber ich glaube nicht, dass sie unmöglich ist.

Es gibt viele Dinge, die über die Zukunft gesagt worden sind. Propheten, Hellseher, Philosophen, Futuristen, sie alle haben ihren Teil dazu beigetragen, vorherzusagen, wohin wir uns bewegen werden. Woher haben sie ihre Inspiration bezogen? Vielleicht ist es das Magnetfeld, das die Erde umgibt, das Michael Persinger mit den mystischen «Akasha-Aufzeichnungen» vergleicht, von denen es heißt, dass sie alle aufgezeichneten Gedanken, Handlungen, Worte und Taten eines jeden enthalten, der jemals auf der Erde gewandelt ist - und die wir mit der Resonanzfrequenz unserer Zirbeldrüse anzapfen können. Oder handelt es sich um ein Durchsickern aus einer parallelen Zeitlinie oder einer anderen Dimension? Was ist mit Zeitreisenden?

Klar ist, dass wir in einer Zeit angekommen sind, in der all das oben Genannte offen als plausibel diskutiert und in einigen Fällen sogar mathematisch in fein abgestimmten physikalischen Modellen ausgearbeitet wurde. Was viele noch vor 100 Jahren für Magie gehalten hätten, hat sich zu den grundlegendsten Werkzeugen entwickelt, die für Arbeit, Kommunikation, künstlerischen Ausdruck, Wissenschaft und vieles mehr im täglichen Leben selbst der einfachsten Menschen verwendet werden.

Aber all diese „Magie" hat uns immer noch nicht geholfen, einen Weg zu finden, das Leben auf der Welt in seiner Gesamtheit zu harmonisieren. Mit Harmonisierung meine ich nicht, dass wir am besten in einer homogenisierten Monokultur leben, in der jeder Mensch, jede Rasse und jedes Land danach strebt, gleich zu sein. Es ist die Vielfalt, die das Leben auf diesem Planeten interessant macht, und sie lässt bei mir jedes Mal die Alarmglocken schrillen, wenn ich Kommentare unserer globalen «Führer» vernehme, die «ihre» Form des Paradieses ankündigen. Das scheint immer eine globale Währung - vorzugsweise digital -, die Worte «globaler Reset» und «neue Weltordnung» zu beinhalten und hat wenig damit zu tun, die Dinge so zu regeln, dass jeder sein volles Potenzial entfalten kann - geistig und spirituell - und dabei dem Ökosystem des Planeten möglichst wenig Schaden zufügt. Wir können bereits mit Pflanzen kommunizieren, Leute! Die meisten von uns wissen einfach nichts davon.

Ihre Vorstellungen von einem globalen System scheinen nur den größtmöglichen Kompromiss zu beinhalten, um den größten gemeinsamen Nenner zu erreichen; was in der Regel bedeutet, dass man der Herde folgen muss - in die Vergessenheit, wenn nötig - um «das größere Ganze» zu retten. In Anbetracht der jüngsten Vaxxinierungsproblematik ist dies eine erschreckende und lähmende Vorstellung. Offensichtlich haben unsere sogenannten Führer den Bezug zur Realität völlig verloren. In ihrem Ego-Eifer, an die Spitze zu kommen, sind sie rücksichtslos über so viele Leichen wie nötig getreten, ohne Rücksicht auf die Konsequenzen. Sie haben nie einen Moment innegehalten, um das Leben aus einer völlig anderen Perspektive zu betrachten. Vor allem eine, die zeigt, dass der Kaiser keine Kleider trägt! Diejenigen, die das heutzutage tun, werden einfach «Verschwörungstheoretiker» genannt. So einfach ist das. Die Grenzen waren noch nie so klar gezogen. Diese Soziopathen und Narzissten sind wie Showhunde darauf getrimmt worden, dem Status quo erst zu folgen und dann zu führen, und da ist kein Platz für einen Underdog.

Technisch gesehen kann man sie nicht wirklich dafür verantwortlich machen. Sie tun wirklich nur das, was man ihnen beigebracht hat, und zwar durch dasselbe System, das jetzt zum äußersten Ausdruck der Konformität heranreift. Und all das wird durch die neue Integration von Künstlicher Intelligenz noch mehr ermöglicht. Diese Welt erreicht jetzt ihren Zenit. Zu glauben, dass das alles plötzlich verschwindet, weil einige von uns es sich wünschen, ist bestenfalls naiv, schlimmstenfalls gefährlich.

Wir sind nicht über Nacht hierher gekommen. Wenn wir nur die letzten 200 Jahre betrachten, können wir sehen, dass eine kleine Kabale von Individuen die Dinge sorgfältig, geschickt und geduldig in Richtung Verwirklichung gelenkt hat. Sie haben dies getan, weil sie die wertvollsten Vermögenswerte früh erkannt und die Kontrolle über sie übernommen haben. Dazu gehört in erster Linie das Geld. Dann die Presse, dann die Regierung. Die Mittel, die sie einsetzen, um diese Hegemonie aufrechtzuerhalten, sind, gelinde gesagt, brutal. Nichts wird verschont oder ist heilig. Es macht keinen Sinn zu glauben, dass sie ihre Macht friedlich aufgeben werden und dann verliebt mit einer Blume im Haar weggehen werden. Nein, sie sind knallhart.

Geld kontrolliert uns - nicht, weil es an sich schlecht ist, sondern vor allem, weil die Währungsmeister, diese Bankster, sich ein System ausgedacht und auferlegt haben, uns Zinsen auf Zinsen zu berechnen. Sie benutzen Steuern und die Expansion und Kontraktion der Geldmenge, um uns versklavt zu halten. Man kann über das Dritte Reich sagen, was man will, aber man kann nicht leugnen, dass Hitlers Vertreibung dieses verrotteten Bankensystems und derer, die es betrieben, aus Deutschland in den frühen 30er Jahren - eine wenig bekannte Tatsache - zum größten Wohlstand, technologischen und kulturellen Aufschwung führte, den eine Nation in der gesamten Geschichte je erlebt hat. Und das alles in weniger als 5 Jahren! Während alle anderen «reichen» Länder ihre Bürger in einem Zustand der Depression und Entbehrung hielten, zeigten die fleißigen, erfinderischen Deutschen, dass mit etwas Disziplin auch ein anderer Weg möglich ist. Manche haben gesagt, dass es der letzte Versuch in der Geschichte war, eine utopische Nation zu schaffen, in der es allen gut geht. Interessant, wie Sefton Delmer, Großbritanniens dunkler Propagandaminister jener Zeit, es eine «Wohlfühl-Diktatur» nannte.

Nun, wir alle wissen, wie das ausgegangen ist. Mit der geplanten Zerstörung Deutschlands und dem anschließenden höchst erfolgreichen Entmannungs- und Umerziehungsprogramm der überlebenden Nachkriegsbevölkerung wurden die Weichen für unsere heutige «moderne Welt» gestellt, in der alles erlaubt ist. Die Idee der «Nation» an sich wird heutzutage als Bedrohung angesehen, während sozialistische Ideologien - die zum katastrophalen Tod von Hunderten von Millionen Menschen geführt haben und von denen nie bewiesen wurde, dass sie eine Gesellschaft zu ihrer höchsten Ausdrucksform bringen - jetzt wiederbelebt und von unseren Führern als die Antwort wieder aufgenommen werden. Sogar die Symbole, die sie verwenden, sind die gleichen. Die Faust in der Luft.... gleichermaßen von Lenin und Black Lives Matter verwendet.

Was ist also der Ausweg aus dieser Situation? Gibt es einen Ausweg aus dieser Situation? Ich glaube, an der Wurzel des ganzen Problems steht ein einfaches Wort. Wahrheit. Ich glaube, dass praktisch alle unsere „Probleme" in dieser Welt auf diese eine Grundvoraussetzung zurückgeführt werden können: Die Wahrheit wurde den Massen vorenthalten. Die Wahrheit über Technologie. Die Wahrheit über die Archäologie. Die Wahrheit über die Leute, die das Geldsystem leiten. Die Wahrheit über die Menschen an der Macht, die von denen, die das Geld kontrollieren, gepflegt und positioniert werden. Die Wahrheit über die Geschichte. Die Wahrheit über die Wissenschaft. Die Wahrheit über Außerirdische.

Aber weil der Durst nach Wahrheit niemals endet, werden auch diese „dunklen" Kräfte niemals zur Ruhe kommen. Sie werden nie frei von uns Suchenden sein. Wir sehen, dass sich das in den verschiedenen laufenden ‹Enthüllungs›-Bewegungen um uns herum widerspiegelt. Wir sind ihnen ein ständiger Dorn im Auge. Deshalb versuchen sie auch so sehr, uns zu stoppen.

Diejenigen, die die Presse kontrollieren, kontrollieren die Mainstream-Meinungen. Diejenigen, die die Bildung kontrollieren, kontrollieren die Köpfe derer, die studieren. Diejenigen, die unsere Emotionen kontrollieren, kontrollieren unsere Wünsche und Motivationen. Diejenigen, die die Medien kontrollieren, kontrollieren, was unsere Plug-and-Play-Welt glaubt. Das alles geschieht so scheinbar mühelos, dass wir es nicht einmal mehr bemerken. Die Covid-19-Kampagne mag nur ein letzter Test gewesen sein, um zu sehen, wie leichtgläubig und angstbesetzt die Massen geworden sind. Noch nie in der Geschichte wurde der gesamte Globus gleichzeitig beeinflusst, einem Narrativ zu folgen.

Aber nicht der Erzählung, die Raum für kritisches Denken ließ. Nicht diejenige, die der Gesellschaft neue und einfache Wege lehrte, ihre Gesundheit und Biochemie mit natürlichen Mitteln zu verbessern und damit ihr natürliches Immunsystem in seiner Millionen Jahre langen Evolution zu stärken. Nicht derjenige, der alle Karten auf den Tisch gelegt hat, um den bestmöglichen Weg zu sehen.

Wir alle sehen, in welche Richtung sich die Dinge entwickeln.

Wenn wir also diese neue Erde 2.0 aufbauen wollen, muss der Prozess beinhalten, dass wir die Wahrheit umarmen und all jenen mutig entgegentreten, die sie unterdrücken, ignorieren oder absichtlich blockieren, um andere weiter zu manipulieren oder zu benachteiligen. Für ein solches Verhalten ist in dieser neuen Welt kein Platz. Und damit wir nicht wieder in dieses Muster zurückfallen, muss es auch eine aufrichtige und objektive Auseinandersetzung mit der Großen Lüge geben. Einfach so zu tun, als wären wir nicht gezwungen und gedrängt worden, unser volles Potenzial als menschliche Wesen zu kompromittieren, würde nur dazu einladen, dass dieses Muster zurückkehrt - und uns bestenfalls nur begrenzte Zeit in einem «goldenen Zeitalter» verschaffen, wie kurzlebig es auch sein mag.

Wir müssen diejenigen zur Rechenschaft ziehen, die die Rollen spielten, die zu unserer Versklavung führten. Muss das durch den Tod geschehen? Nicht unbedingt. Es kann genügen, die Verantwortlichen zu beschämen und bloßzustellen. Vor allem, wenn sie eine neue, bessere Welt aufsteigen sehen und eine Chance bekommen, sich darin zu integrieren. Sie leiden zu lassen, wird nur noch mehr dunkle Energien erzeugen, die auf uns zurück gerichtet sind und Vergeltung suchen.

Wenn die Wahrheit die Aspekte enthüllt, die unsere alte Welt verkrüppelt haben, würde unserem Aufstieg zu unserem vollsten Potenzial als Wesen nichts mehr im Wege stehen. Es ist durchaus möglich, dass unsere angeborenen Fähigkeiten, wie Telepathie, außersinnliche Wahrnehmung und verborgene Gehirnkapazitäten, in dieser neuen Welt zu blühen beginnen. Ungebunden von Sklaverei und Unterdrückung, wer weiß, wie weit wir als Menschen es bringen können?

Und wenn diese neue Welt den Kontakt mit unseren Vorfahren im Weltraum mit sich bringt, könnte der technologische, spirituelle und intellektuelle Sprung, den wir erleben, bedeuten, dass wir nie wieder in das dunkle Zeitalter zurückkehren können, aus dem wir aufgestiegen sind. Es gibt Menschen, die gerade in diesem Moment Begegnungsstätten bauen, wo ein solcher Erstkontakt friedlich hier auf der Erde stattfinden kann. Ebenso gibt es Menschen, die genau in diesem Moment die Technologie bauen, die unseren Kontakt mit denjenigen ermöglicht, die den Schleier des Todes überschritten haben. Das bedeutet, dass die Realität, wie wir sie kennen, eindeutig nur ein kleiner Aspekt eines viel größeren Ganzen ist. All diese Dinge sind ein Teil dessen, worauf wir uns freuen können.

Waren die dunklen Zeitalter wirklich nur eine Periode der Unterdrückung der Massen, die von böswilligen Marionettenspielern durchgeführt wurde, die es auf unseren Untergang abgesehen hatten? Oder waren diese einfach nur archonische Wesen, die nur aus einem Grund da waren: um uns zu zwingen, uns zu erheben? Sie übernahmen die Rolle der bösen Charaktere in unserem persönlichen Lebensfilm, um uns zu stupsen und anzustacheln, uns weiterzuentwickeln.

Was sagte Agent Smith zu Morpheus in dem Film Matrix? Der Erfolg der Matrix hing davon ab, dass es ein Element des Leidens gab. Es scheint, dass dieses Element den Bürgern einen Sinn im Leben gab und ein Mittel, um über ihre Grenzen hinauszuwachsen. Hoffentlich werden wir auf unserer neuen Erde dieses Bedürfnis überwinden und beginnen, unsere Evolution durch bessere, weniger schmerzhafte Mittel zu informieren.

Über den Autor:

Frank Jacob ist ein international preisgekrönter Filmemacher, bildender Künstler, Komponist und Forscher. Seine aktuellen Arbeiten konzentrieren sich auf bewusstseinserweiternde und außergewöhnliche Themen, die in den Dokumentarfilmen «Packing For Mars», «Solar Revolution» mit Dieter Broers und «Klaus Dona Chronicles» zum Ausdruck kommen und die er in Zusammenarbeit mit der Produzentin und Regisseurin Tonia Madenford der US-amerikanischen Filmproduktionsfirma Screen Addiction LLC realisiert hat. Als Produktionsteam übernahmen sie gemeinsam die Regie, Produktion und

Post-Produktion für die erste komplett deutsche GAIA US TV-Sendung «Timeless» (Staffel 1 & 2) mit Johann Nepomuk Maier. Franks preisgekrönte Filme, seine Vorträge und seine Forschungen im «verbotenen Terrain» der Aufklärung machen seine Erkenntnisse zu hochinteressanten, philosophisch relevanten und wichtigen Themen in diesen provokativen Zeiten.

Website: www.FrankJacob.com

Frank Müller (Frank Patriot17)

DAS EREIGNIS

Was ist das Ereignis? Das Ereignis könnte möglicherweise das wichtigste Ereignis in der bisherigen Entwicklung der Menschheit sein und könnte möglicherweise in unserer sehr nahen Zukunft stattfinden. Wenn du aus einer biblischen Perspektive kommst, nennen einige dies die Entzückung. Das Ereignis ist eine Quantenverschiebung in unserem Bewusstsein, die jeden von uns auf tiefgreifende Weise beeinflussen wird. Gegenwärtig geht jeder Mensch durch einen Aufstiegsprozess, ob du dir dessen bewusst bist oder nicht. Du machst ihn auf individueller Ebene durch und wir machen ihn auch kollektiv durch. Dieser Aufstiegsprozess besteht aus vielen vielschichtigen, schrittweisen Erfahrungen, die uns alle auf dieses finale Ereignis vorbereiten, das bald in einem einzigen mächtigen Ereignis ausbrechen könnte, das die lange, lange Geschichte der Menschheit beenden und einen Neuanfang einleiten würde.

Dieses Ereignis soll alle 26.000 Jahre stattfinden. Gemäß meinem Post «Präzession (Kreiselbewegung) der Tagundnachtgleiche» in den Kommentaren. Das fällt mit dem Wechsel der Zeitalter zusammen. Wir gehen gleichzeitig vom Zeitalter der Fische in das des Wassermanns über. Es soll ein plötzlicher galaktischer Impuls sein, ein solares Ereignis, das die Frequenz, auf der die Menschheit schwingt, verändern wird. Eine höhere Frequenz wird ein breiteres Spektrum der Realität mit sich bringen, was höhere Einsicht, Weisheit, Wissen, übersinnliche Fähigkeiten und unglaubliches Bewusstsein bedeutet. Dieses Ereignis wird ein extrem blendendes Licht freisetzen, das von unserer Zentralsonne ausgeht und in der Vergangenheit jedes Mal einen Quantensprung in unserer spirituellen Evolution ausgelöst hat, wenn es stattfand. Dieses Sonnenpuls-Ereignis wird den Prozess der Transformation von Materie, Energie, Bewusstsein und biologischem Leben, wie wir es kennen, einleiten.

Ich glaube, dass dies der Zeitpunkt ist, an dem die wohlwollenden Kräfte die gesamte Kommunikation und den globalen Äther übernehmen und mit der Veröffentlichung von Informationen für die menschliche Bevölkerung beginnen werden. Sie werden Informationen über unsere geheimen Weltraumprogramme, die unmenschlichen Verbrechen der Kabale gegen die Menschheit usw. veröffentlichen. Ich glaube auch, dass es Videos von Zeugenaussagen geben wird, die der menschlichen Bevölkerung gezeigt werden, wie wir durch Satans Agenda kontrolliert wurden. Wird dies die Zeit für diese Massenverhaftungen sein? Ich persönlich glaube, dass die Massenverhaftungen vor dem Sonnenereignis stattfinden werden. Ist es das, auf das wir im Moment vorbereitet werden?

Diese Verhaftungen werden für diejenigen auf beiden Seiten im Kongress der Vereinigten Staaten erfolgen. Wir werden sicher sein, dass diese Kriminellen nie wieder in Machtpositionen sein werden. Wenn Sie aufgepasst haben, können Sie die Bewegungen sehen, die gemacht werden.

In der Zwischenzeit, wenn dies stattfindet, wird es eine weitere monumentale Transformation geben, die den globalen Währungs-Reset beinhaltet. Einige nennen es GESARA/NESARA. Es gibt Leute, die glauben, dass dieser Währungs-Reset von der Neuen Weltordnung ist, und ja, sie wollen auch einen Reset, der eine sozialistische Agenda einbringt, was letztendlich mehr Unterdrückung, Kontrolle und Tyrannei bedeutet. Denk daran, dass wir einen Konflikt zwischen einer satanischen, dunklen Agenda und einer lichtbasierten Befreiungsagenda sehen. Die lichtbasierte Agenda will einen Reset, der eine nachhaltige Regierungsführung bringt, die jedem menschlichen Wesen auf dem Planeten in Richtung Freiheit und Befreiung zugutekommen wird. Unsere gesamte globale Wirtschaft wird zurück zum Goldstandard gebracht werden, anstatt des fiktiven Fiat-Systems, das nur den Dunklen zugutekommt.

Unterdrückte Technologien werden implementiert werden. Freie Energie-Technologien werden nach und nach für die Öffentlichkeit freigegeben werden. Viele unterdrückte Technologien aus den geheimen Weltraumprogrammen der Kabalen werden ebenfalls für die Öffentlichkeit freigegeben.

Der natürliche Reichtum des Planeten wird an alle verteilt werden und unser Ökosystem wird wiederhergestellt werden. Außerdem wird mit der Zeit, wenn sich die Erde wieder auf ihre ursprünglich geschaffene Frequenz einstellt, alle Heilung auf physischer und psychischer Ebene beginnen. Der Alterungsprozess der Menschheit wird sich unglaublich verlangsamen. Die Beseitigung der Archonten in den höherdimensionalen Ebenen, die sich derzeit aufspielen, wird jede Beziehung auflösen, die sie in dieser Transformation haben. Krieg wird eine Sache der Vergangenheit sein.

Meiner Meinung nach werden einige die Transformation zur 5D-Erfahrung machen und viele werden auf ihrem Aufstiegsweg bleiben und ihre Erfahrung in einer 3D-Materiewelt fortsetzen. Viele werden erleben, dass ihre Claire's aktiviert werden, wie Telepathie und Hellsichtigkeit. Viele glauben, dass der erste Kontakt bald stattfinden wird. Uns wird gesagt, dass dies geschehen wird, wenn genügend Menschen mit der Tatsache der außerirdischen Existenz einverstanden sind und ihre Rolle in unserer Geschichte anerkennen. Diese wohlwollenden galaktischen Zivilisationen, die uns während unserer gesamten Existenz beigestanden haben und die sich in der gegenwärtigen Situation hinter den Kulissen befinden, werden sich in einem Ereignis namens Erstkontakt offenbaren.

Letztendlich wird die menschliche Rasse in die Galaktischen Föderationen aufgenommen werden, das ist der Plan. Nochmals, nicht jeder wird diesen Wechsel vollziehen, und wie ihr, nicht nur in den Vereinigten Staaten, sondern rund um den Globus, sehen könnt, sind viele einfach noch nicht bereit. Viele stecken noch in der alten Struktur fest und kämpfen wie wild darum, dort zu bleiben. Veränderung ist für viele unglaublich schwer, wie ein Sprichwort sagt... «Intelligenz ist die Fähigkeit, sich an Veränderungen anzupassen.» Jede Spezies, die stagniert, existiert nicht mehr weiter. Diese höheren Frequenzen werden von vielen akzeptiert werden und sie werden eine leichtere Zeit haben, aber jeder, der sich widersetzt, wird seinen Obolus bezahlen. Nach dem Tod werden diejenigen, die sich dieser monumentalen Frequenzaktivierung widersetzen, ihre Seelenevolution auf einem Planeten fortsetzen, mit dem sie in Resonanz sind. Niemand bekommt hier einen Freifahrtschein, denn was hier geschieht, ist einfach zu wichtig. Dies ist nur der Beginn einer höher schwingenden Existenz. Dies ist der Beginn eines geheilten Planeten, physisch, psychologisch und spirituell.

Das Ereignis wird der Schub sein, der eine breitere Realität einleiten wird, und wir werden jetzt darauf vorbereitet. Die Lichtallianz hat die Kontrolle und beobachtet und wartet mit Aufregung und Optimismus, um zu sehen, wie die menschliche Rasse das durchziehen wird. So viele fragen, und wollen wissen, wann dieses Ereignis stattfinden wird. Ich glaube, es gibt viele Faktoren und ein großer ist die astrologische Ausrichtung der Erde. Auch die Bereitschaft der neuen Systeme, die in Kraft gesetzt werden sollen, und die tiefe und wahre Transformation der Rolle der Menschheit. Ich glaube auch, dass die Kräfte des Lichts die totale Kontrolle haben müssen, bevor das Ereignis wirklich einsatzbereit sein kann. Das Archonten-Netzwerk muss vollständig eliminiert werden. Es ist auch notwendig, dass das energetische Gitter, das unseren Planeten umkreist und uns in Quarantäne gehalten hat, vollständig abgebaut wird. Die Befreiung der Menschheit wird durch den Sturz der Archonten kommen, die auf den inneren Ebenen existieren und die Menschheit seit Äonen durch den karmischen Prozess, Implantate und KI-Technologien kontrolliert haben, die die spirituelle Evolution der Menschheit behindert haben. Das Ereignis wird geschehen, es steht in den Sternen, in vielen alten Texten und in der biblischen Schrift geschrieben, denn alles, was heute geschieht, ist schon einmal geschehen und es hängt alles mit der Welt zusammen.

Über den Autor:

Frank Patriot17 ist ein Telegram-Blogger, der mit seinem Team fast 24/7 die geopolitische Weltlage beobachtet, kompetent kommentiert und die aktuellen Nachrichten aus seriösen und globalen Quellen in seinem Telegram-Kanal veröffentlicht. Unterstützt wird er u.a. von einem Team aus ehrenamtlich agierenden, sehr erfahrenen Beobachtern der weltweiten Flugbewegungen. Diese analysieren vor allem militärische Flüge, die sie über diverse Software und Radarsysteme verfolgen, die Routen analysieren und Zusammenhänge in der geopolitischen Lage darstellen. Alles in allem ergibt sich stets ein klares und verlässliches Bild der Weltlage in dieser Zeit. Zudem werden in Franks Kanal die Faktoren Wahrheit, Überprüfbarkeit und Menschlichkeit sehr groß geschrieben.

Website: https://t.me/fufmedia

Heike Katzmarzik

ES WAR EINMAL... ERDE EINS.

Irgendwie habe ich das Gefühl, dass wir über die Wahrheit förmlich in das Bewusstsein für Erde Zwei hineinwachsen. Warum sind wir alle ausgerechnet jetzt hier? Weil jeder gerade zu einer großen Veränderung beiträgt. Wir wurden alle in diese Zeit hineingeboren, weil unsere Seelen reif genug dafür sind. Wie komme ich darauf?
In meiner letzten Rückführung nahm ich mich vor der Geburt in dieses Leben in einem Energiefeld der Liebe und des Wissens wahr, als ich einen Sog verspürte, der mich aus meiner seligen Ruhe herausbrachte. Diesen Sog kannte ich. Er sollte mich in dieses Leben zur Welt kommen lassen. Ich aber wollte nicht wieder auf die Erde, in dieses Gefängnis der Seelen. Da vernahm ich auf einmal eine tröstende Stimme, die mir sagte: «Wenn du in dieses Leben geboren wirst, dann wirst du für alles belohnt werden, was dir dort je an Schmerz und Leid zugefügt wurde. Du wirst erkennen, dass der Weg des Leidens dich zurück nach Eden führen wird. Diese Schmerzen sind aber wie eine Regelung hinein in die Genesung. Ihr verlasst damit die Lüge, die ihr gelebt habt. Eure Seelen werden gereinigt. Du wirst in diesem Leben neu in Erde Zwei geboren werden ohne zu sterben und dich an all deine Fähigkeiten erinnern und als eine Zauberin mit der ganzen Menschheit gemeinsam erwachen.»

Ich wäre nie auf die Idee gekommen, mir all das zu wünschen, was mir Gott schon in Wachträumen zeigte. Er machte mir in seiner unendlichen Liebe bewusst, was es für einen Menschen bedeutet, sein Ebenbild zu sein. Ich sah, was ich im Wachbewusstsein durch meine Vorstellungskraft und meine Talente verstärkte oder verstärken durfte. Denn genau deswegen bin ich hier. Wenn ich Menschen in die Augen sah, verwandelten sich ihre bösen Absichten in gute Taten. Und sie waren nie wieder in der Lage, des Teufels Werkzeug zu sein.

Ich konnte in meiner Vorstellung reisen, wohin ich wollte. Also teleportierte ich. Ich frühstückte am Strand in Neuseeland, ging mittags in das Empire State Building zum Mittagessen, meditierte nachmittags in Stonehenge und bei Sonnenuntergang saß ich bei meiner Familie in den Bergen Griechenlands und wir aßen zu Abend. Aber es war auch kein Thema, andere Planeten und deren Bewohner zu besuchen oder mich von ihnen in eine andere Welt führen zu lassen. Kurz, ich dachte an ein Ziel und nach dem nächsten Atemzug war ich bereits dort. Da wir alle gesund, klug, attraktiv, weise und ewig jung auf Erde Zwei sind, konnten wir Erde Zwei erfüllt als Gottes Ebenbild wahrnehmen. Der Schleier des Vergessens verschwand und alles, was ich je gelernt hatte, war mir bewusst. So wie mir ging es auch all den anderen. Aus keinem Leben war etwas verloren gegangen. Es stellte nun die Basis meines neuen Bewusstseins dar, das ich mit dem Bewusstsein der anderen Menschen noch erweitern oder verändern konnte. Die Menschen unterhielten sich von nun an telepathisch. Über Telepathie wird keine Lüge, wird keine Falschheit und kein Betrug mehr möglich sein. Unsere Gedanken liegen für unsere Mitmenschen offen. Wir erinnern uns, woher wir kommen und wer wir sind. Das Wissen aus allen Zeiten unseres Seins steht uns abrufbar zur Verfügung.

Die Welt ist unser Spiegel. Sie erscheint uns heller und leuchtender in ihren Farben. Jeder Mensch lebt in Fülle und Weisheit. Wir sind Liebe. Wir sind Freude und das ewige Leben. Wir erträumen unser Leben und erkennen für die Ewigkeit, dass wir Mitschöpfer unserer Erde und unseres Seins sind. Die Erde Zwei verfügt wieder über reine Luft, klares Wasser und ertragreichen Boden. Die Natur ist ein Spiegel des aufgewachten Menschen und umgekehrt. In unserer Mitte lebt der Schöpfer selbst. Die Menschen erkennen, wie sie miteinander verbunden sind und was sie im Einzelnen, als Puzzle auch für den anderen darstellen und dass keiner ohne den anderen sein kann. Alle Lebewesen respektieren einander und der Mensch erkennt, dass die Tiere schon immer unsere Freunde waren. Und Freunde isst man nicht.

Der Wechsel von Erde Eins in Erde Zwei findet über die Wahrheit statt. Und ich sehe alle Menschen auf den Straßen singen und tanzen. Wir haben es geschafft. Leid und Elend war gestern -heute leben wir in einem Feld der Liebe auf Erde Zwei in unserem Paradies. So wie es einst für den Menschen gedacht war.

Und das bedeutet, bevor wir von Erde Eins in Erde Zwei wechseln und aufwachen, sollten wir zurück an den Anfang unserer Geschichte gehen. Gott schenkte Adam und Eva damals den freien Willen. Auf Erde Zwei leben wir nun unseren freien Willen, der aber frei ist von der Manipulation des Satans und deshalb stelle ich mir vor, dass dem freien Willen die göttliche Führung auf ewig unterstellt bleibt, damit wir die göttliche Ordnung in und um uns nie wieder verlieren. Und so möchte ich für Erde Zwei alles abgeben und mich von Gott führen lassen. Denn er weiß, was mir fehlt, um glücklich und in der Liebe zu sein und was mir an Weisheit und Erfahrung fehlt, um das Wesen sein zu können, das ich in Wahrheit bin.

Ich hatte mir für dieses neue Leben eine grandiose Idee gewünscht -eine, mit der ich alles abdecken kann. Alle Bedürfnisse, Wünsche, meine eigene Entwicklung, die Entwicklung meines direkten Umfelds und eine gute Tat für diesen Planeten. Es ist eine Idee, die uns in Erde Zwei bringen kann. Und diese wundervolle Idee habe ich auch geschenkt bekommen…
Und Gott hat mir auch diese Träume und Bilder von Erde Zwei gegeben und dafür bat ich immer um Führung. Weil ich aber nicht weiß, wie es in Wahrheit sein wird und auch wenn alle meine Vorstellungen Realität werden, möchte ich mir etwas wünschen, was ich jetzt noch nicht kenne und bitte deshalb um die Ergänzung von Gott für unser ewiges Glück und Dasein in Freude.

© 2021 Heike Katzmarzik

Der Beitrag von Heike Katzmarzik ist eine Kostprobe aus ihrem demnächst erscheinenden Buch „Eva findet…". Ihr zuletzt veröffentlichtes Buch, „Garten Eden ruft - ein Geheimnis wird offenbart" finden Sie auf https://shop.dieterbroers.com/produkt/garten-eden-ruft-ein-geheimnis-wird-offenbart/

Sven Lucke

ÜBER DIE ÖKOLOGIE HINAUS

Die Frage wurde an mich herangetragen, wie ich mir Erde Zwei vorstelle. Als Agrartechniker fallen mir da gleich viele Dinge aus dem Pflanzenreich ein, z.B., dass alle Pflanzen in Symbiose mit Pilzen und Mikroorganismen leben.

Doch beim Menschen ist das ein bisschen komplexer als bei den Pflanzen, da der Mensch ein Bewusstsein besitzt und meist ein sehr stark ausgeprägtes Ego aufweist, welches ihm häufig im Weg steht. Was macht denn solch ein starkes Ego? Es trennt einen vom höheren Selbst und von anderen und der Welt, die uns umgibt. Deshalb wäre die erste Vorstellung von Erde Zwei, dass alle Menschen demütig gegenüber der Schöpfung, unserer Schöpfung, sind und auch in der Lage, sich demütig im Umgang mit anderen zurückzunehmen.

Was fehlt, wenn das Ego sehr stark ausgeprägt ist? Es fehlt das Angebundensein an ein göttliches Selbst.

Die Menschen auf Erde Zwei sollten wieder in Verbindung treten mit ihrem höheren Selbst, was allein durch Schauung der Schöpfung möglich ist. Schauung bedeutet, die Dinge unvoreingenommen zu betrachten, ohne Urteil, Schublade und übergestülpten Dogma (religiöser, sozialer, materieller, geistiger Natur). Schauung kann nicht in Worte gefasst werden, denn Worte sind nur Krücken, die etwas umreißen, aber nichts auf den Punkt bringen. Wenn ich „Baum" sage, so hat jeder eine andere Vorstellung von einem Baum. Der eine sieht einen Stamm mit einer dicken Borke, der andere sieht die vielen Verzweigungen und ich lege vielleicht viel mehr Wert auf das Blätterkleid des Baumes.

Noch schwerer wird es, wenn es um Empfindungen geht, denn da helfen einem Worte nicht weiter.

Nehmen wir z.B. die Farbe Rot und stellen uns vor, wir hätten einen Blinden vor uns, der noch nie die Farbe Rot gesehen hätte, weil er von Kindesbeinen an blind ist.

Nun besteht unsere Aufgabe darin, ihm die Farbe mit Worten zu beschreiben: Ist dies überhaupt möglich? Ich denke nicht! Wir können ihm sagen, dass die Farbe eine bestimmte Wellenlänge aufweist oder das Gefühl von Wärme bei einem verursacht, aber Worte werden in diesem Zusammenhang unbrauchbar und aus diesem Grund stellen Worte nur Krücken dar.

Warum lege ich so viel Wert auf Worte und Sprache im Allgemeinen? Ich bin der Meinung, dass sie auf Erde Zwei nicht mehr vonnöten sein wird, aber was tritt an ihre Stelle?

Es ist die Telepathie, denn die Telepathie beschreibt den Zustand eines Gegenstandes oder eines Gefühls sehr viel genauer als es je ein Wort oder Sprache kann.

Die Menschen auf Erde Zwei bedienen sich der Telepathie, dadurch gibt es keine unterschiedlichen Sprachen und Wörter mehr, alle haben dieselbe Sprache und können das Gleiche sehen. Es gibt keine Trennung mehr vom anderen, auch Missverständnisse, Streit und Lüge sind nicht mehr möglich.

Das Wissen verteilt sich mittels telepathischer Fähigkeiten der Menschen gleichmäßig auf alle Menschen, dadurch kommt es zu einer anderen Entwicklung und Zielsetzung der Menschheit. Auch das Ego des Einzelnen tritt mehr und mehr in den Hintergrund. Die Menschheit lebt ähnlich wie die Pflanzen in einem symbiotischen Miteinander. Das Individuum existiert weiterhin, ist aber in ein größeres Ganzes eingebunden und fühlt sich geborgen.

Jeder hat dadurch wieder eine ganz andere Anbindung an sein göttliches Selbst und die Entwicklung der Erde Zwei wird in einem solch rasanten Tempo vor sich gehen wie niemals zuvor.

Alle, für die dies erschreckend klingt, werden wohl nicht auf dieser Erde Zwei sein und können beruhigt weiter kämpfen, doch für alle anderen wird es ein Leichtes sein, sich in die neuen Gegebenheiten einzubringen.

Die Natur macht es uns vor, wir haben sogar eine wissenschaftliche Bezeichnung dafür, nämlich Ökologie. Die Ökologie ist die **Gesamtheit** der Wechselbeziehungen zwischen den Lebewesen und der Umwelt, aber ich möchte den Begriff der Ökologie weiter fassen als im herkömmlichen Sinne. Den Begriff der Ökologie möchte ich aber nicht nur im Sinne der Natur bzw. des materiell deterministischen Weltbildes verankert wissen, sondern auch auf das Seelenleben des Menschen erweitern. Auch hier sollte der Begriff nicht halt machen. Ökologie ist vielleicht der falsche Begriff, der durch ein neues Wort ersetzt werden sollte, das aber den Grundgedanken der Ökologie enthält und dabei vor allem die drei Bereiche Geist, Seele und Körper (Materie) abdecken.

Um den kleinen Ausflug auf Erde Zwei abzuschließen und um mich nicht in Details zu verzetteln, möchte ich die vier Dinge hervorheben, die eine Grundvoraussetzung für mich auf Erde Zwei darstellen:

1. Mehr Demut (weniger Ego)
2. Verbindung zum göttlichen Selbst (durch Schauung der Schöpfung)
3. Telepathie (um mit allem verbunden zu sein)
4. Im Einklang mit Geist, Seele und Körper sein und die Wechselwirkungen zwischen den dreien verstehen.

Mögen meine Ausführungen über Erde Zwei in der Welt und in den Herzen von vielen Menschen vielleicht einen kleinen Widerhall geben, Resonanz finden, auf dass viele den Weg in sich zu Erde Zwei finden. Veränderung findet nur statt, wenn man eine intrinsische Motivation hat, die auf ein bestimmtes Ziel gerichtet ist. Vielleicht sind meine Ziele ja auch eure Ziele und wir sehen uns in diesem Sinne auf Erde Zwei wieder.

Patric Pedrazzoli

MANIFESTATION DER LIEBE

Gibt es so etwas wie Liebe? Wenn ja, hast Du auch das Gefühl, dass es das Stärkste ist, was es im Universum gibt? Wenn Du magst, komm mit auf diese tiefe Reise und lasst uns zusammen die Manifestation der Liebe entdecken, HIER und JETZT.

Gerne möchte ich mit Dir die aktuelle Lage auf drei Ebenen anschauen, beleuchten und durchleuchten. Bitte lies alles bis zum Schluss, da es an der Oberfläche etwas düster aussieht, doch in den tieferen Schichten die Freiheit, das Glück und die Liebe ist.

Die erste Ebene ist die Oberfläche. Diese zeigt, wie die Welt aussieht, unter anderem in Politik, Wirtschaft, Gesundheit und Sozialem. Als ich ein kleiner Junge war, sagte mein Vater immer: «Glaube nichts, was die Medien sagen, glaube nichts, was die Politik sagt und glaube nicht, was die großen Konzerne sagen." Diesen Rat habe ich befolgt und alles immer hinterfragt, was da kommuniziert wird. Hat das Gesundheitswesen - sprich: die Pharmaindustrie - Interesse an gesunden Menschen? Nein, denn dies wäre sehr schlecht fürs Geschäft, oder? Das heißt, man möchte viele kranke Menschen und möglichst langzeitige Kundschaft. Dieses Geschäftsmodell bedeutet, dass z.B. jeder Schweizer Bürger ab 65 Jahren im Durchschnitt 5 Medikamente täglich einnehmen muss und es kommen dann im Laufe der Jahre noch mehr dazu. Ich kenne kaum jemanden, der durch dieses Geschäftsmodell gesund geworden ist. Das Merkwürdige daran ist, dass fast jeder das als normal ansieht, doch das ist nicht normal. Unsere Wirtschaft ist mit der Politik zu eng verflochten, wobei es nicht um das Wohl der Menschen geht, sondern um das Wohl des eigenen Portemonnaies. Wir beuten seit vielen Jahren die Menschen und die Natur aus. Wir haben eine moderne Sklaverei geschaffen und merken es kaum. Es sind nicht nur die Menschen in der Dritten Welt, nein, es sind auch die Kinder und auch wir in der Zivilisation, die auf dieses Spiel hereingefallen sind. Die Natur wird seit vielen Jahren ausgebeutet und vergiftet. Kaum jemand hat bemerkt, dass die Frauen dazu getrieben wurden, sich aufzulehnen und die Kinder dadurch an die staatlichen Einrichtungen von Schulen abzugeben, die dazu da sind, gute Wirtschaftssklaven zu machen und keine Friedensstifter und Freidenker. Wie könnte man so etwas tun, ohne dass es die Frauen und Männer merken. Man publiziert in den Magazinen, welche die Frauen kaufen, viele emanzipierte Texte, so dass sich alle auflehnen und nicht mal merken, dass Sie manipuliert wurden, sondern dies als ihre Realität wahrnehmen. Ich schneide hier einige Themen nur an. Glaube mir nichts, sondern forsche in Dir weiter und schaue dies alles an. Was wollte man damit? Es geht nicht nur der Mann arbeiten, sondern auch noch die Frau, also zwei Sklaven statt nur einem in der Wirtschaft. Die Kinder werden frühzeitig abgegeben und schon auf dieses Wirtschaftssystem herangezüchtet. Nun, das klingt alles sehr düster, ist es denn wirklich so? Was können wir tun?

Lass uns die zweite Ebene zusammen anschauen, beleuchten und durchleuchten. Es ist nicht so, dass ich / wir die Guten sind und die Politiker, die aus der Wirtschaft und der Pharmaindustrie die Bösen. Sondern lass uns die Grundenergien in uns anschauen, was zu all dem geführt hat. Die Grundenergie all diesen Übels ist die Gier in uns. Wir sind nie zufrieden mit dem, was ist und was wir haben, sondern wir wollen immer mehr. Dieses Verlangen ist dasselbe vom kleinen Bauern bis hoch in die Großkonzerne und die Politik. Wenn Du Dich also jetzt fragst, was können wir alle selbst tun, damit die Welt heller wird, ist die Antwort, dass wir in uns schauen sollten, um die Wurzeln unserer Gier in uns zu entdecken, diese zu durchschauen und diese Wurzeln auszureißen, so dass diese Befreiung in uns sich in der Welt zeigen kann. Wir können es auch so formulieren: Wir sind eine Gesellschaft von einzelnen Individuen. Ein Individuum ist eine Abspaltung der Einheit. Wir sind nicht eine große Menschenfamilie, Tierfamilie, Naturfamilie, nein, wir sind eine Gemeinschaft von Egoisten. Wir sind stolz auf unsere Persönlichkeiten, doch was heißt in Wirklichkeit "die Person"? Person heißt die Maske (aus dem lateinischen entlehnt: persona = Maske, Rolle, auch Charakter). Wir zeigen also eine Maske nach außen, die wir nicht sind, denn unser aller Wesen ist hinter dieser Maske. Lasst uns alle unsere eigenen Masken des Egos durchschauen, so dass wir durch alle Masken hindurchschauen können, um die Menschheitsfamilie wieder zu sehen. Das Ego gilt es, JETZT zu durchschauen, zu durchleuchten, um es zu erlösen von der Gefangenschaft der Gier, des Hasses, der Wut, des Neides, der Eifersucht usw.

Also lasst uns nicht warten, bis sich die Welt der Politik, der Wirtschaft verändert, sondern lasst uns alle nun tief in uns blicken, um uns von der eigenen Knechtschaft und den Kriegen in uns zu erlösen. Das heißt, wir können nicht nichts tun und es liegt nicht im Außen, sondern es liegt in unserem Inneren, wo die Heilung geschehen darf.

Lasst uns noch tiefer schauen auf die dritte Ebene, in die großen universellen Zyklen. Was meint ihr, haben wir als Menschen Einfluss auf diese großen und kleinen Zyklen auf dieser Welt und im Universum? Können wir durch Beten, Meditieren, Üben und viel mehr Anstrengungen den Zyklus des Sonnenaufgangs und des Sonnenuntergangs bestimmen? Wann wir geboren werden und wann der Körper sterben wird? Wir sind JETZT gerade in einem großen Übergang zwischen zwei Zyklen. Und wenn etwas zu Ende geht, wie gerade dieses dunkle Zeitalter, fühlt es sich an wie ein Sterben und das neue lichtvolle Zeitalter, das gerade begonnen hat, wie eine Geburt. Sterben und Geburt haben oft mit Schmerzen zu tun und dort sind wir alle zusammen mittendrin. Wie sieht dieser Übergang aus und wie die nahe Zukunft? In diesem Übergang werden all unsere EGOs und alten Strukturen hochgekocht und deshalb ist diese große Spannung und Spaltung in der Luft. Die Dualität in uns wird in die Einheit geführt. Die Egos und seine Werkzeuge Angst, Hass, Wut, Gier, Neid usw. werden nun in Liebe hochgekocht. Die Schwingung der Erde und die ihrer Bewohner erhöht sich immer mehr und bereitet alles und alle vor auf das lichtvolle Zeitalter. Wie sieht dieses Zeitalter in naher Zukunft aus? Das gierige Wirtschaftssystem gibt es nicht mehr, es ist alles zum Wohle der Menschheitsfamilie, der Tierfamilie und der Natur. Alle arbeiten im Bereich ihrer Interessen und ihrer Berufung und machen dies alles mit viel Liebe. Es bekommen alle gleich viel Geld, so dass niemand mehr auf dieser Welt Existenzangst kennt. Unsere Landwirtschaft ist im Einklang mit Mutter Erde, so dass es eine gemeinsame Arbeit ist. Unsere Böden sind dann voller Mineralien und Vitamine sowie voller heilender Energie, was in unser Essen und in unsere Körper übergeht. Unser Gesundheitssystem dient dem Wohle des Menschen, so dass man jedem hilft, in die Heilung zu kommen. Dadurch wird es schon 90 % aller Krankheiten nicht mehr geben. Unsere Schulen sind für die Potenzialentwicklung der Kinder. Sie stehen im Mittelpunkt und lernen, was für sie von Interesse ist und wo ihre Stärken liegen. Es ist das Paradies auf Erden mit der gesamten Menschheitsfamilie, Tierfamilie und Natur. Wir bekommen sehr viel Hilfe und Unterstützung für unsere Entwicklung von den Mitbewohnern des Universums und von der geistigen Welt.

Ich freue mich sehr darauf, mit Euch ALLEN diesen Weg zu gehen. In Liebe und Dankbarkeit.

Über den Autor:

Patric Pedrazzoli wurde 1976 in der Schweiz geboren. Seit frühester Kindheit befasst er sich mit Spiritualität und der geistigen Welt, reiste dazu auch einige Jahre um die ganze Welt und lernte mit spirituellen Lehrern und Heilern aus verschiedenen Ländern und Kulturen.

Seit vielen Jahren gibt er Seminare und Ausbildungen zu spirituellen Themen und führt Heilabende und Einzelbehandlungen durch, ebenso auch Fernsitzungen oder Online-Heilsitzungen via Skype. Zudem ist er als Autor tätig und hat die beiden Bestseller „Das Wunder der Heilung" und „Seelenzucker -Eine Reise zum inneren Frieden" geschrieben. Sein drittes und neuestes Werk heisst «Aktiviere den inneren Heiler in Dir».

Von 2001 bis 2005 war er in der Buchhandlung Weyermann tätig. 2006 gründete er mit einem Freund, seinem Vater und Hans-Jörg Weyermann das Seminarzentrum „Die Quelle" in Bern. Das Zentrum ist zu einer internationalen Adresse für spirituelle Anlässe geworden. Seitdem organisiert er Seminare, Vorträge, Ausbildungen und Konzerte mit den bekanntesten und besten Referenten/innen und Heilern/innen dieser Welt.

info@patric-pedrazzoli.ch

Website: www.patric-pedrazzoli.ch

Rebecca Süess

IM VERTRAUEN

Alles wird wahr,
es war schon immer in mir.
Ich sehe sie klar,
die perfekte Lösung für das WIR.

Eine Gemeinschaft der neuen Art,
bauen wir gemeinsam.
Zunächst erscheint es hart,
aber ist für alle heilsam.

Wie möchten wir leben,
und wir möchten wir sein?
Richtig oder daneben,
es liegt in eurer Hand allein.

Im Innen wie im Außen,
so ist es genau.
Was geht ab da draußen,
auch im Inneren Radau.

Verlorenes Kind, finde zu Dir,
und Du wirst spüren,
alles passiert im JETZT und HIER.

Dein Potenzial entfaltend,
darfst Du schöpferisch beitragen.
Keine Kraft mehr haltend,
es gibt kein' mehr Klagen.

Vertraue dem Leben, vertraue der Seele,
vertraue Dir selbst,
auf dass nichts mehr fehle,
in der neu geschaffenen Welt.

Lasst alles stehen und liegen
Kommt mit mir jetzt!
Wir können bald fliegen,
die Timeline ist gesetzt.

Ab in höhere Dimensionen,
in eine neue Wirklichkeit.
Es wird sich lohnen,
denn da gibt es keine Zeit.

Aufs Böse, aufs Gute,
auf alles, was war,
nur deswegen ist uns so zumute
Wir sind dankbar.

Habe keine Angst und folge deinem Weg,
selbstbestimmt wirst Du es wissen,
Wohin die Reise geht.

sueess@mail.ch

Franz Hörmann

HAT WISSENSCHAFT NOCH EINE ZUKUNFT?

Wir erleben aktuell die Veränderung des Wissenschaftsbildes in Politik und Öffentlichkeit. Was noch vor einigen Jahren ein offener Austausch unterschiedlicher, sachlich fundierter Meinungen war bzw. gewesen sein sollte, ist nun für alle erkennbar zu einem engen Korsett politisch vorgegebener Begriffsdefinitionen („Pandemie", „Infektion", „Erkrankung", „nationaler Notstand" etc.) verkommen. Unter der Steuerung der normativen „Wissenschaften" Ökonomie, Recht, Pädagogik und Politik wird nun auch die Medizin zur normativen „Wissenschaft". Für alle jene Fächer gilt: „Damit bleibt die Möglichkeit normativer Wissenschaft weiterhin umstritten."[16]

Die politische Absicht hinter der Transformation der Wissenschaft ergibt sich aus dem englischen Wikipedia-Eintrag: „In the applied sciences, normative science is a type of information that is developed, presented, or interpreted based on an assumed, usually unstated, preference for a particular outcome, policy or class of policies or outcomes."[17]

Übersetzung: In den angewandten Wissenschaften ist die normative Wissenschaft eine Art von Information, die auf der Grundlage einer angenommenen, normalerweise nicht angegebenen Präferenz für ein bestimmtes Ergebnis, eine bestimmte Politik oder eine bestimmte Klasse von Richtlinien oder Ergebnissen entwickelt, präsentiert oder interpretiert wird.

Unsere konventionelle Wissenschaft wird somit für alle erkennbar zum bloßen Machtinstrument der Meinungsmanipulation. Freie Forschung und Lehre sind unter diesen Voraussetzungen nicht mehr möglich.

---

16   https://de.wikipedia.org/wiki/Normative_Wissenschaft)
17   https://en.wikipedia.org/wiki/Normative_science)

Aus diesen und etlichen anderen Gründen versuche ich durch die Begründung einer neuen Art von Wissenschaft eine Initiative für neue Lebens- und Kommunikationsformen in die Welt zu setzen, der sich v.a. Freidenker und -denkerinnen anschließen können, um den einstigen Idealen der Wissenschaft in zeitgemäßer, reflektierter Form wieder Geltung zu verschaffen.

Zu diesem Zweck veröffentliche ich hier nun das „Manifest der Systemischen Wissenschaft". Ein Manifest soll ein „verdeutlichender Leitfaden" für ein „vorgeschlagenes Programm zur Umsetzung" sein. In der Geschichte gab es sowohl politische (wie etwa das Kommunistische), aber auch ästhetische Manifeste. Schließlich haben sogar Informatiker ihre Veränderungswünsche in Form eines Manifests formuliert (wie etwa „The Object-Oriented Database System Manifesto" von Atkinson, DeWitt, Maier, Bancilhon, Dittrich und Zdonik[18].

Ziel des „Manifests der Systemischen Wissenschaft" ist die Neuformulierung von Wissenschaft in ganzheitlicher, unabhängiger und zeitgemäßer Form. Ich lade alle jene, die sich von den genannten Themen angesprochen fühlen, herzlich zur Kooperation und aktiven Mitwirkung ein!

Grundlagen Systemischer Wissenschaft

Manifest

Ausgangslage

Die Wissenschaften sind heute in viele unterschiedliche Bereiche untergliedert, die jeweils ihre eigene Fachsprache und spezielle Modelle verwenden, welche die Kommunikation mit Spezialisten anderer Fachbereiche erschweren bzw. verunmöglichen. Der Wissens- und Erfahrungsaustausch scheitert oftmals an den Fächergrenzen, weil jeweils andere Modellstrukturen und Terminologien zur Anwendung gelangen. Weiters werden praktisch alle wissenschaftlichen Disziplinen von den "Wissenschaften" Pädagogik (im Bildungssystem vom Kindergarten über die Schulen bis zu den Universitäten), Ökonomie (knappe Budgets der

---

18   https://www.sciencedirect.com/science/article/pii/B9780444884336500204

Staaten und öffentlichen Institutionen, Ausrichtung der Forschungsziele an den Interessen der Industrie etc.) und Recht (gesetzliche Normen als Rahmen der Ausübung von Forschung und Lehre) geleitet und beherrscht.

Pädagogik, Ökonomie und Recht sind aber selber keine Wissenschaften im eigentlichen Sinne. Sie gelten als "normative Wissenschaften", deren Methoden nicht definiert sind und welche aus Sicht der Wissenschaftstheorie daher nicht als "richtige Wissenschaften" sondern nur als "Wissenschaften dem Namen nach" einzuordnen sind. Tatsächlich ist "normative science" der Oberbegriff für geistige Konstruktionen, die einer versteckten politischen Präferenz dienen, d.h. es sind Machtinstrumente im Dienste bestimmter Ideologien.

Wenn das jeder Hypothese oder Theorie notwendigerweise zugrunde liegende Zentralaxiom nicht mehr hinterfragt werden darf oder kann, so ist nachhaltiger Fortschritt nicht mehr möglich und die wissenschaftliche Entwicklung friert ein. Da zahllose technische Erfindungen marktmäßig umgesetzt wurden und werden und die Eigentümer der entsprechenden Firmen dieses Methodenwissen als statisches Vermögen (asset) interpretieren, in dessen Entwicklung sie hohe Summen "investiert" haben, müssen damit auch so lange wie möglich marktmäßige Umsätze erzielt werden. Technischer Fortschritt, der diese kommerziell genutzten Methoden obsolet machen würde, ist daher nicht gewünscht, wird verhindert bzw. bekämpft. Der im Wissensmanagement gut bekannte Widerspruch zwischen "Wissen" (als statischem, werthaltigen Bestand an Methoden) und "Lernen" (als der flexiblen Kombination von "Entlernen" alter und dem "Erlernen" neuer, effizienterer, weniger schädlicher und leistungsfähigerer Methoden) wird in allen kommerziellen Teilbereichen der Anwendung wissenschaftlicher Erkenntnis deutlich sichtbar.

Diese Dominanz der "normativen Ideologiestrukturen" Pädagogik, Ökonomie und Recht über die Freiheit von Forschung und Kunst behindert die menschliche Entwicklung schon seit über 250 Jahren, jedenfalls seit Anbruch des "Industriezeitalters".

Zielsetzung

In der heute etablierten Naturwissenschaft wird als Ausgangspunkt ein, von einem belgischen Theologen erdachter, "Urknall" unterstellt, als "aus dem Nichts alles" entstanden sein soll. Über die dafür verantwortliche Ursache bzw. "die Zeit davor" kann die Naturwissenschaft daher auch keine Aussagen treffen. Dieses willkürliche, für jede Theorie aber notwendigerweise zugrunde liegende Zentralaxiom enthält aber mehrere implizite Erweiterungen, die durchaus hinterfragt werden können. Zunächst wird unterstellt, dabei wäre "tote Materie" entstanden, Geist und Bewusstsein wären ein "evolutionäres Epiphänomen", das sich emergent auf mehreren Ebenen, erst nach und nach entwickelt habe (Quantenkosmos, Atomebene, Moleküle, Biomoleküle, neurophysiologische Strukturen, bioelektrische Signale in den neuronalen Netzwerken). Bewusstsein würde also evolutionär ("zufällig") und, strukturell bedingt und nur quantitativ beschreibbar (Anzahl der Netzknoten, Speichergröße), "von selbst" entstehen. Alle finanziell höchstdotierten Forschungsprojekte der sog. "Künstlichen Intelligenz" (Artificial Intelligence, AI) basieren auf dieser Grundannahme, auf diesem (willkürlichen, unbewiesenen und unbeweisbaren) Axiom. Wer heute wissenschaftlich fundiert sein eigenes Bewusstsein erforschen will, muss daher zunächst Quantenphysik, danach Atomphysik, Chemie, Biochemie, Neurophysiologie und Psychologie studieren und dabei auch sinnvolle Brücken zwischen diesen Fachbereichen überschreiten bzw. zunächst erst erschaffen. Dafür reicht ein einziges Menschenleben offensichtlich nicht aus. Wissenschaftliche Fragen zum Bewusstsein bzw. die Frage, wo wir "vor der Geburt" waren bzw. wo wir "nach unserem Tod" sein werden, können genau aus diesem Grunde im Rahmen der etablierten Wissenschaft überhaupt nicht gestellt werden. Die willkürlichen Fächergrenzen und die willkürlichen Zentralaxiome der einzelnen Fachbereiche verunmöglichen dieses wichtige Forschungsprojekt. Wenn ein Mensch aber nicht weiß, wo er "vor der Geburt" war und wo er "nach seinem Tod" sein wird, so fehlt ihm natürlich auch ein Wertesystem für die Zeit zwischen Geburt und Tod. Dieser Mensch wird daher empfänglich für autoritäre (Zwangs-) Regelsysteme, mögen sie Religionen, politischen Ideologien oder technokratischen Normen entspringen! Er wird dafür nicht nur empfänglich, sondern (als sinnsuchendes Wesen) geradezu dankbar für seine eigene Indoktrination sein, schlimmstenfalls ein fanatischer Verfechter einer instrumentalisierten Ideologie, der sich somit auch für Gewalthandlungen (Krieg, Terrorismus) missbrauchen lässt.

Die sinnvolle und friedensstiftende Alternative besteht in einer neuen Form von Wissenschaft, welche sich auf ein anderes willkürliches Zentralaxiom stützt:

Bewusstsein ist fundamental.

Dieser Satz bedeutet, dass Bewusstsein selbst keine kausale Abhängigkeit zu Materie und Energie besitzt, dass Bewusstsein hingegen möglicherweise selbst den "Wahrnehmungsformen Materie, Energie, Raum und Zeit" zugrunde liegt. Die axiomatisch unterstellte Fundamentalität des Bewusstseins bedeutet dabei aber auch, dass Bewusstsein "ewig" ist, da es nicht "aus anderen Teilen" zusammengesetzt wurde (in der Zeit entstanden ist) und auch nicht wieder "in diese zerfallen" kann. Fundamentalität, so verstanden, impliziert daher auch die ewige Existenz.

Wenn wir nun aber dieses Axiom akzeptieren, so folgt daraus (als logische Ableitung), ein weiterer Satz:

Alles andere "ist" Kommunikation.

Wenn materielle Bausteine und Bewegung(senergie) als "Fundament" der Modellierung wegfallen und "nur Bewusstsein als Baustein" verbleibt, dann kann dieses Bewusstsein nur kommunikativ agieren, nicht mechanisch (wie energetisch bewegte Materie, nach Hebelgesetzen etc.). Dies bedeutet, jeder in den heute bekannten Natur- und Sozialwissenschaften bekannte Zusammenhang kann am besten und einfachsten als eine Form von Kommunikation beschrieben und interpretiert werden.

Zweifellos werden die in den "normativen Wissenschaften" (Pädagogik, Recht, Ökonomie) aufgestellten Regeln und Zusammenhänge stets einen Anwendungsfall von Kommunikation darstellen. Die Kommunikation stellt daher die Metà-Ebene dieser Regelungsbereiche dar. Wie sieht dieser Anwendungsfall in der Medizin aus? Im menschlichen Körper kommunizieren Zellen miteinander und mit anderen ein- und mehrzelligen Lebensformen (Mikrobiom). Die Rolle von Lichtimpulsen zur zellulären Kommunikation (Biophotonen) scheint ebenso revolutionär zu sein wie die Auswirkungen mentaler Techniken (Meditation, Hypnose) bei zahlreichen Erkrankungen (ein Anwendungsfall der Kommunikation zwischen Seele, Geist und Körper). Welche Zusammenhänge finden sich in der Quantenphysik? Verschränkungsphänomene, "überlichtschnelle Übertragung von Information" zwischen Teilchen (die berühmte, von Einstein so genannte, "spukhafte Fernwirkung") seien hier als ein populäres Beispiel genannt. In der Makrophysik, z.b. der Mechanik, können wir an Resonanzphänomene beweglicher Apparate, Methoden des "Global Scaling" und ähnliches denken, es wäre sogar möglich im Begriff der "Resonanz" selbst wieder einen Spezialfall der Kommunikation zu erkennen. In der Biologie kennen wir heute die "Sprache der Bäume", und wir wissen, dass auch Bienen und Blumen chemisch und optisch kommunizieren, dass Kommunikation über Artgrenzen hinweg nicht die Ausnahme sondern scheinbar sogar die Regel zu sein scheint.

Bewusstsein ist fundamental (und daher ewig).
und:
Alles ist Kommunikation.

Diese beiden einfachen Sätze können der Ausgangspunkt einer neuen, ganzheitlichen Form von Wissenschaft werden. Was bedeutet das nun für uns als Menschen?

Jeder Mensch ist ein Wissenschaftler

Dies ist deshalb sinnvoll, weil so die Systemische Wissenschaft auf sich selbst anwendbar wird: Kommunikation durch und über Kommunikation. Jeder Mensch lernt von Kindesbeinen an durch Versuch und Irrtum (also empirisch) zu gehen, zu sprechen, das Wechselspiel von Aktion und Reaktion zwischen sich und seiner Umwelt zu verstehen.

Durch das einfache Grundmodell der Kommunikation bewusster Wesen aufgrund einer zugrunde liegenden Absicht (Intention) können wir die wissenschaftlichen Fächergrenzen schrittweise auflösen und die gesamte denkende und fühlende Menschheit in dieses lernende und sich entwickelnde globale bzw. universale Netzwerk integrieren. Das heute verfügbare Internet kann im Rahmen dieser Entwicklung graduell zu einem offenen Ort der freien Begegnung, der friedlichen Kooperation und der Co-Evolution wertvollen Wissens transformiert werden. Kommunikation ist die Metà-Ebene aller beobachtbaren Abläufe des Universums. Von dieser Ebene aus ergeben auch negative Entwicklungen wie Kriege, Verwüstungen und Ausbeutung einen (historischen, psychologischen)

"Sinn" insoferne ihre Ursachen und Entwicklungsverläufe verstanden und für die Zukunft nachhaltig, wirklich kausal und nicht bloß symptomatisch ("Gewalt gegen Gewalt") vermieden werden können.

Die Systemische Wissenschaft soll daher ein Beitrag zum besseren Verständnis von Individuen und Gruppen der menschlichen Gesellschaft und damit auch zur friedvollen Entfaltung unserer Spezies sein. Abgesehen davon kann sie auch ganz wesentlich zur maßgeblichen Erhöhung der Lebensqualität von uns allen beitragen, da die Neugier und ihre Befriedigung wohl zu den größten Motivationsfaktoren unserer Art zählt und wir in einem Umfeld, in dem wir nach Herzenslust gemeinsam forschen, entdecken und erfinden können, unsere individuellen Biografien ebenso wie unsere zukünftigen Gemeinschaften materiell ebenso wie geistig und spirituell bereichern werden.

Wahrheit versus Wahrnehmung

Wir sollten, als "natürliche Systemische Wissenschaftler", jedoch der Versuchung widerstehen "ewige Wahrheiten" entdecken bzw. festlegen zu wollen. Da wir uns im Rahmen der Systemischen Wissenschaft stets in einem Dialog mit anderen denkenden und fühlenden Wesen begreifen (Mitmenschen, Tiere, Pflanzen, aber auch Wesenheiten, deren physische Erscheinung uns verborgen bleiben mag), stellt das Postulat einer "ewigen Wahrheit" einen geistigen Gewaltakt gegen unsere Gesprächspartner dar. Sehr wohl können wir aber unsere aktuelle Wahrnehmung zu beschreiben versuchen um den Partnern im Dialog ein optimales Einfühlen in unsere Biografie und Situation zu ermöglichen. Die "Fixierung von Wahrheit und Wirklichkeit" sollte aber stets als eine konsensuale Handlung verstanden werden, die auch nur für die an dieser Vereinbarung beteiligten Wesen Geltung besitzen und nur von diesen gemeinsam wieder revidiert bzw. weiterentwickelt werden kann. In diesem Sinne erfüllen wir also den alten theologischen Grundsatz mit neuem Leben, wonach es "dem Menschen zu Lebzeiten nicht gegeben ist, endgültige Wahrheit zu erkennen".

Naturgesetze versus wahrnehmbarer Ähnlichkeiten

Wenn wir die konzeptionell erdachten "Elementarteilchen" im Kosmos den sogenannten "Naturgesetzen" unterwerfen, so machen wir sie damit nicht nur zu "Menschen", unterliegen also der Illusion des Anthropomorphismus (Anmerkung: das Zusprechen menschlicher Eigenschaften auf Tiere, Götter, Naturgewalten und Ähnliches), sondern sogar zu folgsamen Bürgern. Gesetze werden von Gremien oder absolutistischen Herrschern beschlossen und können von diesen auch jederzeit verändert oder abgeschafft werden. Somit stellen die sogenannten "ewigen Naturgesetze" wohl das bekannteste zugleich aber am wenigsten hinterfragte Oxymoron unserer Gesellschaft dar. Schon der Umstand, dass sich dieser Widerspruch jedem frei denkenden Menschen offensichtlich erschließt, er in den sogenannten "Naturwissenschaften" aber scheinbar vollkommen ignoriert wird, verdeutlicht, dass es sich auch bei diesen kaum um "wirkliche Wissenschaften" handeln kann.

Was wir tatsächlich in unserem Umfeld wahrnehmen können, sind bestimmte Regelmäßigkeiten, die sich statistisch als Korrelation festhalten lassen. Der Schluss von Korrelation auf Kausalität kann hingegen niemals rein mathematisch/statistisch erfolgen. Dazu bedarf es eines separaten Modells der Kausalzusammenhänge, das oftmals selbst wieder axiomatisch vorausgesetzt wird. Schon Einstein hat uns darauf hingewiesen, in seinem Zitat: "Die Theorie bestimmt, was wir beobachten können." Dies führt uns zu der Bedeutung von Modellen.

Die Bedeutung von Modellen

Modelle stellen kausale Interpretationen beobachtbarer Abläufe dar. Damit stehen sie zumeist in einem linearen zeitlichen Zusammenhang zu beobachteten Ereignissen und Phänomenen. Im Rahmen der Systemischen Wissenschaft ist allen Forschern und Beobachtern stets bewusst, dass sie selbst, als wahrnehmende Subjekte, Teil der Versuchsanordnung sind, so, wie eine "Farbe" ohne die physiologische Struktur unserer Netzhaut und unsere subjektive Empfindung und Erfahrung (biografische Prägung durch Sätze wie "Der Himmel ist blau.") als bloße Lichtfrequenz allein nicht existiert und nicht ausreichend beschrieben werden kann. Damit sind Modelle keine Instrumente mehr zur Feststellung der "allein gültigen objektiven Wahrheit der Welt" sondern bloss formale Sprachen, die der Kommunikation zwischen denkenden und fühlenden Wesen (Beobachtern, Forschern, Lehrern und Schülern) dienen. In dieser Interpretation können Modelle (Hypothesen, Theorien) daher auch nicht "verifiziert" oder "falsifiziert" werden. Wir können und sollen jedoch zunächst ihren Anwendungszweck, die Axiome, auf deren Grundlage sie erstellt wurden, sowie die exakten Definitionen der in ihnen zum Einsatz gelangenden Begriffe und Beschreibungen offenlegen. Damit kann dann der Erfolg der Anwendung eines solchen Systemischen Modells innerhalb genau definierter Grenzen (in Raum und Zeit, aber auch in Bezug auf Axiom und Definitionen) gemessen und kommuniziert werden. Unterschiedliche Modelle gehen von unterschiedlichen Grundannahmen aus und werden für unterschiedliche Zwecke verwendet, mit jeweils anderem Erfolg bezogen auf den praktischen Zweck ihrer Anwendung. Dies allein entscheidet letztlich über ihren praktischen Nutzen. Es besteht keine Notwendigkeit mehr zur Konkurrenz verschiedener Modelle, um die "richtige Abbildung der einzig wahren Wirklichkeit". Vielfalt und Dynamik der geistigen Entwicklung in Forschung und Lehre bleiben gewahrt.

Daten versus Information

Wir sollten unter Daten "syntaktisch korrekte Zeichenfolgen" und unter Informationen "zur Problemlösung relevante Daten" verstehen. Dies verdeutlicht, dass schon eine "korrekte Syntax" sowie ein "zulässiger Zeichenvorrat" eine grundlegende Vorannahme (Axiom, Konsens) für die Existenz von "Daten" darstellen. Der Kommunikationsprozess beginnt daher nicht mit dem "Senden von Daten", sondern mit der Vereinbarung eines Zeichenvorrats und eines Regelwerks (Syntax) zwischen denkenden und fühlenden Wesen. Als Information bezeichnen wir nur jene Daten, die für eine bestimmte (axiomatisch vereinbarte) Problemstellung hilfreich sind. Damit wird klar ersichtlich, dass es sich bei dieser Zuschreibung ebenfalls um die Entscheidung denkender und fühlender Wesen handelt und nicht um das Ergebnis einer Messung und auch nicht um ein "Naturgesetz". Begriffe wie "automatisierte Informationsverarbeitung" sollten daher grundlegend hinterfragt bzw., basierend auf diesen Erkenntnissen, zukünftig am besten vermieden werden. Nur bewusste Entscheidungen, bei denen dem entscheidenden Subjekt (Entscheidungsträger) auch die Handlungsfolgen sowie die Folgen eines Nichthandelns vollumfänglich bekannt sind, stellen tatsächlich "Entscheidungen" dar. In jenen Fällen, in denen dieses bewusste Wissen hingegen nicht vorliegt, handelt es sich um die Ausführung von Befehlen, nicht hingegen um eine Entscheidung. Dies führt zur Frage von Ethik und Moral.

Ethik und Moral

Während es sich bei Moral um eine Ansammlung ethnischer, sozialer und religiöser Empfindungen handelt, die sich zwar psychologisch und soziologisch in ihrer Entstehung darstellen und verstehen lassen, stellt die Ethik den Anspruch "normativ" und somit "allgemeingültig" über Fragen der Moral entscheiden zu können. Wie dieser Anspruch aber logisch zu begründen wäre, von welcher "obersten Instanz" solche Regeln ableitbar wären bzw. wer die "Werte" formulieren sollte, die der "Beurteilung moralischen Handelns" zugrunde liegen sollen, bleibt offen. Daher beschränken sich die Erkenntnisse dieser Disziplin zumeist auch auf Tautologien wie: "Was Du nicht willst, dass man Dir tu, das füg' auch keinem andren zu!". Auch die Ethik zählt (wie Ökonomie, Recht, Pädagogik und Politik) zu den "normativen Wissenschaften" (Wissenschaften bloß dem Namen nach) und sollte daher in gleicher Weise als "lokale Folklore" und nicht als legitime Wissenschaft betrachtet werden.

Eine bessere Orientierung im achtsamen Kommunikationsprozess bietet die ganzheitliche Resonanz als Teil eines einfühlsamen Dialogs. In der mitfühlenden Kommunikation werden z.B. Lust und Schmerz in gleicher Weise geteilt, sogar so weit, dass diese beiden Empfindungen transformieren können und gemeinsam entschieden werden kann, ob dies dann genossen oder vermieden werden sollte. Moralische Regeln in ethischer Interpretation sind dabei eher hinderlich als hilfreich.

Macht und Dogma

Macht, als die Fähigkeit, Menschen zu Handlungen zu bewegen, die sie von selbst nicht vollziehen würden, wird oftmals als unmoralisch, gefährlich bzw. auch verführerisch interpretiert. Hier sollten wir zunächst die "Instrumente der Macht" näher untersuchen, wie z.B. Gewalt versus Verführung. Wie ist die "Macht" überhaupt zu bewerten, wenn sie durch die Änderung der Überzeugung der zu manipulierenden Wesen wirkt, wie bei Verführung oder Propaganda? Solange wir zu dieser Beschreibung und Analyse nur die Instrumente von "Moral und Ethik" zur Verfügung haben (Pseudowissenschaften, die selbst wieder auf axiomatischen Wertesystemen beruhen), wird uns eine abschließende Erklärung nicht gelingen.

Wenn wir aber erkennen, dass Macht nur dann existieren kann, wenn zugleich ein Dogma existiert, d.h. ein oder mehrere Axiome, die nicht hinterfragt werden können oder dürfen, dann erkennen wir auch, wie wir diese Macht ganz einfach verhindern können: durch die konsequente Hinterfragung aller alten Dogmen und das Verhindern des Entstehens neuerer. Die "Gier nach Macht" entsteht wohl nur durch entsprechende Rollenbilder (Literatur, Filme, Legenden) in Gesellschaften, in denen Hierarchien und Dogmen lange Tradition besitzen und niemals ernsthaft hinterfragt wurden. In offenen, dynamischen und achtsame Kommunikation praktizierenden Gesellschaften ersetzt die "Gier nach Macht über sich selbst (Körper, Geist, Seele)" hingegen ganz natürlich die "Gier nach Macht über andere", weil eigene Fähigkeiten und erweiterte Formen der Wahrnehmung viel intensiver erlebt werden können als die gehorsame Ausführung eigener Befehle durch andere. Die ewige Geborgenheit im kosmischen Netz des Lebens stellt wohl das intensivste Glücksgefühl dar, zu dem denkende, fühlende Wesen fähig sind.

Das ewige Mysterium

Wenn wir "Wissen" als subjektiven, relativen Erkenntnisstand im dynamischen Austausch mit anderen fühlenden, denkenden Wesen begreifen (Wissen als soziale Co-Konstruktion), dann folgt daraus, dass wir ein "endgültiges Wissen" solange nicht erlangen können, wie wir uns selbst auf einer Zeitachse bewegen. Somit bleibt die Zukunft immer offen, alle Theorien und die Axiome, auf denen sie beruhen, können jederzeit verändert, unsere eigene Wahrnehmung und unsere körperlichen und geistigen Fähigkeiten jederzeit weiter entwickelt werden. Wissen ist kein statischer Bestand, kein finanzieller Wert (asset), sondern selbst ein dynamischer Kommunikationsprozess, der die teilnehmenden Wesen verändert, womit sie selbst zu dynamischen Veränderungsprozessen werden bzw. bestmöglich als solche beschrieben werden können.

Wir laden dazu ein, das "Wunder" wieder im Kreis der (Systemischen) Wissenschaft zu akzeptieren und anzunehmen, als das, das es von Anfang an sein sollte: die Erinnerung an unseren offenen Geist, dass immer noch Unbekanntes, Unverstandenes existiert und unsere geistige Reise daher noch nicht zu Ende ist. Tatsächlich ist der Vorgang des "sich wunderns" auch ein wesentlicher Auslöser für die größte Motivation der Menschen, den Forscherdrang. Wir benötigen eine Wissenschaft, welche wissensdurstige, suchende Entdecker ermutigt, diese geistige Reise fortzusetzen und den "Zurückgebliebenen" von ihren exotischen Abenteuern zu erzählen, im Kern des Verstandenen als kompetente Lehrer, an den Grenzen ihres Wissens hingegen in Form von persönlichen Wahrnehmungen, Legenden oder Mythen. Diese nach neuen Erfahrungen und neuem Wissen suchenden Forscher werden auch in den von ihnen besuchten Gebieten von den dort heimischen denkenden und fühlenden Wesen stets freundlicher empfangen als die gierigen, plündernden Händler, die sich fremde Gefilde samt ihren Einwohnern "untertan machten" um sich materiell an ihnen zu bereichern. (Anspielung: „Zeitalter der Entdecker" und den Genozid an den amerikanischen, afrikanischen und asiatischen Ureinwohnern.) Auftragsforscher, die nicht ergebnisoffen, geleitet von ihrem eigenen Wissensdurst, nach Erkenntnis streben, sondern ihren (privaten oder staatlichen) Geldgebern einen finanziellen Wert (asset) als Ergebnis schulden, gleichen daher den Kolonisatoren früherer Jahrhunderte, deren Raubzüge stets in Vernichtung und Elend endeten. Schon sie wurden durch finanzielle Schulden "motiviert, gewünschte Ergebnisse zu liefern", damals Edelmetalle und Bodenschätze, zum Preis des Blutzolls der nativen Bevölkerung. Wenn aber geistige Erkenntnis durch offene, ehrliche und einfühlsame Kommunikation, das Ziel ist, so stehen uns die Tore zu allen bekannten wie unbekannten Zivilisationen offen und aus der Suche unserer Menschheit kann ein forschender Dialog, eine Kooperation mit allen denkenden und fühlenden Wesen werden, denen wir noch begegnen mögen.

Den Weg zu dieser neuen Form von Wissenschaft weisen uns jene "Riesen, auf deren Schultern wir stehen" - wenn wir uns dieses Umstands nur wieder bewusst geworden sind:

**"Wunder stehen nicht im Gegensatz zur Natur,
sondern nur im Gegensatz zu dem,
was wir über die Natur wissen."**
(Augustinus von Hippo)

Conclusio

Die Dominanz von Ökonomie und Recht, basierend auf historischen Dogmen, die selbst wieder zu gesellschaftlichen Machthierarchien führten, haben in der menschlichen Geschichte dazu geführt, dass die geistige Freiheit immer stärker eingeschränkt wurde. Dies geschah aus Sicht der „Lenkenden" jedoch zwangsläufig, denn da sie niemals über ausreichend umfangreiche und aktuelle Informationen zur „Steuerung der Vielfalt" verfügten, konnten sie die Herrschaft nur durch die Einschränkung der Wahlfreiheit für die „Beherrschten" ausüben. Die „materialistischen, industriellen Demokratien" wurden und werden nicht über die Parlamente regiert: *„Die bewusste und intelligente Manipulation der organisierten Gewohnheiten und Meinungen der Massen ist ein wichtiges Element der demokratischen Gesellschaft. Diejenigen, die diesen unsichtbaren Mechanismus der Gesellschaft manipulieren, bilden eine unsichtbare Regierung, die die wahre herrschende Macht unseres Landes ist."*[19]

Wir können die Last von den Schultern der (schein)Regierenden nehmen, ebenso wie von den diese (angeblich) „beratenden Experten", wenn wir die Grundlage unserer Kommunikation verändern -von „Führern und Ge(Ver-)führten" hin zu (mit)denkenden, (ein)fühlenden Wesen, die auf Augenhöhe und ehrlich mit einander umgehen, zum Wohle und zur besten Entfaltung aller Individuen und unserer Gemeinschaften.

Hat Wissenschaft noch eine Zukunft?

Wir erleben aktuell die Veränderung des Wissenschaftsbildes in Politik und Öffentlichkeit. Was noch vor einigen Jahren ein offener Austausch unterschiedlicher, sachlich fundierter Meinungen war bzw. gewesen sein sollte, ist nun für alle erkennbar zu einem engen Korsett politisch vorgegebener Begriffsdefinitionen („Pandemie", „Infektion", „Erkrankung", „nationaler Notstand" etc.) verkommen. Unter der Steuerung der normativen „Wissenschaften" Ökonomie, Recht, Pädagogik und Politik wird nun auch die Medizin zur normativen „Wissenschaft". Für

---

19   Edward Bernays, „Propaganda", 1928. <https://de.wikipedia.org/wiki/Edward_Bernays)>

alle jene Fächer gilt: „Damit bleibt die Möglichkeit normativer Wissenschaft weiterhin umstritten."[20]

Die politische Absicht hinter der Transformation der Wissenschaft ergibt sich aus dem englischen Wikipedia-Eintrag: „*In the applied sciences, normative science is a type of information that is developed, presented, or interpreted based on an assumed, usually unstated, preference for a particular outcome, policy or class of policies or outcomes.*"[21]
Übersetzung: In den angewandten Wissenschaften ist die normative Wissenschaft eine Art von Information, die auf der Grundlage einer angenommenen, normalerweise nicht angegebenen Präferenz für ein bestimmtes Ergebnis, eine bestimmte Politik oder eine bestimmte Klasse von Richtlinien oder Ergebnissen entwickelt, präsentiert oder interpretiert wird.

Unsere konventionelle Wissenschaft wird somit für alle erkennbar zum bloßen Machtinstrument der Meinungsmanipulation. Freie Forschung und Lehre sind unter diesen Voraussetzungen nicht mehr möglich. Aus diesen, und etlichen anderen, Gründen versuche ich durch die Begründung einer neuen Art von Wissenschaft eine Initiative für neue Lebens- und Kommunikationsformen in die Welt zu setzen, der sich v.a. Freidenker und -denkerinnen anschließen können, um den einstigen Idealen der Wissenschaft in zeitgemäßer, reflektierter Form wieder Geltung zu verschaffen.

Zu diesem Zweck veröffentliche ich hier nun das „Manifest der Systemischen Wissenschaft". Ein Manifest soll ein „verdeutlichender Leitfaden" für ein „vorgeschlagenes Programm zur Umsetzung" sein. In der Geschichte gab es sowohl politische (wie etwa das Kommunistische), aber auch ästhetische Manifeste. Schließlich haben sogar Informatiker ihre Veränderungswünsche in Form eines Manifests formuliert, wie etwa „The Object-Oriented Database System Manifesto" von Atkinson, DeWitt, Maier, Bancilhon, Dittrich und Zdonik[22].

Ziel des „Manifests der Systemischen Wissenschaft" ist die Neu-

---

20   https://de.wikipedia.org/wiki/Normative_Wissenschaft
21   https://en.wikipedia.org/wiki/Normative_science
22   https://www.sciencedirect.com/science/article/pii/
B9780444884336500204

formulierung von Wissenschaft in ganzheitlicher, unabhängiger und zeitgemäßer Form. Ich lade alle jene, die sich von den genannten Themen angesprochen fühlen, herzlich zur Kooperation und aktiven Mitwirkung ein!

Über den Autor:

Franz Hörmann, geboren 1960, Univ.-Prof. Mag. Dr. Seit 1983 am Institut für Revisions-, Treuhand- und Rechnungswesen der Wirtschaftsuniversität Wien beschäftigt, 2001-2010 Gastprofessor am Institut für Wirtschaftsinformatik (Communications Engineering) der Universität Linz, seit 1997 gewerblich befugter Unternehmensberater, von 1995-2015 korrespondierendes Mitglied des Fachsenats für Datenverarbeitung der österreichischen Kammer der Wirtschaftstreuhänder und von 2001-2015 Prüfungskommissär im Rahmen der Wirtschaftsprüfer-Ausbildung der österreichischen Kammer der Wirtschaftstreuhänder. Von 2001-2010 Lektor an der FHW (Fachhochschule der Wirtschaftskammer Wien).

Trat mit dem Werk „Das Ende des Geldes"
(http://www.franzhoermann.com/downloads/20110810-das_ende_des_geldes.pdf)
im Jahr 2011 erstmals als Kritiker des verzinsten Schuldgeldes in die Öffentlichkeit, entwickelte die neue Geldform «Informationsgeld» (http://www.informationsgeld.info) und bringt sie mit der OSBEEE eG (http://osbeee.com) als OSBEEE:Money auf den Markt.

Mitbegründer des «Interdisciplinary Research Institute for Systemic Sciences» (IRISS).
Seit Jänner 2017 finanzpolitischer Sprecher der "Neuen Mitte" (https://neuemitte.org/).
Franz Hörmann ist verheiratet und Vater zweier Kinder (Tochter *1996, Sohn *1999).

Website: http://www.franzhoermann.com

Catharina Roland & Coco Tache

DAS MANIFEST DER NEUEN ERDE

(Stand 13.Mai 2021)

1. GESUNDHEIT ALLEN LEBENS

1a.) Die Grundlage des Lebens auf der Erde ist ein fruchtbarer Boden -der „Humus".

Während die Erde selbst mehrere tausend Jahre brauchen würde, um den Humus wieder aufzubauen, schaffen Menschen dies mit Komposttechniken und Terra Preta in nur 10-20 Jahren!

Priorität hat daher die **Entgiftung unserer Böden** und der **Humusaufbau** auf privater und landwirtschaftlicher Ebene mit Komposttechniken und Wurmkulturen. Dazu werden von den Gemeinden/Städten organisierte Kompostierungs- und Humus-Aufbau-Seminare angeboten.

Auf unseren Feldern, Wiesen und Beeten werden Toxische **Spritz- und Düngemittel** ersetzt durch Terra Preta, Effektive Mikroorganismen und andere biologische organische Düngemittel, die dem natürlichen Humusaufbau dienen.

Nicht mehr benötigte **„versiegelte" Landflächen**, wie zum Beispiel Industriegelände oder große Parkplätze werden **rückgebaut** und der Gemeinschaft zu Verfügung gestellt, um dort zum Beispiel Gemeinschaftsgärten oder Heilwälder mit essbaren Früchten anzulegen.

Auf den großen landwirtschaftlichen Flächen werden **Zwischen- und Randhecken** angelegt, Blumen, Obst- und Nussbäume, Esskastanien etc. gepflanzt, um die Insekten -besonders die Bienen -aber auch Menschen zu verpflegen, die Winde zu leiten und Vögeln und anderen Tieren Lebensnischen zu bieten. Das Zwitschern der Vögel und das Summen der Insekten begleitet das harmonische Wachstum der Pflanzen.

1b.) Es werden nur mehr nachhaltige und biologisch wirtschaftende landwirtschaftliche Betriebe gefördert

Biologisch-dynamische-, Bio- und Permakulturbauern von Klein- u. Mittelbetrieben bestimmen die Agrarpolitik.
Alle anderen landwirtschaftlichen Betriebe erhalten kostenlose **Umschulungen in nachhaltige und biologische Landwirtschaft** und für **regionale Vertriebsmöglichkeiten**. Dabei werden auch neue Formen des hoch effizienten Gemüse-, Beeren- und Obstanbaus, wie zum Beispiel **Aquaponing** oder **„Vertikal Gardening"** unterrichtet.

Noch konventionelle Produkte und deren toxische Inhaltsstoffe müssen gekennzeichnet werden. In der Übergangsphase werden **nicht-biologische Produkte** mit einer **Toxin- und Schadstoffsteuer** belegt.

Die durch diese Toxin-Steuer gewonnenen Gelder fließen direkt in die Umschulungen und Umstellungen der Betriebe auf biologische Landwirtschaft.

Die Gemeinschaft unterstützt unabhängige und gemeinnützige **Saatgutinitiativen** und Tauschbörsen zum Erhalt und zur Erweiterung der Vielfalt unserer Nahrungs- und Heilpflanzen.
Auf **Saatgut** und andere **Lebewesen** darf es **keine Patente** geben!

1c.) Reinigung aller Gewässer

In Zukunft fließt **aus allen Wasserleitungen** dynamisiertes, **gesundes und sauberes Wasser. Flüsse und Bäche** werden, soweit dies möglich und sinnvoll ist, **re-naturiert**.

Grundwasser und Regenwasser wird in der Region gehalten. Neue höchst effiziente Methoden, wie Regenwassersammelbecken, Swales, Tröpfchenbewässerung, Agroforstwirtschaft oder Agrophotovoltaik dienen der Bewässerung in der Landwirtschaft.

Unsere **Kläranlagen** werden, wo nötig, mit den besten natürlichen Methoden erneuert. Abwasser wird durch Pflanzen und Komposttechniken (Bakterien) gereinigt, bevor es wieder in den Wasserkreislauf zurück fließt. Wo immer möglich werden moderne, wassersparende und Humus aufbauende **Komposttoiletten** installiert.

Meeresgebiete werden **großflächig unter Schutz** gestellt. Regionale, das Meeresleben achtende, Fischereibetriebe ersetzen die großindustriellen Schleppnetzfischereien.
Meeresreinigungs- und Meeresregenerationsprojekte erhalten großzügige und tatkräftige Unterstützung von der Gemeinschaft und von der Regierung.

1d.) Reinigung der Luft, die wir atmen

Abgase und Sprühnebel, die Aluminium- Metall- und/oder andere **Toxine** enthalten werden **strikt nicht mehr verwendet**. Die **Emission von Feinstaub** und Luftverschmutzung jeglicher Art wird auf ein absolutes **Minimum** reduziert.

1e.) 60% der Wälder -die „Lungen unserer Erde" und Produzenten von reinem Sauerstoff- werden unter Naturschutz gestellt

Die **Zerstörung von Ökosystemen** gilt als **Verbrechen gegen das Leben** und wird **geahndet**. In den letzten Jahrhunderten **gerodete Waldflächen** werden unter der Anleitung von integral denkenden und fühlenden, zukunftsorientierten Förstern wie Erwin Thoma (A), Peter Wohlleben (D) oder Ernst Zürcher (CH), die eine globale Vision für Waldökosysteme haben, wieder **aufgeforstet**.

Ganzheitliche Waldbewirtschaftungskurse werden Förstern, Waldbesitzern und allen interessierten Menschen angeboten.

1f.) Renaturierung aller Nahrungsmittel

Künstliche Zusatzstoffe aller Art kommen nur noch zur Verwendung, wenn ein Gremium aus Ärzten, Biologen und Heilpraktikern verschiedener Sparten deren Unbedenklichkeit festgestellt hat. Zucker, raffinierte Fette und **denaturierte Lebensmittel**, die nachgewiesenermaßen in den letzten Jahrzehnten zu einer unnatürlichen Zunahme von Allergien, Übergewicht und ernährungsbedingten Krankheiten geführt haben, werden **durch heilsame und natürliche Lebensmittel ersetzt.** Der Anbau von **Wildkräuterwiesen** und **alten Nutzpflanzensorten** mit größerem **Nährstoffreichtum** und **Resistenz** gegen landwirtschaftliche Katastrophen (Überschwemmungen, Dürre, Seuchen) wird **gefördert.** Genmanipuliertes Saatgut wird nicht verwendet.

Bauern und **Gärtner** gewinnen ihre **Autonomie** in Bezug auf Zugang, Reproduktion und Austausch von **Saatgut** zurück.

1g.) Umweltfreundliche und Schadstoff-freie Produktion

Wissenschaftler arbeiten Hand in Hand mit den Produktionsfirmen, um die **ökologische Effizienz** in der Produktion zu steigern und die Bestandteile, die nicht aus rein natürlichen Rohstoffen produziert werden können so **ethisch, umweltfreundlich und recyclebar** wie möglich herzustellen. Die brillanten Lösungen der Natur dienen dabei als inspirierendes Vorbild (Biomimikry).

Der Großteil der **Textilien** wird aus natürlichen und **nachwachsenden Rohstoffen** hergestellt. Hanf- und Leinenanbau und der Anbau anderer ökologisch wertvoller Nutzpflanzen erfreuen sich großer Beliebtheit.

Wenn immer möglich werden bereits in der Übergangsphase künstliche Materialien recycelt, repariert und zu neuen Materialien verarbeitet.

Auf den Etiketten der Produkte wird der **ökologische Fußabdruck deklariert**, insbesondere woraus sich die Materialien zusammensetzen, wie fair diese produziert wurden und wie effizient der zu erwartende Lebenszyklus ist.

In der Übergangsphase bringt eine hohe Besteuerung von fossilen und geologischen Rohstoffen die Entwicklung von Energieeffizienz, Langlebigkeit und Recyclebarkeit aller Produkte schnell voran (siehe Punkt 6b)

1h.) Jedem Lebewesen wird mit Respekt und Achtsamkeit begegnet.

Jede Form von **Tierquälerei, Käfig- oder Massentierhaltung** gilt als **Verbrechen gegen das Leben** und wird **geahndet.**

Laborversuche mit Tieren und **Tiertransporte** für Konsumzwecke gehören der **Vergangenheit** an.

Jedem Tier, das nicht in Freiheit leben darf, weil es zur Erzeugung von Milch oder anderen tierischen Produkten beiträgt, wird ein **artgerechter Auslauf in der Natur mit seinen Artgenossen**, sowie **Objekte zum Spiel oder zur Beschäftigung** zur Verfügung gestellt. Diese Tiere leben bei Menschen, die eine liebevolle und harmonische Beziehung zu ihnen haben. Sie werden ausschließlich mit **natürlichem Futter** ernährt. Kühe dürfen ihre Hörner behalten. Es werden nur die **allernotwendigsten Impfungen** und diese auch nur nach freier Entscheidung des Tierhalters verabreicht.

Tiere (wie die Stiere aus den Milchbetrieben, die Junghähne aus der Eierproduktion oder überzählige Wildtiere) werden in ihrer natürlichen und gewohnten Umgebung so **leid-arm wie möglich getötet** und dabei als empfindende Lebewesen wahrgenommen und geehrt.
Davor haben die Kühe und Stiere ein schönes Leben in der freien Natur und „helfen" dabei, den Humus zu stabilisieren und wieder aufzubauen.

Der **Abschuss von Tieren** zum Schutz des Waldbestandes und das Auslesen kranker Tiere wird nur noch von Personen mit Jagdscheinen einer tierwohlorientierten Ausbildung durchgeführt.

Wir **plädieren** wir für eine **Umstellung auf eine vegetarische und vegane Lebensweise**.

1i.) Unsere „Krankenhäuser" werden in ganzheitliche „Heilungs-Räume" umgestaltet

Das neue **Heilungs-Konzept** und der **Bau** der entsprechenden Räume wird mit dem Wissen und Erfahrungsschatz von Medizinern, Heilpraktikern, Energetikern, Ernährungswissenschaftlern, Physiologen, Biologen, Psychologen, spirituellen Lehrern, Geomanten, Feng-Shui-Spezialisten etc. ausgearbeitet und umgesetzt.

Mit wenig Aufwand werden aktuelle Krankenhäuser und Intensivstationen vorab mit Pflanzen, Therapietieren, Naturdüften, natürlichen Lichtfrequenzen, Bildern von Pflanzen und Natur **heilfreundlicher gestaltet**.

Die neuen Heilungsräume werden von **heilenden Wäldern** mit
speziellen Waldtherapie- Pfaden nach dem Vorbild des japa-
nischen Shinrin-Yoku (Link folgt) mit **Achtsamkeitspfaden,
Bächen und Wasserflächen** umgeben. **Tiere und Pflanzen** sind
Therapiehelfer.

Spezielle, den Heilungsräumen angeschlossene **Landwirtschafts-
betriebe bieten Therapiemöglichkeiten** für z.B. Drogenabhängige
oder andere suchtgefährdete Menschen an, (dazu zählen auch Digitale
Detox Therapien) und gleichzeitig wird dort gesunde biologische Nahrung für die Heilungsräume angebaut.

Im Konzept der Heilung werden folgende Prinzipien anerkannt:

1. Der Mensch ist ein spirituelles geistig sehr hochentwickel-
   tes Wesen, das nicht an seiner Hautoberfläche endet. Er ist ein
   mehrdimensionales Wesen mit mehreren „Körper- Ebenen (u.a.
   physischer Körper, mentaler Körper, emotionaler Körper, Ener-
   gie-Körper, kausaler Körper) die alle miteinander verbunden sind
   und interagieren.
2. Der Mensch ist ein auf allen Ebenen **verbundener Teil des Ökosystems Erde**, eines lebendigen Organismus.
3. Die **5 biologischen Naturgesetze.**
4. Alle Lebewesen verfügen über **ausgezeichnete Selbstheilungskräfte** und ein Immunsystem, die es primär und auf allen Ebenen
   zu unterstützen gilt, um Krankheiten vorzubeugen und zu heilen.
5. **Jede Krankheit hat eine Botschaft.** Von nun an fokussiert sich
   die Medizin nicht mehr auf die Symptome, sondern auf die Ursa-
   chenerkennung und die Vorbeugung der Krankheit. In den neuen
   Heilungsräumen werden **ganzheitliche Therapiemethoden**
   angewandt, die auf die individuellen Bedürfnisse der Menschen
   eingehen.Heilmethoden, die die Menschen seit Jahrhunderten dabei unterstützt haben, durch die Kraft der Natur und des
   Geistes zu heilen (wie zum Beispiel Homöopathie, TCM oder
   Anthroposophische Medizin), sowie „neue", gut erprobte und
   bereits erfolgreich angewandte Heilmethoden, die auf Quanten/
   Frequenzen/Energie/Information basieren, werden voll anerkannt,
   angewandt und gelehrt.

Natürliche und lokal gewachsene und produzierte Heilmittel werden bevorzugt, da diese im Vergleich zu den Produkten der Pharmaindustrie kaum Nebenwirkungen haben, vom menschlichen Organismus besser assimiliert werden und dabei auch die lokalen Produzenten fördern.

Die **Ärzte** weisen ehrlich, unaufgefordert, klar und transparent **auf die Nebenwirkungen** der Medikamente **hin**, die sie verschreiben.

1j.) Die Geburt von Menschen, aber auch Tieren, wird als ein heiliges Ritual geachtet

Frauen erhalten **freien Zugang zu Geburtsvorbereitungskursen**, die von erfahrenen und ganzheitlich denkenden und fühlenden Hebammen und Doulas (Geburtshelferinnen) entwickelt werden.
Ebenso werden Geburtshäuser und Hausgeburten gefördert. Frauen entscheiden selber, wie und wo sie gebären möchten. **Natürliche Geburten** werden **gefördert** und invasive Eingriffe nach Möglichkeit vermieden.

Jedes **Kind** wird auf liebevolle, **sanfte und achtsame Weise** in Würde **in die Welt begleitet**.

Um das Liebesband zwischen Mutter und Kind zu stärken, wird ihm von Anfang an Sicherheit und Geborgenheit vermittelt und das Baby mit den besten Nährstoffen der natürlichen Muttermilch versorgt. Frauen werden optimal dabei unterstützt, ihre Babys zu **stillen**.

> „Mit Ehrfurcht erwarten,
> mit Liebe erziehen und in Freiheit entlassen"
> *Rudolf Steiner*

1k.) „Wenn wir die Angst vor dem Tod verlieren -uns selbst als unendliches und unsterbliches Wesen erkennen -dann verlieren wir auch die Angst vor dem Leben"

Gemeinsam mit Sterbebegleitern aller Religionen entstehen Kurse, die es Menschen ermöglichen, einen **angstfreien und würdevollen**

Zugang zum Thema „Tod" zu entwickeln und auch zu lernen, frei zu trauern.

Auch dürfen Angehörige den Körper ihres geliebten Menschen ein paar Tage zu Hause oder in einem sakralen Raum aufgebahrt lassen, damit sich die **Seele langsam und sanft lösen** kann und die Angehörigen genügend Zeit haben, um einen gebührenden Abschied von ihren Liebsten nehmen zu können.

Särge, deren Inhalt und Urnen müssen **rückstandsfrei kompostierbar** sein. Unter Berücksichtigung der Werte verschiedener Kulturen und Religionen sind **Verbrennungen** aus Grundwasser-hygienischen Gründen **vorzuziehen**.
Die Angehörigen sollen frei entscheiden dürfen, wo sie die Asche ausstreuen möchten. Auch „Waldbestattungen" erfreuen sich steigender Beliebtheit.

1l.) Der technische Fortschritt dient dem Leben und nicht umgekehrt

Jede Form von **künstlich angewandter Technologie zur Beeinflussung von lebenden Organismen** oder der gesamten Erde wie kabelfreie Telekommunikationstechniken ohne Unbedenklichkeitsprüfung (insbesondere 5G), künstliche Intelligenz (KI), Mikrochips (RFID, Digitale ID), IoT (Internet of Things), Smartmeter, Videoüberwachungssysteme, Bewusstseins-kontrollierende-Technologien (z.B.HAARP), künstliche Wetterveränderung (Geo-Engineering) wird **abgeschaltet und rückgebaut**!

Künstliche Intelligenz (KI) wird **nur mehr dort** eingesetzt, **wo sie lebensförderlich** ist. Auf keinen Fall aber zur Überwachung und Kontrolle von Menschen.

„ Wir sind uns bewusst, dass alle Lebewesen der Erde untrennbar mit den natürlichen terrestrischen und kosmischen elektromagnetischen Feldern verbunden sind und nur wahrhaftig gesunden können, wenn wir uns mit diesen Zyklen und Frequenzen der Erde und des Kosmos ungestört in Resonanz befinden.

Die Erforschung und der sofortige Einsatz von für Menschen, Tiere und Pflanzen **unschädlichen Telekommunikations-Technologien** hat höchste Priorität.

Solange die Heilfrequenzen noch nicht angewandt werden können, werden Computer in Innenräumen über (Glasfaser-) Kabel an das Internet angebunden.
Sobald Gebäude verkabelt sind, sinkt der Bedarf an drahtloser Kommunikation, und überdimensionierte Außenantennen können ihre Strahlungsleistung reduzieren.
Gut erforschte und Langzeit-getestete Heilfrequenzen werden in Zukunft zur Regeneration eingesetzt.

In jedem Land gibt es ab sofort **strahlungsfreie Gebiete**, in denen sich kranke und strahlungssensible Menschen niederlassen oder erholen können.

1m.) Lichtfrequenzen, die dem menschlichen Immunsystem dienen

Es gibt in Zukunft nur mehr Leuchtmittel, die **unschädlich für alle Lebewesen** sind und die bei der Produktion, während ihrer Anwendung und beim Recycling die Umwelt nicht belasten.

Um **Lichtverschmutzung zu vermeiden**, werden nachts alle externen unnatürlichen Lichtquellen um mindestens 40 Prozent reduziert und Straßenbeleuchtungen himmelwärts abgeschirmt.

Strände, an denen **Tiere ihre Eier ablegen**, werden **nicht mehr künstlich beleuchtet**, damit frisch geschlüpfte Tierbabys nicht in ihrem natürlichen Verhalten gestört werden.

1n.) Die „Gesundheit" des Weltraums ist essentiell für unser Leben. Der Himmel als intergraler Bestandteil allen Lebens muss geschützt werden

Satelliten oder andere technische **Geräte, die die natürlichen kosmischen Frequenzen**, die das gesunde Leben auf der Erde ermöglichen **stören, werden ab sofort abgebaut**.

Bei zukünftigen Aktivitäten muss die Rückführung von Weltraummüll zur Erde berücksichtigt werden.

1o.) 13-Monde-Kalender

Sobald wir Menschen uns wieder besser mit den natürlichen Zyklen der Erde und des Kosmos auskennen, werden wir uns wahrscheinlich gemeinsam für einen 13-Monde- Kalender entscheiden, der mit den **natürlichen Rhythmen und Zyklen der Erde im Einklang** ist.

2. POTENZIALENTFALTUNG

„Die Kinder von heute erschaffen die Welt von morgen."

2a.) Kinder werden dabei unterstützt, ihr volles individuelles Potenzial zu entfalten

„Richtig nachhaltig lernt man nur, wenn man
mit Leidenschaft, mit Begeisterung
und einer tiefen Freude ans Werk geht."
Gerald Hüther

„Als geistbegabtes Wesen hat jedes Kind von
Geburt an seinen eigenen inneren Lernplan.
Lebensfreude, Gesundheit, Selbstbewusstsein, Wiss-
begier, Konzentrations- und Kooperationsfähigkeit,
Verantwortungsbewusstsein, Ausdauer und aktives Engagement
für die Gemeinschaft kann man an jungen Menschen beobachten, die sich nach ihrem inneren Lernplan entfalten durften.
Ihr Sozialverhalten wird durch Vorbilder
geprägt: je respektvoller und achtsamer
ein Kind behandelt wird, desto achtsamer und respektvoller wird auch sein eigener Umgang mit sich
selbst, der Natur und den Mitmenschen sein".
Alexandra Terzic-Auer

Kinder und Erwachsene werden als **gleichwertig** angesehen.

Die erste Instanz für die Lebens- und Herzensbildung ist die Familie. Die zweite Instanz ist die Gemeinschaft/das Dorf, in dem dann auch **„Erlebnisräume"** und **„Lernorte"** zur Verfügung gestellt werden. Es steht Eltern und Kindern frei, ob sie an diesen Lernorten oder zuhause frei lernen wollen.

An diesen Lernorten können die Kinder **mit all ihren Sinnen**, individuell, unter Berücksichtigung ihrer körperlichen, seelischen, intellektuellen und geistigen **Bedürfnisse**, und vor allem auch **in direkter Verbindung zur Natur**, die ihnen innewohnende Entdeckerfreude spielerisch ausleben.

Diese Räume sind kreative Abenteuerspielplätze. Hier werden die praktischen, künstlerischen oder philosophischen Fragestellungen -das Erkunden der Welt -nicht rein über den Kopf, sondern im **Zusammenwirken von Herz, Hand und Hirn** gelöst.

Hier werden von klein auf die mit den **Naturgesetzen übereinstimmenden Lerninhalte** nicht nur unterrichtet, sondern durch direkten Kontakt mit Wäldern, Bauernhöfen, Gärten, Gewässern und Tieren am eigenen Leib erfahren. **Speziesübergreifende Kommunikation** ist ein integraler Bestandteil des Lernens.

Jeder **Handwerksbetrieb** kann zu einem erweiterten Klassenzimmer werden.
Jede Form von kreativem und **künstlerischem Ausdruck** wird willkommen geheißen, gelehrt und gefördert. Es gibt Theateraufführungen, in denen die jungen Menschen gleichzeitig auch bühnenarchitektonische Fragestellungen lösen können oder lernen, Kostüme zu fertigen. Sie lernen, selbst kleine Orchester und Chöre zu bilden. Einige **entdecken ihre Talente** als Tänzer, Theatermaler oder Maskenbildner, andere erproben ihre Fähigkeiten als Techniker oder Organisatoren.

An den **offenen Lernorten** werden generationenübergreifende Verbindungen geknüpft: hier treffen sich Menschen verschiedenen Alters, um gemeinsam Projekte umzusetzen, die auch der Allgemeinheit dienen können.
Diese offenen Lernorte sind **‚Impuls-gebende Zentren'** des gesellschaftlichen Lebens.
Hier werden auch neue Ideen für das gesellschaftliche und soziale Leben

entwickelt und mit der Gemeinschaft und den lokalen -und je nach Potenzial auch mit den nationalen -Weisenräten (siehe Kapitel 5) geteilt.

Der Mensch nimmt sich so in seiner Entwicklung nicht mehr als ein loses Element eines Systems, sondern als kreativer Mitgestalter eines großen lebendigen Organismus wahr.

„Hauptfächer" der bisherigen Schulen wie Lesen, Rechnen, Schreiben und Fremdsprachen integrieren sich ganz natürlich in die **spannenden Lernerfahrungen**.
Lesen und Schreiben wird zum Beispiel gerne gelernt, um Sprachen, Kochrezepte oder Texte zu diversen interessanten Projekten zu verstehen oder zu verfassen. Rechnen will gelernt werden, um in der Natur oder in Räumen Objekte zu bauen.
Heilige Geometrie wird als Grundbaustein der Materie und auch der Biologie, Physik beim Entwurf oder Bau einer neuartigen Maschine erfahren etc.

Kinder werden dazu motiviert, ihr **neues Wissen** auch gleich **anderen Kindern weiterzugeben**.
Bis zum 12. Lebensjahr ist der Zugang zu **Computerhilfsmitteln** zu **vermeiden**, während **Kreativität, Imagination, Inspiration und Intuition angeregt** und gefördert werden.

Thematisiert werden v.a. die individuellen Stärken der Kinder. **Fehler** zu machen ist ein **natürlicher und wichtiger Lernprozess.**

Wir unterscheiden zwischen einer **ersten Bildungsphase**, in der ein Kind in behüteter Umgebung liebevoll begleitet wird und spielerisch entdecken darf, wer es ist und wofür es sich interessiert.
Das natürliche und praktische Leben ist der große Lehrmeister.
Danach - etwa ab dem 12. Lebensjahr - folgt die **fachliche oder universitäre Ausbildungsphase**.

An Stelle von Prüfungen oder Noten treten **festliche Anlässe**, bei denen die jungen Menschen individuell oder in der Gruppe präsentieren, was sie getan, geschaffen, gelernt oder eingeübt haben.

Besonders wichtig ist die **Herzensbildung** und die Bildung eines Neuen Bewusstseins des Verbunden-Seins allen Lebens und des Verständnisses für das Sein.

Dazu werden im folgenden **Kurse** für das Mensch-Sein im Einklang mit der Natur und den Naturgesetzen entwickelt, die allen Menschen aller Altersgruppen nahe gelegt werden.

2b.) Kurse für ein Neues Bewusstsein

In Zusammenarbeit mit Gehirnforschern, Friedens-Forschern, Therapeuten, Glücksforschern und Coaches verschiedener Richtungen werden **Kurse** entwickelt, die ein **neues Bewusstsein für das Mensch-Sein** und für **die Menschheits-Entwicklung im Einklang mit der Natur und den Naturgesetzen** fördern.

Dieses neue Bewusstsein wird allen Menschen näher gebracht. Insbesondere erziehungsberechtigten Betreuer*innen, Lehrer*innen, um sie optimal auf ihre so wichtige Aufgabe vorzubereiten.

Die Kurse für das Mensch-Sein beinhalten z.B. folgende Bereiche:

- Herz-Intelligenz, Intuition und Freude
- Finden der individuellen Lebensaufgabe
- gewaltfreie Kommunikation
- Ursprung und Heilung von Gewalt, Mobbing, Rassismus
- Wissen über Strukturen und Ebenen des Bewusstseins
- Familienstellen / Systemische Aufstellungen
- Gefühlsarbeit
- Achtsamkeit und Meditation
- Schattenarbeit und Trauma-Release
- Atmen als Heilungsarbeit (verbundener Atem, Holotropes Atmen)
- Sexualität und ihre heilige Dimension
- Die Prinzipien der Lebensenergie
- Beschäftigung mit Träumen und alternativen Bewusstseinszuständen
- Einblicke in verschiedene Weltanschauungen, Betrachtungen der Realität
- die Naturgesetze und die kosmischen Gesetze und Zyklen
- Ritualkunde und Praxis
- Kommunikation mit Tieren und anderen Bewusstseinsformen
- Gesundheit und Ernährung im Einklang mit der Natur

- Nachhaltiges Leben und Selbst-Verantwortung
- Besitzreduktion, Los-Lassen und wahre Erfüllung
- Die Rückkehr der Weiblichen Qualität in unsere Gesellschaft
- Bewusstes Eltern-Sein

Die Kurse für die Menschheits-Entwicklung beinhalten z.B. folgende Bereiche:

- WIR-Kultur -neue Formen des Zusammenlebens und der Zusammenarbeit
- Die Aufgabe der Gemeinschaft, der Nation und der Menschheit finden
- Die Entwicklung neuer Gesellschaftsstrukturen
- „Freie" Kultur- Bildungs- Informations, Forschungs- und Religionsentwicklung
- „Gleichberechtigte" Rechts- und Demokratiestrukturen
- „Geschwisterliches" Wirtschaftsleben zur fairen Befriedigung der individuellen Bedürfnisse
- Entwicklung nachhaltiger Geldsysteme
- Heilung der zerstörten Natur
- Entwicklung nachhaltiger Landwirtschaftssysteme durch Verantwortungsgemeinschaften
- Baubiologie und Geomantie
- Entwicklung von beispielhaften Arbeits- und Lebensorten (Kulturoasen)

Diese Kurse, die in jedem Punkt auf das „Wohl und die Entwicklung allen Lebens" ausgerichtet sind, werden sodann den Kindern und Jugendlichen in den Lernorten, den neuen Naturkindergärten, Waldschulen und „Erlebnisräumen" auf ihrem Weg mitgegeben.

2c.) Die neuen Universitäten

Es gibt kein Phänomen, das nicht mit allen Ebenen des Seins in Wechselwirkung steht. Deshalb wird eine integrale Sicht und die **Zusammenarbeit aller Wissenschaften** gefördert. So erfährt zum Beispiel das universitäre **Bildungssystem für Heilberufe** seinen dringenden Paradigmenwechsel: integriert werden nun auch die neuen Erkenntnisse der Quantenphysik, der Epigenetik, der Psychoneuroim-

munologie und der Bewusstseinsforschung, sowie der Neuen Medizin und bewährte, bisher als „alternative Heilmethoden" bezeichnete Techniken. In den **Landwirtschaftsausbildungen** werden nur mehr nachhaltige Praktiken, die im Einklang mit allem Leben stehen, vermittelt. Besonderes Augenmerk liegt dabei auf den faszinierenden Qualitäten von Humus, Samen und Wasser und deren wundervolles Zusammenspiel.
Die Lehrer erhalten Umschulungen.

Die **neuen Universitäten sind also „Zukunftswerkstätten"**, in denen Forscher, Universitätsprofessoren, Studenten und Schüler durch kollektive Intelligenz und auf Augenhöhe frische Impulse und Ideen für unser aller Zukunft entwickeln. Zum Beispiel wird die Forschung an **freien Energien** wieder aufgenommen. Ebenso wird an weiteren **erneuerbaren Energien** geforscht, welche die Umwelt nur minimal belasten.

Wissenschaft, Forschung und Universitäten sind **finanziell und inhaltlich unabhängig** von politischen oder industriellen Interessen. Die verschiedenen Bereiche kooperieren aber um neue Ideen für unser aller Zukunft zu entwickeln.

2d.) Der kulturelle Ausdruck der Menschen

Kultur, Kreativität, Imagination, Inspiration und **Intuition sind die Kräfte einer zukünftigen Entwicklung** und bekommen mindestens den **gleichen Stellenwert wie** die **intellektuelle Entwicklung.**
Kunst im Allgemeinen, wie zum Beispiel Theater, Musik, Tanz, Literatur und Architektur dienen dem menschlichen Ausdruck, der Herzensbildung und Inspiration. Auch Filme werden in dem Bewusstsein produziert, dass sie einen direkten Einfluss auf das Unterbewusstsein haben.

Wir **achten** und schätzen die **alten Brauchtümer**, Tänze, Gesänge unserer Ahnen. Im Wissen, dass unsere tiefen Wurzeln uns im Jetzt Halt geben.

Für ein besseres Verständnis für andere Kulturen und Bräuche und um die Fülle der Schönheit unserer Erde zu erfahren, sind **Austausch-Auf-**

enthalte für Schüler, Studenten und Erwachsene im Angebot.
Diese neuen Erfahrungen und das neue Wissen werden sodann in öffentlichen Vorträgen oder Ausstellungen mit anderen Menschen geteilt. Der Aufenthalt von Menschen aus anderen Kulturen in unserem Land zu **kulturellem Austausch** wird gefördert.

2e.) Besondere Aufmerksamkeit liegt auch in der Förderung der Handwerkskunst

Statt industriell billig erzeugte Massenware werden handwerkliche Erzeugnisse gefördert, die nicht nur eine **höhere Lebenserwartung** haben und aus edlen, natürlichen Materialien bestehen, sondern bei denen der Mensch hinter dem Handwerk spürbar ist.
Dadurch wird auch wieder eine **wertschätzende Beziehung** zu den Gegenständen hergestellt, mit denen wir uns umgeben.

In den neuen **Schulen** und an den Lernorten erlernen junge Menschen **handwerkliche Fähigkeiten**. Dies bietet auch die Möglichkeit, auf **spielerische Weise andere Fächer zu integrieren.** So kann zum Beispiel beim Kochen das Bruchrechnen geübt, beim Tischlern etwas über Längenmaße, Winkel gelernt, beim Planen von Glashäusern oder Gemüsebeeten etwas über Artenvielfalt, Jahreszyklen, Sonne und Photosynthese oder Humusaufbau gelernt werden.
Eine Vielzahl an Tätigkeiten ganz praktisch zu erleben hilft den jungen Menschen dabei, ihre Berufung zu finden.

Jeder Mensch, der seine **wahre Berufung spürt** -und diese zu seinem neuen Beruf machen möchte - bekommt **Unterstützung von der Gemeinschaft.**

2f.) Altersheime verwandeln sich in Lebens-Häuser, die voll in die Gemeinschaft integriert sind.

Älter werden wird ab nun nicht mehr mit Gebrechlichkeit und Senilität, sondern mit **Reife und Weisheit** assoziiert. Alternde Menschen sollen soweit wie möglich in der Familie und **in Gemeinschaft ihrer Lebensmenschen bleiben** und dort -falls nötig -durch gut ausgebildete PflegerInnen unterstützt werden.

Für **pflegende Angehörige** werden **Kurse** angeboten, die ihnen Fähigkeiten vermitteln, um ihre Verwandten sowohl auf physischer Ebene (zum Beispiel bei der Regeneration des Bewegungsapparates) oder auch auf der geistig-spirituellen Ebene zu unterstützen.

In den künftigen **„Lebens-Häusern"** wird in Gemeinschaft gesundes Essen gekocht und zusammen im Garten gearbeitet.

Kindergärten und Schulen, aber auch Tierparks, sind -wenn immer möglich -diesen Lebens-Häusern **angeschlossen.** Kinder lernen zum Beispiel mit den alten Menschen lesen oder finden unter ihnen Musiklehrer*innen, Handwerker*innen, Ingenieur*innen, Feuerwehrleute, Piloten*innen oder Menschen, die ihnen von ihren interessanten Berufen erzählen und praktische Übungen mit ihnen machen.

Auch wird den älteren Menschen die Möglichkeit geboten, nachzuholen, was sie in ihren jüngeren Jahren versäumt hatten.

2g.) Menschen mit Beeinträchtignen werden in die Gesellschaft integriert

Der Blick auf die Behinderung ändert sich: Sie wird als **einzigartige „Andersartigkeit"** betrachtet, die alle Involvierten -von der Familie bis zu den Institutionen und der Gesellschaft -wertzuschätzen wissen. Menschen, die vielleicht nicht sehen, können uns lehren intensiver zu spüren oder einen Raum zu er-hören. Viele Menschen mit Behinderungen lehren uns die Stille zu erfühlen, ihre Gegenwart hilft uns, unsere eigene Präsenz wahrzunehmen. Oftmals triggern sie unsere Schatten und lehren uns über eben diese Schatten zu springen.

Therapeuten, Krankenschwestern, Ärzte und Begleiter werden darin ausgebildet, Menschen mit Handicap positiv und zukunftsorientiert zu begleiten.
Sie werden auch unterstützt, ihre Berufung zu finden und ihre Genialität zu entdecken.

Menschen mit Beeinträchtigungen sollen, sofern möglich, **autonom leben** können. Es werden **angepasste Wohnungen und Wohngemeinschaften** zur Verfügung gestellt, und es wird dafür gesorgt , dass sie wieder am allgemeinen Leben teilhaben können. Auch gibt es angepasste Fitnesszentren mit **Spezialprogrammen,** die Menschen mit Handicap dabei unterstützen, wieder **zu mehr Beweglichkeit** zu kommen.

Wo immer möglich, werden Adaptionen im öffentlichen Raum vorgenommen.

2h.) Neue Formen des Reisens

Die Reisenden wählen die **umweltfreundlichsten Verkehrsmittel.** Es geht nicht mehr um die Geschwindigkeit der Reise, sondern um den **Reichtum an Interaktionen entlang der Strecke.** Statt zu „konsumieren" wird das Reisen nun zu einer Gelegenheit, andere Menschen, neue Kulturen, aufregende Landschaften oder Ökosysteme kennen zu lernen und dabei auch sich selbst zu entdecken.

Viele Menschen reisen für **humanitäre oder ökologische Zwecke** -auf unserer Erde gibt es viel aufzuräumen und zu heilen.

Durch unsere Reisen wird uns so richtig **bewusst, wie die Erde uns beschenkt** und wie wir als Menschen ihr und allen Lebewesen dienen können.

2i.) Menschen in den Drittweltländern werden wieder in ihre Eigenverantwortung geführt

Menschen ehemaliger „Drittweltländer" werden dabei unterstützt wieder unabhängig von anderen Ländern oder Organisationen zu sein und sich wieder als vollkommen und würdig zu empfinden.

Armut gibt es nicht mehr. Sobald die Menschen sich ihrer selbst bewusst sind und gelernt haben, wie sie ihre eigene Nahrung anbauen- und wie sie sich untereinander organisieren können, wird Frieden auf der Welt einkehren.

3. PRODUKTIONSKREISLÄUFE / WIRTSCHAFT

3a.) Inspiriert vom „cradle-to-cradle"-Prinzip wird -was früher als „Abfall" galt -zum „Nährstoff" für neue Produktionskreisläufe

In einem neuen menschen- und naturverantwortlichen Gesellschafts-system werden sehr reduziert nur noch **Konsumgüter gekauft, die wirklich gebraucht** werden. Diese werden weitgehend so nachhaltig hergestellt, dass sie **sehr lange halten**, repariert werden können und **alle Teile recyclebar sind.**

Verbrauchsgüter wie zum Beispiel Reinigungsmittel, Shampoos oder Körperpflegemittel und deren Verpackungen werden aus natür-lich nachwachsenden Rohstoffen hergestellt und gelangen **nach ihrer Verwendung durch Kompostierung** wieder in die Erde zurück.

Gebrauchsgüter wie zum Beispiel Autos, Waschmaschinen, Compu-ter werden wieder langlebig und **reparierbar** aus sog. „technischen Nährstoffen" hergestellt. Nach Ablauf ihrer Dienstzeit werden durch einen menschen- und naturschonenden **Recyclingprozess** wieder neue Geräte hergestellt.

Verpackungsmittel sind entweder **wieder befüllbar oder kompos-tierbar.**

Nahrungsmittel werden soweit wie möglich **verpackungsfrei** angeboten oder sind in mitzubringende Gefäße abfüllbar. Alle Verpa-ckungen werden nach ihrer Dienstzeit recycelt.

Die Produktion basiert allgemein auf dem **5R-Prinzip**: 1. R-efuse, 2. R-educe, 3. R-euse, 4. R-epurpose, 5. R-ecycle

3b.) Die Langlebigkeit von Geräten wird gefördert und Produkte so hergestellt, dass sie 10 Jahre Garantie haben und einfach repa-riert werden können

Jeder qualifizierte Handwerker wird diese Geräte mittels einer vom Hersteller gelieferten Anleitung wieder funktionstüchtig machen können.

3c.) Alle Nahrungsmittel finden ihre Abnehmer -sie werden nicht mehr einfach weggeschmissen oder verbrannt

Die **Landwirte produzieren** die Menge der Lebensmittel -soweit wie möglich -nach **Absprache mit ihren Kunden**. Nahrung, die nicht verkauft wird, wird Hilfsbedürftigen oder auch Tieren gratis zur Verfügung gestellt oder kompostiert und so der Erde direkt zurückgegeben.

3d.) Das Ziel eines Unternehmens ist nicht vorrangig Profit, sondern die wirkliche Bedarfsbefriedigung des Kunden, das Glück der Mitarbeiter und die Gesundheit der Erde

Nach dem Erfolgsmodell von Frédéric Laloux sind Firmen wesentlich **erfolgreicher** und die Mitarbeiter glücklicher, wenn sie den „Service für ihre Kunden" direkt mitgestalten können. Dies ist besser möglich, wenn **Hierarchien reduziert** und **Einnahmen, Ausgaben und Gehälter offen gelegt** werden. Selbst neue Stellenausschreibungen oder neue Produkt- oder Marktstrategien werden gemeinsam bewegt. Ein reibungsloses Funktionieren schafft **interne Begeisterung** und Motivation und zieht gleichzeitig neue potenzielle externe Kandidaten und Kunden an.

3e.) Wir unterstützen die regionalen Hersteller, indem wir keine Produkte mehr importieren, die im eigenen Land in genügender Menge hergestellt werden können

Von Produzenten, die Menschen, Tiere und die Natur ausbeuten, wird strikt nichts gekauft oder importiert. Es werden auch keine Produkte mehr importiert, die mit Pestiziden behandelt oder gentechnisch verändert wurden.

3f.) Gefördert werden nur mehr kleine und mittelgroße Produktions- und Dienstleistungsunternehmen

Innerhalb der nächsten Jahre werden Discountketten und Konzerne aufgelöst.

In den Städten bilden sich **Einkaufsgemeinschaften**, die ihre Produkte direkt von den Handwerkern, von Biohöfen aus der Region beziehen.

Computerapps helfen, Erzeuger von Spezialitäten zu lokalisieren und gemeinschaftliche Lieferungen zu organisieren.
Es werden vermehrt **regionale Läden mit vorwiegend lokalen Produkten** gegründet.

Menschen produzieren wieder für Menschen. Damit wird eine **Beziehung zu den Herstellern und Produkten** hergestellt.

3g.) Die Erforschung und Entwicklung von erneuerbarer und auf allen Ebenen nachhaltiger Energie

Die **beste Energiepolitik** sind **Einsparmaßnahmen.**
In der **Übergangsphase** beschleunigen **Energiesteuern** den Einsparungs-Prozess. Energiesteuermehreinnahmen werden zunächst für die Entwicklung und Bau von zukunftsfähigen Energieanlagen und Energiesparkursen für die Bürger eingesetzt. Später in weitere lokale Infrastrukturmaßnahmen.

In naher Zukunft werden **keine fossilen (Brenn-) stoffe mehr** benutzt.

Dezentrale, autarke Stromversorgungsnetze, die in ihren zentralen Funktionen auch ohne Steuerungen über das Internet funktionieren, werden weiterentwickelt und überall installiert. Jedes Dorf, jede Gemeinschaft und jeder Stadtteil kann sich so **autark mit erneuerbarer Energie** versorgen.
Patente von unterdrückten Technologien und Erfindungen, die zur **Lösung der Energieprobleme** und zur Heilung von Mensch und Erde beitragen, werden der Menschheit großzügig **zur Verfügung** gestellt, **weiterentwickelt** und **zur Anwendung** gebracht.

3h.) Transport

Die Erforschung emissionsfreier und in der Produktion komplett **nachhaltiger Verkehrsmittel** wird gefördert.

An den Rändern der Städte gibt es **kostenlose öffentliche Parkplätze** mit guter Verbindung zum öffentlichen Verkehrsnetz. Die **Fahrradwege** werden weiter ausgebaut und es gibt zahlreiche **Carsharing Initiativen.**

Öffentliche Verkehrsmittel werden **gratis** angeboten.

Auch hier gilt es den **Fokus auf die Region** zu richten. Hier in der eigenen Region wird produziert, hier finden wir unsere Lieblings-dienstleister und unsere Arbeitsstellen. Dadurch benötigen wir weniger Transporte. Wir sparen Arbeitswege, Energie, wir benötigen weniger Autos. Wir haben weniger Lärmbelästigung, Verschmutzung, weniger Verkehrstote, weniger Stress.
Auch hier wird in der Übergangsphase die bereits genannte „Energie-steuer" dabei helfen, die Transportwege automatisch zu minimieren.

3j.) Wirtschaft basiert auf Geschwisterlichkeit

Die Wirtschaft wird wieder in den Dienst des konkreten Austau-sches gestellt.Sie dient dazu die **Bedürfnisse** des jeweils anderen zu befriedigen. Die Unternehmen sehen sich als **Partner** und nicht als Konkurrenten. Sie entwickeln **Zusammenarbeit und Kooperation**.

4. LEBENSRÄUME

DIE NEUEN GRÜNEN DÖRFER:

Um die bereits bestehenden Städte entstehen sogenannte **„Neue Dörfer"**, in denen sich die Menschen vernetzen und zusammen-arbeiten. Dies kann auch eine Umstrukturierung bestehender Dörfer -eine „Ökologisierung" alter Baustrukturen -oder den **ökologischen Bau** neuer Dörfer bedeuten, wobei in jedem Falle der „Genius Loci" herauszuarbeiten ist -die Qualität dieses speziellen Platzes im Zusam-menspiel mit dessen Umgebung und der menschlichen Sehnsucht nach Schönheit, sowie die geomantischen Besonderheiten des Ortes. Die Architektur mit **nachhaltigen Baustoffen** berücksichtigt die Erfahrun-gen von Feng- Shui, Wastu und heilender Geometrie.
Neubauten werden zu 100% nach ökologischen Richtlinien mit minimalem Energieverbrauch errichtet. Dazu gehören u.a. auch **Kom-posttoiletten**.
Für jede **neu verbaute Fläche** wird eine mindestens **gleich große Fläche renaturiert**.

Hier bilden sich **Lebens- und Wohngemeinschaften** von 100-150 Menschen. Es ist so angenehm in diesen mit der Natur verbundenen Öko-Orten und liebevollen Nachbarschaften zu leben, dass sie eine wachsende Zahl von Menschen anziehen, die sich nach dieser Harmonie mit sich selbst und den Lebewesen um sich sehnen.

Wohnen, Potenzialentfaltung, Arbeit, Kultur und Gemeinschaft findet **in der Nachbarschaft** statt. Dadurch wird die **Gemeinschaft gestärkt** und gleichzeitig auch die Lebensqualität gefördert, Zeit und Geld eingespart und der **Verkehr reduziert.**

So viel wie möglich wird **gemeinschaftlich genutzt**, wie zum Beispiel **gemeinschaftliche Arbeitsräume, Gemeinschaftsräume** für Begegnung und kulturelle Aktivitäten, landwirtschaftliche Geräte, Werkzeuge, selten genutzte Küchengeräte, Autos etc.

Man **unterstützt man einander auch wieder** vermehrt, so wie es früher der Fall war, bei Erntearbeiten, beim Bau einer Scheune, usw. und knüpft so Bande der Geschwisterlichkeit und Solidarität. Sowohl hier am Land in den Dörfern, als auch in der Stadt bilden sich Koch- und Gartengemeinschaften. Die Älteren bleiben in der Gemeinschaft und die Kinder und Jugendlichen lernen aus deren reichem Erfahrungsschatz.

Um die Kommunikation und Verwaltung innerhalb der Gemeinschaft und der Region zu erleichtern, werden den Bewohnern **Kurse** aus den erfolgreichsten **Kommunikationsmethoden** -wie z.B. Gewaltfreie Kommunikation, Holokratie, Soziokratie oder Entscheidung durch Zustimmung -sowie Kurse zum **Aufbau einer regionalen Infrastruktur** angeboten.

In diesen Neuen Dörfern werden nach ökologischen Richtlinien nährstoffreiche Gemüse, Obst, Nüsse und Beeren **angebaut**, die auch **regional verkauft** werden können.
Hier werden **Menschen ausgebildet**, um andere in **Humusaufbau**, Kompostierung und **ökologischer Landwirtschaft** zu unterrichten. Es werden auch die Heilkräuter für die Heilungsräume angebaut und Seminare zur **Herstellung von Kräutermedizin** angeboten.

Wir schlagen vor, dass **Bauern 5-20% ihrer landwirtschaftlichen Fläche** den nachbarschaftlichen Gemeinschaften gegen Pacht oder

Arbeitskraft zur Verfügung stellen, um dort Nutzpflanzen anbauen, **Gemeinschaftsgärten** anlegen oder Tiere halten zu können.

Quellen gelten als besondere Orte, die für alle frei zugänglich gemacht und besonders gepflegt und ständig getestet werden, um die Reinheit des Wassers zu garantieren.
Dorfbrunnen werden vor der Wiedereröffnung gereinigt.

Nach dem **Woofing**-Prinzip wird es Menschen leicht gemacht, auf der ganzen Welt gegen Kost und Logis auf Biohöfen zu arbeiten, dortige Anbaumethoden und kulturelle Besonderheiten zu lernen und sich zu vernetzen. Auch innerhalb eines Landes werden Menschen gegen Kost und Logis ihre Fähigkeiten in die Öko-Gemeinschaften einbringen.

Es wird Menschen **leicht gemacht, alternative Wohnprojekte** -wie Ökogemeinschaften, Tinyhouse-Siedlungen -zu gründen oder auf nomadische Weise zu leben.

DIE GRÜNE STADT:

Ab sofort beginnen wir damit, unsere Städte intensiv zu **begrünen**:
Die alten und neuen **Bäume** unserer Stadt filtern den Feinstaub, sorgen für ein gesundes Mikroklima, bieten Schatten und liefern Sauerstoff. Die Blätter dienen als Nährstoff zum Humusaufbau in der Stadt.Die Wurzeln der bestehenden Bäume werden von Teeren und Beton befreit.

„Urban Gardening", verwandelt unsere Städte in **„essbare Städte"**:
Der **Anbau von Gemüse, Obst, Beeren und Nüssen** und das Halten von **Bienen** innerhalb der Stadt wird gefördert. Sei es in Parks, in den ehemaligen Industriegebieten, die sich ja oftmals auf sehr fruchtbarem Boden befinden, auf freien urbanen Plätzen, in Hinterhöfen, auf Dächern, Balkonen, auf Fassaden, in Vertikalbeeten oder in Hochbeeten auf breiten Gehsteigen.
Genauso wie das **Recycling** ist auch die **städtische Kompostierung** organisiert. Die Bewohner werden geschult und in die Wartung mit einbezogen. So entstehen auch **Gemeinschaftsprojekte**, wie zum Beispiel ein „Cocottarium" -ein kollektiver Hühnerstall zur Verwertung von Lebensmittelresten, zur Produktion frischer Eier und zur Erschaffung sozialer Verbindungen.

Die großen **städtischen Gärten** verfügen über eigene **Restaurants** oder Cafés, in denen frische lokale und regionale Produkte angeboten werden.

Die Bewohner der Stadt **vernetzen** sich **mit den Bauern** und Landwirtschaftsgemeinschaften, um sich mit den Produkten zu versorgen, die in der Stadt nicht erzeugt werden können.
Sowohl in der Stadt, als auch auf dem Land organisieren sich „Verbraucher" und Bauern zu **Einkaufsgemeinschaften** oder zu sogenannten **CSA-Gemeinschaften** -„Community Supported Agriculture": so erhält jeder Bauer von der Gemeinschaft monatlich einen Fixbetrag, den er benötigt, um sein Saatgut zu kaufen, die Felder zu bestellen, zu ernten und zu verarbeiten und selbst mit seiner Familie und den Tieren gut leben zu können. Im Gegenzug erhält jedes Mitglied der Gemeinschaft genügend saisonale Produkte.

Eltern mit **großen Wohnflächen**, deren Kinder ausgezogen sind und die ihre Wohnfläche nicht gemeinnützigen Zwecken -wie zum Beispiel für Kurse oder Konferenzen zur Verfügung stellen -werden animiert, diesen freien Wohnraum an andere Menschen zu vermieten. So können sich **neue Wohngemeinschaften** bilden.
Co-Working Spaces laden zur Vernetzung ein und bieten angenehme Arbeitsplätze. In der Stadt und auf dem Land bilden sich „**Reparatur–Cafés**" in denen bastelbegabte Menschen oder IT-Spezialisten kaputte Geräte oder andere Dinge reparieren. Physische, sowie digitale „**Tausch-Zirkel**" erleichtern es gebrauchte Gegenstände zu finden oder weiterzugeben. **Wissensaustauschnetzwerke** erleichtern die Übertragung von Wissen und die Vernetzung globaler und lokaler Initiativen, sowie das Finden und Ausarbeiten von Lösungen unter Gleichgesinnten.

Überall gibt es gut ausgebaute **Fahrradwege**. Für Ausflüge aufs Land oder für Transporte gibt es **Car-Sharing** Initiativen.

Jede Region wird in die Lage versetzt, die grundlegenden Lebensmittel und **Grundbedürfnisse** der Menschen soweit wie möglich **autark zu sichern**.

5. VERWALTUNG

5a.) Um Lobbyismus in der Politik zu vermeiden, braucht es eine neue transparente Form der Demokratie.

Eine Demokratie, in der es **kein Parteiensystem** mehr gibt.

Ämter werden von Menschen besetzt, die in ihrer Vergangenheit bewiesen haben, dass sie nicht nur **hoch kompetent** und **verantwortungsvoll** sind, sondern auch **vernetzt denken** können, d.h. über ihr eigentliches Fachgebiet hinaus und bereits bewiesen haben, dass ihnen das **Wohl und die Gesundheit allen Lebens am Herzen liegt.** Jeder gewählte Volksvertreter dient dem Willen des Volkes. Es gibt keinen speziellen finanziellen Anreiz, Volksvertreter zu werden.
Ein Arbeitskreis achtet darauf, dass es zu **keinem Machtmissbrauch** kommen kann.

Über jede für alle Menschen relevante Handlung, die von Politikern ausgeführt wird, besteht **Transparenz** für alle.

Jeder Volksvertreter übernimmt die **persönliche Verantwortung** für sein Handeln. Dies verhindert, dass Gesetze beschlossen werden, die allein der Privatwirtschaft nützen, dabei aber Menschen, Tieren oder Pflanzen schaden.
Gleichzeitig wird jeder Volksvertreter mit dieser großen Verantwortung **von Weisenräten unterstützt.**

5b.) Für jedes wichtige Themengebiet gibt es einen „Rat der Weisen"

Die Weisenräte setzen sich **aus Vertretern des Volkes** zusammen, die vom engagierten Volk aufgrund ihrer allgemein anerkannten und akzeptierten Kompetenz ernannt werden.
Sie bilden sich zu den **relevaten Themen** wie Landwirtschaft, Energie, Gesundheit, Transport, Potenzialentfaltung, Frieden, etc
Zu diesen Weisenräten werden immer wieder auch weise Frauen und Männer indigener Völker und Kinder eingeladen.

5c.) Die Verfassung der Neuen Erde

Die **erste Aufgabe** eines Weisenrates ist es, den Vorschlag für eine **Verfassung** zu schreiben, die Menschen und die Natur gleichwertig achtet. Über diese Verfassung können die Menschen des Landes abstimmen.

Das **„Manifest der Neuen Erde"** kann als **Basis dieser neuen Verfassung** dienen.

5d.) Jeder Mensch kann aktiv das Land mitgestalten

Jeder Bewohner unseres Landes ist eingeladen, zu allen wichtigen Themen seine **konstruktiven Ideen einzubringen** und seine Wünsche zu äußern. Von einer Demokratie der Delegation zu einer aktiven Demokratie der Zusammenarbeit und des Engagements. So hat jeder die Möglichkeit über eine digitale Plattform zu erfahren womit sich der Rat der Weisen gerade beschäftigt und sich konstruktiv und aktiv einzubringen.

5e.) Die Verwaltung der Dörfer, Regionen und des Landes ist einfach, klar und effizient strukturiert

Schon auf **lokaler Ebene** gibt es zu jedem relevanten Thema des Lebens einen Weisenrat. Diese **Weisenräte stehen in enger Kommunikation** mit der Bevölkerung und mit den Weisenräten der **Bezirke/Kantone**.

Die Weisenräte der Bezirke/Kantone wiederum stehen in enger Kommunikation mit den **Weisenräten des Landes**.

5f.) Eine partizipative Kultur der Entscheidungsfindung

Hierfür werden bereits bestehende **Modelle der Entscheidungsfindung** wie zum Beispiel Soziokratie, Holocracy, Yamagishi Kai praktisch **erprobt und weiterentwickelt**.
Sowohl bei der Entscheidungsfindung, als auch bei der praktischen

Ausführung der Entscheidung kommt immer der oberste Leitsatz zur Anwendung:

Jede unserer Handlungen und jedes Gesetz ist immer
auf das Wohle allen Lebens ausgerichtet
-in Respekt, Mitgefühl und Achtsamkeit für die Erde und ihre Vielfalt.

Wahrheit -Freiheit -Gleichwertigkeit
-Geschwisterlichkeit -Frieden -Liebe

6. RECHT, RECHTS- UND FRIEDENSHÜTER

Das neue Rechtssystem integriert die Naturge-
setze und bildet die Struktur für einen neuen gesunden,
in sich gerechten sozialen Organismus,
in dem Menschen und Natur gleichwertig geachtet werden.

6a.) Die Rechtsordnung dient dem gesamten lebendigen Organismus Erde

Die Rechtsordnung **dient** dem **gesamten sozialen Organismus** und **harmonisiert** die **verschiedenen Interessen** und immer neu aufkeimenden Lebensimpulse. So wird zum Beispiel dafür gesorgt, dass Interessen der Wirtschaft oder der Potenzialentfaltung nicht auf Kosten der Natur gehen.

Das Rechtsleben achtet darauf, dass alle Menschen -egal welchen Geschlechts, welcher Hautfarbe, sexueller, intellektueller oder spiritueller Ausrichtung -immer **gleichwertige Rechte** und Möglichkeiten haben.
Desweiteren sorgt es für ein **gesundes Verhältnis** zwischen Gesundheit, Potenzialentfaltung, Wirtschaft und Lebensräumen.

Das Recht ist **am Menschen**, nicht an dem Konstrukt seiner „Person" **ausgerichtet**.

6b.) Die neuen Gesetze/Gebote sind klar strukturiert, einfach geschrieben und leicht verständlich

Sie basieren auf der neuen Konstitution/Verfassung und werden von einem speziellen Weisenrat, der mit allen anderen thematisch spezialisierten Weisenräten in enger Kommunikation steht, geschrieben und sodann dem souveränen Volk des Landes zur Abstimmung vorgelegt.

6c.) Die Polizei als Rechtshüter, Freund und Helfer

Die Polizei nimmt ihre Rolle als **Freund und Helfer** -der Menschen, der Pflanzen, der Tiere, der Gewässer, der Luft, der Landschaften, der Wälder und des Humus -wahr und unterstützt in der Übergangsphase den Neuaufbau aller Lebensbereiche.
Sie steht **im Dienste** der von den souveränen Menschen beschlossenen **Verfassung** und der Gesetze.

Sowohl die Friedenshelfer als auch die Polizei stehen **im Dienste des Volkes** und absolvieren die **Kurse für ein Neues Bewusstsein,** sowie spezielle Zusatzausbildungen in **Gewaltfreier Kommunikation, Friedenserhaltung, Mediation** u.ä., und entwickeln so Fähigkeiten, welche dann auch in Gefängnissen oder bei humanitären Rettungsaktionen eingesetzt werden können.

Exekutive und **Legislative** sind klar voneinander **getrennt.**

6d.) Das Militär fungiert als Friedenshüter

Dieses **prinzipiell rein defensive** Militär, unsere Friedenshüter bieten sich während der Friedenszeiten dort an, wo sie am meisten gebraucht werden.

Es führt auch **keine Auslandseinsätze in fremden Ländern** mehr durch, außer für humanitäre oder umweltbedingte Zwecke (z.B. Katastrophenhilfe) oder für den Aufbau sozialer und ökologischer Strukturen.

6e.) Rechtssprechung

Bei der Rechtssprechung geht es auch darum, die **Ursachen des Konfliktes** oder der Tat zu erkennen und zu heilen. Dazu kommen Techniken wie zum Beispiel Mediation, Familienaufstellung, Vergebungsrituale, wie zum Beispiel Ho´oponopono etc. zum Einsatz.

6f.) Potenzialzentren anstatt Gefängnisse

Es werden Zentren zur Entwicklung von Potenzialen errichtet, in denen Menschen, die kriminelle Taten begangen haben, ein **intensives Therapieprogramm** zur **Resozialisierung** durchlaufen. Aktivitäten, wie zum Beispiel kreative Kunst, spirituelle Praktiken, soziale Dienste, Theater, Tanz oder Musik ermöglichen es ihnen, sich wieder an ihre guten Qualitäten als menschliche Wesen zu erinnern. Auch dort heilen diese Menschen in Verbindung mit der Natur und mit Tieren. Ein gutes Beispiel liefert z.B. dieses Video von einem Gefängnis auf den Philippinen, in dem den Insassen Tanz angeboten wurde. Die Gewaltsrate ging innert kürzester Zeit auf fast 0% zurück, die Gefängniszellen konnten innerhalb des Gefängnisses geöffnet bleiben.

7. GELDSYSTEM

„Geld dient nicht mehr dem Selbstzweck,
sondern ist dazu da,
Mensch und Natur zu dienen."

7a.) Wir führen ein neues Geldsystem ein

Ein neues „dienendes" Vollgeld -als Bargeld und „Verrechnungssystem" bekommt einen realen Wertmaßstab. z.B. ausgerichtet auf einen definierten Bio-Nahrungsmittelkorb.
Die Geldmenge wird so gesteuert, dass der einmal definierte Nahrungsmittelkorb immer den gleichen Preis behält, es also **keine Inflation oder Deflation** mehr gibt.

Geldschöpfung als solche kann nur mehr von den Zentralbanken durchgeführt werden und wird vorwiegend für Geschenke an kreative Kultur-, bzw. Bildungseinrichtungen und Heilungshäuser verwendet. Die „Schöpfung" und endlose Vermehrung des Geldes durch Kredite, besonders durch Geschäftsbanken, wird gestoppt.

Kredit- und Guthabenzinsen werden **abgeschafft**. Es können nur noch Vermittlungs- und Bearbeitungsgebühren berechnet werden.

Die **Spekulation** wird vollständig abgeschafft.

Das Horten von Geld wird durch einen **Alterungszins** -z.B. 1% monatlich -erschwert. So bleibt das Geld ständig in Bewegung.
Die **Gewinne** aus diesen 1% werden der Kultur und der **Potenzialentfaltung** gutgeschrieben - dazu werden **Gutscheine** an Menschen abgegeben, die sich **weiterbilden** wollen.
Auch jedes Kind bekommt aus diesem Geldpool monatlich einen Gutschein, um sich spezielle (zusätzliche) Lernorte aussuchen zu können, wie auch zum Beispiel Handwerksbetriebe, in der Kultur, auf Universitäten, für Sprachaufenthalte u.a.
Wer mehr Geld hat, als im Augenblick gebraucht wird, kann dies **verleihen, um den Wertverlust** durch den Alterungszins **zu vermeiden**.

Die zukünftigen **Banken** sind **reine Dienstleistungsunternehmen** für den Zahlungsverkehr und die Vermittlung von Leihgeldern. Einzig Gebühren für die Bearbeitung der Transaktionen bleiben bestehen.

Bis die Zentralbanken dieses erweiterte Vollgeldsystem übernehmen, rufen wir die Aktivisten der verschiedenen Regionen auf, **Regionalwährungen** einzuführen und diese weiter mit regionalen Produzenten, Handwerkern, Dienstleistern und Konsumenten assoziativ zu entwickeln -und ihre Erfahrungen sodann mit den Finanz-Weisenräten zu teilen.

Priorität in unserer neuen Kultur hat die Gesundheit und die **Potenzialentfaltung** der Menschen, **Geld** dient in unserer Kultur **nur** mehr als **reales Tausch- , Leih- und Schenkmittel** für die Bedürfnisse der Lebewesen.

7b.) Intelligente "Steuern"

Intelligente „Steuern" beschleunigen den Heilungsprozess:
In der Übergangsphase wird alles, was **Mensch und Natur schädigt, stark besteuert.**
Hingegen wird belohnt, **was Mensch und Natur fördert!.**
Der **„arbeitende" Mensch** wird von **Steuern und Sozialabgaben befreit.** Die Dienstleistungen für die sozialen und kulturellen Entwicklungen werden so viel günstiger. Auch die ökologisch und sozialverträglichen Produkte werden günstiger. Wobei umwelt- und sozialschädigende Produktionsmethoden bald der Vergangenheit angehören werden.

Mikrotaxen auf alle Einkäufe und **Transaktionssteuern** (Kontenbewegungen) von etwa 1% - gemeinsam mit den oben genannten Schädigungs-Steuern - ersetzen die MwSt und alle weiteren arbeitsaufwendigen und unsozialen Abgaben. Sie ermöglichen es dem Staat, zu 100 % für seine Ausgaben auszukommen. (Bis die Transaktionen für Spekulationen endgültig verschwinden, bringen deren Bewegungen gewaltige Zusatzeinnahmen, mit denen flächendeckend neue kulturelle und ökologische Projekte finanziert werden können.)

7c.) Grundeinkommen

Jedem Menschen steht auf Wunsch gegen eine **moderate soziale Beschäftigung** ein Grundeinkommen zu Verfügung.
Diese soziale Beschäftigung von etwa 20 Stunden findet in **Natur-Regenerationsprojekten**, in der **Arbeit mit Menschen in Not** oder der **Entwicklung eines Gemeinschaftsplatzes** statt und fördert gleichzeitig das Bewusstsein der Selbst-Wirksamkeit und der Verbundenheit allen Seins.

Künstler, die mit ihrer Kunst (Musik, Theater, Malerei, Tanz) zum Wohle der Gemeinschaft beitragen, erhalten Geld, um ihre Berufung zu verwirklichen.

Niemand wird zurückgelassen: Wenn ein Mensch aus dem einen oder anderen Grund nicht arbeiten kann, erhält er genug Geld um seinen Bedarf an Kleidung, Nahrung und Unterkunft zu decken.

7d.) Das Land kann nur der Erde selbst gehören

> Wir haben die Erde nicht von unseren Vorfahren geerbt,
> wir haben sie von unseren Kindern geliehen.
> *Indianische Weisheit*

Niemand kann ein Land "besitzen" und sollte auch nicht die Möglichkeit haben damit zu "spekulieren". Das Land ist unser aller Lebensgrundlage.

Statt Besitz bekommen wir Menschen für professionelle Nutzung oder Wohnzwecke das **Verwaltungsrecht** über ein Stück Land. Wir übernehmen die Verantwortung für dieses Stück Land, nehmen uns als liebevolle Hüter dieses Fleckens Erde wahr und schützen und pflegen die Lebewesen dieses Ortes.
Ab einer noch zu bestimmenden Größe (z.B. Ländereien von Konzernen) gehen alle Ländereien in **Stiftungen** „zur Befreiung des Bodens" über.
Die örtlichen Weisenräte beschließen mit dem Stiftungsrat, welche **Humus- und Gesellschaftsaufbauenden Projekte**, wie zum Beispiel Gemeinschaftsgärten oder Streuobstwiesen dort umgesetzt werden.

Mindestens **10% jedes Landstückes** wird **der Natur und ihren Wesen zurückgegeben** und zuvor wieder fruchtbar gemacht. Dort greift der Mensch nicht mehr in die natürliche Ordnung ein.

7e.) Firmenbesitz / Lebensgrundlagen

Firmen, Straßen, Quellen, Rohstoffvorkommen, Handelsplattformen, Miethäuser usw. sind Lebens- und Wirtschaftsgrundlagen -und keine Handelsojekte mehr, die unser Leben teuer und manipulierbar machen. Wir selber finden Rechtsformen, die das "Gemeinwohl" schützen.

So gibt es z.B. die Stiftung "Purpus", die schon bei 1% Anteilen ein Vetorecht zur Verhinderung von Spekulationsverkäufen bekommen kann.

7f.) Crowdfunding

Große Crowdfunding/Crowdinvesting-Plattformen erleichtern es Unternehmern, die Mittel für ihre Projekte zu erhalten und mit ihren Förderern in Kontakt zu sein.

8. MEDIEN

Pressefreiheit, Meinungsvielfalt und unabhängige Berichterstattung stehen wieder im Mittelpunkt der Mission. Die Medien sind aufgefordert, Träger positiver Lösungen für die Transformation unserer Erde und die Regeneration des Lebendigen zu sein, und auch über erfolgreiche Projekte und Lösungen zu berichten.

8a.) Medienhäuser und Journalisten sind finanziell unabhängig und frei

Sollten Medienhäuser **finanzielle Unterstützung** aus der Wirtschaft oder Politik erhalten, so müssen sie **offen legen**, von wem sie finanziert werden. So erhält man Klarheit darüber, wem -welchem Investor, Financier -die Inhalte der Zeitungsartikel, der Radio- oder Fernsehsendungen möglicherweise zu Diensten sind.

Journalisten sind frei und in **keiner finanziellen oder ideologischen Abhängigkeit** von einer Zeitung, einem Sender oder einem Internetportal. Sie werden durch die Kultur finanziert und können für mehrere Medien gleichzeitig tätig sein.

8b.) Pressefreiheit, Meinungsvielfalt, Qualitätsjournalismus und unabhängige Berichterstattung

„**Pressefreiheit** (Link zu Wikipedia) beschreibt das Recht von Einrichtungen des Rundfunks, der Presse und anderer Medien auf ungehinderte Ausübung ihrer Tätigkeit, vor allem auf die staatlich unzensierte Veröffentlichung von Nachrichten und Meinungen. Die Presse- oder Medienfreiheit soll die Informationsfreiheit, die freie Meinungsbildung und -äußerung, die pluralistische Meinungsvielfalt und damit die demokratische Willensbildung sowie die Transparenz und Kontrolle der Politik durch die Öffentliche Meinung gewährleisten."

Wir sind uns in der gerade erst vorübergehenden Corona-Krise verstärkt bewusst geworden, dass die Medien die Macht haben, sowohl jeden Menschen einzeln als auch die ganze Bevölkerung massiv zu beeinflussen und zu lenken. Daher darf es **keine einseitige manipulative und destruktive Propaganda oder Zensur** mehr geben.

Sich aus mehr als einer Quelle zu informieren, ist das Gebot der Zeit, denn meist sagen die **unterschiedlichen Perspektiven** auf ein Thema mehr aus, als die Gemeinsamkeiten einander ähnlicher Artikel. Unterschiedliche Meinungen zu hören und sie mit der eigenen Erfahrung und Wahrnehmung abzuwägen, schult unseren Verstand und kann unsere **Weltsicht** enorm **erweitern**.

Journalisten lernen wieder, sich der **Verantwortung** der Meinungsbildung bewusst zu sein und sich dessen als **würdig** zu erweisen. Die eigene Meinung wird als solche gekennzeichnet, „Fakten" werden überprüfbar, Quellen werden transparent kommuniziert. **Investigativer Journalismus** wird geschätzt: Menschen, die sich mutig und neugierig daran machen, Missstände aufzudecken, in die Tiefe recherchieren, sich selbst vor Ort ein Bild machen und idealerweise auch gleich Lösungsansätze dokumentieren.

8c.) Medien berichten positiv und unterstützen ihre Leser dabei, Eigenverantwortung zu leben

Staatliche Unterstützung erhalten nur mehr Medien, die nicht reißerisch über Gefahren, Katastrophen, Unfälle oder Kriminalität berichten, sondern vielmehr auch über **positive Ereignisse, gelungene Projekte und Lösungen berichten.**

Während der jährlichen **Grippewelle** oder potenziellen Pandemien werden Informationen zur **Stärkung des Immunsystems**, zu **Prävention** und **Heilung** kommuniziert. Außerdem werden Meinung und Ratschläge, Warnungen und Heilerfolge von kompetenten und unabhängigen Ärzten, Virologen, Immunologen etc. eingebunden.

8d.) Junge Menschen werden schon in der Schule dazu aufgefordert, öffentlichen oder sozialen Medien nicht gedankenlos zu glauben, sondern sich ihre eigene Meinung zu bilden

Medienberichte werden **immer hinterfragt**:
Aus welcher Perspektive und **mit welcher Absicht** ist etwas verfasst? Was **will** dieses Medium, **dass ich glaube** & cui bono, d.h. wem dient es, wenn ich dies glaube?
Was sagt mein Hausverstand dazu, was sagt mir die Intelligenz meines Herzens?
Welches Weltbild versucht dieser Beitrag zu untermauern? Versucht der Beitrag **Emotionen zu aktivieren?** Welche anderen Veröffentlichungen liegen von dem Verfasser vor? Welchen Institutionen steht der Autor nahe?

8e.) Social Media Plattformen

Das Posten von **Gewalt verherrlichendem Material** an Mensch und Tier sowie jeder direkte oder indirekte Aufruf zu Pädophilie wird auf den Social Media Plattformen **unterbunden.**

Die Plattformen dürfen **nicht** selbst willkürlich **zensieren.**

8f.) Jeder Mensch hat das Recht, sich in seiner Umgebung ohne die Beeinflussung von Werbung zu bewegen

Werbung an öffentlichen Plätzen wird ab sofort **eingestellt**. Es bleiben Hinweisschilder, die zu lokalen Betrieben führen. Werbungen im Radio, TV-Sendern werden vorab angekündigt und mit einem Zeitstempel versehen, um den **Zuhörern** oder **Zuschauern** rechtzeitig die **Möglichkeit** zu geben, **sich dieser zu entziehen.**
Werbung im Internet wird nur mit **vorheriger eindeutiger Bereitschaftserklärung** der Benutzer geschaltet.

9. OBERSTER LEITSATZ

Jede unserer Handlungen und jedes Gesetz ist immer
auf das Wohle allen Lebens ausgerichtet

-in Respekt, Mitgefühl und Achtsamkeit für die Erde und ihrer Vielfalt.
Wahrheit -Freiheit -Gleichwertigkeit -Geschwis-
terlichkeit -Frieden -Liebe

TEILE dieses Manifest gerne mit möglichst vielen Menschen und
setze ein Zeichen, indem du dich gleich hier unten einträgst:
www.thenewearthmanifesto.com

Über die Autorinnen:

Catharina Roland ist Visionärin, Mutter, Autorin, abenteuerlustige
Lebens-Forscherin, Welten-reisende, Paradies-Gärtnerin, Yogalehrerin,
eine Natur-Liebende und Filmemacherin von Werken, wie AWAKE
-EIN REISEFÜHRER INS ERWACHEN und AWAKE2PARADISE.
In ihren Filmen, Videos, Büchern, Blogs und Interviews beschäftigt sie
sich mit ihren Herzensthemen Bewusstsein, Erwachen, und den vielschichtigen Zusammenhängen des Wunders Leben.

Website: https://www.awake2paradise.com/catharinaroland

Coco Tache ist Connecterin, Mutter, Mensch- Tier- und Naturliebhabe-
rin und ein Coach der Freude. 25 Jahre interviewte sie Menschen aus
der Snow-, Skate- und Surfszene über Themen wie Öko & Bewusstsein für ihr Magazin 7sky. Heute stellt sie den Menschen für das Teilen
ihrer Geschichten und Projekte die Plattform 7sky.life zur Verfügung.

Website: https://thenewearthmanifesto.com/

Viktor Rollhausen

EARTH OASIS NETZWERK - DIE ESSENZ

Vorwort

Das vorliegende „Essenz-Buch" entstand nunmehr als letzter Band der Trilogie zum ganzheitlichen NETZWERK im Spätsommer 2020 in Brasilien. Auch wenn es jeweils die Essenz der 33 Kapitel des ausführlichen „Linkshirn-Buches" herausarbeitet, so ist die Sprache dennoch klar und bestens verständlich. Dieses Buch ist ein guter Einstieg für all Jene, die in kompakter Form einen dennoch tiefgehenden Einblick in die Inhalte der VISION gewinnen möchten. Wem es jedoch um die vielfältigen Möglichkeiten und praktischen Erfordernisse des NETZ-WERK-Aufbaus geht, der findet eine größere Fülle an Beispielen im sehr viel umfangreicheren „Linkshirn-Buch". Aber ebenso auch im Band für „Rechtshirne", der den Blick in die Zukunft wagt und aus der Sicht von 13 erfahrenen Mitgliedern des Verbundes aus 12 Ländern, rückblickend aus dem Jahr 2045, faszinierende Einsichten zur Entwicklung des NETZWERKS vermittelt.

Aus Sicht eines in allen Aspekten tiefgreifenden Verständnisses der VISION des holistischen EARTH OASIS NETZWERKS ist die Nutzung des Schubers mit allen drei Bänden anzuraten.

Auch wer sich primär als „Rechtshirn" sieht, wird die gut verständliche Fülle an Informationen zum möglichen Entstehen des Wachstumsverbundes im „Linkshirn-Band" schätzen. Und umgekehrt können sich auch „Linkshirne" durch die suggestive Kraft der „Erinnerungen aus der Zukunft" im „Rechtshirn-Buch" von der konkreten Machbarkeit und den realen Erfolgsaussichten des Verbundes überzeugen.

Und das „Essenz-Buch" lenkt den Blick auf das große Ganze der VISION. Und auf die mögliche Einbindung des dort gedanklich entworfenen NETZWERKS in unsere bestehenden Gesellschaften, mit allen sich daraus ergebenden Synergieeffekten und WIN/WIN Situationen. Mit der „Essenz" dieser völlig neuartigen VISION wird das enorme Potenzial dieses ganzheitlichen Entfaltungssystems für unsere heutige, orientierungslos am Abgrund lavierende Welt klar sichtbar!

Gerade auch im Zusammenhang mit den nicht erst durch die akute Corona-Krise sichtbar werdenden Gefahren liegt mir, kurz vor Erscheinen der Bücher, eine allerletzte Klarstellung am Herzen. Diese bezieht sich auf alle drei Bände gleichermaßen -für die „Rechtshirne" und für die „Linkshirne", sowie für das vorliegende „Essenz-Buch". Und vielleicht ist diese Erkenntnis auch einer der tieferen Gründe, weshalb sich der Entstehungsprozess dieser Bücher über fast ein Vierteljahrhundert erstrecken sollte.

Das Verständnis dieser kraftvollen und von Grund auf neuartigen NETZWERK VISION bedarf eines Kontrastes, eines erhellenden -oder hier vielleicht besser gesagt: eines verdunkelnden Hintergrunds. Die Darstellung dieses sich vor Ihren Augen entfaltenden Modells für eine friedlich gedeihende Evolution der Menschheit gewinnt auf dem Hintergrund enormer Risiken und bedrohlicher Entwicklungen besondere Brisanz und Tiefenschärfe. Und in der klaren Benennung all der für jeden wachen Menschen sichtbar werdenden Gefahren und Fehlentwicklungen nehmen diese Bücher kein Blatt vor den Mund. Dies schließt auch in sich schlüssige und überzeugende Hinweise auf Ursachen, wie auch auf mögliche Verursacher mit ein. Wobei diese Benennung keinerlei Urheberschaft beansprucht, ganz im Gegenteil -sämtliche hier aufgezeigten Fehlentwicklungen sind bereits von anderen Autoren, und das in den unterschiedlichsten Zusammenhängen, aufgeführt worden. Was hier jedoch neu und anders ist: die immer sichtbarer und drängender werdenden Gefahren werden nicht isoliert betrachtet -und werden insofern auch nicht jenen bleischweren Schleier der Hoffnungslosigkeit und Resignation verbreiten, der viele Menschen heutzutage erfasst.

Und das nicht erst seit der aktuell in Erscheinung getretenen Corona-Krise. Bei diesen drei Büchern werden jene düsteren, teils apokalyptischen Zukunftsszenarien einer als ganz reale Chance zu erschaffenden NETZWERK-Realität gegenübergestellt. Und die hat alles Potenzial, zu einer Überwindung solcher Gefahren beizutragen.

Und sogar darüber hinaus wirksame Impulse für eine friedlich gedeihende Welt im Bewusstsein dafür offener Menschen zu verankern.

Es gibt aber noch einen anderen Aspekt, der mindestens ebenso wichtig ist und der sich mir im Laufe der Jahre erschloss. Auf den ersten Blick mag diese Feststellung überraschen, vielleicht sogar schockieren: Aus einer höheren, übergeordneten Sicht haben auch all diese geschilderten dunklen Seiten und despotischen, zerstörerischen Tendenzen ihren tieferen Sinn. Denn sie sind es, die uns Menschen keine andere Wahl lassen, als in unser wahres Sein zu erwachen, wenn wir nicht nur irgendwie überleben, sondern darüber hinaus in unsere wahren menschlichen Potenziale hineinwachsen wollen. Und in diesem Sinn sind wir alle auf dem Weg -freilich an unterschiedlichen Punkten unserer Entwicklung stehend und in jeweils eigener Geschwindigkeit. Ja, sogar Jene, die in diesem Leben noch ihrer von anderen bereits überwundenen „Raubtier-Natur" frönen und im übertragenen Sinn, oft aber auch wörtlich über Leichen gehen.

Genauso auch jene besagten Multi-Milliardäre, die Tag für Tag um etliche Millionen reicher und in gleichem Ausmaß noch mächtiger werden. Die nicht sehen wollen oder schlicht nicht sehen können, dass ihr gigantischer Vermögenszuwachs in direktem Zusammenhang mit Leid und Entbehrung all jener steht, die mit zwei oder drei Dollar am Tag ihr Leben fristen müssen. Und auch all jene Politiker, die durch aus dem Ego angetriebene Machtpolitik und militärische Drohgebärden die Welt noch ein Stück unsicherer machen - obwohl sie aus ihrer Sicht glauben mögen, ihr Bestes zu geben.

Allein diese spirituelle Sichtweise, welche die individuelle Weiterentwicklung unserer Geistseele über viele Leben hinweg erkennt, kann uns aus der verheerenden Spirale von Verurteilung, Gewalt und Gegengewalt befreien. Dies bedeutet nicht, offensichtlich schädigende Denk- und Verhaltensweisen zu ignorieren oder gar mit dem Verweis auf Unbewusstheit und Ignoranz der jeweiligen Akteure zu entschuldigen. Sie sollten - so wie in den vorliegenden Büchern - offen und klar kommuniziert werden. Jedoch immer im Bewusstsein, dass wir alle auf dem Weg sind und dass wir versuchen sollten, Brücken zu bauen, die zu mehr Verständnis und Bewusstheit führen - auch für Jene, die bislang das Licht noch nicht sehen, die Liebe und Mitgefühl noch nicht erfahren konnten.

Denn letztlich teilen wir alle die gleiche Welt. Und es ist diese Erde, mit diesen für uns Menschen und andere Lebewesen gedeihlichen äußeren Bedingungen, die uns zu treuen Händen anvertraut wurde. Um sie zu fördern, zu verschönern und sie mit allen anderen zu teilen -nicht, um sie mit all unseren Konflikten, Kriegen und kurzsichtigem Raubbau an der Natur zu zerstören. Niemand wird sich letztlich dieser Erkenntnis verschließen können. Insbesondere dann, wenn wir sie als Herausforderung an unsere menschliche Intelligenz und Kreativität annehmen.

Packen wir diese Herausforderung an! Die ganzheitliche VISION dieses wunderbaren dreigegliederten Wachstumsverbundes, dieses vielleicht zum allerersten Mal für unsere Erde völlig herrschaftsfreien Modells, steht Ihnen allen zu geistiger Inspiration und zu praktischer Nutzung offen!

Köln / Brasilien November 2020

Teil I: Das EARTH OASIS NETZWERK im kompakten Überblick

Essenz Kapitel 1-5: Wesentliche Charakteristika des Wachstumsverbundes

Die „Architektur" des EARTH OASIS NETZWERKS ist denkbar einfach -wobei in dieser Einfachheit und Klarheit sicher auch eine ihrer großen Stärken liegt: Es gibt zwei weit reichende Ebenen des Entwicklungsverbundes, die polar sich ergänzend einander gegenüberstehen: auf der einen Seite der große Bereich ganzheitlicher Firmen und Unternehmen, von Lizenz- und Franchisesystemen, von Dienstleistern, Freiberuflern, Künstlern und Menschen in vielen anderen Berufen. Auf der anderen Seite die Village-Gemeinschaften, jene sozial, kulturell, ökologisch, gesundheitlich und spirituell inspirierten Kraftplätze, in denen interessierte Menschen gemeinsam leben, arbeiten und sich ihren jeweiligen Gaben und Talenten entsprechend entfalten. Diese sonst getrennten Bereiche verbindet die mittlere Verbund-Ebene internationaler Stiftungen. Treuhänderisch für das Gesamtsystem tätig, liegt ihre Verantwortung in der sinnvollen und gerechten Verteilung materieller und ideeller Ressourcen.

So fördert die sich wechselseitig verstärkende Dynamik des ganzheitlichen Drei-Ebenen-NETZWERKS die bestmögliche Potenzialentfaltung sowohl der teilnehmenden Individuen, als auch ihrer Gemeinschaften, und ihrer wirtschaftlichen Betätigungen. Unsere Schöpferkraft erfährt eine bislang unerreichte Blüte, indem wir uns als Einheit aus Körper, Verstand, Geist und Seele erkennen und dieses Wissen in die Gestaltung unserer Welt einfließen lassen. Unser Leben wird in dem Maße wertvoll und sinnhaft, wie sich „innen" und „außen", Geist und Materie in unserem Mensch-Sein ergänzen und verbinden.

Dieser dreigegliederte Entwicklungsverbund unterstützt uns dabei, indem bedeutsame menschliche Lebensbereiche in neuartiger, unsere Entwicklung fördernder Weise miteinander verbunden und aufeinander ausgerichtet werden. Dabei sind auf allen drei Ebenen individuelle Potenzialentfaltung und inneres Wachstum ebenso bedeutsam wie das gemeinsame Erschaffen geeigneter Institutionen, die unser Zusammenleben wie auch unser wirtschaftliches Gedeihen auf menschenwürdige Weise organisieren.

Die Vorteile dieser neuartigen Organisationsform des NETZWERKS sind vielfältig. Durch stetigen Konfliktausgleich und Überwinden polarer Gegensätze werden bedeutende Synergieeffekte und WIN/WIN Situationen möglich. Voraussetzung dafür ist jedoch, das überholte, mechanistisch-materialistische Menschenbild zu überwinden. Die VISION sieht vielmehr Bewusstseinswachstum, Ganzwerdung und innere Heilung als entscheidende Impulsgeber für eine allseits gedeihende Zukunftsentwicklung.

Essenz Kapitel 6: Die äußeren Anschubkräfte des ganzheitlichen Firmenbereichs

Die in der VISION verankerte Potenzialentfaltung der NETZWERK-Mitglieder schließt auch den bedeutsamen wirtschaftlichen Bereich mit ein. Eine neue Art humanen, ganzheitlichen Wirtschaftens ist erforderlich, die unserem Mensch-Sein wie auch den Belangen von Natur und Erde gerecht wird. Durch den Zusammenschluss in diesem dreigegliederten Wachstumsverbund entsteht eine innovative Dynamik vielfältiger Prozesse, die sich kraftvoll ergänzen und befruchten.

Und so zur erfolgreichen Entwicklung des ganzen NETZWERKS, mit all seinen Mitgliedern und Institutionen beitragen. In diesem Zusammenspiel wesentlicher gesellschaftlicher Kräfte erzeugt die nach außen gerichtete Firmen- und Berufsebene einen ersten wirtschaftlichen Anschub. Ein Prozent der monatlichen Umsätze aller Mitglieder fließt in die verbindende mittlere Stiftungsebene, die damit wesentliche Leistungen in allen großen Bereichen des Verbundes finanziert. Dazu gehören auch Leistungspakete für die Mitglieder auf der Firmenebene selbst. Ohne die Mitgliedschaft wäre eine solche Fülle erfolgsbezogener Maßnahmen für eine auf sich allein gestellte Firma, einen manchmal überforderten Unternehmensgründer, zumeist nicht in Reichweite. Dadurch wird klar: jenes abfließende Umsatzprozent wird bereits auf der materiellen Ebene mehr oder weniger deutlich übertroffen! Dazu kommen wesentliche WIN/WIN Situationen und alle ideellen Vorteile, die durch den dreigegliederten Verbund inneren und äußeren Wachstums im Leben der Mitglieder entstehen.

Auf der ersten NETZWERK Ebene werden Menschen aktiv, die mit viel Herzblut und mutigem persönlichem Engagement „blühende wirtschaftliche Landschaften" erschaffen wollen. Sie tun dies, indem sie gleichzeitig die Menschen mit ihren berechtigten Wünschen und Anliegen in den Vordergrund stellen.

Und sich nicht vermeintlich „alternativlosen" wirtschaftlichen „Gesetzmäßigkeiten" verschreiben! Wenn etwas blutleer und gegen die tief im Inneren verwurzelten authentischen Bedürfnisse der Menschen gerichtet ist, dann ist es eine Wirtschaftsideologie, die Menschen zu fremdbestimmten Objekten im seelenlosen Hamsterrad eines unaufhörlichen „schneller", „weiter", „höher" degradiert. Die ganzheitlich denkenden und handelnden Akteure im NETZWERK heben sich hiervon wohltuend ab.

Essenz Kapitel 7: Die inneren Wachstumskräfte des Gemeinschaftsbereichs

Die dritte Ebene der sogenannten Villages sind in ihrer Gestaltung jeweils völlig einzigartige Kraftplätze. Sie werden erschaffen und inspiriert von Menschen, die sie mit Leben erfüllen und ihr Herz und ihre Kreativität einbringen. Getragen vom Spirit von Bewusstseinswachstum und tiefer Heilung an Körper, Geist und Seele ist das Village für alle dort engagierten Menschen ein idealer Ort zur freien Entfaltung der jeweils einzigartigen Gaben und Potenziale. Das Zusammenleben wird von gegenseitigem Respekt für die Einzigartigkeit jedes Individuums getragen; die freiheitliche Entwicklung ist gewährleistet - solange nicht die Entfaltungsmöglichkeiten der Anderen eingeschränkt werden. In wichtiger Ergänzung zur eher maskulin geprägten Yang-Energie auf der nach außen gerichteten Firmenebene kommt in den Gemeinschaften des Verbundes die feminine Yin-Energie zum Tragen. Sie schafft den nötigen Raum für alle nach innen gerichteten Entwicklungsprozesse und fördert freie Selbstbestimmung und Eigenverantwortlichkeit. So wird es auch möglich, die eigene Lebensmission zu entdecken und zu verwirklichen - das, was die Seele als Lern- und Wachstumsaufgabe in dieses Leben mitgebracht hat.

Die Villages sind jedoch nicht nur geschützte Freiräume für den individuellen Wachstums- und Bewusstseinsweg der Mitglieder. Gleichzeitig werden sie zu kraftvollen Energiefeldern mit „eigener" Intention, die sich aus der Kreativität und den vielfältigen Impulsen der hier tätigen Menschen speist. Ihre innere Entwicklung fließt entscheidend in den Aufbau des Village ein - dessen Erfolg wird so zum Ausdruck der Begeisterung und Sinnerfülltheit aller Beteiligten.

Essenz Kapitel 8: Die ausgleichenden und verbindenden Kräfte der NETZWERK Stiftungen

Wenn sich die beiden wesentlichen Lebensbereiche als polare Kräfte gegenüberstehen, dann bedarf es einer mittleren Instanz, die Ausgleich und Verbindung herstellt. Diese wichtige Funktion kommt im ganzheitlichen Wachstumsverbund der Stiftungsebene zu. Jedoch sind die Stiftungen weit mehr als nur ein „neutraler" Mittelbau zwischen den energetisch, wie auch von ihren Aufgabenstellungen her, sehr unterschiedlichen Polen.

Die Stiftungen sind in einer ganzheitlichen Analogie zum menschlichen Körper offenes Herz und Blutkreislauf des Drei-Ebenen Verbundes - und damit wichtiger Garant für die Funktionsfähigkeit des Ganzen. Die zentralen Aufgaben der Stiftungen werden neben Mitgliedsbeiträgen und Spenden wesentlich durch das aus der Berufs- und Firmenebene zufließende Umsatzprozent gespeist.

Die Stiftungen wandeln diesen ständigen Zufluss materieller Mittel in qualitativ hochwertige Leistungen für alle drei großen Bereiche des Verbundes um -so auch für die mittelerzeugende Firmenebene selbst. Die im NETZWERK tätigen ganzheitlichen Unternehmen, Servicefirmen, Freischaffenden und sonstigen beruflich aktiven Mitglieder kommen in den Genuss qualitativ hochwertiger Leistungspakete, deren Wert in der Regel klar über das abfließende Umsatzprozent hinausgeht. Damit werden die Förderungen durch die Stiftungen - nicht nur für die Firmenebene, sondern in vergleichbarer Weise auch für die Villages - zu ganz entscheidenden Anschubenergien.

Neben der sinnvollen und gerechten Verteilung materieller Ressourcen leistet die Stiftungsebene auch wertvolle Unterstützung bei der Sichtung und Nutzbarmachung ideeller Potenziale. Dies betrifft für die ganzheitlichen Ziele der Mitglieder relevante Informationen, die in der explodierenden äußeren Vielfalt und Komplexität der Welt oft nicht wahrgenommen werden. Die Stiftungen können hier auf Wunsch wertvolle Aspekte zur Entscheidungsfindung beitragen - die Verantwortlichkeit liegt jedoch immer beim einzelnen Mitglied.

Essenz Kapitel 9: Die kraftvolle Wachstumsdynamik der Verbindung von „innen" und „außen"

Inneres oder äußeres Wachstum, innerer oder äußerer Reichtum - dieses Kapitel zeigt, wie wir bisher in unserer Welt entweder das Eine oder das Andere gewählt haben. In unserer heutigen Realität stehen in fast allen Gesellschaften allein äußeres Wachstum und äußerer materieller Reichtum im Fokus. Das Innere ist verkümmert, vom Ballast vorgeblich alternativloser äußerer Notwendigkeiten förmlich erdrückt. Die Folgen dieser Missachtung seelischer und geistiger Impulse zeigen sich in vielen gravierenden Problemen und Fehlentwicklungen, die unser Zusammenleben belasten. Fehlende innere Werte geben Raum für ausgrenzende Energien wie Gier, Geiz, Neid, Hass, Rechthaberei und Intoleranz. Noch immer sind wir geprägt von Mangeldenken und Verlustängsten - Folge unserer Entwicklungsgeschichte, die viele Jahrtausende von schierem Überlebenskampf geprägt war.

Unsere heutigen Wettbewerbsgesellschaften werden so lange „alternativlos" erscheinen, bis wir dieses alte Trauma des lebensbedrohenden

Mangels in gefühlte Fülle verwandeln. Dann werden wir all die Vorteile erkennen, die sich ganz natürlich ergeben, wenn wir kooperieren und unsere Kräfte wie auch unser Wissen bündeln, statt uns abzuschotten und im Wettbewerbsmodus zu erstarren.

Was hält uns also bislang davon ab, über den Tellerrand unserer kleinen individuellen Erfahrungswelt hinauszublicken und das GANZE mit all seinen Potenzialen zu erkennen?

Viele Menschen sind so sehr verstrickt im Labyrinth der für sie dadurch unüberschaubar komplex gewordenen Welt, dass sie Gefahren und Fehlentwicklungen einfach nur hilflos zur Kenntnis nehmen, ohne die tieferen Ursachen und zugrunde liegenden Zusammenhänge zu begreifen.

Nur wer unbeirrt vom äußeren Schein auch den Weg nach innen geht, kann die wahren Werte menschlichen Seins in sein Leben integrieren und einen selbstbestimmten Weg gehen. Für diesen spannenden Entwicklungsprozess, der ohne Ausnahme jedem Menschen möglich ist, bietet das konzipierte ganzheitliche EARTH OASIS NETZWERK seine Unterstützung an. So kann eine kraftvolle Ergänzung und Verbindung inneren und äußeren Wachstums, innerer und äußerer Potenzialentfaltung und Fülle entstehen.

Essenz Kapitel 10: Partnerschaft, Kooperation und wachstumsfördernde Umfelder auf allen NETZWERK-Ebenen

Partnerschaftliche Zusammenarbeit und Verbundenheit sind Kennzeichen eines bewussten Umgangs miteinander - in den einzelnen Institutionen, auf jeder der drei Ebenen des Wachstumsverbundes und auch übergreifend im Verhältnis zwischen den drei großen Tätigkeitsbereichen. Dabei ergänzen und befruchten sich insbesondere die unterschiedlichen Energien und Wachstumsimpulse auf der ersten und dritten Ebene. Beide Seiten profitieren von dieser Kooperation und energetischen Verbundenheit. Für den nach außen gerichteten Firmenbereich kann sie sogar entscheidend sein, um die eigene ganzheitliche Ausrichtung auch im Kontakt und Austausch mit der „normalen" Unternehmenswelt aufrechtzuerhalten.

Denn bei den ganzheitlich orientierten Mitgliedern der ersten Ebene besteht die Herausforderung darin, wirtschaftlich erfolgreich tätig zu sein, ohne die für ein humanes Wirtschaften erforderlichen Prinzipien der VISION von gerechtem Austausch, Partnerschaft und Verbundenheit zu opfern. Dabei ist man sich durchaus bewusst, welche Versuchungen das Streben nach Firmenwachstum und steigenden Gewinnen, aber auch nach Machtzuwachs mit sich bringt.

Alte Wettbewerbsreflexe und Überlebensängste können sich dann massiv bemerkbar machen. Deshalb ist ein energetischer Ausgleich durch die verbindenden und nährenden Kräfte der Gemeinschaftsebene äußerst hilfreich. Dazu kommt: die integrierenden „femininen" Yin-Qualitäten mit ihrer bodenständigen Erdverbundenheit können dazu beitragen, unrealistischen Vorhaben und überzogenen Wachstumserwartungen auf der Yang-Firmenebene vorzubeugen.

Die Stiftungen als die ausgewogene, zentrierende Kraft der Mitte fördern das organische Wachstum der beiden polar sich ergänzenden NETZWERK-Ebenen -sowohl das innere als auch das äußere Wachstum. Sie sind gleichzeitig auch Hüter und Bewahrer der zugrunde liegenden holistischen VISION. Deren uneingeschränkte Gültigkeit ist entscheidend für die Funktionsfähigkeit des Drei-Ebenen-Verbundes. Denn die wachstumsfördernden Umfelder dieses neuartigen Entwicklungssystems beruhen auf der Ausgewogenheit der Kräfte, die aus gegensätzlichen Polen und Energien neue, tragfähige Realitäten erschaffen.

Da in unserer bisherigen Welt ein solch permanenter Ausgleich polarer Gegensätze und Gegenkräfte zumeist fehlt, prallen gegensätzliche Positionen oft destruktiv aufeinander. Deshalb gibt es in allen Bereichen so viel Gewalt, stehen sich Gegner oft unversöhnlich gegenüber. Ungerechtigkeit, Ausbeutung, wirtschaftliche und militärische Drohkulissen bis hin zu offener Feindschaft, Terror und Krieg - es fehlt bislang das in der VISION geteilte Verständnis, wie entscheidend es ist, stattdessen zu einem fairen Ausgleich zu kommen, eine WIN/WIN Situation für alle Beteiligten zu erschaffen. Kooperation anstelle sinnloser, vom Ego diktierter Konfrontation.

Das große Problem in der „Welt draußen": zwar gibt es zunehmend ganzheitlich denkende und handelnde Individuen, teilweise auch Firmen. Aber es gibt keine Vision, die alle wirtschaftlichen und gesellschaftlichen Bereiche umfasst; keinen gemeinsamen Wertekodex, dem sich die unterschiedlichen Gruppen verpflichtet fühlen. Genau diese gemeinsame VISION und Mission ist es, die den entscheidenden Unterschied im NETZWERK-Verbund ausmacht.

Essenz Kapitel 11: Die VISION als Basis der NETZWERK-Organisation

„Inneres Wachstum erzeugt und inspiriert äußeres Wachstum erzeugt und inspiriert inneres Wachstum . . ." - dieser Kreislaufprozess innerer und äußerer Entwicklung charakterisiert die dynamische Grundverfassung des EARTH OASIS NETZWERKS. Im Wechselspiel von „innen" und „außen" erschaffen wir „unsere Welt" - ob wir uns nun dessen bewusst sind oder nicht. Wir Menschen sind nicht einfach nur passive Beobachter einer festgefügten Realität, in die wir hineingestellt wurden und die wir nicht verändern können.

Vielmehr sind wir machtvolle Schöpfernaturen, die mit zielgerichteten, kraftvollen Gedanken und Gefühlen unsere Gegenwart und Zukunft in die von uns gewünschte Richtung entwickeln können. Das bedeutet: mit den Kräften unserer „Innenwelt" können wir die „Außenwelt" gestalten, was dann wiederum in entsprechender Qualität auf unsere innere Verfassung zurückwirkt. Voraussetzung: wir müssen uns dieser Macht bewusst sein und wissen, wie wir sie anwenden. Dieses Wissen ist eine der Grundlagen der VISION.

Damit verbunden ist das Wissen um die Ausgewogenheit der Schöpfung. Diese zeigt sich zwar in polar gegensätzlichen Erscheinungen, denen jedoch eine einheitliche ursächliche Kraft zugrunde liegt. Tag oder Nacht, Ebbe oder Flut, Geburt oder Tod erscheinen als Gegensätze, sind es jedoch nur bei oberflächlicher Sicht. In Wirklichkeit sind sie jedoch Manifestationen des göttlichen EINEN, das sich in vermeintliche Gegenkräfte aufteilt, um Entwicklung zu ermöglichen. So gibt es, um dies Beispiel zu nehmen, nur das ewige Leben - die Geburt ist jeweils das Erwachen in das körperliche Leben und der von uns so genannte Tod ist das Erwachen bzw. Wiedererwachen in unser geistiges Leben.

„Erleuchtung" bedeutet in diesem Zusammenhang: auch während des körperlichen Lebens über volles geistiges Leben zu verfügen und auf diese Weise mit der Sphäre unbegrenzten Geistigen Wissens verbunden zu sein.

Der Aufbau des NETZWERKS spiegelt diese grundlegende Verfassung der Schöpfung: Die Stiftungsebene ist die ausgewogene Mitte des Drei-Ebenen Modells. Diese Mitte ist das Kraftzentrum für die Verteilung der Ressourcen an die Institutionen der beiden polaren Ebenen. Dabei geht es um die ideellen und die materiellen Ressourcen, die mit vereinten Kräften die Entwicklung des Verbundes bewirken. Die erste und die dritte NETZWERK-Ebene wirken dabei mit ihren jeweiligen Institutionen komplementär zur jeweils anderen, um auch hier zu einem Ausgleich zur Mitte hin zu kommen. Die primär nach außen gerichtete und die primär nach innen gerichtete Entwicklungsrichtung stellen jeweils nur die eine Seite dar, sind in sich unvollständig. Sie bedürfen der Ergänzung und Befruchtung durch den jeweiligen Gegenpol, um zu ausgeglichener Entwicklung finden zu können. Eine Vervollständigung und Ausbalancierung die, wie wir schon gesehen haben, in unserer heutigen Welt fast vollständig fehlt und deshalb schlimmste Verwerfungen zur Folge hat.

Das Organisationsmuster des NETZWERKS ist deshalb so angelegt, dass sich jeweils beide Pole der Realität aufeinander beziehen und sich wirksam ergänzen. Einseitig dualistische Sichtweisen werden überwunden, wo immer möglich und sinnvoll wird in Ergänzungen gedacht; Kooperation wird groß geschrieben. Und stets sind es die beiden Pole von „innen" und „außen", die gemeinsam die Welt des Verbundes entstehen lassen: inneres und äußeres Wachstum, innerer und äußerer Reichtum, innere und äußere Schönheit und Verbundenheit. Letztlich auch Heilung, Gesundheit und Weisheit sowohl als individuelle innere Qualitäten, als auch zunehmend als konstruktive Merkmale unserer äußeren Lebenswelten.

Dies bedeutet: die inneren Prozesse und Potenziale der NETZWERK Mitglieder können sich zunehmend in der äußeren Realität des Verbundes wiederspiegeln - und möglicherweise, so die Hoffnung, auch darüber hinaus.

Dies bringt uns zur Funktion des Wachstumssystems als „Tabula Rasa", als beliebig ausdehnungsfähige Leinwand. Auf ihr können sich eine beliebig große Vielfalt an möglichen Kreationen, all die individuellen „Lebensfilme" der Teilnehmer entfalten. Dabei trägt die NETZWERK-VISION und das daraus abgeleitete Drei-Ebenen-Modell den Entwicklungsmöglichkeiten der Menschen Rechnung.

So wird die VISION zu einer Brücke zwischen Vergangenheit, Gegenwart und möglicher Zukunft. Mit dem Eintritt ins NETZWERK beginnt der Entwicklungsprozess -und zwar genau an dem Punkt, an dem sich jede Einzelne, jeder Einzelne gerade befindet. Jeder geht auf seine einzigartige Lebensreise, denn wir alle sind unvergleichliche Wesen, und das Entfalten der eigenen Potenziale bedeutet für Jeden etwas vollkommen anderes.

Der kraftvolle gemeinsame Nenner, der dem Verbund die Richtung vorgibt, ist die inspirierende VISION einer wahrhaft goldenen Zukunft —als Geburtsrecht einer Menschheit, die gerade dabei ist, ihren Kindertagen zu entwachsen und einen wichtigen neuen Schritt in der Evolution des Lebens zu gehen: in dieser entscheidenden Phase wird der Fortgang der Evolution auf diesem Planeten zur Bewusstseinsevolution unserer Spezies. Dazu ist es jedoch unerlässlich, auch die Grenzen dessen zu akzeptieren, was unser Verstand dabei leisten kann. Und mit der wahren Intelligenz des Herzens und der unbestechlichen Klarheit des Geistes zu erkennen, dass der Verstand bei aller ihm möglichen Brillanz auf sich allein gestellt es nicht vermag, sich selbst zu transzendieren und die tiefsten Mysterien der Existenz zu begreifen.

Denn der menschliche Verstand ist ein Teil des Ganzen und als solcher nicht in der Lage, die alles umfassende Natur des Ganzen, das EINE hinter allen Phänomenen zu erkennen. In diesem Verständnisprozess liegt die vielleicht größte Herausforderung für die heutige Menschheit. Dazu liefert die VISION mit einem erweiterten Verständnis von „Bewusstsein" einen wichtigen Beitrag. Oft wird Bewusstsein mit dem Zugriff auf unser Verstandesdenken und unsere Gefühlswelt gleichgesetzt. Dies ist jedoch nur die eine Seite dessen, wozu unser Bewusstsein imstande ist. Neben diesem Zugriff auf alles durch unsere Sinne Wahrgenommene und durch unser Denken Verarbeitete kann sich unser Bewusstsein über die Inhalte unserer Verstandeswelt hinaus erweitern - über jenes Sammelsurium aus Gedanken, Konzepten, Ideologien, Vorurteilen und Glaubenssätzen hinaus, das im Übrigen bei Jedem der 7,8 Milliarden Menschen völlig einzigartig ist. Diese Erweiterung unseres Bewusstseins ist das, was in Meditation und Kontemplation, in tiefem Gebet und Sich-öffnen für die Geistigen Kräfte geschehen kann.

Die VISION erkennt in der willkürlichen Beschränkung der Fähigkeiten, die wir dem Bewusstsein zuerkennen, ein zentrales Problem unserer vorgeblich doch so aufgeklärten Epoche: denn damit leugnen wir auch den geistigen Gegenpol zu der für unsere Sinne allein erfahrbaren materiellen Welt! Erst indem wir, wie in der NETZWERK VISION, das Geistige als bestimmende Kraft hinter allen materiellen Formen erkennen, schaffen wir Raum für entscheidende Sinnfragen. „Wer bin ich?" „Woher komme ich?" „Wohin gehe ich?" „Was ist meine Seelenaufgabe für dieses Leben?" - solche für Glück und tiefe Lebenserfüllung entscheidenden Fragen genießen im Wachstumsverbund einen genauso hohen Stellenwert wie die ausgewogene, für Alle gedeihliche Entwicklung unserer äußeren Welt.

Essenz Kapitel 12: Vielfalt und Komplexität, Organisiertheit und Verbundenheit -entscheidende Antriebskräfte des NETZWERKS

Die VISION misst nicht nur der äußeren Struktur und Organisation, sondern auch der ganzheitlichen inneren Verfassung des NETZWERKS sehr große Bedeutung bei. Denn die wachstumsfördernden Effekte für die Mitglieder können nur so gut sein, wie die ganzheitliche Realität des Verbundes es ermöglicht.

Nur wenn die Prozesse im NETZWERK die Möglichkeiten des menschlichen Lebens besser abbilden als dies bisher in Gesellschaftssystemen der Fall ist, werden die Ergebnisse den hohen Ansprüchen der VISION gerecht werden.

Nach den für das Entstehen und die erfolgreiche Entwicklung des NETZWERKS grundlegenden Bedingungen der VISION begegnen wir in diesem Kapitel weiteren entscheidenden Antriebskräften, die diesen neuartigen Wachstumsverbund zum Erblühen bringen können. Und zwar ist es die förmlich explodierende Vielfalt und daraus entstehende Komplexität in der heutigen Welt, die bei vielen Menschen zu Verwirrung, Orientierungslosigkeit, teils auch Überforderung führt.

Bei sinnvollen Weichenstellungen kann sie jedoch auch eine Vielzahl erfüllender Möglichkeiten eröffnen. Wie geht nun das NETZWERK mit diesen Kräften um?

Wie lassen sich Komfortzonen sanft weiten? So dass zum Beispiel Wirtschaftlichkeit und innere Entwicklung, die nur im Denken oft als Widerspruch gesehen werden, im offenen Herzen zusammenfinden können?

Grundsätzlich lässt sich sagen, dass wir Menschen im Spannungsfeld zwischen freiheitlich-autonomer individueller Entwicklung einerseits sowie Verbundenheit mit anderen Individuen, Erde, Natur und gesellschaftlichen Organisationsformen stehen.

Diese beiden Pole kommen im NETZWERK voll zu ihrem Recht: unsere Individualität, genauso aber auch vielfältige Impulse durch unsere Teilhabe an sozialen Organismen. Wobei die freiheitlichen Entwicklungsmöglichkeiten des Individuums die Basis für alle weiteren Prozesse bilden. Denn nur Menschen, die die Chance haben, ihr Leben selbstbestimmt zu gestalten, und die nicht von vornherein unbewusst Opfer all der vielfältigen äußeren Konditionierungen werden, sind in der Lage, Gemeinwesen einer neuen Qualität und Bewusstheit zu erschaffen.

Durch die explodierende Vielfalt und Komplexität der Lebensprozesse wird diese Herausforderung noch größer. Der Einzelne sieht sich einer unüberschaubaren Vielzahl an Möglichkeiten gegenüber, die es irgendwie einzuordnen und zu bewerten gilt. Denn nur so können letztlich sinnvolle Weichenstellungen für das eigene Leben erfolgen, die den jeweiligen Gegebenheiten und Bedürfnissen möglichst gerecht werden. Die sehr reale Gefahr für das Individuum liegt darin, sich in der unüberschaubaren Vielfalt der Möglichkeiten zu verlieren. Und das, ohne jemals die Chance genutzt zu haben, reife und bewusst fördernde Entscheidungen zu treffen, was den eigenen Lebensweg und das Vertrauen in sich selbst angeht. Vielfalt und Komplexität müssen also durch potente Gegenkräfte ausgeglichen werden, wenn sie nicht zu Konfusion und Verunsicherung führen sollen.

Diese ergänzenden Kräfte sind im NETZWERK Organisiertheit und Verbundenheit. Für den Einzelnen gilt es, Selbstvertrauen in die eigenen Fähigkeiten zu entwickeln und einen klaren und bewussten Umgang mit der zunehmend komplexen und vielfältigen Lebensrealität zu erlernen.

Der intelligent praktizierte, hohe Grad an Organisiertheit im NETZWERK wie auch die nährende, unterstützende Verbundenheit der

Teilnehmer sind die tauglichen Mittel, um potenzielle Risiken in Projekten zu erkennen und, wo immer möglich, in WIN/WIN Situationen gegenseitigen Vorteils umzuwandeln. Oder, wo das nicht möglich erscheint, keine weiteren Energien in fruchtlose Bemühungen zu investieren. So können durch bewusste Selektion nutzenstiftender Potenziale Vielfalt, Komplexität, Organisiertheit und Verbundenheit zu wichtigen Antriebskräften und damit zu einer weiteren Stärke des ganzheitlichen Entwicklungsverbundes werden.

TEIL II: Der Drei-Ebenen Wachstumsverbund in der Praxis

Essenz Kapitel 13: Ein praktikables Modell für ein kooperatives Zusammenleben auf unserer Erde?

Warum sollten sich ganzheitlich denkende und handelnde Menschen samt ihren wirtschaftlichen Aktivitäten und sozialen Gemeinschaften in dem hier entworfenen NETZWERK zusammenschließen? Kernfragen dabei sind: kann der Verbund den integrierten Menschen „abbilden" und ihm freiheitliche Räume für seine Entwicklung bieten? Und: können innere Heilung und Balance bei immer mehr Individuen sich positiv auf die Gesellschaften auswirken und die globale Fähigkeit zur Kooperation stärken? Fragen wir uns auch, angesichts des kritischen Zustands in vielen Lebensbereichen: Was fehlt, um authentische konstruktive Kräfte zu stärken, die bewusst an einer nachhaltigen Verbesserung des Lebens auf der Erde arbeiten?

Und um parallel immer mehr Menschen darin zu bestärken, die Verantwortung für ihr eigenes Leben zu übernehmen? Und dabei achtsam und bewusst mit sich selbst, den Mitmenschen, anderen Lebewesen und der Natur umzugehen?

Die Antwort erscheint klar: Es fehlt ein Zusammenschluss, der so angelegt ist, dass die unterschiedlichen Kräfte und Interessen der Menschen (zunächst der NETZWERK-Mitglieder) zum Ausgleich gebracht werden. Dazu gehören ausdrücklich auch an Veränderungen interessierte Akteure aus dem Wirtschaftsleben, die nicht gleich in reflexartiger Abwehr auf vermeintliche wirtschaftliche Zwänge und Notwendigkeiten verweisen.

Dennoch ist realistisch davon auszugehen: Qualitative Veränderungen im Wirtschaftsleben, die verträglicher für ALLE sind und zu Glück und Erfüllung der Menschen beitragen, werden nur in dem Maße um sich greifen, wie neue kooperative Wirtschaftsmodelle erfolgreich werden und auch bei Verbrauchern Anklang finden.

Genau in dieser Frage der Akzeptanz liegen große Chancen für das Heranwachsen einer ganzheitlichen Unternehmenskultur im Verbund. Denn viele Millionen Menschen wünschen mehr Verantwortlichkeit und Bewusstheit in der Art, wie Firmen ihre Wirtschaftsprozesse gestalten. Solche Aspekte können auch zu wichtigen Kriterien für Kaufentscheidungen bzw. die Vergabe von Aufträgen werden. Wenn gleichwertige Leistungen von Unternehmen mit einer ganzheitlichen Denk- und Herangehensweise erstellt werden, dann werden immer mehr Menschen Angebote dieser Firmen favorisieren, da sie eine möglichst umfassende WIN/WIN Situation für alle Akteure herzustellen suchen.

Wenn das NETZWERK, dem diese Firmen angehören, dann auch noch in seinen Villages in aller Welt einzigartige Angebote für Gesundheit an Körper, Geist und Seele bereit hält, wenn Menschen hier ihren Urlaub verbringen, Kurse zur persönlichen Fortbildung und Entwicklung buchen bzw. aus der Vielfalt an kreativen Angeboten, die von Village zu Village variieren, wählen können, dann wird die Mitgliedschaft in diesem neuartigen Wachstums- und Entfaltungsverbund zu einer umfassenden WIN/WIN Situation und zu einem Gütesiegel höchster Qualität.

Die wichtige Fragestellung dieses Kapitels ist ja, ob das konzipierte ganzheitliche NETZWERK ein Abbild dieses GANZEN Menschen und damit ein praktikables Modell für das Zusammenleben auf unserer Erde werden kann. Dies lässt sich bereits nach dem bisher gewonnenen Kenntnisstand des Lesers eindeutig mit „Ja" beantworten. Wert und Nutzen dieses neuartigen Verbundes liegen klar auf der Hand, während umgekehrt nicht das geringste Risiko irgendwelcher Schäden oder Nachteile auszumachen ist. Alles spricht dafür, dass dieses NETZWERK zu einer umfassenden WIN/WIN Situation wird - für alle beteiligten Akteure und darüber hinaus auch für viele Menschen all der Länder und Gesellschaften, in denen das NETZWERK aktiv wird. Damit hat dieser ganzheitliche Wachstums- und Entfaltungsverbund letztlich auch alles Potenzial, zu einem Korrektiv bzw. sogar zu einem Modell für ein konstruktives, für Alle verträgliches Ineinandergreifen wirtschaftlicher und gesellschaftlicher Organisationsformen zu werden.

Essenz Kapitel 14: Sich selbst bewusst organisierendes Wachstum -eine neue Qualität von Entscheidungen reifer Individuen im Verbund

Fast alle bisherigen gesellschaftlichen und politischen Organisationsformen haben ihre Schwierigkeiten im Umgang mit Verantwortung und Macht. Hier liegen die Ursachen für viele Probleme und Fehlentwicklungen. Manipulation, Gier und Machtmissbrauch sind gerade deswegen der Schatten von Macht, weil wir bisher noch keine Institutionen schaffen konnten, die unsere menschlichen Schwächen ausbalancieren und gleichzeitig unsere persönlichen Entwicklungspotenziale stärken. Was unverzichtbar ist, damit wir wirklich zu reifen, bewusst agierenden Individuen heranwachsen.

Stattdessen leben wir in einer Welt, in der wir uns mit den vermeintlich unabänderlichen Unzulänglichkeiten des Menschen mehr oder weniger abgefunden haben. Selbst extreme Gewalt und Zerstörung wie in Kriegen nehmen wir fast schon stoisch zur Kenntnis. Kein entsetzter Aufschrei, dass wir unsere eigene Spezies töten, nur Hilflosigkeit, Ratlosigkeit. Den Menschen vor sich selbst zu schützen wird so zu einer scheinbar alternativlosen Aufgabe. Würde und grundlegende Freiheiten zählen nicht mehr viel, wenn es das „Böse" im Menschen -oder eben die „Reiche des Bösen" - zu bekämpfen gilt.

Und vordergründig scheinen jene Recht zu haben, die dieses statische, auf „gut" und „böse" reduzierende Menschenbild propagieren, da die dunklen Seiten so allgegenwärtig erscheinen. Deshalb haben wir Organisationen und Institutionen erschaffen, die uns von Geburt an in ein dicht gewebtes Netz von Normen, Geboten und Verboten einüben, die unser Leben vermeintlich zum Besten regulieren.

In dieser Sicht der angeblich negativen menschlichen Natur wird jedoch außer Acht gelassen, dass die Kräfte des Lichts, der Liebe, der Bewusstwerdung und ethisch-geistigen Entwicklung bislang nicht gefördert, sondern in ihren Möglichkeiten eher beschnitten wurden.
Es geht jedoch auch anders, und darin liegen die Hoffnungen für die Menschheit begründet. Dazu müssen wir jedoch Formen des Zusam-

menlebens entwickeln, die nicht auf Herrschaft und Machtausübung basieren. Die vielmehr organischen Wachstums- und Entwicklungsprozessen entsprechen, die nicht einseitig durch Partikularinteressen dominiert werden.

Diese Voraussetzung ist mit der VISION des Drei-Ebenen-Modells der sich ergänzenden und ausbalancierenden Kräfte gegeben. Es ist als sich bewusst selbst organisierendes Wachstumssystem konzipiert, das sich entsprechend der Organisationsprinzipien der zugrunde liegenden VISION organisch weiterentwickelt. Entscheidend dabei: diese VISION wird von keinen persönlichen wirtschaftlichen oder sonstigen Interessen geleitet; sie ist einzig und allein ihren für die menschliche Entwicklung förderlichen Inhalten verpflichtet.

Sie vereint scheinbare Gegensätze statt sie auszuschließen; sie denkt in Ergänzungen, in WIN/WIN Situationen, legt den Fokus konstruktiv auf das Gemeinsame, nicht das Trennende. In diesem Sinne vertraut die VISION einer höheren Intelligenz, die uns Einsicht bietet in die wahren Potenziale unserer menschlichen Evolution.

Was bedeutet dies nun konkret für die Organisations- und Entscheidungsstrukturen im NETZWERK? Wie ist der Umgang mit Macht und Verantwortung geregelt?

Wie werden Partikularwünsche und Gemeinschaftsinteressen zu einem sinnvollen und konstruktiven Ausgleich gebracht? Und was bedeutet das für die Institutionen des Wachstumssystems?
Antworten auf diese entscheidenden Fragen erfolgen im weiteren Verlauf des Buches.

Essenz Kapitel 15: NETZWERK Institutionen im Fluss der Kräfte -Vorteile der Drei-Ebenen Organisationsform

Kleinste organisatorische Einheiten im Verbund werden auf der ersten Ebene die Firmen, Freiberufler und sonstigen lizenzierten Akteure. Auf der mittleren Ebene die Stiftungen, die zum Nutzen aller Institutionen des Verbundes tätig werden. Schließlich sind es auf der Gemeinschaftsebene die Villages, oft ebenfalls als Stiftungen, oder als Vereine bzw. Genossenschaften organisiert, die kleinste autonome Entscheidungsträger sind. Jede Institution ist in allen Entscheidungen, die die eigene Organisation betreffen, völlig autonom. Entscheidungsfindung und – umsetzung finden nach den Grundprinzipien der jeweiligen Institution statt -jedoch stets in Übereinstimmung mit den Werten der VISION.

Diese Organisationsprinzipien können sich in den einzelnen Bereichen stark voneinander unterscheiden, je nach Inhalten und Zielen der jeweiligen Institution. Dies gilt auch für die Rechtsform der Verbund-Mitglieder. So dürften auf der Firmenebene privatwirtschaftliche Rechtsformen wie GmbH, GbR, OHG oder AG überwiegen.

Und doch wird es bei den ganzheitlich denkenden Firmenmitgliedern gravierende Unterschiede im Vergleich zu „normalen" Unternehmen geben. Insbesondere die Art der Einbindung von Mitarbeitern dürfte grundlegend anders sein. Diese werden als wichtige Partner bei Aufbau und nachhaltig-intelligentem Wachstum der Firmen respektiert.

Diese Wertschätzung dürfte sich oftmals in Beteiligungen am Gewinn bzw. sogar am Firmenkapital niederschlagen. Denn die Firmen stehen in einem kreativen gesunden Wettbewerb untereinander, gerade auch was die Einstellung fähiger, hochmotivierter Mitarbeiter angeht. Insofern werden die attraktivsten Arbeitsplätze in solchen NETZ-WERK-Unternehmen entstehen, denen die Interessen und Bedürfnisse der Mitarbeiter ein Herzensanliegen sind. Wo ein respektvolles Miteinander entsteht und man sich auf Augenhöhe begegnet. Solche Firmen werden in dem Maße entstehen wie Firmengründer weniger von Gier und extremer Haben-Orientierung getrieben werden.

Sondern Selbstverwirklichung und die Realisierung ihrer persönlichen Lebensvision anstreben, ohne sie mehr oder weniger rücksichtslos auf dem Rücken Anderer durchsetzen zu wollen. Letztlich hängt ein befriedigendes Firmenumfeld natürlich auch von der Sinnhaftigkeit der jeweiligen Aufgaben ab.

Im Gegensatz zur meist privatwirtschaftlichen Organisationsform im Firmenbereich entstehen auf der verbindenden mittleren Ebene gemeinnützige Stiftungen. Sie werden den teils sehr komplexen und weitreichenden Aufgaben dieses NETZWERK-Bereichs am besten gerecht.

Dabei wird es auch hier keine Hierarchien geben, vielmehr eine Vielzahl gleichberechtigt zusammenarbeitender Stiftungen. All solche zu treffenden Entscheidungen, die über den autonomen Wirkungsbereich der einzelnen Stiftung hinausgehen, erfolgen im Rahmen eines turnusmäßig oder bei Bedarf zusammentreffenden kontinentalen bzw. weltweiten Stiftungsrates.

Auch die Villages werden sich in der Regel gemeinnützig organisieren -als Stiftungen, Vereine, gemeinnützige GmbHs oder auch Genossenschaften. Dabei sind die Villages Gemeinschaftseigentum aller jeweils als Residenten dort lebenden und arbeitenden Menschen. Deshalb kommen Wertzuwächse des Village auch den Residenten zugute.

Es gibt bereits in verschiedenen Ländern Öko-Dörfer, Heilungs-Biotope, spirituelle Ashrams, therapeutische bzw. noch weitere Arten von Gemeinschaften. Deren finanzielle Ressourcen sind oft sehr begrenzt, weil sie nicht Teil eines solchen integrierten Drei-Ebenen-Systems sind. Auch solche Communities können die Mitgliedschaft suchen -sofern sie von der besonderen Organisationsform und der dahinterstehenden ganzheitlich-spirituellen VISION überzeugt sind.

Insgesamt gilt für die Entwicklung aller Institutionen auf allen drei NETZWERK-Ebenen: achtsame Bewusstheit und wache Intelligenz des Herzens all der Mitglieder sind wichtigstes Gut und damit entscheidender Treibsatz eines verträglichen Wachstums. Dabei profitieren alle Prozesse im NETZWERK von den Kräften die frei werden, wenn polare Gegensätze zu einem fruchtbaren Ausgleich gebracht werden.

Essenz Kapitel 16: Synergieeffekte durch Kooperationen -bei Bewahrung der eigenen Identität als Abbild des integrierten Menschen

Zusammenarbeit kann es nicht nur horizontal zwischen einzelnen Mitgliedern des Gemeinschafts- bzw. des Firmenbereichs geben. Auch vertikale Kooperationen, insbesondere zwischen der ersten und der dritten NETZWERK-Ebene, können sich als sinnvoll erweisen.

So ist beispielsweise zu erwarten, dass sich Firmen, Freiberufler und andere im Arbeitsleben aktive Mitglieder der ersten NETZWERK-Ebene im Wirkungsbereich der Villages ansiedeln, wenn nachhaltige und für beide Seiten sinnvolle Voraussetzungen geschaffen werden. So könnten bestimmte Zonen innerhalb des Village ausgewiesen werden, in denen sich Mitglieder der anderen beiden-Ebenen niederlassen und auf Wunsch Grundstücke und Gebäude erwerben oder pachten könnten.

Beide Seiten könnten vielfachen Nutzen aus einer solchen Konstellation ziehen. Für die Firmen die sich hier ansiedeln und ihre Mitarbeiter stünden alle Ressourcen und Angebote des Village zu fairen Konditionen zur Nutzung offen. Die Villages wiederum erreichen eine bessere Auslastung ihrer Kapazitäten, was die wirtschaftliche Basis jedes solchen Kraftplatzes stärken wird. Durch die zusätzlich zu generierenden Leistungen entstehen auch werthaltige Arbeitsplätze für die Residenten.

Entscheidend ist die Bewahrung der jeweils eigenen Identität als Firma bzw. Village. Denn die Kraft und Wachstumsdynamik des gesamten NETZWERKS wird ja größtenteils daraus gespeist, dass sich zwei zentrale gesellschaftliche Bereiche als polare Kräfte gegenüberstehen und auf vielfache Weise inspirieren und ergänzen. Beide verkörpern eine wichtige Wachstumsenergie, die jedoch erst durch die energetische und praktische Ergänzung durch die jeweils andere Ebene in größerem Maße erfolgsträchtig wird. Dabei dienen die räumliche Nähe und der direkte Austausch als zusätzliche Verstärker. Auch die verbindende mittlere NETZWERK-Ebene ist in diesen ständigen Erfahrungs- und Kräfteaustausch in aktiv-gestaltender Weise einbezogen - dies bringt ihre Rolle als Mittler und Kommunikator zwischen den beiden großen Bereichen mit sich. Dabei geht es stets um Energien von Ausgleich und Synergie -Liebe, Vertrauen in sich selbst und andere sowie die Erfüllung der jeweils eigenen Lebensvision stehen im Mittelpunkt.

Durch die Bündelung der Potenziale aller drei Ebenen entstehen enorme Synergieeffekte und Gestaltungsspielräume. Vielfältige Kooperationen statt fruchtloser Konfrontation lassen gemeinsame Projekte und Lebenswelten heranwachsen. Anschauliche Beispiele finden sich im „Rechtshirn"-Buch. Gleichzeitig entsteht an dieser „Nahtstelle" zwischen unternehmerischen Bestrebungen und gesellschaftlichen wie auch individuellen Wünschen eine hohe Kompetenz zur Bearbeitung bislang unlösbarer Probleme und Widersprüche.

Zum Abschluss des Kapitels wird die materielle bzw. seelisch-geistige Herangehensweise an Gesundheit und Krankheit ausführlich als Beispiel dafür angeführt, wie sich polare Gegenkräfte unterstützen und ergänzen -in diesem Fall zum Wohl des Patienten.

Essenz Kapitel 17: Bewusstheit und Intelligenz des Herzens -die transformative Kraft des NETZWERKS

„Bewusstheit" und „Intelligenz des Herzens" sind zwei entscheidende Qualitäten, die in vertiefenden Kreislaufprozessen immer mehr Kraft und Wirksamkeit gewinnen. Im Gegensatz zum rational-analytischen Intellekt, der die Welt allein aus der Macht des Verstandes erklärt und beherrscht, erwächst wahre Intelligenz aus einem fühlenden Herzen, gepaart mit einem achtsamen Blick auf das Leben und die Einzigartigkeit jedes Wesens. Wahre Intelligenz als tiefe Lebensweisheit sieht die Entwicklungspotenziale, die jedem Einzelnen und uns als Menschheit gegeben sind. Der Verstand wird als nützliches Instrument geschätzt, jedoch wissend um die Grenzen seiner Erkenntnismöglichkeiten.

Das Leben in all seinen Mysterien geht weit über das logische Denkvermögen hinaus. Deshalb können unsere Wissenschaften immer nur begrenzte Teilbereiche erfassen. Die schöpferische Intention und höhere Intelligenz in Allem ist ihnen verschlossen, weil sie mehr ist als die Summe aller Einzelteile. Da wir selbst Teil der Schöpfung sind, ist Offenheit für unmittelbare Erfahrungen der Verbindung mit dem Ganzen so wichtig.

Sobald wir uns aus gewachsenem innerem Verständnis heraus als Wesen aus Körper, Geist und Seele begreifen, beginnt die Suche nach unserem spirituellen Ursprung Sinn zu machen. Denn was wir als innere Qualität vorfinden, muss auch eine Entsprechung im Außen haben. Die individuellen geistigen Kräfte des Menschen können -allein schon nach den Gesetzen der Logik - nicht losgelöst von einer „Geistigen Welt", die wir nicht in Begriffe fassen können, gesehen werden. Denn was könnte den Körper „beseelen", ihn mit Geist und Bewusstsein erfüllen, wenn es diese Kraft nicht auch im Außen gäbe? So gesehen bedeutet der „spirituelle Wachstumsweg" des Individuums: aus der Ahnung, dass es eine umfassende Geistige Kraft gibt, Gewissheit werden zu lassen.

Wie nun kann der ganzheitliche Verbund die Mitglieder in ihren inneren Wachstums- und Erkenntnisprozessen unterstützen? Zunächst ist festzuhalten: jedes Mitglied wird genau an dem Punkt „abgeholt", an dem es sich in seiner Entwicklung gerade befindet. Es sind also vorab keine Voraussetzungen zu erfüllen. Entscheidend ist, dass keine weiteren Konditionierungen oder ideologischen Beeinflussungen stattfinden. Denn es geht ja vielmehr darum, bisherige Glaubenssätze und das Einüben in eine bestimmte Weltsicht zu hinterfragen und den NETZWERK-Partner in seinen individuellen Klärungs- und Befreiungsprozessen zu unterstützen.

Geht es also einerseits um Bewusstwerdung und dazu erforderliche Befreiung von hinderlichem Ballast, so steht diesem Pol der Leere notwendigerweise auch ein Gegenpol der Fülle gegenüber. Und das ist die Erkenntnis ganzheitlich-spiritueller Grundwerte, die Leben und Entwicklung des Einzelnen auf jeweils stimmige Weise bereichern.

Der Weg entlang dieser beiden Pole führt zur größtmöglichen Freiheit, die ein Individuum in seiner Lebensentwicklung erfahren kann. Durch Befreiung von Fremdbestimmung und Wertekonditionierung erwächst eine entscheidende Befähigung: universal gültige, die freiheitliche Entwicklung fördernde Werte zu erkennen und als zentrale Grundbedingung des eigenen Lebensweges zu integrieren.

Der Mensch, der diesen zutiefst befreienden inneren Wachstumsschritt vollzieht und das Wirken allumfassender LIEBE in der Existenz erfährt, wird auch die Möglichkeiten des Zusammenlebens mit neuen Augen sehen. Innere Selbstfindung wird nach Formen des Ausdrucks und der Verwirklichung gemeinsam mit anderen suchen. Denn wir sind unserer Natur nach soziale Wesen. Und als Solche können wir Wirkung und Effekt unserer individuellen Anstrengungen vervielfachen, indem wir auch die Entwicklung ganzheitlicher Gemeinschaften auf den Weg bringen.

Essenz Kapitel 18: Der Umgang mit Macht -in der Welt und im ganzheitlichen NETZWERK-Verbund

Die Machtfrage ist immer von den einer Gesellschaftsform zugrunde liegenden eigentlichen Herrschaftsverhältnissen abhängig. So sind in unseren „westlichen Demokratien" liberalkapitalistischer Prägung die Eigentumsverhältnisse so angelegt und festgeschrieben, dass Einkommen aus Arbeit prinzipiell den Einkommen aus Geldbesitz unterlegen sind.

Dies hat zur Folge, dass auf Seiten der Geldbesitzer ein in Zahlen schier schwindelerregender exponentieller Vermögenszuwachs stattfindet. Während bekanntlich die Einkommen aus Arbeit mehr oder weniger stagnieren.

Fakt ist zudem, dass kapitallose menschliche Arbeit im Zuge des wissenschaftlich-technologischen Fortschritts mit Digitalisierung und künstlicher Intelligenz in näherer Zukunft zunehmend entbehrlich wird. Und dass die dadurch erzielten zusätzlichen Gewinne fast ausschließlich den Kapitalbesitzern zugutekommen, eben weil dem Kapitalbesitz mit dem Phänomen von Zins und Zinseszins ein wundersamer Vermehrungsmechanismus eingebaut ist. Dieser sorgt für eine stetig zunehmende Umverteilung von unten nach oben.

Dass sich diesbezüglich kaum Protest regt, hängt mit der irrigen Vorstellung des „arbeitenden Geldes" zusammen - ganz so, als ob Geld ein der menschlichen Arbeit vergleichbarer lebender Organismus wäre. Dazu kommt die unreflektierte Akzeptanz des Glaubenssatzes, dass dem Tüchtigen unbegrenzte Chancen offenstehen - die alte Mär vom Tellerwäscher, der zum Milliardär aufsteigt.

Immer öfter wird die Frage nach Gerechtigkeit und Wahrhaftigkeit dieser allein auf monetärem Nutzen aufgebauten Gesellschaftsordnung gestellt. In diesem alten Paradigma verkümmern Menschlichkeit und Mitgefühl als Ausdruck einer Kultur sinnstiftenden Miteinanders hinter der harten Fassade einer Legitimität, die von vermeintlichen wirtschaftlichen „Notwendigkeiten" beeinflusst wird. Demokratie erfüllt dann die Funktion eines Feigenblatts, das freie Wahlmöglichkeiten suggeriert, obwohl die Kräfteverhältnisse festgezurrt sind. Solcherart ausgeübte Macht funktioniert hierarchisch von oben nach unten, indem durch Geld, Einfluss und Kommunikation gesicherte wirtschaftliche und politische Faktoren die wirklich bedeutsamen Entscheidungen prägen.

Bisher können wir festhalten: Macht ist gleich in doppelter Weise in Gefahr korrumpiert zu werden: einerseits durch Ungerechtigkeiten und das strukturelle Ungleichgewicht von kapitalistisch -auch staatskapitalistisch/kommunistisch - geprägten Herrschaftssystemen. Andererseits gibt es die individuellen Probleme mit Ausübung und Loslassen von Macht - der Spruch „Macht korrumpiert" trifft dennoch nicht den Kern des Problems. Denn Macht als solche ist neutral; sie kann in jede Richtung hin genutzt werden, zum Guten wie zum Schlechten. Entscheidend sind vielmehr die geistig-ethische Verfassung der Machtausübenden und ihre persönliche Integrität.

Betrachten wir nun im Kontrast hierzu Entscheidungsfindung und Machtausübung im konzipierten NETZWERK-Verbund. Es sind gleich mehrere Mechanismen eingebaut, die sowohl individuellen als auch institutionellen Machtmissbrauch wirksam verhindern können. Dabei macht die wertebasierte ganzheitliche VISION und Grundverfassung mit ihrem Ausgleich von Gegensätzen und basisdemokratischen Entscheidungsformen bereits einen wesentlichen Unterschied aus.

Zudem verpflichtet die Mitgliedschaft zu ganzheitlichen Grundsätzen und humanem Miteinander -durch das intensive Zusammenwirken der drei Ebenen würde Missbrauch schnell offenkundig. Dazu kommt: die Institutionen sind auf Interessenausgleich ausgerichtet. Dabei sind sie so aufgebaut, dass sie nicht von einzelnen Kräften dominiert und manipuliert werden können. Vielmehr sind sie in der Lage, widerstreitende Interessen wo immer möglich auszugleichen. Und schließlich stehen sich die beiden großen System-Ebenen als starke polare Kräfte gegenüber, die sich gegenseitig durchdringen, ausbalancieren und bereichern. Auf diese Weise können Auswüchse und Machtmissbrauch schon im Vorfeld verhindert werden.

Überall fehlt also der Nährboden für Machtmissbrauch - so kann es weder eine institutionelle Machtansammlung bei den schlanken, autonomen Mitgliedern der Firmenebene geben, noch ist sie im NETZWERK als Ganzem möglich. So gibt es keine Basis für das Krebsgeschwür grenzenloser Gier, denn Geld- und Machtkonzentration des überholten Paradigmas sind keine geeigneten Erfolgsvehikel im Verbund. Vielmehr geht es um eine wertebasierte, humane Form des Wirtschaftens, aufbauend auf den wahren Potenzialen der Menschen. Dabei sollten persönlicher Lebenssinn und Sinnhaftigkeit der Arbeit bzw. der wirtschaftlichen Betätigung keine Gegensätze sein. Erfolg im ganzheitlichen Entfaltungsverbund wird nicht durch Macht,

Kontrolle und Dominanz zu erreichen sein -vielmehr sind geteilte Verantwortung, flache Hierarchien, aufrichtige Kommunikation und ein inspirierendes, sinnstiftendes Arbeitsklima weitere entscheidende Faktoren, die Machtmissbrauch zumeist schon im Ansatz wirksam verhindern können. Fördernd sind auch ressourcenschonende, innovative Technologien, die auf nachhaltige Weise den Belangen von Mensch und Umwelt gerecht werden.

Denn durch ausgewogene Fortschritte in der Entwicklung, die allen zugutekommen, sinken die Missbrauchsrisiken.

Als weiterer Schutzmechanismus kommt die mittlere Systemebene ins Spiel. Neben anderen Funktionen sind die Stiftungen auch Hüter und Bewahrer der NETZWERK VISION. Im Falle groben Missbrauchs können unabhängige Organe der Stiftungsebene in transparenten Verfahren einer Firma oder einem Village die Lizenz entziehen. Dies ist aber nur die letzte Maßnahme zum Schutz der anderen Mitglieder des Verbundes, denn zuvor wird ausreichend Gelegenheit gegeben, den Machtmissbrauch oder sonstigen Missstand abzustellen.

Essenz Kapitel 19: Arbeit im Umbruch -von existenzieller Notwendigkeit zu ungebremster Schöpferkraft

Wie wir bereits sahen, beruht der weltweite Siegeszug des neoliberalen Kapitalismus weitgehend auf der Überlegenheit des Kapitals im Vergleich zur menschlichen Arbeit. Dennoch wurden im Zuge der dynamischen Globalisierungsprozesse auch viele Millionen neue Arbeitsplätze für die Ärmsten der Armen geschaffen -wenn auch zumeist unter wenig menschenwürdigen Bedingungen, vielmehr als „Überlebenskampf pur". Aber auch in reicheren Ländern wird Arbeit, obwohl erheblich besser bezahlt, oft als sinnentleert empfunden. Viele Menschen verharren in der sog. inneren Emigration, weil sie keine emotionale Bindung, keine Identifikation mit ihrer Arbeit oder auch ihrem Unternehmen empfinden.

Im Gegenteil: Unbehagen und Ungerechtigkeitsgefühle breiten sich aus wenn man sieht, wie sich die Einkommensschere zwischen Arbeitern und Angestellten sowie dem Topmanagement immer weiter vergrößert. Dazu kommt: die auf Effizienz und Shareholder-Value getrimmten Arbeitsprozesse tragen wenig zu Glück, Erfüllung und Lebensfreude bei. Im Gegenteil sind sie oft stressreich und monoton, begünstigen das Entstehen von Krankheiten. So hat sich die Rate von Burn-out in den letzten beiden Jahrzehnten verzehnfacht.

Nicht selten kommt es noch zu immensen wirtschaftlichen Kollateralschäden, die das ungezügelte, oft auch unregulierte Wachstum für Gesellschaft, Umwelt und Natur mit sich bringt. Schäden, die letztlich dem Steuerzahler und damit auch jedem Arbeitnehmer aufgebürdet werden.

Dennoch stehen die Chancen gut, dass Arbeit zu einer kreativen, verantwortlichen Betätigung werden kann. Denn sie muss sich neue Betätigungsfelder suchen, weil digitalisierte Hochtechnologie-Prozesse immer weniger Arbeitskräfte brauchen, und das sogar bei zunehmendem Output. Parallel dazu können jedoch immer mehr Menschen durch die explosionsartig zunehmende Vernetzung unmittelbar an wirtschaftlichen Prozessen teilnehmen. In der sich ausbreitenden Share-Economy ist der Marktzugang aufgrund der niedrigen Internetkosten leicht und man muss keine Fremdausbeutung fürchten. Allerdings besteht das Risiko der Selbstausbeutung, wenn die eigenen wirtschaftlichen Aktivitäten noch nicht ausreichend honoriert werden. Da bei rasanten technologischen Entwicklungen und zunehmender Freisetzung von Arbeitskräften Produktivität und Gewinne der Unternehmen wachsen, gibt es ernst zu nehmende Forderungen nach einem bedingungslosen Grundeinkommen. Dies erscheint als sinnvolle und gerechte Maßnahme, damit die gewaltigen Produktivitätsfortschritte allen Gesellschaftsschichten zugutekommen. Geld ohne Arbeit zu erhalten war ein bisher undenkbarer Tabubruch, gerade auch weil viele Menschen sich privilegiert fühlten, überhaupt einen Arbeitsplatz zu „besitzen". Allerdings ist die Angst vor dem Verlust einer zumeist monotonen Beschäftigung in Wirklichkeit nur die Angst vor dem Wegfallen der damit verbundenen Bezahlung.

Mit einer materiellen Grundabsicherung hingegen kann die Substituierung menschlicher Arbeit durch Roboter und Künstliche Intelligenz zum Segen werden. Es kann zu einer enormen sozialen, kulturellen und geistigen Bereicherung der Gesellschaften kommen; der Einzelne kann mehr Glück, Erfüllung und Lebenssinn finden. Dazu kann sich auch ein abwechslungsreiches, qualitativ hochwertiges Leben in den Gemeinschaften entfalten.

Dennoch werden auch die verbleibenden Arbeiten nicht ungetan bleiben, da es immer Menschen geben wird, die für ihre persönliche Lebensgestaltung ihr Grundeinkommen aufstocken wollen.

All dies führt uns zur Frage nach der Reformfähigkeit des spätkapitalistischen Systems. Inwieweit sind die tragenden Akteure willens und imstande, grundlegende Fehler zu erkennen und entschlossene Reformschritte einzuleiten? Oder werden vielmehr alternative Lebens-, Arbeits- und Wirtschaftsformen eine Vorreiterrolle spielen? Modelle, die Mensch und Erde in den Mittelpunkt stellen und beim notwendigen Paradigmenwechsel eine Vorreiterrolle spielen?

Das NETZWERK hat alles Potenzial, zu einem ernstzunehmenden Modell für eine gereifte, erwachsen werdende Gesellschaft zu werden. Hier führt der Wirtschaftsbereich kein abgehobenes Eigenleben, sondern ist eingebettet in das partnerschaftliche Drei-Ebenen-Modell. Dieses führt einen kontinuierlichen Interessenausgleich zwischen den verschiedenen Kräften auf den einzelnen Systemebenen herbei. Die dadurch entstehende dynamische Balance stärkt alle Prozesse im Wachstumssystem. So ist auch Arbeit im Verbund keine entfremdete, monotone Routine. Bei fairen Beteiligungsmodellen an den aus der eigenen Arbeit entstehenden Gewinnen entwickelt sich eine weit intensivere Identifikation mit den als stimmig empfundenen Werten, wie auch mit den Aufgaben des Unternehmens. Dies stärkt auch die Akzeptanz der eigenen Arbeitsprozesse. Natürlich ist in der Praxis nicht jede einzelne Tätigkeit gleichermaßen kreativ. Aber ihre Sinnhaftigkeit ergibt sich einerseits aus der spürbaren Einbindung in Entwicklung und Erfolg der Firma. Und darüber hinaus aus der Mitgliedschaft im NETZWERK, mit all seinen vielfältigen Möglichkeiten. Dazu kommt die in Vielem gegebene Übereinstimmung mit eigenen, als bedeutsam empfundenen Werten.

Arbeit im NETZWERK steht mithin in einem weitergefassten Kontext, geht also über die als Druck und Kampf empfundene Arbeit als schiere Überlebensnotwendigkeit weit hinaus. So kann Arbeit in einem motivierenden und wachstumsfördernden Umfeld zu einer erfüllenden und sinnstiftenden Aufgabe werden; ein Beruf kann sich zur wahren

Berufung entwickeln. Oder auch umgekehrt: eine entdeckte innere Berufung kann zu dem Wunsch führen, neue berufliche Fähigkeiten zu entwickeln. Durch die zunehmende Vernetzung und Kommunikation tun sich neue Räume auf; authentische Aufgaben und Arbeitsangebote eröffnen sich dem interessierten Mitglied.

Zusammenfassend lässt sich sagen: Synergien und Kooperation werden sich in Zukunft eher durchsetzen als Gier und Verbissenheit des Einzelkämpfers. Der Wert des SEINS, des WIE lebe und erlebe ich, darf neben das Tun treten. Ausgleich entsteht; eine innere Balance des Individuums -und auch der Erde innerhalb des Kosmos?

Essenz Kapitel 20: Die Eigentumsfrage -von der Haben-Orientierung zum Überfluss des Seins

Macht, Arbeit und Eigentumsstrukturen sind in der bisherigen Welt nicht zu trennende Themen. Denn ausreichend großes Eigentum verleiht nicht nur Macht und Einfluss; es entbindet auch von der Notwendigkeit, zur Bestreitung des eigenen Lebensunterhalts arbeiten zu müssen. Wegen der damit einhergehenden Unabhängigkeit ist dies für viele Menschen eine erstrebenswerte Perspektive. Was als natürliches Sicherheitsempfinden verständlich ist, kann jedoch auch zur Obsession werden, wenn die Identifikation mit Geld überhandnimmt. Was sich häufig daran zeigt, dass es bei solchen Menschen nie ein „genug" zu geben scheint. Selbst ein täglicher Vermögenszuwachs von mehreren Millionen, den viele Multimilliardäre erzielen, ist dann nicht in der Lage, die innere Leere zu füllen und wahre Zufriedenheit zu erzeugen. Denn es ist eine Illusion anzunehmen, dass finanzielle Sicherheit zu Lebensfreude und Glück führe.

Nun sind wir Menschen keine statischen Wesen. Normalerweise findet eine Entwicklung von niedrigen hin zu höheren Bedürfnissen statt. Wenn grundlegende Notwendigkeiten des Körpers, dazu auch psychologische Grundbedürfnisse nach Geborgenheit, Liebe und Anerkennung Erfüllung finden, rücken auch wesentliche existenzielle Fragen in den Blickpunkt. Bei Auslotung der tiefsten eigenen Potenziale erkennt sich der Mensch als integriertes Wesen aus Körper, Geist und Seele. Dann wird der begrenzende Haben-Modus immer unwichtiger; Schönheit und innere Schöpferkraft werden zu einer neuen, zutiefst befreienden Seins-Weise. So entstehen kraftvolle neue Lebenswelten. Und wir können bislang unbekannte Gipfel der Evolution erreichen, wenn wir die jeweils inneren und äußeren Potenziale des Menschen harmonisch verbinden.

Reichtum in der äußeren Welt wird nur dann zu einer allseits verträglichen Realität, wenn er aus innerem Reichtum, aus innerer Großzügigkeit und Menschenliebe geboren wird. Dafür steht die NETZWERK VISION.

Nun wird unsere heutige Welt jedoch von verfestigten materiellen Machtstrukturen beherrscht, deren Einfluss auf die Erde immer weiter gewachsen ist - und zwar in dem Maße, wie sich die Vermögen der Besitzenden drastisch vermehrt haben. Denn Machtzuwachs ist eine direkte Funktion von Vermögenszuwachs. Mittels Lobbyismus lassen sich wirtschaftliche, steuerliche oder sonstige politische Entscheidungen gemäß der eigenen Interessenlage beeinflussen. Diesen Machtstrukturen ist auf der gleichen materiellen Ebene nichts entgegenzusetzen. Da stellt sich die dringende Frage, was den ansonsten immer krisenhafteren Verlauf der Menschheitsgeschichte in eine andere, friedvolle Richtung lenken könnte. Ist eine solche Möglichkeit überhaupt realistisch oder müssen wir uns damit abfinden, dass der Zeitpunkt bereits verpasst ist?

Anders verhält es sich auf der ideell-spirituellen Daseinsebene. Während der Aufbau von Milliardenvermögen und entsprechender Macht Jahrzehnte dauert, kann sich befreiende Erkenntnis blitzartig vollziehen! Deswegen ist dieses Kräftespiel noch längst nicht entschieden. Immer mehr Menschen werden sich dieser Zusammenhänge bewusst. Sie lassen den begrenzenden Haben-Modus mit seinen Scheinwerten wie Status, Image und vermeintlicher Überlegenheit hinter sich und entdecken die Schönheit und authentische Schöpferkraft in ihrem Inneren. Zutiefst erleuchtende Einsichten können von keinen materiellen Strukturen aufgehalten werden. So werden Manipulation und Lüge angesichts der Wahrheit als das entlarvt, was sie sind. Dabei ist gerade die Leugnung des göttlich-geistigen Ursprungs die größte Schwäche der materialistischen Weltsicht und -herrschaft.

Denn damit sind sie abgetrennt von den überlegenen Kräften der geistigen Sphären. Und vom dort vorhandenen allumfassenden Wissen.

Alle Anzeichen deuten darauf hin, dass uns göttlich-geistige Kräfte -egal, wie man diese sich vorstellen mag - in dieser kritischen Phase der Evolution mit entscheidendem Wissen um die kosmischen Schöpfungsgesetze unterstützen. Der Schleier lichtet sich; immer mehr Menschen drängt es nach authentischem innerem Wissen. Geistige Heilung, mediale Formen der Kommunikation, in ihr wahres selbst erwachte spirituelle Lehrer, einschneidende Ereignisse wie schwere Unfälle, bedrohliche Erkrankungen oder immer häufiger und bewusster erlebte Nahtoderfahrungen -es gibt viele mögliche Wege zu tiefer Erkenntnis. So baut sich ein kraftvolles Energiefeld auf, das allen dafür offenen Menschen guten Willens zur Hilfe kommt. Es liegt an jedem Einzelnen, diese göttliche Unterstützung zu erbitten und für das eigene Leben, wie auch, gemeinsam mit anderen, für den Aufbau einer neuen bewussteren Welt zu nutzen.

Ohne bisherige Eigentumsstrukturen zu verändern, werden auch neue, partizipative Formen des Zusammenlebens und der Eigentumsnutzung entstehen. Diese werden den endlichen Ressourcen unseres Planeten Rechnung tragen, und dennoch für weit mehr Menschen als bisher Befriedigung ihrer authentischen Bedürfnisse bringen. In Werte-Gemeinschaften verschiedenster Art, in denen sich Menschen zunehmend organisieren, kann intelligent gemanagtes Gemeinschaftseigentum bei weit geringerem Verbrauch an Ressourcen und damit zu viel niedrigeren Kosten, erstaunliche Leistungen erbringen.

So wird Teilen nützlicher Ressourcen auch im EARTH OASIS NETZWERK zum Ausdruck gelebter Intelligenz und Kreativität. Wirtschaftliche und technologische Ressourcen können nachhaltig von allen genutzt werden, wobei Eigentum jedoch seine Rolle als Statussymbol verliert. Insgesamt wird es im Verbund vielfältige Ergänzungen von Privat- und Gemeinschaftseigentum geben. Während auf der Firmenebene breit gestreutes Privateigentum überwiegt, gibt es in den Villages sinnvolle Mischformen.

Während für die Gemeinschaft grundlegende Institutionen wie Schulen und Kindergärten sinnvollerweise als Gemeinschaftseigentum betrieben werden sollten, könnte von Residenten privates Wohneigentum erworben werden. Das wäre eine adäquate Lösung für solche Village-Residenten, die einer beruflichen Tätigkeit außerhalb der eigenen Gemeinschaft nachgehen. Aus den Erträgen solcher Verkäufe kann das

Village dann Wohnmöglichkeiten für all jene Residenten errichten, die ihre Arbeitskraft in Projekte des eigenen Kraftplatzes investieren. In ähnlicher, gerecht abgestufter Form profitieren auch alle Mitglieder von der Entwicklung des Village. Wir sehen also: persönliches Eigentum hat, wo immer es Sinn macht, seine volle Berechtigung. Allerdings wird es nicht zu einem drogenähnlichen Ersatz für nicht gefundene Freude und Erfüllung. Nur indem wir durch tiefe innere Heilung und Bewusstwerdung unsere Welt in einen Ort des Friedens, des inneren und äußeren Reichtums verwandeln, lassen sich destruktive Szenarien verhindern, wie sie im nächsten Kapitel behandelt werden.

Essenz Kapitel 21: Terror, Unterdrückung, Konflikte und Kriege -seit Jahrtausenden alternativlos?

Bei WIKIPEDIA sind weltweit etwa 5.000 Kriege und gewaltsame Konflikte aufgeführt, bis zum Jahr 2000 - seitdem sind es schon wieder einige Dutzend. Hunderte Millionen Unschuldige wurden zu Opfern solcher Gewaltexzesse und mit immer ausgefeilteren Waffensystemen wächst die Zerstörungskraft. Ein Dritter Weltkrieg, als atomarer Schlagabtausch, würde zum Armageddon. Das ist den meisten Menschen durchaus klar.

Wir nehmen all dies mehrheitlich fast schon apathisch zur Kenntnis und suchen unser kleines privates Glück, inmitten von struktureller Gewalt und Manipulation. Wir mögen der Politik und ihrer haltlosen Versprechungen überdrüssig sein, desillusioniert kaum mehr positive Erwartungen hegen. Und dennoch machen wir so weiter wie bisher - ohne Kraft und ohne Inspiration, wie sich alles zum Besseren wenden könnte. Dabei schwanken die meisten zwischen zwei Polen: einem Fatalismus, der Gefahren sieht, sich ihnen aber hilflos ausgeliefert fühlt. Und einem Schönbeten, das jegliche Risiken verdrängt oder zumindest für lösbar hält - und dabei das Handeln Anderen überlässt.

Jedoch wächst auch die Zahl wacher Zeitgenossen, die nach den eigentlichen Ursachen für Fehlentwicklungen suchen. Sie fragen nach den wahren Nutznießern von Kriegen - denn klar ist doch, dass die Bevölkerungen in Form von Toten, Verletzten, Hunger und Elend immer den Schaden zerstörerischer Kämpfe davontragen. Wer wahrhaftig liebt, wer glückliche und erfüllende Beziehungen in der Familie und zu Freunden unterhält - warum sollten solche Menschen in den Krieg ziehen und sich im Namen irgendeiner abstrakten Ideologie oder Religion töten lassen? Eigentlich schwer vorstellbar.

Es sei denn, der Mensch konnte sich selbst so weit entfremdet werden, dass ihm der innere Kompass, jene als richtig erkannten ethischen Grundwerte völlig verloren gegangen sind. Wenn dies der Fall ist, dann sind alle Dämme gegen Manipulation gebrochen. Und wenn der Mensch seiner Selbstbestimmung beraubt zum Opfer wird, ist er leicht vor den Karren fremder Interessen zu spannen. Dann ist der Weg zum Täter nicht weit. Der Kreis hat sich geschlossen -der Mensch, so die Schlussfolgerung interessierter Kreise, sei eben doch böse und verderbt und müsse deswegen effektiv überwacht und unter Kontrolle gehalten werden. Dieses Ziel wäre dann am elegantesten erreicht, wenn die Menschen selbst, im Namen von Sicherheit, Brot und Arbeit in einer verunsicherten, entwurzelten Welt, die Herrschaft durch „Big Brother" als das kleinere Übel wählen würden. So betrachtet, machen Kriege und Terrorismus, ein wachsendes Klima von Angst und Schrecken, auf bedrückende Weise Sinn.

Nun stellt sich immer drängender die Frage: wer könnte seinen Vorteil daraus ziehen, wenn der Mensch weit unter seinen eigentlichen Potenzialen bleibt? Wenn Angst und Verunsicherung das Leben prägen? Reicht es aus, wenn wir die Frage nach dem „Cui bono", „Wem nutzt es" stellen und als Schlussfolgerung die Geld- und Machteliten als unbestreitbare Profiteure einer solchen Entwicklung benennen? Kann der Wunsch nach Machterhalt und nach unermesslichen Reichtümern tatsächlich so weit gehen? Oder gibt es noch andere entscheidende Kräfte hinter diesen Eliten, die den Lauf der Dinge steuern? Und falls es solche Kräfte gibt - kann es sein, dass sie nicht so wie wir auf der Erde verkörpert sind bzw. ihren Ursprung nicht auf unserem Planeten haben?

Essenz Kapitel 22: Die Kräfte der Geistigen Welt-entscheidend für die weitere Evolution

Die Existenz Geistiger Kräfte, die unser Leben auf der Erde begleiten oder auch in irgendeiner Form eingreifen, wird insbesondere von all Jenen als illusionär abgetan, die im Materialismus und seinen Gesetzen die einzige Wirkkraft sehen. Viele Menschen reduzieren sich auf ihre materielle körperliche Form und leugnen sogar die Existenz von Geist und Seele. Folglich bestreiten sie auch die Möglichkeit einer rein geistigen Existenz wie auch die Möglichkeit, hier in körperlicher Gestalt zu inkarnieren.

Nun geht aber unserer Inkarnation hier auf der Erde notwendigerweise die Existenz als Geistseelenwesen voraus. Geist und der von ihm ausgehende Wille ist die bedingende Ursache jeder Manifestation in der Materie, auch im menschlichen Körper. Jede rein materialistische Sichtweise verliert damit ihre Basis. Auch wenn es die Evolution auf der körperlich-materiellen Ebene vom Einzeller bis zum physiologisch hoch entwickelten Affen gegeben hat -so kann dies keinesfalls den Quantensprung zum mit Geist beseelten und mit der Fähigkeit des Bewusstwerdens ausgestatteten Menschen erklären! Anders gesagt: Geist, Seele und Bewusstsein sind nicht etwa als Folge des wachsenden materiellen Hirns entstanden. Dieser folgenschwere Irrtum ist aber bis heute Grundlage der materialistischen Weltsicht.

Demgegenüber steht ein ideell-ganzheitliches Verständnis der Welt. Am Anfang war das Wort, der Logos, die Idee. Unserer Verkörperung als Menschen geht die schöpferische Idee voraus, die uns als Geistige Seelenwesen erschaffen hat. Es gibt also eine sinnhafte Schöpfung, hinter der eine höhere Intelligenz, ein göttlicher Plan steht. Und dieser Schöpfungsplan stattet die Geistseelenwesen mit dem Privileg des freien Willens aus. Dies bedeutete den eigentlichen „Sündenfall" in die Dualität -„gut" und „böse" und alle anderen Polaritäten waren geboren.

Denn der Mensch hatte die Freiheit der Wahl. Er konnte sich für ein Leben im Einklang mit den Schöpfungsgesetzen entscheiden, oder aber für das Gegenteil. Durch das Herausfallen aus der ursprünglichen Einheit mit Gott wurde jedwede Evolution überhaupt erst möglich. Was auch immer also auf unserer Erde geschieht, ist ein „Spiel" zwischen polaren Kräften. Diese können unsere Welt sowohl zu höheren Dimensionen ihrer Entwicklung voranbringen, als auch zu ihrer Zerstörung und damit zu einem Ende dieses Stranges der Evolution führen. Wer dies erkennt, kann ermessen, welch große Verantwortlichkeit uns Menschen zukommt.

Erst der Blick auf die Polarität der Kräfte des Lichts und der Dunkelheit, auf die göttlich inspirierten und die von Gott abgewandten Wesen, lässt uns die enormen Konflikte und Reibungsenergien in der Entwicklung auf unserer Erde besser verstehen. Wir können auch begreifen, dass alle in der einen oder anderen Richtung aktiv werdenden Menschen ihrem jeweiligen Verständnis der relevanten Entwicklungsgesetze folgen - sei das Verständnis nun real oder pervertiert.

Dies allein erklärt jedoch noch nicht das verheerende Ausmaß von Ungerechtigkeiten, von Konflikten und Kriegen, von Armut, Hungertod, Ausbeutung und Unterdrückung, das unsere Welt im eisernen Griff hält. Fakten, die wir verdrängen, die uns nicht aus dem kalten Verstand in unser fühlendes Herz bringen. Da stellt sich zurecht die Frage, ob es potente Kräfte gibt, die uns bereits so abgestumpft, so sehr uns selber entfremdet haben, dass wir einfach zur Tagesordnung übergehen und die Dinge so laufen lassen? Kann es sein - nach dem energetischen Gesetz, dass sich Gleichartiges anzieht - dass lichtabgewandte Wesen, die sich außerhalb der göttlichen Schöpfungsgesetze stellen, ihnen wesensverwandte Kräfte hier auf der Erde unterstützen und deren destruktive Tendenzen noch verstärken?

Oder ist diese Annahme einfach nur eine Rechtfertigung, um die Verantwortung für die eigene Entwicklung nicht annehmen zu müssen?

Wie dem auch sei: die Kräfte des Lichts respektieren die freie Wahl des Menschen. Wer sich den Dunkelmächten verschreibt, kann nicht mit Unterstützung rechnen. Wer hingegen seine eigene geistige Natur zu erkennen sucht, sie pflegt und hütet, und gegen alle äußeren und inneren Anfechtungen verteidigt, wird der göttlichen Hilfe gewahr. Die Sicht Gottes wird also begleitet und ermöglicht durch eine innere Transformation des Menschen. Und für diese innere Verwandlung muss man sich einsetzen, man muss sie mit jeder Faser wollen, Gott um die Erleuchtung der eigenen Existenz bitten - ohne sie jedoch erzwingen zu wollen oder erzwingen zu können.

Nun ist es so, dass mit dem Bedeutungsverlust der Religionen für viele Menschen auch die eigene Spiritualität verloren gegangen ist -sofern sie diesen direkten Zugang zur göttlich-geistigen Wirklichkeit je hatten. Dies hat zur kaltherzigen, materialistischen Grundhaltung geführt, die unsere heutige Welt kennzeichnet. Durch das damit verbundene Werte-Vakuum bleibt das Gefühl der Verantwortlichkeit für das Ganze wie auch für die innere und äußere Balance im eigenen Leben auf der Strecke. Viele sind getrennt von sich selbst und anderen durch die Abspaltung ihres Mitgefühls.

Wohl als Gegengewicht zur materialistischen Vereinnahmung der Welt bieten sich heute wahrheitssuchenden Menschen immer mehr Möglichkeiten zu authentischen Kontakten mit der Geistigen Welt. Channel- und Schreibmedien, medial veranlagte und hellsichtige Menschen wie auch Heilmedien fungieren als Kanal für hoch entwickelte Geistige Wesenheiten. Und zu deren Aufgaben gehört es ganz offensichtlich, die Menschheit in dieser überaus kritischen Phase der Evolution zu begleiten.

Das EARTH OASIS NETZWERK erkennt den enormen Wert der Aufklärung und Unterstützung von geistiger Seite. Es kann allerdings nicht darum gehen, einfach nur unreflektiert auf „Rat von oben" zu hören. Jeder solche Impuls muss im Inneren erspürt und geprüft werden. Durch eine tiefere Öffnung des Empfängers, seiner rechten Hirnhälfte, für das aus der Geistigen Sphäre, oder dem „Feld", übermittelte Wissen. Der eigene Wachstumsweg kann nicht darin bestehen, die Verantwortung an höhere Instanzen abzugeben. Vielmehr geht es ja um den Kontakt zu SICH, seinem Geist, seiner Seele. Und niemand ist im Besitz der ABSOLUTEN Wahrheit - wir können immer nur unser jetziges Verständnis nutzen bzw. uns für neue, ganzheitliche Erkenntnisse und Inspirationen öffnen, sofern sie sich IN UNS als stimmig erweisen.

Insbesondere die Villages, die inneres Wachstum und Bewusstseinsentwicklung der Menschen nach Kräften fördern, sind ein geeigneter Rahmen für solche inneren Klärungsprozesse. Neben all ihren anderen wichtigen Funktionen sind die Villages wahre „Bewusstseinslabore", wo Teilnehmer bislang nicht entdeckte, noch nicht verwirklichte Potenziale des menschlichen Bewusstseins erforschen können. Und sie auch in die Praxis umsetzen können, sofern sie auf Resonanz stoßen.

TEIL III: WIN-WIN Situationen im NETZWERK - und die Welt draußen

Essenz Kapitel 23: Bedeutsames Entwicklungspotenzial bei Vereinigung aller gutwilligen Kräfte

Weltweit sind zwar viele alternative Kräfte guten Willens mit vielfältigen Ansätzen und Ideen aktiv -jedoch bisher ohne gemeinsame Vision oder gar Handlungsplattform. Damit begrenzen sie sich unnötigerweise in ihrer Wirkung und Reichweite, während die Eliten immer mehr Macht und Wirtschaftskraft in ihren Händen vereinen. Nun kommt mit der VISION des ganzheitlichen Wachstumsverbundes ein neuartiges Modell in die Welt, das Raum für beliebig viele Aktivitäten auf seinen drei Ebenen bietet. Alle ganzheitlich orientierten Kräfte können hier Zugang und ihr autonomes Betätigungsfeld finden - im Rahmen der weitgefassten VISION. Das mögliche Spektrum der Teilnehmer ist riesig; es umfasst alle Individuen und Initiativen guten Willens, welche die dringende Notwendigkeit der Bewusstseinsentwicklung sehen. Und die auch davon überzeugt sind, dass wir Menschen potenziell entwicklungsfähig sind. Dass es dazu unzählige Ideen und Wege gibt, liegt in der Natur der Dinge, denn wir Menschen sind einzigartige Wesen, mit fast unbegrenzten Möglichkeiten.

Eines der entscheidenden Fundamente ist das Modell der drei NETZWERK-Ebenen und die Art der Verbindungen zwischen diesen drei grundlegenden Bereichen. Dieses Kapitel zeigt uns, was dies für die Außenwirkung des NETZWERKS bedeuten kann. Erstens kann sich eine unbegrenzte Vielzahl und Vielfalt an Akteuren aus allen wirtschaftlichen und gesellschaftlichen Bereichen im Wachstumssystem betätigen.

Die Prozesse im Verbund sind fließend; offen für alle Ausdrucksformen und Erfahrungen. Es entsteht ein intensives Energiefeld; vielfältige Bewusstseinsprozesse werden möglich. Dabei ist es die VISION, die alles miteinander verbindet und zusammenhält. Durch diese Offenheit für alle ganzheitlich orientierten Kräfte sind der Ausdehnung und gesamtgesellschaftlichen Bedeutung des NETZWERKS keine natürlichen Grenzen gesetzt. Denn selbst wenn es irgendwann Hunderttausende von Firmen, Millionen Freiberufler und Kreative sowie Abertausende Villages als Mitglieder geben wird - dies wird dennoch zu keiner Machtkonzentration, keiner schwerfälligen Bürokratie führen.

Beim NETZWERK verhält es sich aufgrund der Qualität des sich selbst organisierenden Wachstumssystems völlig anders. Es zeichnet sich durch flache, dezentrale Entscheidungsstrukturen aus, ohne interessengeleitete, dominierende Zentralmacht. So hat der Verbund als Potenzialentfaltungsfeld des Einzelnen gute Aussichten, auch einen

Modellcharakter für eine basisdemokratische gesellschaftliche Ordnung zu entwickeln.

Zweitens kann ein sich erfolgreich entwickelndes, unabhängiges NETZWERK eine Vorbildfunktion auch für wirtschaftliche Prozesse ausüben. Man stelle sich vor, dass all die Firmen und Freiberufler hervorragende Dienstleistungen und Produkte abliefern. Und dass sie sozial- und umweltverträglich vorgehen, die Entwicklung des Menschen mit seinen authentischen Bedürfnissen in den Mittelpunkt stellen. Dann kann das NETZWERK geradezu unvorstellbaren Goodwill entwickeln! Dann können Hunderte Millionen Menschen, die eine humane, verantwortliche Wirtschaftswelt wünschen, mit ihren Präferenzen und Käufen „abstimmen". Und so aus der Hilflosigkeit des „Nichts-bewirken-könnens" herausfinden und ihre eigene Kraft und Verbundenheit spüren.

Diese weitreichenden Perspektiven erscheinen keinesfalls übertrieben, wenn man den enormen Bekanntheitsgrad betrachtet, den zum Beispiel ein gewisser Burgerbrater weltweit erreicht hat -und das im Wesentlichen mit nur einem Produkt, dem Burger, in einem einzigen Bereich, dem des Fast Food. Stellen wir uns nunmehr das konzipierte NETZWERK in einer reifen Entwicklungsphase mit ganzheitlichen Aktivitäten in Hunderten von Branchen und Tätigkeitsbereichen vor.

Dann wird die enorme Wirkung deutlich, die ein so breit aufgestelltes Wachstumssystem erzeugen kann - weltweit tätig, in allen Bereichen, die der menschlichen Phantasie und Tatkraft offen stehen. Und das ganzheitlich fokussiert, bei allen Produkten und Angeboten immer den Menschen und seine authentischen Interessen und Bedürfnisse sowie die Belange der Erde im Blick.

Drittens: Nicht nur wäre der Erfolg eines solchen Systems im Sinne vieler WIN/WIN Situationen für alle Beteiligten hochgradig wahrscheinlich. Darüber hinaus würde er auch zu einer echten Herausforderung für all jene Wirtschaftsakteure, die ihre Gewinne nicht durch Fairness und Transparenz, sondern durch mehr oder weniger subtile Manipulation erzielen. Dort wo primär Gier und Machtstreben dominieren, wird ein Umdenken einsetzen müssen, wenn auf Kooperation und Menschlichkeit aufbauende Wirtschaftsformen wie jene im NETZWERK zunehmend an Boden gewinnen.

Solch eine inspirierende Vorbildfunktion geht jedoch weit über die Firmenebene hinaus. Erst im intensiven Zusammenspiel mit den beiden anderen Verbund-Ebenen kann sichergestellt werden, dass der Firmenbereich nicht solch schädliche Auswüchse hervorbringen kann, wie das in der heutigen spätkapitalistischen Unternehmenswelt leider viel zu oft der Fall ist.

Durch die Wechselwirkung mit den NETZWERK Villages werden die dort inspirierenden sozialen, kulturellen und ökologischen Aspekte, all jene die Gesundheit und Spiritualität betreffenden Impulse, auch für die Menschen in der Firmenwelt bedeutsam. Gleiches gilt für das Wissen und die Werte, die durch die Stiftungsebene zugänglich gemacht werden. Durch all die intensiven WIN/WIN Effekte werden Empfehlungen und positive Bewertungen zur Quelle stets neuer Kunden.

Was noch spricht dafür, dass sich ganzheitlich orientierte Menschen, mit vielfältigen Hintergründen, Zielen und Motivationen, diesem NETZWERK anschließen?

Gemeinsamer Nenner und konstruktive Basis ist die Einladung für Alle, die ein Leben in Freiheit, Frieden und Eigenverantwortung als unabdingbares Menschenrecht sehen. Wache und aufgeschlossene Individuen, die ebenso an ihre eigene Entwicklungsfähigkeit glauben, wie sie auch das Recht aller anderen auf ein selbstbestimmtes Leben begrüßen. Innerhalb dieses wachstumsfördernden Rahmens können unzählige Gaben, Talente und Visionen heranreifen. Man kann in inspirierendem Umfeld seinem Beruf nachgehen -oder auch seine wahre Berufung zu entdecken suchen und sie verwirklichen. Und dabei mehr anstreben, als nur den materiellen Lebensunterhalt zu bestreiten -es ist ein akzeptiertes Anliegen, seine wahre Lebensaufgabe zu entdecken und zu realisieren.

Auch werden humane, kooperative Formen des Wirtschaftens verwirklicht. Niemand möchte als unbedeutendes Rädchen im hierarchischen Getriebe des alten Paradigmas fungieren. So entstehen hohe Motivation und Zufriedenheit, auch durch großzügige Gewinn- und Firmenbeteiligungen. Im Verbund wird es keine künstliche Aufspaltung in abgegrenzte Lebenssphären, kein „Funktionieren-müssen" im Berufs- und Arbeitsleben geben.

Bewusst lebende Menschen wollen sich nicht verbiegen und nicht in Rollen hineindrängen lassen, die ihrem Wesen und ihrer persönlichen Integrität zuwiderlaufen. Deswegen ist die Sinnfrage ein ständiger Begleiter im Wachstumssystem.

Eine Jede, ein Jeder trägt Mitverantwortung für unsere Welt, in vielfältiger Weise. Und deshalb ist jeder individuelle Beitrag, der etwas mehr Licht, Klarheit oder Gerechtigkeit bringt, wertvoll für die Entwicklung im Verbund und strahlt zudem auf die Welt draußen aus. Der Mensch - und das ist gelebte Realität im NETZWERK - ist keine isolierte Insel, existiert nicht abgetrennt vom Rest der Existenz. Alles ist mit allem verbunden und eine Lebensweise, parasitär auf Kosten anderer, kann auf Dauer nicht funktionieren. Ja, sie bringt nicht einmal persönliches Glück und Zufriedenheit. Denn alle wahren Werte wie Liebe, Herzensgüte und Weisheit sind nicht mit Geld und Macht zu kaufen.

Es dürfte noch viele andere Gründe geben, aus denen Menschen die Mitgliedschaft im NETZWERK suchen werden. Bei allen Unterschieden in den Motivationen gibt es jedoch einen wichtigen gemeinsamen Nenner: das Bewusstsein dafür, dass nur durch das Poolen aller gutwilligen Kräfte überzeugende Alternativen zu den in vielen Belangen destruktiven Effekten des ungezügelten spätkapitalistischen Systems entstehen können.

Deshalb sind auch in Nuancen variierende Ansätze kein Hinderungsgrund für einen Eintritt ins NETZWERK -nicht bei dieser so weit gefassten, Gegensätze integrierenden VISION. Dieser Verbund ist wie geschaffen dafür, Menschen in all ihrer einzigartigen Individualität abzuholen - Komfortzonen inklusive. Er ist ein überaus dynamisches Entwicklungsmodell, das ganz besonders auch solche Menschen anziehen wird, die Wachstum und Bewegung in ihr Leben bringen, sich entfalten und Sinn finden wollen.

Menschliche Systeme können nur dann besser als bisher funktionieren -und diesen Beweis wird das NETZWERK antreten -wenn Menschen kooperieren und gemeinsame Interessen verfolgen. Eine solche intensive Zusammenarbeit schließt fairen Wettbewerb jedoch keinesfalls aus.

Ein friedliches Wetteifern kreativer Ideen ist ein qualitativer Wachstumsimpuls für den gesamten Verbund, kommt also allen zugute.

Entscheidend ist die kooperative, auf Ausgleich von Gegensätzen ausgerichtete Grundhaltung. Anstelle des auf Verdrängung und ewige Expansion ausgerichteten Wettbewerbs. Es geht um Transformation - in Liebe. Es gibt kein „Ziel", nur eine Vision, die alles integriert, ohne Gewalt, nur klar und gleichzeitig demütig offen, zum Wohle des GANZEN.

Als weiterer Vorteil eines Beitritts ist das nachhaltige Erfolgspotenzial zu nennen - Erfolg allerdings weit über monetäre Vorteile hinaus! Im Verbund wird Erfolg umfassender definiert - neben durchaus auch berechtigten quantitativen geht es vor allem um „weiche" qualitative Faktoren. Der einzelne Teilnehmer steht dabei im Mittelpunkt, als einzigartiges Wesen aus Körper, Geist und Seele, mit selbstbestimmtem Lebensweg.

Das Recht auf Selbstbestimmung und freie Bewusstseinsentwicklung ist für die VISION eine grundlegende Bedingung allen Menschseins. Ebenso der Ausschluss von Gewalt - diese wird kategorisch als Mittel der Auseinandersetzung ausgeschlossen. Gewalt, Mord und Kriege stehen außerhalb der intelligenten göttlichen Ordnung und sind durch nichts zu rechtfertigen. Demgegenüber besteht höchster Respekt für Freiheit und Eigenverantwortlichkeit des Einzelnen - Menschen sind mit all ihren Wünschen, Hoffnungen und Visionen herzlich im Verbund willkommen!

Letztlich kann Jeder nur nach innen schauen, welche Resonanz sich beim Lesen auftut, ob das Herz berührt und die authentische innere Intelligenz angesprochen wird.

In späteren Kapiteln werden mögliche Wege betrachtet, wie erste Institutionen auf den drei Verbund-Ebenen gegründet werden können. Zunächst Stiftungen, da sie die organisatorische Basis für Villages, wie auch Firmen und Freiberufler bilden.

Essenz Kapitel 24: Wissenschaften, Bildung und Erziehung im Dienst des Lebens -das NETZWERK als integrer Partner

Die Grundannahme aller materialistisch geprägten Wissenschaften besteht darin, dass es nichts gibt, das vom hinterfragenden Verstand nicht irgendwann aufgeklärt werden könnte. Das grundsätzliche Problem liegt jedoch darin, dass sich die herkömmlichen Wissenschaften auf den sicht- und messbaren Teil der Realität beschränken und alles ignorieren oder gar leugnen, was diese willkürlich begrenzte Sichtweise in Frage stellen könnte. So entstand eine Welt, von oberflächlichem wissenschaftlich-technologischem Fortschritt angetrieben. Ohne jedoch unsere Wurzeln im eigenen authentischen Sein zu suchen. Wir wurden aus technologischer Sicht zu Giganten, gleichzeitig stagnierte aber unsere seelisch-geistige Entwicklung. Die Folgen zeigen sich in vielfältigen Problemen und Missständen in immer mehr Lebensbereichen. Dabei ist menschlicher Forschergeist nicht das Problem, jedoch auch nicht in sich die Lösung - nur wenn wir Bewusstheit mit gleicher Entschlossenheit wie wissenschaftliche Erkenntnisse suchen, können wir eine Welt erschaffen, die mit den göttlich-geistigen Schöpfungsgesetzen in Einklang steht.

Dabei gilt es zu verstehen: es ist nicht irgendeine Erfindung oder Technologie als solche, die verdammenswert ist. Denn oft birgt die gleiche Entdeckung nutzenstiftende wie auch destruktive Potenziale. Es kommt also auf Integrität und den Grad an Bewusstheit an, wie wir mit solchen Möglichkeiten umgehen. Der folgenschwere Irrtum liegt darin, den Verstand als höchste Bewusstseinsinstanz zu begreifen. Dadurch wird die ganze Schöpfung auf die begrenzte Erkenntnisfähigkeit des Verstandesdenkens reduziert. Der einseitig verstandesgeprägte Mensch wird alleiniger Maßstab und Krone der Schöpfung.

Ein ganzheitlicher Wissenschaftsansatz wird vollkommen anders vorgehen. Zwar wird der Verstand als hervorragendes Werkzeug genutzt, ohne jedoch dessen Erkenntnissen einen Absolutheitsanspruch zuzubilligen. Stattdessen werden existenzielle Fragen aufgeworfen, die durch unsere auf Logik basierenden Denkprozesse nicht beantwortet werden können. „Wer bin ich? Woher komme ich? Wohin gehe ich? Was ist der Sinn dieses Lebens? Was sind die wahren menschlichen Potenziale? Wie schaffen wir es, unsere verborgenen Quellen zu erforschen? Wie können wir diese erfolgreich realisieren, anstatt in einem ewigen Kreislauf von Leid, Gewalt und Zerstörung gefangen zu bleiben? Was ist jene Bewusstseinsqualität, die unberührt jenseits der Begrenzungen des Verstandes liegt? Und wie lässt sich eine solche befreite Bewusstseinsqualität erreichen? Welche Folgen kann dies für das menschliche Leben, und alles Leben auf diesem Planeten haben?" Wenn wir solche und andere existenzielle Fragen aufwerfen, öffnen wir uns für die

Geisteswissenschaften innerer Transformation. Der Verstand muss dann vom Herrscher zum Diener, zum nützlichen Instrument werden und seine eigene Begrenztheit anerkennen. Wenn der Mensch sich für tiefe Transformation öffnet, wird Verstandeswissen zu Weisheit. Ein weiser Mensch hat begriffen, dass die Mysterien der Existenz nicht mit dem Ballast verinnerlichter Verstandesinhalte, Konditionierungen und Glaubenssätze entschlüsselt werden können.

Innere Transformation und Wahrheitssuche setzen also einen intensiven Prozess der De-Konditionierung voraus. Der Spiegel des Bewusstseins muss gereinigt werden, um alle Mysterien des Lebens so erkennen zu können wie sie SIND. Je klarer das Bewusstsein, desto mehr wächst diese Fähigkeit des Spiegelns, des Zeuge-seins. Zu diesen Prozessen der De-Konditionierung können Wachstumstherapien und Heilweisen wie Geistige Heilung oder Schamanismus ebenso beitragen wie tiefe Meditation, Gebet und Hingabe.

Je blanker der Spiegel des Bewusstseins eines Menschen wird, desto intensiver lebt er im JETZT. Lebenserfahrungen werden nicht mehr durch Glaubenssätze auf der mentalen Ebene, immer weniger auch durch alte emotionale Verletzungen und Traumata gefiltert und verfälscht. Man agiert wach und intelligent, statt blind zu reagieren.

So wird das Leben selbst in all seiner Vielfalt zum Lehrmeister und der von altem Ballast befreite Verstand wird zum nützlichen Diener in der fortschreitenden Bewusstseinsentwicklung. Diesen Weg kann man allein gehen oder Unterstützung von selbstrealisierten Wesen annehmen, die ihn schon erfolgreich gemeistert haben. Entscheidend ist jedoch in beiden Fällen, volle Verantwortlichkeit für den eigenen Lebensweg zu übernehmen.

Und genau hier, in puncto Verantwortlichkeit, zeigen sich gravierende Unterschiede, aber auch mögliche Berührungspunkte zu herkömmlicher Forschung und Wissenschaft Wissenschaftler materialistisch geprägter Disziplinen tragen nur eine formale, jedoch keine existenzielle Verantwortung, wenn sie gegen Leben oder Gesundheit gerichtete destruktive Technologien entwickeln.

Sie spalten jene zerstörerischen Teile ihrer Arbeit innerlich ab, um vor sich selbst nicht die Verantwortung übernehmen zu müssen. Bei Fragen von Leben, Tod und Zerstörung wird das Fehlen einer verbindlichen Ethik besonders deutlich.

Es fehlt jegliches Bewusstsein für den fragilen Zustand der Welt. Denn es ist bekannt, dass fast jede zum Missbrauch geeignete Technologie früher oder später missbraucht wurde. Rüstungswettlauf mit immer überlegeneren Waffensystemen erhöht das Risiko des Einsatzes in Konflikten und Kriegen. Auch Künstliche Intelligenz schafft Missbrauchsmöglichkeiten, wie eine quasi industriell betriebene Kriegsführung.

Diese Problematik mangelnder Verantwortlichkeit stellt sich in vielen Bereichen -nicht überall jedoch mit potenziell so gravierenden Folgen wie in Wissenschaft, Forschung, Politik, Wirtschaft und Publizistik. Der Grund ist klar: ohne Bewusstseinswachstum ist keine rückhaltlose Verantwortung für das eigene Tun möglich.

Man wird zum hilflosen Spielball anderer Akteure oder von scheinbaren Zufällen. Verantwortungslosen Entscheidern soll deswegen auch kein böser Wille unterstellt werden. Ohne eigenen inneren Wertekompass erstarkt das Ego, das sich von Angst und Abtrennung nährt und das Innenleben der Menschen, wie auch das menschliche Miteinander verkümmern.

Da das Leben keinen Stillstand kennt, bleiben uns nur zwei Möglichkeiten: Entwicklung in Richtung von Heilung, Wachstum, Bewusstheit, oder aber Unbewusstheit, Dominanz des Egos und, daraus resultierend, Machtmissbrauch, Ausbeutung, letztlich Zerstörung. Die zugrunde liegenden Emotionen sind entweder Liebe, Empathie und Verbundenheit oder Hass, Selbstsucht, Gier und das Gefühl des Getrenntseins.

Dies führt uns zur Erkenntnis: Die von uns geschaffene Welt ist ein Spiegelbild unserer geistig-seelischen Verfassung. Wir können keine grundlegenden Änderungen erwarten, solange nicht weit mehr Menschen Bewusstseinswachstum und innere Heilung angehen.

Nur so lässt sich begreifen, weshalb unsere Wissenschaften solche „Errungenschaften" wie atomare, chemische und biologische Waffensysteme hervorbringen konnten -diese seien nur stellvertretend für viele andere Fehlentwicklungen in allen materialistisch geprägten wissenschaftlichen Disziplinen angeführt.

Wo liegen dennoch mögliche Berührungspunkte zu den Wissenschaften der inneren Transformation und zum NETZWERK? Sie sind dann gegeben, wenn bewusster werdende Wissenschaftler bereit sind, eigene innere Prozesse zu erforschen -und dazu den Einfluss ihnen bislang unbewusste r Überzeugungen auf den Forschungsgegenstand. Das könnten z.b. materielle Existenzängste sein, die sie unkritisch gegenüber den Interessen ihrer Auftraggeber machen. Hier kann der Verbund Unterstützung anbieten.

Zunächst einmal können wir davon ausgehen, dass die Geisteswissenschaften innerer Transformation integraler Bestandteil des NETZWERKS werden. Nun muss man bekanntlich kein Mitglied sein, um an solchen Programmen teilnehmen zu können. Auch Forscher und Wissenschaftler sind willkommen. Es darf erwartet werden, dass Selbstfindung und Bewusstwerdung sich auch fruchtbar auf ihre Projekte auswirken. Sollte dies auf unüberwindbare Widerstände bei ihren Auftraggebern stoßen, so wird eine integre Persönlichkeit einen großzügigeren Förderungsrahmen suchen. Eine solche Projektförderung könnte im NETZWERK erfolgen. Denn hierin kann eine weitere Aufgabe der Stiftungen liegen: sie können sinnvolle Projekte auswählen, die von außen an sie herangetragen werden. Sie können aber auch wissenschaftliche Vorhaben selbst initiieren und finanzieren, soweit sie den Prinzipien der VISION entsprechen.

Eine beim weltweiten Stiftungsrat angesiedelte Kommission wird Förderungsanträge für solche Forschungsprojekte sichten und über die Zuteilung adäquater Geldmittel entscheiden. Dieser Kommission gehören ganzheitlich arbeitende Wissenschaftler und Menschen mit ausgewiesenen Verdiensten in unterschiedlichen Bereichen an. Durch die konstruktive, offene Geistesverfassung im Verbund, mit der Mission einer gedeihenden, gerechten Welt, besteht eine faire partnerschaftliche Basis für unabhängige, integre Wissenschaftler.

Dabei können Villages als inspirierende Basis dienen, oder auch Joint Ventures mit NETZWERK Firmen entstehen, um so gute Voraussetzungen auch für den wirtschaftlichen Erfolg zu schaffen. An Ideen und praktischen Anregungen für sinnvolle Forschungsansätze in Einklang mit der Ethik der VISION wird es nicht mangeln. Von Forschungsvorhaben zu Umweltfragen und erneuerbaren Energien, über gerechte, praktikable Formen des Wirtschaftens oder ganzheitliche

Gesundheitsthemen bis zu Friedensforschung, Konsenssuche für eine ganzheitliche Ethik und anderen wichtigen gesellschaftlichen Problemen. Und natürlich wird es auch Forschungsprojekte im Bereich der Geisteswissenschaften der inneren Transformation geben, die sich mit bislang ungenutzten Potenzialen zunehmend bewussterer Menschen beschäftigen.

Damit kommen wir zum verwandten Bereich von Bildung und Erziehung, der oft von interessengeleiteten wissenschaftlichen „Erkenntnissen" in Beschlag genommen wird.

Wenn junge Menschen sich in einer Weise entwickeln können, die ihre Gaben und Talente fördert, dann wird irgendwann ein ganz natürliches Interesse für den Zustand unserer Welt in ihnen heranreifen. Denn junge Menschen sind begeisterungsfähig, dazu voller Energie und Tatkraft, wenn es um eine aus ihrer Sicht gute Sache geht. Fest steht: nie mehr im Leben sind Lernfähigkeit und Offenheit so groß wie in der Kindheit und Jugend. Das Kind ist bereit und aufnahmefähig, begierig zu lernen und sich das Mysterium der Welt begreifbar zu machen. Dabei ist das kindliche Gemüt unschuldig und voller Vertrauen -und damit auch leicht formbar, zu beeinflussen und zu lenken. Wer es darauf anlegt, bestimmte Denkweisen und Glaubenssätze in jungen Menschen zu verankern, kann keine bessere Zeit im Leben dafür finden. Liebevolle Eltern in intakten Familien vermitteln ihren Kindern jenes Grundvertrauen, das für ihre Entwicklung so entscheidend ist.

Dann ist eine Basis gelegt, die auch durch die bald sichtbar werdenden Widersprüche und Absurditäten der Welt nicht zerstört werden kann. Neugieriges Fragen und phantasievolles Erkunden fördern eine eigenständige Intelligenz. Später kommen dann Schule, Universität und andere Institutionen ins Spiel. Die Jugendlichen werden mit Wissen überflutet, wobei jedoch immer weniger Raum für Reflexion und innere Verarbeitung all dessen bleibt, was an oft „alternativlosen" Inhalten präsentiert wird.

Eigenständiges kritisches Denken als zentrale Fähigkeit wird kaum vermittelt. Ausbildung verengt sich immer mehr auf die Rolle des Menschen als nützliches Glied im Wirtschaftsgetriebe. Eine breite Allgemeinbildung oder gar existenzielle Fragen nach Sinn und Bedeutung des Lebens sind nicht wirklich erwünscht. Könnten sie doch das Individuum von der ihm zugedachten Rolle als eifriger Konsument entfremden.

Damit wird Bildung zu einem, wenn auch subtil angewandten, Herrschaftsinstrument der systemtragenden Kräfte. Die vermittelte materialistische Weltsicht stellt Weichen in Richtung eines nur an Äußerlichkeiten und wachsendem Konsum orientierten Lebens. Geistig-spirituelle Werte, die über die verengte materialistische Weltsicht hinausführen, bleiben dabei fast völlig auf der Strecke. Es ist auch keinerlei die Menschheit als Ganzes verbindende Ethik in Sicht. Deshalb können die krisenhaften Zuspitzungen in der Welt keinesfalls überraschen. Sie sind nicht zuletzt auch Folgen einer verflachenden Bildung, die entscheidende Lebensfragen und ganzheitliche Lösungen beharrlich ausklammert.

Bei der Suche nach den erhofften Nutznießern solcher Schmalspur-Bildung gelangt man schnell zu den „üblichen Verdächtigen": die Wirtschaft, die zur Gewinnmaximierung möglichst unkritische Konsumenten und Arbeitnehmer braucht; eine Politik, die ihre Komplizenschaft mit „Big Business" lieber im Dunkeln weiß; die „vierte Gewalt" der Medien, die bei kontroversen Themen kaum Hintergründiges beitragen kann oder will sowie die schon angesprochenen Wissenschaften, denen nicht an allzu viel Transparenz gelegen ist, welche Interessen mit welchen Projekten bedient werden. Es ist also ein beachtliches Aufgebot an Kräften, denen an kritischem, ganzheitlich fundiertem Denken der Massen nicht gelegen ist. Angesichts der extrem risikoreichen Weltenlage sollte es wichtigste Aufgabe einer verantwortlichen Bildung und Erziehung sein, unabhängiges, kritisches Denken zu fördern.
Die stattdessen vermittelte materialistische Weltsicht misst nur dem Verstand Wert bei, während Geist und Seele, ebenso wie die göttliche Schöpfung und die Geistige Welt, der wir alle entstammen, geleugnet werden. Stattdessen züchten unsere Bildungssysteme Spezialisten, die kaum über den Tellerrand ihrer Fachgebiete hinausblicken. Die Sicht auf das Ganze, die tieferen Zusammenhänge geht verloren. Isolierte Individuen werden zu Einzelkämpfern, die sich in den auf Wettbewerb und Überlebenskampf getrimmten Gesellschaften behaupten müssen.

Parallel dazu steigen Enttäuschung und Desillusionierung vieler Menschen, denen bewusst wird, dass sie als Wähler keinen wirklichen Einfluss haben. Denn die meisten Fehlentwicklungen sind einem System geschuldet, das die Interessen der Reichen und Mächtigen über alles andere stellt. Zur dauerhaften Durchsetzung solcher Interessen sind Bildung, Erziehung und Kultur aus Sicht der Eliten „alternativlos". In deren Institutionen unterminieren Konformität und Anpassungsdruck zunehmend freies, selbstständiges Denken. Gewachsene kulturelle Werte werden zugunsten identitätsloser Massenpsychologie preisgegeben. Überflutung mit trivialen News, Trash TV, Spiele und ein fast schon panisches „Dazu-gehören-wollen" treten an die Stelle von Reflektion und authentischer Selbstfindung. Auch so kann man - unbewusst, und von den meisten wohl noch nicht einmal gewollt - zu einem nützlichen Rädchen im Getriebe werden.

Doch es geht definitiv auch anders! Dabei ist rückhaltlose Verantwortlichkeit für alle Aspekte des eigenen Lebens Grundvoraussetzung für eigenständige Entwicklung. Und zunehmende Bewusstwerdung ist der Meisterschlüssel für Selbstermächtigung und neue Handlungsoptionen. Nur wenn ich Manipulation und Fremdbestimmung zurückweise und selbst der Regisseur meines Lebensfilms bin, öffnen sich zuvor verschlossene Türen. Wenn ich konsequent den Weg zunehmender Bewusstwerdung in jeder Lebenssituation wähle, ist dies wie eine zweite Geburt -nach der körperlichen auch die seelisch-geistige! Während Charakterzüge wie Machtstreben, Habgier, Geiz und Hass Schattengebilde eines unbewussten Lebens sind, wirken Selbsterkenntnis und Bewusstheit befreiend und beflügelnd. Alles wird möglich! Und hier kann auf Wunsch das NETZWERK mit seinen wachstumsfördernden drei Ebenen und unzähligen Institutionen ins Spiel kommen.

Die VISION setzt einer seelenlosen Indoktrinierung in Bildung und Erziehung eine „Schule für ein bewusstes Leben" gegenüber. Wie schon bei der Förderung freier Wissenschaften geht es hier um eine gewaltige Aufgabe und einen so weit gespannten Bereich, dass alle drei Ebenen daran partizipieren sollten. In gewisser Weise ist der ganze Verbund eine „hohe Schule für ein bewusstes Leben". Denn die VISION inneren und äußeren Wachstums und Reichtums, innerer und äußerer Schönheit und Entfaltung fordert und fördert menschliche Bewusstseinsentwicklung. Insofern ist „bewusstes Leben und Erleben" eine grundlegende Seins-Qualität dieses Verbundes, die im Menschen Körper, Geist und Seele bzw. allgemein „innen und außen" integriert.

Dieser Ansatz ist von Grund auf neuartig, weil er nicht auf Konzepten der materiellen Wissenschaften beruht. Vielmehr greift er visionäre Einsichten aus dem Ideenfundus der Geistigen Welt auf und stellt sie ins Zentrum dieses NETZWERKS.

Dabei geht es um ein integriertes Gesamtsystem, dessen Funktionsfähigkeit auf der konstruktiven Bearbeitung all der polaren Gegensätze der unterschiedlichen Lebensbereiche beruht. Anders gesagt: die vielfältigen Widersprüche und Gegensätze in der „normalen" Welt dienen im Verbund als Rohmaterial, das in konstruktiver Weise neu zusammengesetzt wird. Dabei können polare Gegensätze zu einem Ausgleich zu einer neuen Mitte hin kommen, die ansonsten Quelle von (weitgehend unverstandenen) Konflikten wären. Wenn das NETZWERK als solches eine „Schule für ein bewusstes Leben" wird, dann hat dies genau mit diesem Ausgleich polarer Gegensätze zu tun. Die Kunst, potentielle Konflikte und Gegensätze in kraftvoll sich ergänzende WIN/WIN Situationen für alle Beteiligten zu transformieren, ist in der Tat eine hohe Schule für ein bewusstes Leben.

Im engeren Sinn von Bildung und Erziehung wird „Schule für ein bewusstes Leben" zum Oberbegriff für ein Lernen, das all die unterschiedlichen Facetten des Lebens wahrnimmt, begreift und in offener Weise damit umgeht -einschließlich der vielen Gegensätze und Widersprüche in allen Bereichen. Durch geschärfte Wahrnehmung und Unterscheidungsfähigkeit wird Lernen zu einem bewussten Umgang mit der stets in Veränderung begriffenen Vielfalt des Lebens. Dabei werden die Geisteswissenschaften innerer Transformation zur wichtigen Ergänzung zu den auf Erforschung der Materie gerichteten Naturwissenschaften. Der gleichgewichtige Umgang mit natur- UND geisteswissenschaftlicher Bildung im Verbund ist ein gutes Beispiel für das Vereinen polarer Gegensätze: ohne die Errungenschaften der materiellen Wissenschaften wäre unser Leben noch eine mühsame Plackerei und harter Überlebenskampf. Ohne die innere Ethik und bewusste Erkenntnisprozesse der angewandten Geisteswissenschaften innerer Transformation wüchse uns der technologische Fortschritt über den Kopf, Chaos und Zerstörung wären letztlich die Folge.

Erst wenn sich beide Pole -in diesem Fall: äußeres Wissen und innere Weisheit -aufeinander beziehen und sinnvoll ergänzen, können wir eine optimale Entwicklung erreichen. Als Einzelne und als Gesellschaften. Eine Erziehung, die den Blick auf die gegensätzlichen Pole lenkt, schärft die Intelligenz. Junge Menschen, die auch die ausgleichende „sowohl als auch" Sichtweise einzunehmen lernen, werden exzellente Problemlöser - eine Schlüsselkompetenz, die unser Überleben sichert und uns auch dabei hilft, eine Welt innerer und äußerer Fülle zu erschaffen.

Eine „Schule für ein bewusstes Leben" benötigt eine Definition unseres Menschseins als klares Leitbild: mit den physischen Wurzeln in der Materie - und mit den Flügeln unserer Potenziale im Geistigen. Wobei unser Bewusstsein beide Welten verbindet. Dabei ist unser in den Hirnstrukturen begründeter Verstand dem materiellen Pol unseres Bewusstseins zuzurechnen. Während Fähigkeiten wie Intuition, visionäre Kraft oder mediale Begabung dem geistigen Pol unseres Bewusstseins entspringen. Das heißt: dem Bereich, der Impulse aus der uns umgebenden Geistigen Welt empfangen kann. Geisteswissenschaften innerer Transformation begreifen den Mensch als doppelgleisig angelegtes Wesen: materielle und ideell-spirituelle Strukturen vereinen sich in der Körper-Geist-Seele Existenz. Ohne den Körper wären für das Geistseelen-Wesen keine Erfahrungen in der Materie möglich. Und ohne Geistseelen-Anteil wäre der Körper nur eine roboterhafte Denkmaschine, ohne Freude, Erfüllung und Lebenssinn.

Die höchste, vollendete Aufgabe der „Schule für ein bewusstes Leben" wird darin bestehen, junge Menschen in der Entdeckung des eigenen Seelenweges, der ureigenen Vision und Berufung zu fördern. Nur eine vollverantwortliche Lebensweise kann dazu befähigen, voller Freude und Vertrauen den eigenen Lebensweg zu meistern.

Zur Förderung wacher Intelligenz und freien Forschergeistes gehören als Ausgleich zum männlichen Verstand auch die weibliche Intuition und Herzensgüte sowie Weisheit und kosmisches Wissen der Geistigen Welt. Und die Verbundenheit mit der Natur, die uns Geborgenheit und den Sinn für unendliche Fülle und Schönheit nahebringt. Und das Bewusstsein für die ewigen Kreislaufprozesse alles Lebendigen, wie sie sich zum Beispiel im Stoffwechsel des Baumes von den Wurzeln bis zur Krone zeigt.

Essenz Kapitel 25: Ein dritter Weg der Mitte -Notwendiger Aufbruch zu einer neuen ganzheitlichen Weltethik

Bei allen sonstigen Unterschieden und der starken ideologischen Gegnerschaft -die beiden großen politischen Systeme, Kapitalismus und Kommunismus, teilen beide eine von Grund auf materialistische Weltsicht. Wenn der Kommunismus sowjetischer, staatskapitalistischer Prägung letztlich zusammenbrechen musste, so lag dies an seiner wirtschaftlichen Unterlegenheit, gepaart mit fehlenden Freiheiten. Die Einschränkungen der Bürger des damaligen „Ostblocks" waren so gravierend, dass dem „Westen" mit seinen äußeren Freiheiten geradezu paradiesische Zustände zugeschrieben wurden. Dabei wurde die eigentliche Natur des sich zügellos bis in den letzten Winkel der Erde ausbreitenden Kapitalismus übersehen. Eigentlich selbstverständliche äußere Freiheiten können nicht über strukturelle Gewalt und Ausbeutungsmechanismen jenes globalen Verdrängungswettbewerbs hinwegtäuschen, der heute weithin als Raubtierkapitalismus bezeichnet wird.

Die heutzutage immer häufiger auftretende Krebserkrankung scheint wie eine Symbolik für die den eigenen Wirt verzehrenden Ausdehnungstendenzen dieser Wirtschaftsform. Bei allen massiven Defiziten ist sie gleichzeitig jedoch auch die bislang effizienteste Triebfeder für die Erzeugung einer nie zuvor gekannten Menge und Vielfalt materieller Güter und Dienstleistungen. Grund genug, ernsthaft die Frage nach der möglichen Reformfähigkeit dieses Systems zu stellen. Lassen sich die unmenschlich erscheinenden Auswüchse und wachsende Ungerechtigkeit verhindern oder doch zumindest wesentlich abmildern? Bei gleichzeitiger Beibehaltung der Vorteile dieses Wirtschaftsmodells? Lässt sich möglicherweise, um in den Gegensätze ausgleichenden Kategorien der NETZWERK VISION zu denken, eine neue tragfähige Mitte finden?

Zunächst einmal wurde die Chance verpasst, über einen faireren Ausgleich individueller und gemeinschaftlicher Interessen zu stabileren, gerechteren Ordnungen zu finden. Im Gegenteil: wachsende Wirtschaftsmacht wurde zu Deregulierung und Globalisierung der Märkte genutzt. Die immer sichtbareren Widersprüche dieser Ordnung wurden und werden ausgeblendet, eine kritische Debatte ist nicht erwünscht. Stattdessen werden Armut und Hunger, Finanzkrisen,

Verschuldungsorgien, Konflikte und Kriege als „alternativlos" dargestellt. Beschwichtigungen, die von den systemtragenden Parteien nicht
ernsthaft in Abrede gestellt werden. Dennoch ist die Entscheidung
über unsere Zukunft noch nicht gefallen; ein Bewusstseinswandel
ist jederzeit möglich, auch für die Eliten oder Teile von ihnen. Denn
wem nutzt eine Zerstörung des Planeten? Was zählen dann zusätzliche Milliardengewinne? Oder sind etwa die zersetzenden Folgen
des Materialismus bereits so weit fortgeschritten, dass sie selbst vor
der Zerstörung der eigenen Lebensgrundlagen nicht zurückschre-
cken? Müssen neue verträglichere Formen erst auf den Trümmern des
Alten entstehen? Sind wir wirklich so begrenzt lernfähig? Was geht
nur so grundlegend schief in den Gesellschaften, denn kein empfin-
dendes Individuum würde sich Hunger und Not, Gewalt, Zerstörung
und Krieg wünschen? Nur der Psychopath hält sich für unverwund-
bar -und verachtet Andere und deren Werte, weil er nur die eigenen
anerkennt.

Die Antworten erscheinen klar: Grundlage aller Fehlentwicklungen
ist die unerbittliche, über die Jahrhunderte gewachsene Dominanz
des kalkulierenden Verstandes, wobei die fühlende Stimme des Herzens, wie auch Seele, Geist und Bewusstsein gering geschätzt werden.
Was gibt dennoch Grund zur Hoffnung? Es sind ausgerechnet die sich
zuspitzenden Gefahren, die großes Veränderungspotenzial mit sich
bringen. Denn die Intelligenz der Menschen lässt sich nicht dauerhaft
manipulieren; die zerstörerischen Tendenzen des alten Herrschafts-Pa-
radigmas liegen zu klar und für Jeden sichtbar auf der Hand.

Deswegen sollten wichtige Veränderungen auch ohne einen system-
bedingten Kollaps möglich sein. Allerdings wird dies unbedingt das
Hervorbringen einer neuen Weltethik erfordern, die auf den wahren
Potenzialen des Menschen aufbaut und deren Verwirklichung als
Grundrecht aller Menschen definiert. Eine solche Weltethik müsste
jene bislang ausgeklammerten polaren Gegensätze einbeziehen, in
deren Spannungsfeld wir Menschen leben. Und deren Nichtbeach-
tung unweigerlich zu Fehlentwicklungen und verlorenen Chancen
führt, wie wir am bisherigen Weltenverlauf ersehen können. Natür-
lich haben wir im Laufe der Jahrhunderte viele Freiheiten gewonnen.
Allerdings sind dies Freiheiten von . . . zum Beispiel Unterdrückung,
Fremdbestimmung, äußerem Zwang. Diese waren durchaus wichtige
Voraussetzungen für Freiheit für . . . ein selbstbestimmtes, schöpfe-

risches Leben, in Frieden und Harmonie, sowie in Einklang mit der eigenen Natur und der göttlich-geistigen Welt.

Befreiung von allen hinderlichen Faktoren, von künstlicher Spaltung und Entfremdung ist der Schlüssel zur eigenen Ganzwerdung und gleichzeitig zur Transformation des Lebens auf unserer Erde. Denn dann kann es zur kraftvollen Schöpfungseinheit von Gedanke, Wort und Tat kommen. Dann können wir die Materie entsprechend höchster Weisheit und Vollkommenheit formen und unsere Welt in ein Paradies innerer und äußerer Fülle und Schönheit verwandeln. Gerade die dramatische Zuspitzung der Gefahren erschafft das Momentum für eine kraftvolle Gegenbewegung! Der offene, inspirierte Geist und das liebende Herz sind die großen integrativen Kräfte, die die zerstörerische Richtung der Materie beeinflussen können. Himmel und Erde treffen sich und die Heilung des Einzelnen fördert die Heilung der Erde.

Eine neue Weltethik kann sich also nur an der Essenz der universal gültigen göttlich-geistigen Gesetze orientieren, wie sie von den erleuchteten Seelen aller Zeitalter uns Menschen nahe gebracht wurden.

Die willkürliche Trennung von Geist und Materie wird aufgehoben und in einer höheren Synthese vereint. Nur das kann uns in unserer Entwicklung weiter bringen. Es gilt, unser Herz zu öffnen -für uns selbst, für alle anderen und für unsere Erde. Nichts mehr in sich zu verdrängen, hindurchzugehen, GANZ zu werden. Dies ist mit persönlicher innerer Transformation beim Menschen verbunden; eine reine Philosophie oder Morallehre bringt uns nicht weiter.

Essenz Kapitel 26: Göttlich-geistige Gesetze im Fokus -die neue Wachstumsethik im EARTH OASIS NETZWERK

Diese Aufgabe des Hervorbringens einer neuen Ethik, welche die Trennung von Materie und Geist in einer höheren Synthese vereint, bringt uns wieder zu den Möglichkeiten, die das Drei-Ebenen Wachstumssystem zur Transformation des Einzelnen wie auch des Lebens auf unserer Erde beitragen kann. Es dürfte mit den bisherigen Erkenntnissen klar geworden sein, wie entscheidend Bewusstwerdung und Heilung möglichst vieler Menschen ist, um das erforderliche Momentum für konstruktive gesellschaftliche Veränderungen zu erzeugen. In diesem dritten Teil des Buches geht es ja verstärkt um mögliche Außenwirkungen, die sich aus den Prozessen im Wachstumsverbund ergeben können. Wir sahen bereits, wie wichtig es ist, dass alle veränderungswilligen Seiten ihre Kräfte poolen. Und wir sahen auch, dass das NETZWERK mit seiner VISION, die polare Gegensätze ausgleicht, den unterschiedlichsten Kräften Raum zur Entfaltung bietet. Ebenso wurde intensiv herausgearbeitet, wie die eher „maskulin" inspirierte Firmenwelt und die von „femininen" Qualitäten beeinflusste Village-Ebene sich gegenseitig ergänzen und befruchten. Genauso leicht ist nachzuvollziehen, dass eine neutrale Instanz wie die mittlere Stiftungsebene weitere wichtige Impulse zum Ausgleich der Gegensätze wie zur materiellen und ideellen Entwicklung des Verbundes beiträgt.

Was noch näher zu betrachten ist, das sind die Prozesse inneren Wachstums und persönlicher Transformation des Individuums. Und wie diese Prozesse dann auch auf die „Welt draußen" ausstrahlen können. Zunächst einmal ist da ein scheinbarer Widerspruch zu klären: wenn Selbstrealisation ein Geburtsrecht jedes Menschen ist, wie kommt es dann, dass es bislang so Wenige waren, die ihren Geist zu den Höhen eines Jesus oder Buddha erheben konnten?

Dies führte zum Missverständnis, dass dieser Zustand der Erleuchtung nur wenigen auserwählten Lichtgestalten vorbehalten war. Weil es so Wenige waren, blieb deren Wirkung begrenzt -aber auch, weil ganze Bewusstseinswelten zwischen ihnen und den „normalen" Menschen lagen.

Fragen wir uns nunmehr: sind die Aussichten auf geistiges Erwachen, Selbstrealisation und Bewusstseinswachstum heute größer als zu früheren Zeiten? Ist das Verständnis der göttlich-geistigen Schöpfungsgesetze in unserer heutigen Welt realer? Gibt es heute stärkere Impulse zur Wahrheitssuche und zu einem selbstbestimmten Leben?

Es scheint so, dass der Mensch heute einem lichtvollen Bewusstsein näher und weiter zugleich davon entfernt ist. Weiter insofern, weil wir in der materiellen Welt von einer schier explodierenden Vielfalt umgeben sind, in der wir uns hoffnungslos verlieren können. Ein weiteres Hindernis besteht darin, dass wir mit einer Vielzahl von Geboten, Verboten, Konditionierungen und Glaubenssätzen in die jeweils vorherrschende Sicht der Welt eingeübt werden. Und natürlich wiegt schwer, dass fast überall auf der Erde der Materialismus die vorherrschende Weltsicht ist, da so die spirituelle Natur jedes menschlichen Wesens aus dem Blickfeld rückt oder gar in Vergessenheit gerät.

Die größte zu überwindende Schwierigkeit besteht jedoch darin, dass mit der Geburt zunächst die Verbindung zu unserem geistigen Ursprung unterbrochen wurde. Wir finden uns in dieser Welt als materielle körperliche Wesen wieder, und der herrschende Materialismus sieht im Menschen nur ein Zufallsprodukt.

Kein Geist, keine Seele, kein göttlicher Plan, natürlich auch kein tieferer Lebenssinn. Einfach nur dazu geboren, um irgendwann sang- und klanglos wieder zu Staub und Asche zu zerfallen. Das ist alles.

Demgegenüber gibt es auch wesentliche Faktoren für Bewusstseinswachstum vieler Menschen -so ist gerade die Zuspitzung der Gefahren eine wirkliche Herausforderung an unsere Intelligenz und Kreativität. Wir haben die Wahl -entweder gelingt uns ein Bewusstseinssprung oder wir treiben unaufhaltsam auf unsere Zerstörung zu. Denn wir haben extrem risikobehaftete, teils klar zerstörerische Technologien hervorgebracht. Und das, ohne in unserer ethisch-geistigen Entwicklung Schritt zu halten. Dazu sind es die Auswüchse grenzenloser materieller Gier, die immer mehr wachen Zeitgenossen die Augen öffnen. Denn die katastrophalen Folgen sind nicht länger zu leugnen und bringen unabsehbare Konsequenzen für Mensch und Erde mit sich. Kritik allein bewirkt aber keine konstruktiven Veränderungen. Nur die Bereitschaft zu innerem Wachstum, zur Bearbeitung eigener Schwächen und Defizite, ermöglicht eine gewaltarme, auf Respekt und Anerkennung basierende Gesellschaft. So entsteht ein neues Bewusstsein.
Das Problem jedoch: ein egoistisch, teils feindlich gesinntes Umfeld hält Viele davon ab, sich für ihre Heilungs- und Entfaltungsprozesse zu öffnen - hier kommen die Stärken des NETZWERKS ins Spiel. Heilung an Körper, Geist und Seele werden möglich, was letztlich auch mit der essenziellen Natur des Menschseins verbindet. Dann kann auch eine ethisch-geistige Entwicklung in aller Freiheit und Unabhängigkeit stattfinden.

Bezogen auf die Ausgangsfrage nach den Chancen auf Selbstrealisation in der heutigen Welt können wir zumindest in Bezug auf die NETZWERK

VISION sagen, dass die Erforschung des eigenen Selbst, die Suche nach der Seelenmission weiten Raum erhält. Da Jeder ein einzigartiges Wesen ist, gibt es viele Wege. Insbesondere in den Villages wird sich eine enorme Bandbreite inspirierender Angebote herauskristallisieren. So werden sich alle Kraftplätze in völlig einzigartiger Weise entwickeln -und dabei Schwerpunkte ganz nach Vorlieben und Fähigkeiten der dort engagierten Menschen herausbilden. Ob holistische Therapien und Heilweisen, mystische Traditionen und Weisheitslehren, spirituelle Bewegungen, überliefertes indigenes Wissen oder von Channelmedien überbrachte Botschaften hoch entwickelter Lichtwesen -viele Wege können zu Befreiung und Ganzwerdung führen. Stimmig ist dabei, was beim jeweiligen Menschen auf Resonanz stößt und ihm die Türen öffnet, um die Mysterien der Existenz zu entdecken. Jeder Weg kann hilfreich sein, sofern er Entwicklung und freie Wahl des Suchers fördert, seinen Geist befreit und sich nicht bevormundend zwischen den Menschen und seine seelisch-geistige Natur sowie die göttlichen Schöpfungsgesetze stellt.

Diese Beispiele zeigen, dass wir gute Voraussetzungen schaffen können, um Menschen in ihren Wachstumsprozessen zu unterstützen. Denn es gibt in der Tat Millionen spirituelle Sucher, die auch in jüngerer Zeit durch spirituelle Weltlehrer wie Krishnamurti, Osho, Aurobindo, Sai Baba, Sadhguru, Eckart Tolle und viele andere inspiriert und in ihrer geistigen Entwicklung unterstützt wurden.

Solche Meister hatten bzw. haben auch oft eigene Communities, in denen die Schüler teilweise auch zusammenlebten. Allerdings hat es noch kein integrierendes System wie das NETZWERK gegeben, in dem drei der fundamentalsten Bereiche der menschlichen Existenz kraftvoll vereint werden, sodass sich gegenseitige Ergänzungen und Verstärkungen bilden können.

So haben zwar Millionen Menschen in ihrer Sinnsuche große Inspiration gefunden. Dies hat jedoch bislang eher selten zu einem in jeder Hinsicht, spirituell wie auch materiell, blühenden Leben geführt. Genau dies wird jedoch im Wachstumsverbund möglich. Denn Fülle innen wie auch in der Materie wird hier zum Ausdruck eigener Schöpferkraft. Solche Fülle entsteht nicht aus dem begrenzenden Haben-Modus, nicht aus Ausbeutung und Manipulation, sondern aus der Leichtigkeit des nicht anhaftenden Seins.

Es gibt viele drängende Fragen zur weiteren menschlichen Entwicklung, auf die letztlich nur eine weise, höhere Instanz sinnstiftende Antworten geben kann. Jahrtausende menschlicher Entwicklung haben hinlänglich bewiesen, dass uns ein tiefes Verständnis der menschlichen Natur fehlt -zwangsläufig fehlen muss. Denn solange wir -selbst Teil der Schöpfung - die kosmischen Gesetze nicht begreifen, ja uns solchen Erkenntnissen sogar verschließen, ist auch wahre Selbsterkenntnis unmöglich. Wir bleiben in unseren Unzulänglichkeiten gefangen, und damit auch in allen Gefahrenlagen und Konflikten.

Wir stehen kurz vor dem „Point of no return", und müssen jetzt entschlossen gegensteuern. Dies wird nur erfolgreich sein, wenn wir uns in Demut für die kosmische Weisheit und Liebe dieser wunderbaren Schöpfung öffnen. Nur durch Resonanz dieser Qualitäten in unseren Herzen kann eine tiefgreifende Transformation stattfinden. Das Erwachen der Menschheit in die allumfassende Liebe und Weisheit der göttlichen Schöpfung ist alternativlos. Es ist der tiefere Daseinsgrund des Verbundes, die damit einhergehenden Prozesse dafür offener Menschen liebe- und respektvoll zu begleiten.

Was bedeutet all dies nun für das im Entstehen begriffene NETZWERK und die dort zu erwartenden Möglichkeiten? Zunächst einmal: wenn vom „entstehenden" NETZWERK gesprochen wird, dann liegt dem keine herkömmliche Art der Planung zugrunde. Diese Ausdrucksweise reflektiert den möglichen Schöpfungsdreiklang aus Gedanke, Wort und Tat. Der Gedanke, in diesem Fall die in der Noosphäre vorhandene VISION, artikuliert sich im Wort, was dann zu dem hier vorliegenden Buch bzw. den drei Büchern geführt hat. Die den Dreiklang vollendende Tat wäre das Entstehen des Verbundes in der Praxis. Ob, wann, und in welcher Weise diese Umsetzung stattfinden wird, das hängt von weiteren Faktoren ab, die mit der Resonanz der Menschen auf die Ideenwelt der VISION zu tun haben.

Und ebenfalls mit der weiteren Führung und Inspiration aus der Geistigen Welt, die ja auch die zugrunde liegende VISION angestoßen hat. Letztendlich ausschlaggebend für das Entstehen in der Praxis wird sein, ob das NETZWERK eine Notwendigkeit im Sinne eines wesentlichen und hilfreichen Beitrags zur weiteren Evolution von Mensch und Welt sein kann. Nur dann hat es seinen Sinn und seine Berechtigung. Und nur dann werden sich genügend Mitglieder und materielle

Ressourcen finden lassen, damit dieser Verbund ganz real in der Praxis entsteht. Dabei ist der menschliche Wille allein kein geeignetes Vehikel für solch ein visionäres Projekt, denn der Wille ist immer mit unserer Persönlichkeit, unseren Wünschen und Plänen verbunden. Für eine so weitgefasste VISION ist eine neue Art der Co-Kreation zwischen uns Menschen und geistigen Kräften notwendig. In einem solchen gemeinsamen Schaffensprozess wird unser begrenztes menschliches Verständnis der Welt und des Lebens durch die Kenntnis der Gesetzmäßigkeiten der göttlich-geistigen Ordnung ergänzt. Dieses entscheidende Wissen, das uns aus unserer geistigen Heimat vermittelt wird, versetzt uns in die Lage, erstmals in der uns bekannten menschlichen Geschichte gedeihliche Formen des Zusammenlebens auf unserer Erde hervorzubringen.

Dabei sind die Kreislaufprozesse und Ergänzungen von „innen" und „außen" im Verbund Teil einer neuen, entpolarisierenden Weltethik. Sie führt uns weg von den konfliktträchtigen Verstandesurteilen von „gut" und „böse" hin zum Kontinuum von „unbewusst" zu „bewusst". Bewusstseinswachstum entzieht Konflikten den Nährboden; stattdessen wachsen Kooperationsfähigkeit und Verständnis für das Andersartige. Und jede neue Erfahrung bringt den Menschen weiter auf seinem Bewusstseinsweg voran. Wir können Bewusstheit in unser Leben bringen, ob beruflich oder privat. Es dürfen auch Themen des „inneren Kindes" geheilt werden, sodass wir endlich als Menschheit erwachsen werden. Dass wir miteinander agieren, statt uns in ewigem Wettbewerb gegeneinander in Stellung zu bringen. Es geht um friedliche Inspiration, um Synergien durch Selbstliebe, durch Annahme des Selbstwertes in sich. Und zwar ohne diese Aufgabe auf andere abzuwälzen, die mich lieben sollen. Es ist ein Entwicklungsschritt in die Selbstver-antwort-ung, ohne dass man dafür einen fremden Meister oder Guru brauchen würde. Statt irgendwelcher Vorgaben oder gar Vorschriften von außen gilt es, die eigene Berufung selbst zu finden, und auch den Weg dorthin. Natürlich kann dabei Unterstützung von außen in der jeweils gewünschten Form sehr hilfreich sein. Dabei sollte aber immer der eigene innere Kompass ausschlaggebend sein. Womit gehe ich aus mir selbst heraus in Resonanz? Worauf muss ich aufgrund meiner Herkunftsgeschichte mit all den individuellen Prägungen aufpassen, um in LIEBE zu bleiben, während ich neue Erfahrungen mache? Denn die eigene Vision ist auf LIEBE ausgerichtet -und Offenheit dafür, was das für jeden Einzelnen bedeutet. Gerade weil wir aufgrund persönlicher Filter die GANZE Wahrheit nicht kennen, können wir uns auf LIEBE einschwingen und so mit unseren persönlichen Lebensaufgaben wachsen und gedeihen.

Dieses Verständnis individuellen Bewusstseinswachstums fügt sich auch problemlos in das noch größere Bild der Entwicklung über viele Leben hinweg ein. Nur mit dem Verständnis der Reinkarnation lassen sich all jene sonst unverständlich bleibenden Mysterien des Lebens mit nicht zu widerlegender Logik erklären. Damit verliert auch jede rein materialistische Denkweise, die den Tod als vernichtendes Ende des Lebens begreift, jegliche Grundlage. Der „Tod" ist nichts anderes als ein Übergang in die urgeistige Form des Lebens, der sich -nach Phasen in den Geistigen Sphären - weitere Wiedergeburten in einen neu heranwachsenden Körper anschließen. Als individuelles Geistseelenwesen vervollkommnen wir unser Bewusstsein über viele Leben hinweg. Eine neue Weltethik kann deswegen nur dann vollständig sein und Wirksamkeit im Sinne einer Verbesserung des Lebens auf unserer Erde erreichen, wenn unsere Natur als geistig-seelische Wesen erkannt wird. Alles sonst greift zu kurz, wie uns die leidvolle Geschichte vieler Jahrtausende zeigt.

Wir erkennen also: Offenheit für Wissen und Weisheit hoch entwickelter Wesen -auf der Erde verkörpert und in der geistigen Sphäre -wird eine der entscheidenden Qualitäten im entstehenden NETZWERK sein. Dabei dient die rechte Gehirnhälfte als Empfänger für authentische Impulse. Diese Tatsache ist befreiend, denn wir tragen damit dem zwangsläufig begrenzten Horizont des Verstandesdenkens und daraus resultierenden Entscheidungen Rechnung. Durch diese Verbindung mit höchstem Wissen stärken wir letztlich sogar unsere Verstandeslogik, die von der allerhöchsten Logik der kosmischen Gesetze untermauert wird. Mit anderen Worten: als Teil des GANZEN erkennen wir demütig die Begrenzungen unseres Verstandes. Und indem wir uns für umfassende geistige Einsichten öffnen, verbinden wir unser Denken mit jener Fülle an Wissen und Weisheit. Wir schöpfen aus diesem unbegrenzten Reservoir, jenem „Meer aller Möglichkeiten", und nutzen unseren Verstand, um die aufgezeigten Ideen und Potenziale hier in unserer materiellen Welt nutzbar zu machen. Dabei dienen uns die der Natur entsprechenden Kreislaufprozesse dieses NETZWERKS, das unsere Lebenswelten umhüllt und strukturiert.

Durch diese Verbindung mit der ursächlich alles bedingenden Welt des Geistigen verändern sich auch Planungen und Strategien, so wie wir sie bisher kennen. Der Weg zeigt sich, indem man ihn im Hier und Jetzt geht -mutig, mit aller Bewusstheit, sowie mit wachen Sinnen und offenem Herzen für Rat und Erkenntnisse der Geistigen Welt.

Essenz Kapitel 27: Meritokratie -Ergänzung und Vervollkommnung der demokratischen Willensbildung im Verbund

Fragen zu Macht und Gewaltenteilung sowie basisdemokratischen Strukturen haben wir schon zuvor behandelt. Mit den qualitativ neuen Erkenntnissen der letzten Kapitel geht es nun auch hier noch einen Schritt weiter. Durch die Klärung der hilfreichen Rolle der Geistigen Welt kommt nun neues Licht in die Entscheidungsprozesse im Verbund.

Grundsätzlich wird in den einzelnen Bereichen mit einer starken Partizipation an der Entscheidungsfindung zu rechnen sein. Das hat mit der hohen Bewusstseinsqualität zu tun, mit der die zu entscheidenden Fragen beleuchtet werden. Denn jedes Mitglied ist ja aus bewusster eigener Wahl im NETZWERK, was sich auf die Qualität der Prozesse auswirkt. Dabei bringt die ganzheitliche Verfassung Klarheit und Transparenz. So fallen „normale" Entscheidungen im Zuständigkeitsbereich der jeweiligen Institution - entweder gemäß der Statuten oder durch Mehrheitsbeschluss. Bei Themen, die den eigenen Rahmen überschreiten, ist die nächstgrößere Institution zuständig. So werden wichtige Entscheidungen in einem Village von der jeweiligen Vollversammlung getroffen; Routine-Fragen hingegen durch die zuständige, gewählte Administration.
Sobald es um Themen geht, die mehrere Villages eines Landes, Kontinents oder gar weltweit betreffen, fallen solche Entscheidungen im Rahmen eines landesspezifischen, kontinentalen oder weltweiten Rates aller NETZWERK Villages. Entsprechend verhält es sich auf der Stiftungsebene mit national, kontinental bzw. weltweit organisierten Stiftungsräten. Bei den Firmen ist es anders, weil die ja privatwirtschaftlich verfasst sind - oft auch mit breit gestreuten Beteiligungen.

Jedoch auch hier sind Modelle aktiver Mitbestimmung zu erwarten, als Ausdruck einer verantwortlichen, den Zusammenhalt stärkenden Unternehmenskultur, die weitgehend auf Hierarchien verzichtet.

Maßnahmen, die Machtmissbrauch wirksam verhindern sind uns bereits mehrfach in unterschiedlichen Zusammenhängen begegnet. Hier geht es nun verstärkt um Fragen, die mit der Reife, Bewusstheit und inneren Integrität eines Menschen zu tun haben, der Macht erlangt. Wirklich große Menschen können durch Macht, auch durch Reichtum und Ruhm, nicht korrumpiert werden. Denn ihr inneres Wertegefüge, die gewachsene Güte und Menschenliebe, wird allen äußeren Verlockungen standhalten.

Ein solcher Mensch verfügt über jenes rechte innere Maß, jene Weisheit, die aus der Erkenntnis der göttlich-geistigen Weltengesetze erwachsen kann. Bzw. aus der Bewusstheit, sich mit seinem SEIN und nicht mit der jeweiligen Rolle in der äußeren Welt zu identifizieren. Einem solchen erwachten Menschen wird Machtmissbrauch nicht möglich sein.

Und damit kommen wir zu einer entscheidenden Erkenntnis, was die Machtfrage im entstehenden Wachstumssystem angeht. Selbstrealisation und gelebte Weisheit sind entscheidend an der „Spitze" des nicht hierarchisch aufgebauten Verbundes. Dort, wo es um ganz zentrale Fragen der VISION geht -ihre Bewahrung, den Schutz vor Verfälschung, gleichzeitig aber auch um ihre Veränderungsfähigkeit bei grundlegend neuen Entwicklungen in der Welt. Hier wird eine erleuchtete Bewusstseinsqualität benötigt, die als erhellender Impuls bei solch grundlegenden Entscheidungen herangezogen werden kann. Basisdemokratie ist hingegen ideal bei allen Fragen, die in unseren menschlichen Erfahrungshorizont fallen -und dann ist diese partizipative Demokratie allemal besser als eine durch seltene Wahlen legitimierte.
Es geht hier also um zwei Verständnisebenen im Verbund, die beide ihre Gültigkeit haben. Die Ideenwelt der VISION wurde aus der Noosphäre, der Geistigen Sphäre in unsere materielle Welt eingebracht. Wobei die rechte Gehirnhälfte bzw. die Zirbeldrüse als unmittelbarer Empfänger für solche authentischen Impulse fungieren. So entsteht Zugang zum FELD der Möglichkeiten und aktuellen Notwendigkeiten. Deshalb ist auch nachzuvollziehen, dass Entscheidungen, welche die Kern-VISION betreffen, von solchen Instanzen zu bewerten sind, die bereits einen umfassenden Einblick in die schöpferische Intention des Ganzen haben. Nur so ist es möglich, dass ein sich ansonsten selbst organisierendes System wie das NETZWERK „auf Kurs" bleibt. Gerade weil es ja keine private bzw. unternehmerische oder auf irgendeine sonstige Weise dominierende Instanz im Wachstumsverbund geben wird.

Wenn wir hier den Begriff der Meritokratie als Ergänzung und Vervollkommnung der basisdemokratischen Entscheidungsfindung einführen, dann hat dies mit der Bewusstseinsentwicklung des Menschen zu tun. Solange der Einzelne nur aus dem fragmentierten Verstand lebt, sich auf eigene und fremde Verstandesinhalte reduziert, können nur kleine Ausschnitte der Realität erfasst werden, niemals das Ganze. In jeder Gesellschaft können demokratisch gefällte Entscheidungen jedoch immer nur so gut sein, wie es der gemeinsame Nenner, der kollektiv erreichte Bewusstseinsstand zulässt.

Die basisdemokratische Verfassung im NETZWERK verlangt Verantwortlichkeit und Wachheit von den Mitgliedern. Sie gehören mit zu den Pionieren einer Entwicklung zu Bewusstwerdung und Selbstermächtigung, um in sich zuspitzenden Krisenzeiten zu friedlichen Veränderungen und schließlich zur Umkehrung der Fehlentwicklungen beizutragen. Dabei gilt es, empfänglich zu werden (Yin-Energie) für authentische Impulse, die keine Manipulationen sind. Und dabei ein neues Paradigma mit Leben zu erfüllen: LIEBE und Mit-Einander, in allen Bereichen.

Blühende Lebens-Landschaften erschaffen. Den eigenen innersten Kern zur Blüte, zur Entfaltung bringen. Und sich damit einbringen und zeigen (Yang-Energie).

Diese gutwilligen Menschen werden ergänzt durch bereits hochentwickelte, vollbewusste Kräfte, die im weisen „Kreis der Visionshüter" zu zentralen Fragen der NETZWERK-Entwicklung Stellung beziehen. Der Begriff der Meritokratie leitet sich aus dem englischen „merits" für „Verdienste" ab. Damit sind Menschen und geistige Wesen mit Verdiensten um die Evolution gemeint.

Partizipative Basisdemokratie und Meritokratie - die Grundlage für Entscheidungen im NETZWERK, die alltäglichen und die richtungsweisenden. Bei den bedeutsamsten Entscheidungen werden solche Menschen und auch Geistige Wesenheiten beratend tätig, die Verdienste um die menschliche Entwicklung erworben haben. Dadurch wird der Impetus zu höchster Bewusstseinsblüte und Verwirklichung an wirksamster Stelle im NETZWERK verankert. Die Richtung ist damit vorgegeben; es entsteht wahrhaftig eine „Allianz des Bewusstseins" zwischen unserer körperlichen und der geistigen Welt.

Wichtig: basisdemokratische und meritokratische Kräfte befruchten und ergänzen sich -alle haben die Möglichkeit, den gleichen erwachten Bewusstseinszustand zu erreichen. In diesem Sinn sind alle Menschen und Institutionen auf dem Weg zu einer höheren Einheit von Geist und Materie. Und damit zu einer Vereinigung aller dem Menschen gegebenen Potenziale! Entscheidend bei alledem: Der „Kreis der Visionshüter" wird nur beratend tätig, trifft jedoch keine Entscheidungen. Dies bleibt den zuständigen NETZWERK-Instanzen vorbehalten.

Essenz Kapitel 28: Weltweites Erwachen -die befreiende Kraft von LIEBE und Bewusstheit

Allein in der Entstehungszeit dieses Buches hat es schon wieder einige Dutzend bewaffnete Konflikte und kleinere Kriege auf der Welt gegeben. Hass und Gewalt scheinen kein Ende zu nehmen; Fehlentwicklungen und daraus resultierende Gefahren intensivieren sich. Sie sind allseits bekannt, und auch in diesem Buch bereits in unterschiedlichen Zusammenhängen aufgeführt worden. Um jedoch aus dem nur wenig bewirkenden Kritikmodus zu einem sinnvollen Handeln zu kommen, muss jeder selbst zu der Veränderung werden, die wir für die Welt als überlebensnotwendig ansehen.

Wie immer in der Existenz gibt es jedoch auch polare Gegenkräfte, deren Bedeutung ebenfalls wächst. Sie verfügen weder über Waffen noch Überwachungssysteme, sie verfolgen keine Ziele von Herrschaft und Unterdrückung, wollen nicht die ganze Welt dominieren, um so ihre Machtambitionen und Wirtschaftsinteressen durchdrücken zu können. Diese Kräfte zeichnet eine ganz andere Macht aus: die der Wahrhaftigkeit und der Intelligenz des Herzens, die aus Liebe und Bewusstheit erwachsen. Indem wir unsere eigene seelisch-geistige Natur erkennen, verlieren Todesfurcht und weltliche Ambitionen ihre Macht über uns. Das Falsche und Irreale verliert seine Bedeutung, ganz natürlich und ohne Zwang. Das ist die erhellende Kraft der Bewusstwerdung, die uns zu immer tieferen Erkenntnissen führt -wenn wir mit kindlicher Unschuld und Offenheit durchs Leben gehen. Wir können die unermesslichen Wachstumschancen begreifen, die die Göttliche Vorsehung für uns bereithält. Nur indem wir diese Potenziale ausschöpfen, schaffen wir ein wirksames Gegengewicht gegen die Herrschaftsansprüche der Geld- und Machteliten. Durch die potenten

Gegenkräfte einer alles durchdringenden Bewusstheit und Wahrhaftigkeit können wir unsere Freiheit bewahren und der Versklavung unseres Bewusstseins entgehen!

Und solche Bewusstwerdungsprozesse sind bei vielen Menschen bereits voll im Gange -auch wenn sie im Alltag vielleicht noch keine große Aufmerksamkeit bekommen. Wahrhaftigkeit und Intelligenz des Herzens werden schon vielfach gelebt und schaffen sich zunehmend gesellschaftliche Freiräume. Und solche lichtvollen Erkenntnisprozesse können auf Dauer nicht verhindert werden. Denn Licht muss bekanntlich die Dunkelheit nicht vertreiben. In der Präsenz des Lichts verliert die Dunkelheit einfach ihr Dasein. So verhält es sich auch mit den Mächten der Unbewusstheit und Dunkelheit im Angesicht lichtvoller Klarheit und Bewusstheit. Sie mögen an ihrer äußeren Macht und materiellen Mitteln festhalten, können jedoch nicht der Wahrheit und dem Licht der göttlichen Erkenntnis standhalten. Insofern kann die individuelle Transformation des Menschen die Qualität des Lebens auf unserer Erde stark fördern. Darin liegt die Hoffnung für die weitere menschliche Evolution. Aus ihrer Perspektive sind auch die destruktiven Kräfte legitim -und aus höherer Warte fordern sie Entwicklung und geistig-emotionales Wachstum des Neuen Menschen heraus.

Die Wahrheit tiefer Selbsterkenntnis befreit nicht nur, sie verleiht auch die Klarheit und Kraft, die gewonnenen Erkenntnisse in Handlung umzusetzen, sich auch in der äußeren Welt auszudrücken. Dabei bietet das Drei-Ebenen NETZWERK mit dem Fokus auf dem Ausgleich polarer Gegensätze beste Möglichkeiten, den inneren Kräften und Potenzialen des Menschen zum Durchbruch zu verhelfen. Und, in der Folge, auch auf die Entwicklung in unserer äußeren Welt inspirierenden Einfluss zu nehmen. Denn im Bewusstsein von immer mehr Menschen werden innere und äußere Entwicklung und Schönheit; inneres und äußeres Wachstum; Fülle und Selbstverwirklichung innen wie außen keine Gegensätze mehr sein. So entstehen zunehmend Klarheit, Kraft und der notwendige Mut zur Veränderung. Handlungen werden dann organischer Ausfluss der klärenden Heilungs- und Bewusstseinsarbeit von immer mehr Menschen. Diese Prozesse können sich mit unglaublicher Dynamik, vielleicht sogar explosionsartig entfalten, wenn diese qualitativ neuen Erkenntnisse immer öfters mit Anderen geteilt werden. Und wenn dann im Außen zunehmend neue und erfüllende Formen des Zusammenlebens, der Zusammenarbeit und des gemeinsamen Erschaffens entstehen, inspirieren die dort gewonnenen Erfahrungen wiederum viele andere Suchende. Die Menschen erleben in unmittelbaren befriedigenden Erfahrungen, dass es innerlich nährende und aufbauende Alternativen zum aufreibenden Überleben im ewig gehetzten Hamsterrad-Modus gibt. Dessen vermeintliche Alternativlosigkeit wird als Schein-Realität erkannt. Diese befreiende Erkenntnis aktiviert enorme Energien. Kreativität kann ungehindert fließen und sich segensreich in unserer äußeren Welt zum Ausdruck bringen.

Was zunächst auf die faszinierende Welt des so neuartigen NETZWERKS zutrifft, kann in einer reifen Entwicklungsphase weit über dessen „Grenzen" hinausreichen. Und damit zu einer Inspiration werden für all Jene, die auf der Suche nach neuen Wegen innerer und äußerer Entwicklung sind. Dabei sind Liebe, Bewusstheit und innere Wahrhaftigkeit die Qualitäten, die eine solche Entwicklung ermöglichen. Was sich so einfach anhört, hat es jedoch in sich. Denn reife Liebe, die nicht von Bedürftigkeit und Selbstsucht geprägt wird, ist nur möglich, wenn Ängste und tiefe Daseinsfurcht überwunden werden. Eine fest im eigenen Selbst verankerte LIEBE setzt starke transformierende Kräfte frei: negative Emotionen wie Geiz, Gier, Neid, Eifersucht und Hass können mithilfe der durchdringenden Kraft der Bewusstheit überwunden werden. Gleichzeitig entwickeln sich aus diesem gewachsenen Verständnis des Lebens Liebe und Mitgefühl für die ganze Existenz. Der im unreflektierten HABEN-Modus dominante Verstand wird durch den SEIN-Modus der Güte des Herzens ausbalanciert. Die den „weiblichen" Yin-Qualitäten entsprechende Herzenergie findet leichter Zugang zu all den Mysterien unserer göttlich-geistigen Natur, die dem rational kalkulierenden „männlichen" Verstand verschlossen bleiben. Wobei es diese „männlichen" und „weiblichen" Qualitäten in unterschiedlicher Abstufung in jedem Menschen gibt.

Liebe und Bewusstheit, gepaart mit innerer Wahrhaftigkeit, sind in der Tat jene zutiefst befreienden Kräfte, die zu einem weltweiten Erwachen führen können. Indem immer mehr integre Menschen sich auf ihrem Wachstumsweg von allen Hindernissen und verblendenden Illusionen befreien, verhelfen wir einer in jeder Hinsicht lebenswerten Welt zur Geburt. Nur so haben wir die realistische Chance, unseren wahren menschlichen Potenzialen gerecht zu werden.

Essenz Kapitel 29: Authentische VISION des uns Menschen Möglichen -das NETZWERK und die Welt

Jedes menschliche Wesen verarbeitet in seiner Lebensspanne Abermillionen innere wie äußere Impulse und Erfahrungen. Aus diesem ständig ablaufenden Input kristallisieren sich im Laufe der Zeit die jeweiligen individuellen Lebensthemen und –schwerpunkte heraus. Die sind notwendigerweise bei jedem Menschen vollkommen einzigartig, denn wir haben es mit derzeit 7,8 Milliarden unterschiedlichen Wahrnehmungs-, Gedanken-, Gefühls-, Erkenntnis- und Handlungswelten zu tun.

Dabei gibt es, etwas verkürzt gesagt, zwei grundsätzliche Möglichkeiten. Entweder wird ein Mensch zum Spielball äußerer und unbewusster innerer Kräfte, die er nicht begreift und deshalb auch nicht meistern kann. Er hat dann die Tendenz, sich als Opfer der äußeren Umstände zu sehen, die er mit Macht zu seinen vermeintlichen Gunsten zu beeinflussen versucht. Da er jedoch nicht begreift, in welche auf ihn einwirkenden Umstände und äußeren Gesetzmäßigkeiten sein Dasein eingebettet ist, ist das Leben dieser Menschen weitgehend fremdbestimmt. Sie reagieren auf die vermeintlichen oder realen äußeren Umstände, anstatt ihr Leben nach ihrer inneren Wahrheit auszurichten. Provokativ gesagt: wenn sie ihr Leben nicht nach der eigenen inneren Wahrheit bewusst gestalten, dann leben sie eben nach der Wahrheit und den Interessen anderer.

Im anderen Lebensmodell übernimmt der Mensch rückhaltlos die Verantwortung für sein eigenes Dasein. Dies erfordert die innere Entscheidungskraft und die Weisheit zu erkennen, welche kosmischen Gesetze das eigene Leben bestimmen und welche Auswirkungen das hat. Und, umgekehrt, in welchen Lebensthemen und –potenzialen wir Menschen unser Dasein eigenständig und selbstverantwortlich gestalten können -und gestalten sollten, wenn wir nicht wesentliche Möglichkeiten ungenutzt lassen wollen. Ein solcherart bewusster Mensch erkennt auch die Macht der im Unterbewusstsein abgespeicherten Traumata und Emotionen und trägt ihnen Rechnung. Er nimmt sie als Erwachsener an, fühlt sie, kommt so im Hier und Jetzt an und wird zum bewusst kreierenden Menschen. Denn innere Heilung ist auch Teil der Eigenverantwortung. Auf diese Weise führt zunehmende Bewusstwerdung aus der hilflosen Opferrolle zu einem selbstbestimmten Leben.

Oft sind es schwere Erkrankungen, Verlust des geliebten Partners oder der finanziellen Existenz, die zum Auslöser einer tiefgreifenden Sinn- und Lebenskrise werden und an unserem trügerischen Selbstbild rütteln. Entscheidend ist, was wir aus solchen Krisen lernen und wie wir sie verarbeiten. Sind wir bereit, uns mit den im Unterbewussten verborgenen Schmerzen, Scham- und Schuldgefühlen zu konfrontieren und sie so aufzulösen? Oder vermeiden wir diese Konfrontation und bleiben deswegen in unseren Ängsten und Vermeidungsstrategien stecken -möglicherweise ein ganzes Leben lang? Oft halten die Symptome auch Botschaften für uns bereit, die wir erkennen können und die zu wahrer Heilung im Sinn eines umfassenden Heil-Seins führen. Dies ist ein ernst zu nehmendes Thema, denn oft sind auch Wut, Hass und Aggressionen Folge solcher im Unterbewusstsein abgekapselten Verletzungen und Demütigungen. Narzistische und andere Persönlichkeitsstörungen können sich entwickeln -was besonders folgenreich bei hochstehenden Akteuren aus Wirtschaft oder Politik werden kann.

Zurück zum Anspruch der VISION, die den Menschen als entwicklungsfähiges Wesen mit enormen Potenzialen sieht -Potenzialen, die es jedoch zu aktivieren und zu fördern gilt. Ob dies gelingt, ist mitentscheidend für den Lebensweg des Individuums. Es kann den Unterschied ausmachen zwischen einem oberflächlichen, nur in Äußerlichkeiten verhafteten Leben und einem Dasein, das voller Offenheit und Lebensfreude aus der Fülle der sich bietenden Möglichkeiten schöpft. Die Villages bieten breiten Raum für Wachstums- und Selbstfindungsprozesse, wobei jeder Kraftplatz eigene Schwerpunkte ausbildet, je nach Vorlieben und Talenten der sich dort engagierenden Menschen. Jedoch meist auch mit verschiedenen Gesundheits- und Heilungsangeboten.

Gesundheit ist auch in fast allen Gesellschaften ein wichtiger Bereich. Wobei in vielen Ländern zwar die Lebenserwartung weiter steigt, andererseits aber die Lebensqualität durch eine Vielzahl bedrohlicher, oft auch chronischer Krankheiten gemindert wird. Dazu kommt, dass bei vielen Menschen die Furcht vor dem Tod als dem Auslöschen der eigenen Existenz zu einer innerlich zutiefst bedrückenden Realität wird. Nur Jene, die mutig ihre wahre spirituelle Natur erforschen, erlangen die Gewissheit, dass das Leben mit dem Ablegen des Körpers nicht beendet ist.

All jene Menschen, die den Tod als den unerbittlichen Widersacher des Lebens sehen, reduzieren ihr Dasein auf profane, materielle Aspekte. Inklusive aller Hoffnungen und Wünsche wie auch aller Enttäuschungen und sonstigen Begrenzungen eines solchen Lebensweges. Äußerlichkeiten aller Art erlangen damit enorme Bedeutung -eben weil die eigene, ewig lebendige Natur als Geistseelenwesen nicht erkannt wird. Es gilt, alles nur irgend Mögliche aus der begrenzten Lebenszeit herauszupressen. Jeder ist sich da selbst der Nächste und allzu oft bleiben Mitmenschlichkeit und ein Gefühl der Verantwortlichkeit für das Ganze auf der Strecke. Eine solche Einstellung hat häufig auch negative Auswirkungen auf die Gesundheit vieler Menschen, die unbewusst ihre Potenziale derart begrenzen. Als integrierte Wesen aus Körper, Geist und Seele haben wir Probleme aller Art zu erwarten, wenn wir unsere seelisch-geistige Natur verleugnen. Unbeschwerte Lebensfreude und Schöpferkraft werden in einem solchen Dasein immer vom vermeintlichen Damoklesschwert des alles auslöschenden Todes überschattet. Tiefes Wohlbefinden und authentisches Heil-Sein sind eng verbunden mit dem Verständnis unserer inneren Natur als unsterbliche Geistseelenwesen. Eine solche existenzielle Erfahrung, wie beispielsweise in einem Nahtoderlebnis oder bei Geistiger Heilung, ist auch für Menschen möglich, die das Weiterleben als Geistseelenwesen bezweifeln oder gar mit ihrem derzeitigen Bewusstseinsstand für unmöglich halten. Dann wird das Leben selbst zum Lehrmeister.

Das Bewusstseinsfeld des Verbundes speist sich aus mehreren Quellen: ganzheitlichen Erkenntnissen der Wissenschaften innerer Transformation, individuellen intuitiven Eingebungen und tiefen spirituellen Erfahrungen der Mitglieder sowie weisen Inspirationen erwachter Wesen -aus der geistigen Sphäre wie auch hier verkörpert. All dies wird vereint und verstärkt durch Einsicht in die Notwendigkeit zunehmenden Bewusstseinswachstums. Dabei wird das Drei-Ebenen System zu einem wirksamen Resonanzverstärker aller Impulse, die der Absicht der VISION, in Übereinstimmung mit den Potenzialen der Mitglieder entsprechen.

Bewusstseinsfördernde Effekte können dabei weit über die „Grenzen" des Verbundes hinausgehen. Denn unzählige Menschen, die sich als integrierte Wesen aus Geist, Seele und Körper begreifen, können sich zu solchen Angeboten hingezogen fühlen, die diesem Ansatz gerecht werden. Dies bezieht sich erstens auf eine Vielzahl von Heilweisen, die einem holistischen Verständnis von Gesundheit gerecht werden. Dazu gehören zweitens auch kreativitätsfördernde kulturelle Angebote jeder Art sowie drittens ein Erziehungs- und Bildungssystem, das auf einem seinen Potenzialen gerecht werdenden Menschenbild aufbaut. Und damit konstruktive, nicht-manipulative Alternativen zur herkömmlichen Verstandes-Indoktrinierung anbietet. Ebenso dürfte viertens die neue, partizipative Form des Wirtschaftens viele Menschen anziehen, die sich mehr Verantwortlichkeit und Bewusstheit in unternehmerischen Betätigungen wünschen. Dabei fördern die uns schon bekannten Kreislaufprozesse nicht nur die Potenzialentfaltung der Individuen und Institutionen im NETZWERK. Es kann auch ein intensiver Austausch mit Menschen und Organisationen außerhalb des Systems erfolgen, von dem alle Seiten profitieren.

Wie nun kann eine neue verbindende Weltethik entstehen? Denn bisher blockieren oft konträre Ideologien, Dogmen und Glaubenssätze ein einvernehmliches Miteinander. Dadurch werden nachhaltige Lösungen von Widersprüchen und Problemen zumeist illusionär, denn Jahrhunderte von Konditionierungen und Dominanz des Verstandes stehen ganzheitlichen Lösungen im Weg. Ohne ein tiefgehendes, bis an die Wurzeln unserer menschlichen Natur reichendes Verständnis fehlt ein solides Fundament.

Im Verbund hingegen sind individuelle Dekonditionierungs- und Befreiungsprozesse eine wichtige Grundlage. An deren Stelle treten keine neue Dogmen und Glaubenssätze, es finden keinerlei Manipulationen statt. Die VISION ist LIEBE als Ausdruck wahrer menschlicher Potenziale. Sie steht für Klarheit und Offenheit, wie andere etwas, sich selbst, mit ihren Fähigkeiten und Gaben auf die Erde bringen können. Sie fördert Wahrnehmung und Lebendigkeit, ermutigt tiefe, sinngebende Reflektion. Sie ist interreligiös und frei, schafft heilsame `Felder` des Miteinanders auf Augenhöhe. Und steht stets für die freie Wahl individueller Wege und Entscheidungen.

Dazu ist die VISION vollkommen transparent und von keiner Seite dominiert. Jeder kann sie auf Herz und Nieren prüfen und Jeder ist auch dazu aufgerufen, sie vor Missbrauch zu schützen. Dabei ist der beste Schutz die möglichst starke Kohärenz in der geistigen und emotionalen Absicht all der Menschen, die sich im NETZWERK engagieren. Sie begreifen, wie dieser kraftvolle Verbund sie darin unterstützt, ihr Leben zur Blüte und Entfaltung zu bringen.

Frei von Bevormundung durch fremde Interessen kann der Verbund zu einem aufregenden „Bewusstseinslabor" heranwachsen. Dabei leitet das Verständnis, dass die Evolution in dieser kritischen Phase der Weltenentwicklung gleichbedeutend mit der Bewusstseinsevolution der Menschheit wird. Es liegt einzig an uns zeitgenössischen Menschen, die Gefahren und Zerstörungspotenziale, die wir durch mangelnde Bewusstheit selbst heraufbeschworen haben, nunmehr durch ausgleichende Bewusstseinsentwicklung und LIEBE wieder ins Lot zu bringen. Wobei jedoch zu verstehen ist, dass diese Unbewusstheit das Nebenprodukt einer Verstandestätigkeit ist, die von geistig-seelischen Prozessen im Menschen und vom allumfassenden Geist als Urgrund allen Seins weitgehend abgekoppelt ist. Den daraus entstandenen und sich ständig vergrößernden Schaden haben wir als Menschheit zu tragen.

Deswegen sieht die VISION eine ihrer entscheidenden Aufgaben im Versuch einer Neujustierung im Verhältnis von Verstandesdenken, von Geist und Seele sowie den umfassenden Schöpfungsgesetzen, die weit über die uns bekannten Naturgesetze hinausreichen. Dabei ist die materielle Seite der Realität mit unzähligen Wünschen, Gefühlen und dem unaufhörlichen Gedankenstrom das Reich des Ego-Verstandes. Während Geist und Seele die Brücke zur immateriellen Sphäre der Ideenwelt sind. Wahre Intelligenz wird begreifen, dass die alles bedingenden Mysterien der Existenz aufgrund ihres höherdimensionalen Seins-Zustandes vom Verstand nicht zu entschlüsseln sind. Innerhalb dieser Begrenzung ist der Verstand jedoch ein brillantes Werkzeug.

Das Ego ist seiner Natur nach angst- und mangelbasiert. Deshalb ist es auf Abgrenzung und Überlebenskampf gedrillt, wird vom Wunsch nach Überlegenheit geleitet. Durch das Umschwenken von Konfrontation auf Kooperation im Verbund werden kraftvolle Energiereservoire frei. Das ganze NETZWERK ist bekanntlich so angelegt, dass sich Gegensätze ergänzen und eine gesunde schöpferische Mitte finden. Dies gilt natürlich auch für den befruchtenden Ausgleich zwischen den von ihren Grundenergien her so gegensätzlichen Ebenen der Firmen und Villages. Das kraftvolle, kohärente Bewusstseinsfeld des Verbundes speist sich aus der Offenheit und Verbundenheit aller Teilnehmer. Dabei führt der Fokus auf die jeweils innere und äußere Entwicklung zu einer gesunden Balance in den Aktivitäten. Es ist diese Ausgewogenheit zwischen den Polen, die ein konstruktives Wachstum möglich macht. Alle Aktivitäten im Verbund reflektieren Ausgleich und Austausch zwischen „Innenwelten" und „Außenwelten". Dann kann sogar die äußere, komplexe Vielfalt zu einem Segen werden. Bei bewusstem Umgang können all die Entdeckungen und technologischen Durchbrüche, zu denen der Geist des Menschen imstande ist, zu einem wahren Paradies hier auf Erden führen.

Die aus dem Geistigen stammende VISION will durch den ständigen Ausgleich polarer Gegensätze dazu beitragen, die Evolution der Menschheit auf einem guten, tragfähigen Weg voranzubringen. Durch Bewusstseinswachstum werden wir nicht nur den Risiken möglicher Zerstörung wirksam begegnen können. Darüber hinaus können wir Menschen in der kommenden bewussteren Welt unsere individuellen Potenziale unbeschwert und ungehindert entwickeln. Und die sind riesig, fast unbegrenzt, wenn wir unseren Körper mit seinem hirnbasierten Verstand, unsere Seele und unseren Geist als Verbindung zum Ganzen, sowie die Geistige Welt als Verständnisbrücke zu den umfassenden göttlich-geistigen Schöpfungsgesetzen in Einklang bringen. Dazu müssen wir Menschen jedoch unsere Wurzeln als geistig-seelische Wesen erkennen. Dann können wir unsere hiesige materielle Welt analog der kosmischen Schöpfungsgesetze gestalten. Geist und Materie können dann, unter Führung des Geistigen, eine machtvolle Co-Kreation, eine wahrhaft neue Erde, bzw. besagtes Paradies auf Erden erschaffen.

Essenz Kapitel 30: Potenzialentfaltung der Individuen und Institutionen - Schöpfungseinheit von „innen" und „außen"

In diesem Buch wird das NETZWERK stets als bereits bestehende Realität dargestellt. Was zutrifft, weil die zugrunde liegende VISION in der geistigen Sphäre eindeutigen Realitätscharakter hat. Im Schöpfungsdreiklang aus Gedanke, Wort und Tat ist die VISION des EARTH OASIS NETZWERKS die real existierende Gedankenform, der im vorliegenden Buch auch im Wort Ausdruck verliehen wird. Dabei ist offen, ob und wann der Verbund in einem dritten Schritt auch in der Praxis entstehen wird.

Die Gestalt dieses neuartigen Wachstumssystems ist also von Anbeginn an in ihren wesentlichen Zusammenhängen als Ganzheit gegeben. Die detaillierte, facettenreiche Schilderung der in der VISION aufgezeigten Möglichkeiten ist der Daseinszweck dieser drei Bücher. Das „Wissen" um das NETZWERK und dessen mögliche Bedeutung für unsere Welt ist also in der Geistigen Sphäre vorhanden, wurde jedoch nicht durch Channeling übermittelt. Es ist vielmehr eine Art von Co-Kreation mit jenen geistigen „Urhebern", jenen schöpferischen Kräften im „Meer aller Möglichkeiten". Um dieses geistige Wissen aufnehmen zu können, wurde jedoch ein intuitives Erfassen und Zusammenfügen der sichtbar werdenden „Gedankenfragmente" von mir verlangt. Und dazu auch eine „Übersetzung" in solche Worte, die unserem überwiegend verstandesgeprägten menschlichen Verständnis gerecht werden. Dieser Herausforderung war ich mir von Beginn an, im Dezember 1995, voll bewusst. Gleichzeitig wusste ich auch, dass es Teil meiner Verantwortung war, mein Verstandesdenken so gut es geht von Verfälschungen und Konditionierungen zu befreien, um der mir gestellten Aufgabe gerecht zu werden und dieses geistige Wissen authentisch und mit größtmöglicher Klarheit auf die Erde zu bringen. Wohl aus diesem Grunde erhielt ich im letzten Jahr auch den Rat, dem eher an den Intellekt, die linke Hirnhälfte gerichteten, umfangreichen „Linkshirn" Buch noch einen zweiten Band für „Rechtshirne" zur Seite zu stellen. Der richtet sich an all Jene, die mehr mit der Intelligenz ihres Herzens und durch intuitive Fähigkeiten ihre Erkenntnisse erlangen. Und erst vor wenigen Monaten wurde ich dahingehend inspiriert, in Ergänzung zu den beiden druckreifen Büchern noch das Ihnen vorliegende „Essenz-Buch" zu schreiben.

Die mögliche Umsetzung dieser VISION und damit das Entstehen und Gedeihen des dort vorgestellten NETZWERKS hängt letztlich davon ab, ob eine genügend große Zahl an Menschen den Inhalten dieser VISION Realitätscharakter beimisst. Allerdings bedarf es schon zu Beginn eines klaren Engagements überzeugter Menschen, die voll hinter der VISION stehen, diese so neuartigen Inhalte aktiv kommunizieren und damit dem NETZWERK das entscheidende Momentum für einen erfolgreichen Start geben.

Betrachten wir in der Folge übersichtsmäßig und noch weiter vertiefend einige der entscheidenden Faktoren, die diesen Wachstumsverbund zu einer wunderbaren Inspiration für die weitere Entwicklung der Menschheit werden lassen können.

In diesem Kapitel 30.) geht es dabei um die individuellen Wachstumsmöglichkeiten der Mitglieder und um ihre ungehinderte

Potenzialentfaltung. Sowie um die transformative Kraft der Institutionen des Wachstumssystems.

Das folgende Kapitel 31.) behandelt die entscheidenden polaren Kräfte der ersten und der dritten Ebene, welche die Dynamik und Gestaltungskraft des NETZWERKS voranbringen -eher nach „innen" bzw. eher nach „außen" gerichtet, so wie es ihrer energetischen Grundausrichtung entspricht.

Die erfolgreiche Entwicklung der Firmen und Unternehmen auf der ersten und der Villages auf der dritten Ebene gehören zusammen, sind wie die beiden Seiten der gleichen Münze. Sie durchwirken, ergänzen und verstärken sich gegenseitig in unaufhörlich ablaufenden Kreislaufprozessen.

Im dann folgenden Kapitel 32.) betrachten wir aus einem weiter vertieften Blickwinkel die verbindenden Funktionen der mittleren Stiftungsebene - die ruhende Kraft zwischen den Polen, die sie ausgewogen in ihren Aktivitäten unterstützt. Wir werden sehen, wie die Stiftungen zum entscheidenden Katalysator der NETZWERK Entwicklung werden.

Jeder ist willkommen im NETZWERK, der sein persönliches Leben bereichern, und bislang noch schlummernde Potenziale aktivieren möchte. Dabei sind die Institutionen auf den drei Ebenen ebenso hilfreich wie indirekt auch die anderen Mitglieder dieses Wachstumsverbundes. Sie alle dienen als authentischer Spiegel der eigenen Entwicklung mit ihren Chancen und Fortschritten, wie auch möglichen Barrieren und Stolpersteinen.

Deswegen kann gesagt werden, dass ein Jeder just an dem Punkt seiner persönlichen Entwicklung „abgeholt" wird, an dem er oder sie gerade steht. Dabei gibt es kein „richtig" oder „falsch", erst recht kein „gut" oder „böse", sondern nur ein bewussteres oder ein weniger bewusstes Verhalten.

Diese Funktion des ehrlichen Spiegelns, des tiefen Erfahrens und Verstehens begegnet uns in allen Bereichen des Verbundes. Ob es um das Ausüben und vielleicht schmerzhafte Loslassen von Macht geht oder das Finden der eigenen Vision oder Lebensmission. Ob es die Äußerungen eines verletzten Egos betrifft, das in einer der intensiven

Situationen im Verbund an seine (vermeintlichen) Grenzen stößt, oder aber um den beglückenden Flow der entsteht, wenn Menschen aus ihrer Mitte heraus in einer Tätigkeit voll aufgehen und tiefe Freude und Verbundenheit mit Anderen empfinden - stets dienen andere Menschen oder Situationen als authentische Spiegel dafür, wo wir gerade in unserer Entwicklung stehen.

Auch durch Wechsel der Ebenen im Verbund hat der Teilnehmer die Möglichkeit, andere wichtige Erfahrungen zu sammeln, die seiner ganz persönlichen Entwicklung dienen. Jedes Mitglied profitiert zudem von der kraftvollen kohärenten Energie, die aus der Verbundenheit untereinander und der auf Ausgleich und Bewusstseinswachstum fokussierten Grundenergie der VISION entsteht. Der bzw. die Einzelne hat dadurch die ganz reale Chance, das Optimum der persönlichen Möglichkeiten zu entfalten und das eigene Leben mit Sinnhaftigkeit und tiefer Freude zu erfüllen. So entsteht ein überaus kraftvolles Momentum für weitere persönliche Entwicklung und Potenzialentfaltung.

Stets hat das Mitglied auch die Chance, seine eigentliche Natur als Geistseelenwesen zu entdecken und seine Talente und Potenziale zu leben -im Einklang mit den kosmischen Gesetzen, soweit wir sie erkennen. Aus diesem FELD der LIEBE können wir Visionen auf die Erde bringen -jeder Mensch auf seine Weise. Deshalb wird spirituelle Erkenntnis im Verbund als Jedermanns Geburtsrecht gesehen.
Kontakt zu erwachten Lehrern, insbesondere in den Villages, kann oft eine Inspiration für eigenes Erwachen und Selbstrealisation sein. Im NETZWERK wird jeder Suchende auch vielfältige Gelegenheiten haben, auf den jeweils geeigneten, tiefe Resonanz auslösenden Weisheitslehrer zu treffen. Umgekehrt ist der Verbund auch eine offene Einladung für lichtvolle Wesen, die hier einen liebevollen, geschützten Raum und ernsthafte Wahrheitssucher finden, auch von außen.

Oft ist die spirituelle Entwicklung dadurch blockiert, dass noch viele alte Schmerzen und Traumata aufzulösen sind. Auch hierfür finden sich unzählige Therapien und Heilweisen. Natürlich gibt es viele solcher Therapien auch außerhalb des Verbundes, und sie mögen genauso gut sein. Hier jedoch sind sie eingebunden in die kraftvolle transformative Energie eines integrierten Systems, das auf allen Ebenen und Institutionen Heilung und Bewusstwerdung der Menschen mit an oberste Stelle setzt. Die Kohärenz, die sich aus dieser Fokussierung auf freiheitliche Entwicklung des Individuums ergibt, erschafft ein intensives Energiefeld, das allen Mitgliedern zugutekommt -je nach den Wünschen und Bedürfnissen des Einzelnen.

Noch zahlreiche weitere Vorteile kommen zum Tragen. So kann das Individuum auch auf der beruflichen Ebene die den eigenen Talenten, der inneren Berufung entsprechende Tätigkeit finden. Dies wird, wie auch die persönliche Sinnfindung, zur Quelle von Freude und Erfüllung. Es gibt im NETZWERK keine Zwänge oder „alternativlose" Sachverhalte, denen man sich aus Überlebensängsten heraus beugen müsste. Im Gegenteil geht es darum, seinen Platz im Leben zu finden und die Absicht der Seele für diese Verkörperung zu erkennen. Dabei bieten sich im Verbund auf allen drei Ebenen unzählige Möglichkeiten, an den dortigen Aufgaben und Arbeitsprojekten mitzuwirken. All diese Prozesse werden durch die kohärente Wachstumsenergie stark gefördert.

Man ist nicht länger isolierter Einzelkämpfer in einer nur auf den jeweiligen eigenen Vorteil bedachten Umwelt. Stattdessen ist das Mitglied Teil unzähliger wachstumsfördernder Umfelder eines Verbundes der Potenzialentfaltung, der nicht auf Mangeldenken und Ängsten aufbaut. Vielmehr geht es um Kooperation und das Herstellen aktiver WIN/WIN Situationen für alle Beteiligten. Die ganzheitlich-spirituelle Verfassung stellt den Menschen in den Mittelpunkt.
So wird man nicht zum unbedeutenden Rädchen im Getriebe; Leben und Arbeit lassen sich dann nicht länger auseinander dividieren.

Halten wir also fest: neben den vielen in den bisherigen Kapiteln angeführten ideellen und materiellen Vorteilen unterstützt das NETZWERK den Einzelnen bei der Überwindung all jener Hindernisse, die einem Erwachen in das wahre Selbst entgegen stehen. Kommen wir nun zu den Vorteilen und Entwicklungschancen der Institutionen im Verbund. Und zur möglichen Bedeutung für unsere aus den Fugen geratende Welt.

Charakteristisch für die Prozesse im Wachstumssystem ist die gegenseitige Befruchtung und Bereicherung durch die unzähligen energetischen Kreislaufprozesse. Dabei gilt: die Institutionen können nur so gut sein, wie der Bewusstseinsstand der dort engagierten Menschen es ermöglicht. Wenn die Akteure inspiriert sind und aus Freude und innerer Bereitschaft ihr Bestes geben, kommt dies der Qualität in den

Firmen, Villages und Stiftungen zugute -und umgekehrt. Eine licht-volle Institution wird bei den Menschen im eigenen Umfeld beginnen. Aufrichtigkeit und Integrität sind Werte, die Vertrauen und gegensei-tige Wertschätzung herstellen. So kann jene tiefe Verbundenheit, die die ganze Schöpfung durchzieht, auch in der menschlichen Interaktion erlebbar werden.

Die VISION fördert die Erkenntnis, dass wir als Menschheit und als Einzelne es in der Hand haben, die Richtung zu bestimmen, in die wir unsere Welt gestalten möchten. Unsere Zukunft ist weder festgelegt, noch von Zufällen bestimmt. Vielmehr entwickelt sie sich aus der Qua-lität des Hier und Jetzt. Daraus ergeben sich Wahrscheinlichkeiten, wie die Welt von morgen aussehen könnte, aber auch nicht mehr. Denn es ist jederzeit möglich, grundlegend neue Impulse als Samen im Hier und Jetzt zu verbreiten. Wir leben in einem „Ozean von Möglichkei-ten", und welche Potenziale sich zur Realität von morgen verdichten, ist nicht vorherbestimmt. Es gibt viele mögliche Entwicklungslinien, die im Kräftespiel der Ideen miteinander wetteifern. Gerade auch, weil wir die weitere Entwicklung auf unserer Erde, zumindest bislang noch, in unseren eigenen Händen haben, ist die gegenseitige Durchdrin-gung und Befruchtung als qualitative Grundlage der im NETZWERK entstehenden Realitäten von so enormer Bedeutung. Dabei ist insbe-sondere die seelisch-geistige Verfassung entscheidend für die weitere Entwicklung.

Nehmen wir als Beispiel eine für alle Beteiligten verträgliche Unter-nehmensführung bei NETZWERK Firmen. Da werden substanzielle WIN/WIN Situationen für alle beteiligten Seiten angestrebt. Statt der häufig anzutreffenden WIN/LOOSE Realität der bisher dominieren-den Art des Wirtschaftens. Solche wünschenswerten Veränderungen sind jedoch kein Selbstläufer. Denn alte Sieger- und Wettbewerbsre-flexe können sich jederzeit bemerkbar machen. Beste Absichten und ethische Wertmaßstäbe geraten ins Wanken, wenn starke Verlust- oder Versagensängste bzw. menschliche Defizite wie Gier oder Neid an die Oberfläche kommen und Firmen-Entscheidungen negativ beeinflus-sen. Es bedarf dann einer mutigen Aufarbeitung persönlicher Defizite, die aus verfestigten Egostrukturen und alten Verletzungen entstehen - dadurch erwachsen Empathie und Verbundenheit als wichtige Qualität, auch in den Firmen. Was in herkömmlichen Unternehmen bisher fast undenkbar ist, wird durch ausgewogenes Geben und Nehmen auf allen NETZWERK Ebenen möglich. Denn jede Seite bringt ihre Impulse zum Wohle des Ganzen ein, individuell wie auch in Firmen, Stiftungen und Village-Gemeinschaften.

Diese sich befruchtenden Kreislaufprozesse sind also ein ganz entscheidendes Merkmal des Verbundes: einerseits kommt die transformative Kraft der Institutionen den Individuen zugute. Dabei fördert, wie wir wissen, die erste Ebene eher die äußere und die dritte Ebene die innere Entwicklung der Mitglieder.

Und andererseits stärken die wachsende Bewusstheit und Intelligenz des Herzens der tätigen Menschen die Qualität der in den Institutionen geleisteten Arbeit. Dadurch kann das NETZWERK zu einem überzeugenden Magneten für unzählige ganzheitlich gesinnte Interessenten werden.

In der Praxis des Entfaltungsverbundes laufen unzählige Prozesse gleichzeitig ab, durchdringen und ergänzen sich. Gespeist aus dem grenzenlosen „Meer der Potenziale" werden „Innenwelt" und „Außenwelt" im Hier & Jetzt zur sich konkret entfaltenden Schöpfungseinheit. Wir erkennen also: die Existenz ist ein wogendes, pulsierendes Meer von Möglichkeiten und die Zukunft geht immer aus dem Hier & Jetzt hervor. Dies bedeutet, in aller Tragweite: es wird zur alles entscheidenden Herausforderung für die Menschheit, wie und nach welchen Kriterien wir das jeweils uns als einzige Wirklichkeit zur Verfügung stehende Hier & Jetzt erschaffen! Noch präziser: mit welchem Grad an Bewusstheit, mit einem wie tief gehenden Verständnis der Existenz gestalten wir das Hier & Jetzt, als unausweichliche „Vorstufe" unserer Zukunft?

Das sind keine philosophischen Erörterungen, auch keine rhetorischen, sondern zutiefst existenzielle Fragen für Zukunft und Überlebensfähigkeit der Menschheit. Dies zeigt das Beispiel eines auf Krieg und Unfrieden eingestimmten Bewusstseinsfeldes. Tausende Kriege und Konflikte in tausenden Jahren verdeutlichen, wie tief diese Potenzialität von Krieg im Hier & Jetzt verankert ist. Und dennoch ist es möglich, im Hier & Jetzt eine gedanklich und emotional stark besetzte Realität von „Frieden" fest zu verankern. Um eine solch kraftvolle Veränderung zu bewirken, muss jedoch eine starke, kohärente Energie erschaffen und von möglichst vielen Menschen geteilt und verstärkt werden.

Kommen wir noch einmal zum „Meer aller Möglichkeiten" und zur Art und Weise, wie das NETZWERK mit Zukunftsgestaltung umgeht. Die „Welt" des Verbundes ist holistisch aufgebaut -weder dem Äußeren noch dem Inneren wird Vorrang gegeben. Denn das würde die Entscheidung für EINEN Pol der Realität bedeuten. Stattdessen erfolgt eine gleichgewichtige Entwicklung unserer inneren und äußeren Potenziale. Es wird die Mitte, also Ausgeglichenheit zwischen den Polen gesucht. Damit geben wir die Richtung vor, wie wir aus dem „Meer der Möglichkeiten" konkrete Realität entstehen lassen. Und zwar in folgenden Schritten: als erstes durch die Anerkenntnis konkret vorhandener gegensätzliche Pole. Durch dieses Verständnis sinkt das Risiko möglicher Konflikte und Reibungsverluste, die letztlich immer auf Kosten aller Beteiligten gehen. Zweitens durch konstruktive Entwicklung gemeinsamer Zukunftsszenarien, die vorhandene Widersprüche und mögliche Konfliktpotenziale durch einen versöhnenden Weg der Mitte auflösen oder doch zumindest in verträglicher Weise in den Griff bekommen. Und drittens: indem wir stets ganz bewusst die Integration innerer und äußerer Aspekte finden, wodurch anstelle unnötiger Konflikte und Energieverluste mächtige Synergien und WIN/WIN Situationen erzeugt werden. Dann, viertens: indem wir geeignete Wege finden, wie wir aus dem „Meer der Potenzialitäten" wichtige geistige Anregungen und Visionen herausfiltern können, die weit über die Grenzen unserer Verstandeserkenntnis hinausgehen.

Dieser letzte Punkt ist deswegen so bedeutsam, weil im „Meer der Möglichkeiten" auch die ganze Fülle an Wissen und Erkenntnissen hochentwickelter geistiger Existenzen enthalten ist. Die können wir mit dem nur auf die Materie gerichteten, hirngebundenen Verstand nicht entschlüsseln. Diese Unfähigkeit unseres Verstandesdenkens zur Erkenntnis des Geistigen als dem Urgrund allen Seins ist die Wurzel aller Fehlentwicklungen, mit denen wir rat- und hilflos konfrontiert sind. Als fatale Folge sind wir von höherer Erkenntnis abgeschnitten. Und ohne das Wissen um die göttlichen Schöpfungsgesetze ist der Weg zu Einheit und Ganzheit in der komplexen Vielfalt versperrt.

Die grundlegenden Bedingungen, die unserer menschlichen Existenz zugrunde liegen, sind uns nicht zugänglich. Unsere materiellen Wissenschaften beschäftigen sich nur mit den Wirkungen, während die Ursachen ihnen verschlossen bleiben. Dies ist fatal und höchst gefährlich. Denn das Geistige, Vision und Idee, gehen der Verdichtung zu

Materie voraus! Und ohne Zugang zu den „geistigen Bauplänen", der nur durch geistige Inspiration und die Gabe der Intuition erfolgen kann, sind wir verwundbar. Die Entwicklung der Atomwaffen und der Künstlichen Intelligenz sind Beispiele für viele technologische Entwicklungen, denen jegliche Bewusstheit für mögliche verheerende Folgen abgeht.

Es dürfte mittlerweile klar sein, weshalb die Verbindung mit hochentwickelten geistigen Intelligenzen und selbstrealisierten Menschen auf unserer Erde - als notwendige Ergänzung zu unserem begrenzten intellektuellen Verstandeswissen - entscheidend für die Zukunft unserer Welt wird. Und auch für jedes einzelne Individuum, denn wir alle tragen die Potenziale von Entfaltung und Selbstrealisation in uns. Die VISION dieses ganzheitlichen Entwicklungsverbundes trägt dieser Erkenntnis Rechnung, indem das ständige Entstehen der Schöpfungseinheit von „Innen" und „Außen" auf allen Ebenen und in allen Institutionen des NETZWERKS verankert wird. Innere und äußere Entwicklung, Fülle und Schönheit; sich manifestierende Schöpferkraft, Wohlergehen und verträgliches Wachstum in unserer äußeren wie der jeweiligen Innenwelt.

Schauen wir uns nun an, wie wir das konkret mithilfe der Institutionen im Verbund verwirklichen können.

Essenz Kapitel 31: Die polaren Kräfte der ersten und dritten Ebene -Garanten für Dynamik und Gestaltungskraft des Verbundes

Es stellt sich die Frage, ob die Verwirklichung innerer Wachstumsimpulse auf der außen gerichteten ersten Ebene schwerer ist als in den beiden anderen Bereichen. Die Gefahr erscheint durchaus real, sich in äußeren, „alternativlosen" Sachverhalten zu verlieren, so wie es oft Kennzeichen der bisherigen Firmenwelt ist. In der sind dann die wirtschaftlichen Erfolgszahlen wichtiger als die Menschen, die häufig zu Objekten, zu Kostenstellen in der Bilanz degradiert werden. Wenn man tiefer schaut, hat das natürlich seine Gründe. In dem Wunsch, greifbare Unternehmensabläufe und gut prognostizierbare Gewinne zu bekommen, wird teilweise unbewusst ausgeklammert, was sich als störend erweisen könnte. Und was könnte im alten, mechanistischen Weltbild der bisherigen Wirtschaftsform störender sein als das Lebendige? Störender als der Mensch in all seiner Spontaneität und Kreativität, mit all seinen Wünschen und Erwartungen an das eigene Leben? Durchaus verständlich also, wenn zunehmend auf Roboter und Künstliche Intelligenz gesetzt wird, denn Maschinen stellen keine Ansprüche, sind berechenbar und lassen sich beherrschen. Hoffentlich jedenfalls.

Die Akteure auf der Verbund-Firmenebene wissen mit dem alten Credo gnadenlosen Wettbewerbs und kurzsichtigen Raubbaus an unseren Ressourcen nichts anzufangen. Sie sehen den Menschen vielmehr als mit Geist und Bewusstsein ausgestattetes Wesen, das über weit höhere Potenziale verfügt, als durch Ausbeutung und Manipulation sich Erde, Natur und alles Lebendige untertan machen zu müssen. Die Gründer und Initiatoren setzen nicht auf Konfrontation und Ausübung von Herrschaft, sondern auf Ausgleich von Gegensätzen und tiefe Verbundenheit mit allem Lebendigen. Menschen sind in diesem Lebensmodell verantwortliche Subjekte, die in Verbundenheit und sinnvoller Ergänzung untereinander und im Zusammenspiel mit der Natur agieren. Deswegen kann eine integer vorgehende Wirtschaft dieses neuen Paradigmas nicht auf Ausbeutung der Natur und des Menschen durch den Menschen basieren. Das sichtbar werdende Scheitern des Überlebten führt uns die Dringlichkeit vor Augen, parallel zum Alten das Neue mutig und mit aller Kraft und Leidenschaft anzugehen.

Gleichwohl sieht die VISION für diese Ebene vielfältiger, außen gerichteter Aktivitäten keine besonderen Regeln vor, um Machtmissbrauch oder dem Abgleiten in überlebte Formen des Wirtschaftens vorzubeugen. Es gilt die gleiche Grundverfassung, die für das gesamte NETZWERK Gültigkeit hat. Die VISION vertraut der Weisheit und Intelligenz des Herzens der Mitglieder. Und auf die persönliche Integrität, die ja letztlich auch eine Frage der Prioritäten im eigenen Leben ist -entscheidet man sich für Gier oder LIEBE? Sucht man eine stimmige Balance zwischen Haben und Sein? Denn letztlich geht es ja bei Allem auch und gerade um die unaufhörliche Bewusstwerdung und Potenzialentfaltung der Akteure im Verbund.

Die VISION ist kein Mittel zu irgendeinem Zweck in der Zukunft. Alle Potenziale im Verbund entfalten sich stets im Hier und Jetzt und erst daraus entsteht Zukunft. Es gibt keine übergeordnete, dominierende Instanz, die in der Zukunft liegende Zwecke erreichen will. Das ist ein weiteres entscheidendes Merkmal der VISION, welches die Integrität und Ausgewogenheit unterstreicht. Neben legitimem Eigennutzen der Firmen und Freiberufler ist das Gemeinwohl ein wichtiges Anliegen

-WIE die Institution eine Balance findet, bleibt aber Teil der eigenen Bewertung. Denn Bewusstseinsentwicklung als entscheidendes Element im Verbund setzt die Übernahme von Eigenverantwortung voraus -fehlerhafte Einschätzungen inklusive. Jedoch dürften sich ungünstige Entscheidungen in Grenzen halten.

Da Kooperation und Verbundenheit sowie daraus folgende intensive Kommunikation die Prozesse im Verbund kennzeichnen, werden sich immer Rat und Unterstützung finden, wenn etwas aus dem Ruder läuft. Dazu schützt natürlich auch die intensive Förderung durch die Stiftungen und trägt zum Erfolg der Firmen bei. Aber auch die Villages mit ihrer komplementären Energie von innerem Wachstum sowie Heilung von alten Verletzungen und Defiziten können wesentliche Impulse geben. Je intensiver die Kontakte, desto mehr können beide Seiten profitieren. Um diese Effekte zu fördern, legen die Villages viele ganzheitliche Programme auf, an denen Mitglieder der drei Ebenen zu Vorzugskonditionen teilnehmen können.

Wir sehen: auch auf der außen gerichteten Firmenebene ist der inspirierende Austausch innerer und äußerer Entwicklungsimpulse voll gewährleistet. Gerade dieser Bereich, an der Nahtstelle zur „normalen" Unternehmenswelt, wird volle Unterstützung von allen Kräften im Verbund bekommen. Denn es wird entscheidend ob es uns gelingt, eine verträgliche, auf Kooperation und Verbundenheit basierende Form des Wirtschaftens zum Erfolg zu bringen. Nicht nur für den Wachstumsverbund selbst, sondern auch für unsere Welt, die dringend eine neue ganzheitliche Sichtweise im so grundlegenden wirtschaftlichen Bereich benötigt. Denn die Wirtschaft ist in der heutigen Welt längst zum wichtigsten Akteur geworden, der auch Politik und Gesellschaft den Weg weist.

Die philosophische Grundlage der vorherrschenden kapitalistischen Wirtschaft ist der Materialismus. Und ihr inneres Ordnungs- und Regulierungsprinzip ist die legendäre „unsichtbare Hand" des alles zum Wohle der Teilnehmer regulierenden Marktes. Dabei zählen nicht Erfüllung und Glück der Menschen, sondern das Bruttosozialprodukt aller erzeugten Produkte und Leistungen. Dessen, wenn auch noch so geringer, Zuwachs wird zum verehrten „Goldenen Kalb".

Wozu ironischerweise auch Gesundheitsleistungen für all solche Erkrankungen gehören, die auf Stress und Frustration jener Lebensumstände zurückzuführen sind, die durch unsere wenig kooperative und konfliktträchtige Art des Wirtschaftens begünstigt werden. Oder auch der kostenträchtige Versuch, Folgen ungezügelter Ressourcenausbeutung und Umweltzerstörung wieder aus der Welt zu schaffen -sofern überhaupt möglich. Ganz nach dem erwähnten Muster, wonach die Gewinne von den Konzernen eingestrichen werden, während die später anfallenden Kosten die Allgemeinheit belasten. Alles läuft unter „Zuwachs im Bruttosozialprodukt". Unnötig, noch auf die „Qualität" von Wachstum bei Rüstung und Waffenproduktion hinzuweisen. Da wird als erfreulicher Zuwachs an Wirtschaftswachstum verkauft, was in Wahrheit in den Empfängerländern für unzählige Kriegstote verantwortlich ist. Oder was in den Händen brutaler Diktatoren gegen die eigenen Landsleute eingesetzt wird.

Angesichts all solcher Ungereimtheiten und Nachteile für die Bevölkerungen kann es nicht überraschen, wenn mehr und mehr Menschen sich eine neue, verträglichere Form des Wirtschaftens wünschen. Nach einer vor wenigen Jahren erhobenen Umfrage der Bertelsmann-Stiftung in Deutschland und Österreich sind erstaunliche 80 % der Befragten für ein neuartiges Wirtschaftssystem -und das, obwohl das bestehende System von Politik und Wirtschaft gebetsmühlenartig als „alternativlos" dargestellt wird. Das Problem besteht allerdings darin, dass jenseits der kommunistischen Systeme und der vorherrschenden kapitalistischen Wirtschaftsordnung bislang kaum einmal tauglichere Modelle in der Praxis erprobt wurden.

Solange dies nicht der Fall ist, können die Kräfte der etablierten Wirtschafts- und Gesellschaftsordnung mit einiger Plausibilität vor „unsicheren Experimenten" warnen. Insbesondere dann, wenn solche neuen Ansätze gleich als Ersatz der bestehenden Ordnung eingeführt werden sollen.

Einer der großen Vorteile der VISION: das dort detailliert entworfene NETZWERK kann parallel und in Ergänzung zur gegenwärtigen Wirtschaftsordnung anlaufen. Altes und neues Paradigma können gleichzeitig und nebeneinander existieren - die einen leben das eine, die anderen das andere oder beides. Die Praxistauglichkeit kann so in Ruhe überprüft werden und wird sich dann als gegeben oder gar der bestehenden Ordnung überlegen erweisen -oder eben nicht. In jedem Fall ist der mögliche Start des Verbundes für die Gesamtgesellschaft von hohem Nutzen. Denn ohne dass Bisheriges aufgegeben werden muss, kann das Neue auf seine Funktionsfähigkeit überprüft werden. Wenn diese Prüfung positiv ausfällt, kann der Verbund mit dann umso mehr überzeugten Mitgliedern großes Momentum entfalten.

Aus Sicht der Gesellschaften und des jetzt vorherrschenden Systems gibt es noch die Möglichkeit, einzelne, besonders gut funktionierende Elemente der NETZWERK Realität aufzugreifen und ins bestehende System zu integrieren. Das macht den Start des Verbundes noch attraktiver. Möglich ist jedoch auch, dass die einzelnen Elemente nur im Kontext des Drei-Ebenen Systems funktionieren -das dürfte dann das Interesse am NETZWERK und die Zahl der Beitritte weiter beflügeln. Durch die nicht-hierarchische Struktur ist eine solche Erweiterung nicht mit Risiken verbunden. Auch wenn irgendwann Hunderttausende oder gar Millionen Mitglieder auf der Firmenebene aktiv sind -die Risiken von Machtmissbrauch wachsen dadurch nicht, da keine institutionelle Machtansammlung in den Händen Einzelner erfolgen kann. Kommen wir nun in einer vertiefenden Betrachtung zur vielfältigen Welt der sozial, kulturell, ökologisch, gesundheitlich und spirituell inspirierten Villages. Wie äußert sich in diesen Kraftplätzen die für den Verbund charakteristische Schöpfungseinheit von „Innen" und „Außen"? Welche Möglichkeiten bieten sich dadurch für die Individuen wie auch für die Gemeinschaften?

Wie strahlen sie auf die anderen Bereiche aus und wie werden sie selbst von den Partnern der beiden anderen Ebenen beeinflusst? Gehen wir auch hier noch einen Schritt tiefer, um die transformativen Kräfte besser zu begreifen.

Die Village-Residenten wissen um die Kraft die sich entfaltet, wenn einengende Glaubenssätze überwunden und alte Verletzungen und Traumata geheilt werden. Dieser tiefe Reinigungsprozess erfordert Mut -und das tiefe Verständnis, weshalb Heilung, Bewusstwerdung und Übernahme von Verantwortung so entscheidend sind. Nicht nur für das eigene Leben, auch für Heilung und positive Veränderungen in unserer Welt. Diese Entwicklung erfolgt in Zwischenschritten und der Geschwindigkeit, die individuell stimmig ist. Dabei sind unsere Potenziale darauf angelegt, dass wir unsere authentische Schöpferkraft entdecken und alle Hindernisse und Gegenkräfte überwinden. Diese haben jedoch eine wichtige Funktion. Sie stärken den Wunsch nach

Selbstbestimmung und Befreiung -es gilt jedoch wachsam zu sein und das eigene Bewusstsein zu schärfen. Denn Manipulation und Versklavung weisen sich nicht als solche aus; vielmehr geben sie vor, nur das Beste für die Menschen zu wollen. Es erfordert ein großes Maß an klarem, selbstständigem Denken, um Fremdbestimmung zu erkennen und richtig einzuordnen. Nur durch bewusste Wahl behält der Mensch die Hoheit über sein Leben. Dies öffnet den Weg zu Selbstbestimmung auf Basis umfassender Eigenverantwortung.

Das NETZWERK sieht es als wichtige Aufgabe, diese Klärungsprozesse zu unterstützen. Denn alte Glaubenssätze und Abhängigkeiten sind teilweise noch vorhanden, während neue Einsichten und ein tieferes Verständnis erst heranreifen. Rat und Hilfe sind in dieser Phase besonders wertvoll. Vergleichbare Erlebnisse Anderer regen an und machen Mut. Sie zeigen, dass Selbstrealisation und ein Leben in Freiheit und Würde möglich sind. Dabei fördert insbesondere die transformative Grundenergie in den Villages das Bewusstseinswachstum der Mitglieder -wie umgekehrt die Kraftplätze von Kreativität und Energiezuwachs der Akteure gestärkt werden. Hier kommen wieder die bekannten kreisförmigen Entwicklungsprozesse zum Tragen. Wobei sich jedes Village völlig einzigartig entwickelt, ganz nach dem Energiefluss, den jeweiligen Talenten und Interessen der Residenten. Dies wird letztlich auch zu einer wirtschaftlichen Stärkung der jeweiligen Gemeinschaft führen. Ein gesunder Fluss materieller Ressourcen wird sich auf ganz natürliche Weise einstellen. Als Ausfluss der Entwicklungsprozesse all der Menschen, die mit Leidenschaft „Inneres" und „Äußeres" zu einer Schöpfungseinheit werden lassen. Dabei kommt die NETZWERK VISION als beliebig ausdehnbare Leinwand zum Tragen. Die Mitglieder können hier Ideen und Visionen aus dem „Meer der Möglichkeiten" zu konkreten Projekten in unserer materiellen Welt heranreifen lassen. Mit den Qualitäten von Liebe und Verbundenheit fungiert dabei der Verbund als fördernder Hintergrund für eine unbeschreibliche Fülle an Schöpfungen. Indem die VISION gleichzeitig die innere, zentrierte Einheit betont, wird die äußere Vielfalt mit Klarheit und Bewusstheit ausbalanciert. So kann sie keinen Schaden bewirken, wie das in unserer bisherigen Welt so oft der Fall ist.

Dabei bietet gerade auch die erdverbundene Nähe zur Natur in den Villages ein ideales Umfeld für die inneren und äußeren Entwicklungsprozesse. Die Natur ist unsere große Lehrmeisterin; sie spiegelt die kosmischen Lebens- und Entstehungsprozesse und bringt uns so in Kontakt mit der weisen göttlichen Schöpferkraft. Sie sensibilisiert uns auch für das Erschaffen nachhaltiger Strukturen, was zu einer Stärkung der Gemeinschaftsbasis und damit auch zu einer Verbesserung der Lebensumstände jedes Einzelnen führt. Dabei ist jedes Village dazu aufgerufen, ausgewogene Modelle für das Verteilen von Überschüssen zu gestalten. In Eigenverantwortlichkeit! Denn es muss immer wieder daran erinnert werden, dass dieser Verbund kein hierarchisches System ist.

Und deshalb auch keinen Fremdinteressen unterworfen ist - weder sichtbar noch verborgen.

Stattdessen ist dieses NETZWERK inneren und äußeren Gedeihens vielleicht zum allerersten Mal ein Modell für eine herrschaftsfreie Lebensweise und Gesellschaftsform. Dabei sind alle Menschen auf unterschiedlichen Wegen und mit jeweils einzigartigen Erfahrungen unterwegs -was sie verbindet, ist die Richtung dieser Bewegung: stets von weniger zu mehr Bewusstheit! Denn Bewusstseinswachstum ist entscheidender Grundwert der VISION. Es ist die Klammer, jene innere Einheit im Verbund, die all die Vielfalt zusammenhält und ihr Sinn verleiht. So kann im Verbund statt Zufall, Chaos und Beliebigkeit ein SINNvoller, in der Schöpferweisheit zentrierter Kosmos heranwachsen.

In dieser umfassenden Sichtweise ist auch das Drei-Ebenen Organisationsmodell mit den sich polar ergänzenden Kräften der ersten und dritten Ebene ein ganz wesentlicher Teil der bewusstseinsfördernden Dynamik im Wachstumsverbund. Es entspricht den kosmischen Kräften, die sich polar ergänzen und auf diese Weise Wirklichkeit erzeugen, eine neue Mitte zwischen den Polen. Dabei gibt es unzählige Möglichkeiten, in denen sich diese polaren Gegenkräfte entfalten und ergänzen können. So sind die Villages mit ihren nährenden, bewahrenden Energien ein Gegengewicht zu den eher extrovertierten Firmenakteuren. Sie können die Macher-Energie in den Firmen mit den ausgleichenden femininen Impulsen ausbalancieren und so dazu beitragen, Auswüchse und Extreme möglichst gar nicht erst entstehen zu lassen. Die jeweils charakteristische Grundenergie von Yin und Yang auf den beiden großen Ebenen wird durch den entgegengesetzten Pol ergänzt und bereichert -ohne die eigenen Stärken zu verlieren.

Besonders fruchtbare Formen der Kooperation werden möglich, wenn sich Firmen und Freiberufler im direkten Energiefeld eines Village ansiedeln.

Durch die räumliche Nähe kann eine ganze Fülle von Vorteilen für beide Seiten entstehen, die der ausführlichen Schilderung in den beiden anderen Büchern vorbehalten bleiben müssen. Bei allen möglichen Formen der Kooperation bleibt jedoch die energetische Grundverfassung intakt –maskulin und feminin inspirierte Schöpferkraft werden so zu idealen Bausteinen für eine Welt innerer und äußerer Fülle und Schönheit.

Dabei kann gerade auch in den Villages eine reiche Vielfalt von Menschen aller denkbaren sozialen, kulturellen, religiösen und spirituellen Hintergründe heranwachsen. Entscheidende Voraussetzung für das Gelingen ist jedoch eine Ethik absoluter Gewaltfreiheit und gegenseitigen Respekts! Gewaltlosigkeit ist DIE zentrale Prämisse, auf die nicht verzichtet werden kann. Denn hier greift die unabdingbare Verantwortlichkeit jedes Individuums für all seine Gedanken, Worte und Handlungen. Deswegen kann Gewaltanwendung weder mit Verweis auf eine widrige „persönliche Geschichte" noch auf Sozialisierung in gewalttätigen Kulturen entschuldigt werden. Das NETZWERK hat nicht nur das Recht, sondern die klare Verpflichtung all seinen friedfertigen Mitgliedern gegenüber, das auf gegenseitigem Respekt und Vertrauen aufbauende Wachstumsfeld vor Missbrauch und Gewalt zu schützen. Im Übrigen kann der Ausschluss aus dem Verbund auch für diejenigen, die solche klar kommunizierten Grenzen verletzen, zu einer wichtigen Lernerfahrung werden.

Essenz Kapitel 32: Stiftungsebene als ausgleichende und verbindende Kraft -Verstärker der NETZWERK Entwicklung

Wenden wir uns nun, aus einem weiter vertieften Blickwinkel, wiederum den Stiftungen zu. Wir wissen, wie entscheidend sie für Ingangsetzung und Weiterentwicklung des Verbundes sind. Sie sind die Hüter der VISION und verstärken all jene Prozesse, welche die zunehmende Schöpfungseinheit innerer und äußerer Entwicklung in LIEBE und Vertrauen ermöglichen. Ihre Arbeit ist auf das Wohl Aller und den Erfolg des ganzen NETZWERKS durch wirksame Ergänzung zwischen den drei Ebenen fokussiert. Es liegt also ein besonders hohes Maß an Verantwortung bei den Stiftungen -ein Versagen dort wäre weit gravierender, als Probleme in einem einzelnen Village oder Unternehmen aufgrund der begrenzten Wirkung und Reichweite je sein könnten. Die schlanken, flexiblen Einheiten mit flachen Hierarchien auf der ersten und dritten Ebene sind einer der großen Vorteile dieser Organisationsform, die nicht hierarchisch geprägt ist. Dadurch kann das System bei kraftvoller Entwicklung ohne Bedenken jede mögliche Größe annehmen, und dennoch flexibel und entscheidungsfähig bleiben. Sofern - und das wird dann zur entscheidenden Frage - die Stiftungen einen solchen Zuwachs an Aufgaben bewältigen können. Diese Basis ist nach dem Verständnis der VISION des sich weitgehend selbstorganisierenden Wachstumssystems gegeben. Denn wir wissen, dass es keine äußere Instanz gibt - weder wirtschaftlich noch politisch - die den Verbund dominieren oder manipulieren könnte.

So vielversprechend dies erscheint, so dringlich ist die Frage nach den geeigneten Entscheidungsstrukturen zu beantworten. Und welche Instanz wäre für deren Verwirklichung zuständig? Dafür kann die Antwort nur heißen: die Stiftungsebene als verbindende mittlere Instanz! Die damit verbundene Frage lautet, was die Stiftungen in die Lage versetzt, dieser so entscheidenden Aufgabe gerecht zu werden. Dies bringt uns zur bereits vorher gewonnenen Einsicht, dass dieser Entwicklungsverbund eigentlich nur als Co-Kreation, als gemeinsamer Schaffensprozess möglich ist. Und zwar zwischen den NETZWERK-Mitgliedern und hoch entwickelten Geistigen wie auch hier auf der Erde verkörperten selbstrealisierten Wesen, die Zugriff auf das in der Noosphäre vorhandene Wissen haben.

Der gleichen Sphäre, der die VISION entstammt. Nur höchstes geistiges Wissen kann den Möglichkeiten des Verbundes gerecht werden. Deswegen sind die entstehenden Geisteswissenschaften notwendige Ergänzung zu den Naturwissenschaften, denen es nicht möglich ist, über die Grenzen des Sicht- und Messbaren hinauszugehen.

Bei den Geisteswissenschaften geht es gerade auch um die Erforschung der Kommunikationsformen zwischen geistiger und materieller Welt, was auch wichtige Themen im NETZWERK sind. Einstweilen liegt es an uns, die von den selbstrealisierten Wesen kommenden Impulse ins Herz zu nehmen und sie sorgfältig abzuwägen.

Weder uns in blindem Vertrauen zu verlieren, noch in Ängsten, von diesen geistigen Kräften manipuliert zu werden. Es gilt, die LIEBE in den Ratschlägen dieser Wesen zu erspüren und auf die Resonanz zu achten, die Inspiration, welche die Äußerungen dieser Kräfte in uns erzeugen. Letztlich liegen die Entscheidungen aus gutem Grunde immer bei den Menschen, die in unterschiedlichsten Funktionen in der Verantwortung für die Entwicklung des Verbundes stehen.

Religionen verwiesen zu allen Zeiten auf eine sinngebende göttlich-geistige Kraft. Jedoch auf Basis puren Glaubens, ohne auch den Intellekt ansprechende Erklärungen zu liefern.

Solchem Glauben wurde mit der Entwicklung der Naturwissenschaften weitgehend der Boden entzogen. Dies brachte für zahllose Menschen eine Abkehr von der Religion als Welterklärungsmodell mit sich. Für Viele wurden die Erkenntnisse der materiellen Naturwissenschaften zur neuen „Ersatzreligion".

Die entstehenden Geisteswissenschaften, deren Erkenntnisse auch in die NETZWERK VISION einfließen, bringen nunmehr eine allumfassende Schöpfungslogik in die Welt -deren aktueller Stand muss von uns jedoch immer wieder neu geprüft bzw. erfasst werden -in Demut für Dinge, die wir noch nicht wissen können oder sollen. Mit solch wachsendem Verständnis der kosmischen Schöpfungsgesetze müssen wir uns nicht mehr mit Scheinerklärungen zufrieden geben, die zu kurz greifen, weil sie einseitig nur den materiellen Pol umfassen. Und die den geistigen Pol, der alle Formen in der Materie bedingt, mangels geeigneten Zugriffs und Verständnisses einfach ignorieren. Gleichzeitig wird die an die Glaubensfähigkeit der Menschen appellierende Religion durch das Wissen um die logischen Zusammenhänge der Schöpfung erweitert.

Dieses neue Wissen ist auch dringend erforderlich. Denn in Jahrtausenden haben wir Menschen es nicht vermocht, eine gewaltfreie Kultur mit einer wirtschaftlich und gesellschaftlich gerechten Ordnung zu erschaffen. Und ohne ein spirituelles Erwachen in unsere wahre Natur ist keine Besserung zu erwarten - das Gegenteil ist der Fall! Denn die gleiche, zuvor nicht so tragische Unwissenheit ist nunmehr zur massiven Bedrohung für das Überleben von uns Menschen und aller anderen Lebewesen geworden. Dabei schauen wir weitgehend hilflos zu, weil sich uns die eigentlichen Ursachen nicht erschließen. Denn die kann man nur aus der Perspektive des Ganzen erkennen, dessen Sicht unserem begrenzten, vom Ego dominierten Verstandesdenken verschlossen bleibt.

Deswegen können wir durch einen gemeinschaftlichen, von der Geistigen Welt inspirierten Schaffensprozess einen Quantensprung in unserer Entwicklung machen. Auch das gehört zum Entstehen der Schöpfungseinheit unserer inneren und äußeren Entwicklung. Denn wesentlicher Teil unserer Innenwelt ist unsere geistige und seelische Verbindung zur Geistigen Sphäre, die wir in Form intuitiver Eingebungen und Visionen erfahren. Die entspringen eindeutig nicht unserem Verstand, sondern einem höheren Wissen. Wir begreifen dann auch unsere eigentliche Natur als Geistige Wesen, die sich hier auf der Erde verkörpern, um Erfahrungen in der Materie zu sammeln. Dieses innere Wissen um die eigene Verbindung zu höherem Wissen ist bei einigen noch da; andere gewinnen es zum ersten Mal bewusst.

Wenn wir diesen Kreislauf verstehen, dann wird auch klar, dass unser irdischer Tod die Wiedergeburt als Geistiges Wesen bedeutet - so wie bei unserer irdischen Geburt unsere rein geistige Existenz zwar erhalten bleibt, aber das sinnliche, körperliche Erleben in den Vordergrund tritt. So erschließt sich uns, dass die Geistige Sphäre Sammelbecken und Kristallisationspunkt für eine unbegrenzte Fülle höheren Wissens sein kann. Damit ist sie jenes von der Quantenphysik beschriebene „Meer aller Möglichkeiten" -ein schier grenzenloses Reservoir an potenziell erfahrbarem und aktivierbarem Wissen. Entscheidend ist: Wir Menschen können aus diesen Wissenspotenzialen schöpfen -und zwar dann, wenn wir uns bewusst mit dieser Welt des Geistes verbinden und umgekehrt auch die Verbindung zu uns ermöglichen. Genau das tun wir in diesem ganzheitlich-spirituellen NETZWERK der Potenzialentfaltung, wenn wir eine gemeinschaftliche Kreation mit solchen Kräften der Geistigen Welt verwirklichen wollen, die ihrerseits aus dem unbegrenzten kosmischen Bewusstsein schöpfen. Die mit dem Ganzen, mit der Quelle allen Seins verbunden sind. Und die uns dadurch die jedem einzelnen Menschen innewohnenden Potenziale vor Augen führen.

Mit unserer Verkörperung ist uns das Wissen um unsere eigene Verbindung mit dem Ganzen zunächst verloren gegangen, mit allen negativen Folgen. Die Kommunikation mit Geistigen Wesen, der gemeinsame Aufbau einer neuen Welt, in Übereinstimmung mit den Schöpfungsgesetzen, ermöglicht uns schon zu Lebzeiten die Wiederverbindung mit unserer geistigen Natur. Dadurch können wir eine Welt solcher Schönheit und Fülle aufbauen, wie sie nur durch das Verschmelzen geistiger und materieller Werte möglich wird. So werden wir zum ersten Mal unseren gewaltigen Schöpferpotenzialen gerecht.

Die Frage ist nun, was dies für die Arbeit der Stiftungen bedeutet, denn ein solcher Wissenstransfer ist absolutes Neuland. Die VISION gibt uns wichtige Anhaltspunkte, wie wir den Aufbau des NETZWERKS unter Beachtung und Verwendung höheren Wissens voran bringen können. Kernpunkt ist dabei die uns bekannte stetige Verbindung, das sich-aufeinander-Beziehen innerer und äußerer Prozesse, der Fluss durch das offene Herz, die Verbindung von Yin und Yang. Wobei wir hier noch einmal klären wollen, was zu „Innen" und „Außen" gehört. Zusammengefasst stellen wir fest: Fast immer ist das, was wir als „unser Inneres" betrachten von zahlreichen äußeren Faktoren beeinflusst. Wenn wir also unser authentisch Inneres definieren wollen, dann bleibt nach dem Ausschalten aller äußeren Einflüsse und Wechselwirkungen nur übrig, was wir aus der Geistigen Welt mit hierher gebracht haben: unsere Wirklichkeit als Wesen aus Geist und Seele - eingebettet in die kosmischen Schöpfungsgesetze und in die ewigen Kreisläufe der Natur. Dies ist unser tiefster Wesenskern, das, was weder zerstört noch verfälscht werden kann, unser wahres Sein. Die Geist-Seelen Essenz, die jedes Menschenwesen über all seine Leben hinweg ausmacht. Der Keim, der auf seinen Wegen durch die Vielfalt sich stärken und zur Entfaltung kommen will. Der vom inneren Drang beseelt ist, von Unbewusstheit immer mehr in Bewusstheit hineinzuwachsen.

Und der dadurch auch die Geistige Welt und das aus quantenphysikalischer Sicht „Meer aller Möglichkeiten" mit der Fülle aller Erfahrungen in der materiellen Welt bereichert.

Potenziell verfügen wir also mit unserer Geistseele über die Seins-Qualität der Geistigen Welt - solange nur „potenziell", wie uns die einseitige Vorherrschaft der Ratio mit ihrem auf die Materie begrenzten Verstandesdenken von höherer Erkenntnis abschneidet. Umgekehrt bedeutet dies: wenn wir die Verbindung zu unserem geistigen Ursprung, zum „Meer aller Möglichkeiten" wieder herstellen können, eröffnet uns dies eine Schöpferkraft bislang unbekannten Ausmaßes. Dies ist auf der tiefsten Ebene aller bisher gesehenen Potenziale der Seins-Grund dieses NETZWERKS. Denn damit erhalten wir Zugang zur kosmischen Schöpferkraft und damit zur Realisierung bislang noch nicht einmal in unseren kühnsten Träumen für möglich gehaltener Potenziale.

Diese gewaltige Aufgabe kann nur von den Stiftungen mit vereinten Kräften gelöst werden. Sie tragen ja bereits Verantwortung als Hüter und Bewahrer der zugrunde liegenden VISION. Da es hier jedoch um eine völlig neue, höhere Bewusstseinsqualität geht, ist die Unterstützung durch erleuchtete, selbstrealisierte Wesen von großer Bedeutung - seien sie derzeit auf der Erde inkarniert oder aus dem Geistigen wirkend. Ihre Präsenz im NETZWERK wird deshalb sehr hilfreich sein, insbesondere als beratende Instanz für die Stiftungsebene. Und da ganz besonders in zentralen Fragen, die unseren bisherigen Erfahrungshorizont qualitativ übersteigen. Basis ist dabei immer die VISION, die aus der Noosphäre stammt -bei neuen Herausforderungen werden Einsichten und Inspiration dieser weisen Kräfte zur möglichen Richtschnur für die vom Rat der Stiftungen zu fällenden Entscheidungen. Dabei liegt die Verantwortlichkeit bei den NETZWERK Kräften, denn immer geht es auch um inneres Wachstum der beteiligten Menschen.

Der Verbund ist kein Mittel für einen in der Zukunft liegenden Zweck - stets gehen vielmehr innere und äußere Entwicklung Hand in Hand. Damit rücken Eignung, Intelligenz des Herzens und Integrität der Verantwortlichen in den Blickpunkt -wie können wir im Verbund die Fehler und Egospiele all der Jahrtausende vermeiden? Die Antwort liegt in der Natur der VISION. Zunehmende Bewusstwerdung des Einzelnen ist die einzige Gewähr gegen Missbrauch, Verfälschung und Manipulation jeglicher Art. Dazu bedarf es jedoch auch geeigneter Organe im Wachstumssystem, die das Individuum in der Schärfung seiner Unterscheidungsfähigkeit unterstützen.

Das NETZWERK innerer und äußerer Potenzialentfaltung entwickelt sich durch ein umfassendes Mitspracherecht und aktive Teilhabe seiner Mitglieder an der Gestaltung dieses gewaltigen Vorhabens! Dabei entfaltet sich Willensbildung basisdemokratisch von unten nach oben. Dies bedeutet in der Praxis eine bewusst gewollte und institutionell verankerte Kontrollfunktion jedes Mitglieds! Dies ist eine weitere Maßnahme, um Machtmissbrauch oder Manipulationsversuche bereits im Ansatz zu verhindern. Um auf diese Weise volle Transparenz und Klarheit zu gewährleisten, ist jedoch auch jedes Mitglied nachdrücklich zu aktiver Partizipation aufgerufen. Im Übrigen ist auch das periodische Ausüben und Abgeben von Macht die beste Garantie gegen Korruption, Lüge und Machtmissbrauch. Dazu eignen sich die Institutionen im Verbund als bestens geeignetes „Übungsfeld".

Um die Entfaltung der VISION und damit das Erfolgspotenzial des NETZWERK-Verbundes realistisch einschätzen zu können, verdeutlichen wir uns zusammenfassend nochmals die wesentlichen Erkenntnisse und gehen dabei noch tiefer.

Die VISION beinhaltet einen zentralen Wirkzusammenhang, der auf stets konstruktive Erschaffung von Wirklichkeit ausgerichtet ist. Durch Intuition und Inspiration wird fortwährend bedeutsames, für uns Menschen neues Wissen um die Geistigen Gesetze, innovative Ideen und Visionen, auch zu segensreichen Erfindungen und Technologien, aus der Noosphäre, dem aus quantenphysikalischer Sicht „Meer aller Möglichkeiten" in unsere materielle Welt des NETZWERKS gebracht.

Und da kommen wir Menschen ins Spiel -als mit Körper, Geist und Seele, einem hochentwickelten Verstand sowie einem alles bewertenden und integrierenden Bewusstsein ausgestattete Wesen. Bei intelligenter, ausgewogener Nutzung dieser Ressourcen bieten sich uns gewaltige Potenziale: so sind wir in der Lage, unsere materielle Welt durch Erkenntnis der allumfassenden Schöpfungsgesetze, die uns als Wissen der Geistigen Welt zur Verfügung stehen, entscheidend zu bereichern -nämlich dann, wenn wir dieses umfassende Wissen in die Schaffensprozesse in unserer hiesigen Welt integrieren. Genau dafür steht die VISION. Und umgekehrt können wir auch die Geistige Sphäre mit wichtigen Erfahrungen und Erkenntnissen bereichern, die nur in der Materie zu gewinnen sind.

Der Blick auf unsere menschliche Verfassung als Wesen aus Körper, Geist und Seele, mit Verstand und Bewusstsein ausgestattet, erklärt noch einmal, weshalb Bewusstseinswachstum einen so zentralen Stellenwert im NETZWERK genießt. Denn Bewusstsein ist die im Leben des Menschen allentscheidende Instanz. Es steht vor der gewaltigen Herausforderung, alles was den Menschen und sein individuelles Leben ausmacht, alle Sinneswahrnehmungen und Gefühle, all die unzähligen Gedanken und Verstandesinterpretationen, sämtliche Erlebnisse und Erfahrungen äußerer wie innerer Natur einzuordnen und zu „bewerten".

Eine unglaublich vielschichtige Aufgabe! Allein schon in Anbetracht dieser höchst komplexen Herausforderung sollte es Jedem einleuchten, dass Bewusstseinswachstum das A und O der menschlichen Entwicklung ist - bzw. sein sollte, will man der multidimensionalen Lebenswirklichkeit des Menschen mit all seinen Potenzialen auch nur annähernd gerecht werden.

Diese enorme Bedeutung des Bewusstseins zum Wohle aller und der Erde wird in unserer heutigen Welt bislang kaum erkannt. Denn letztlich ist es der Bewusstseinsstand eines Menschen, der darüber entscheidet, welche Türen sich öffnen und welche einzigartigen Potenziale vielleicht für immer verschlossen bleiben! Deshalb: die bestmögliche Unterstützung der Bewusstseinsentwicklung der Mitglieder ist die alles entscheidende Priorität auf der individuellen Ebene -letztlich auch als Basis für die ebenso bedeutsamen Wachstumsprozesse des NETZWERKS und seiner Institutionen auf allen drei Ebenen. Und da, wie wir schon gesehen haben, Geist und Seele des Individuums aufgrund seiner höheren Seins-Qualität in keiner Weise zerstört oder deformiert werden können, kann sich Bewusstseinswachstum ab einem gewissen Grad der Befreiung und Dekonditionierung durchaus auch explosionsartig vollziehen. Ganz so, wie eine Wüste nach einem lebensspendenden Regenguss erblüht, können Geist und Seele dann das Bewusstsein der Menschen mit existenziellem Wissen aus der Geistigen Sphäre bereichern. Eine erwachsen werdende Menschheit erwacht dann in ihre vollen Potenziale -individuell und kollektiv
Ein letztes Mal nun in diesem Zusammenhang zur Rolle der Stiftungsebene. Und zwar muss noch geklärt werden, wie, von wem und mit welcher Aufgabenverteilung die Stiftungen gegründet werden, damit sie ihrer Rolle als Mittler zwischen den Ebenen und ihren Institutionen gerecht werden können. Und damit Machtmissbrauch, unter dem die Menschheit seit ihren Anfängen leidet, im holistischen Entfaltungsverbund keine Chance hat.

Gerade auch der Gründungsprozess erfordert höchste Verantwortlichkeit. Entscheidend ist, wichtige Leitungsfunktionen dem Geist der VISION entsprechend zu besetzen. Dazu ist eine Phase des Kennenlernens und intensiven Austauschs jener Menschen wichtig, die gemeinsam eine Stiftung gründen möchten. Verbunden auch mit Publizität, damit sich der Kreis der Interessenten noch weiter vergrößern kann. Die inhaltlichen Konzepte mit der größten Zustimmung werden Teil der Stiftungssatzung, deren Orientierungsrahmen immer die VISION mit ihren Qualitäten Liebe, Bewusstheit und Verbundenheit ist. Für die nach einer Reifungsphase zu wählende Stiftungsleitung sind persönliche Verdienste um das Gemeinwohl entscheidend. Aufrichtigkeit und Integrität sollten aus dem bisherigen Lebenswerk sichtbar werden, ebenso natürlich ein tiefgehendes Verständnis der VISION und ihrer Möglichkeiten. Immer sollte es jedoch auch klare Regelungen für den Fall massiver Verletzungen des von VISION und Satzung vorgegebenen Rahmens geben.

Um ein Optimum der Stiftungs-Leistungen auch bei starkem Wachstum der Zahl der Mitglieder auf der ersten und dritten Ebene zu gewährleisten, ist es sinnvoll, dass statt einzelner Landesstiftungen eine wachsende Vielfalt parallel tätiger Stiftungen in einem Land entsteht. Dies bringt gleich mehrere Vorteile. Bedeutsam ist die Möglichkeit für Firmen und Freiberufler, sich von einer Stiftung ihrer Wahl als Mitglied lizenzieren zu lassen. Die Stiftungen können dann besondere Schwerpunkte und Kernkompetenzen in ihren Leistungen herausbilden und die Beitrittswilligen können die Stiftung mit dem aus ihrer Sicht passendsten Leistungsspektrum auswählen. Obwohl das eine Prozent vom Umsatz bzw. Einkommen in der Folge stets in die lizenzgebende Stiftung fließt, können Leistungen auch bei anderen Stiftungen wahrgenommen werden. Die werden dann intern zwischen den Stiftungen durch Leistungsgutscheine verrechnet, die jedes Mitglied turnusmäßig von „seiner" lizenzvergebenden Stiftung erhält.

Klar ist, dass Wahlfreiheit zwischen parallel tätigen Stiftungen zu mehr Transparenz ihrer jeweiligen Angebote und Leistungskraft führt. Sie werden höchste Ansprüche an die Qualität ihrer eigenen Leistungen stellen und diese auch wirksam kommunizieren, um genügend Mitglieder für die erste Verbundebene anzuziehen. Und es gibt einen weiteren wichtigen Effekt, ganz im Sinne sich selbstorganisierender Wachstumsfelder: eine Stiftung mit erkennbar negativen Tendenzen würde sich vom Geld- und Energiefluss abschneiden und sich so selbst aus dem Spiel nehmen -ein weiteres der im NETZWERK so zahlreichen Korrektive gegen Machtmissbrauch.

Werfen wir noch einen Blick auf die Bandbreite und Art der Leistungen, die ein Mitglied in Anspruch nimmt. Es wird auch klar definiert, was alles durch die Mitgliedsgebühr abgedeckt ist. Dazu gehören alle Maßnahmen, die den Erfolg des Mitglieds fördern -und dabei insbesondere solche Leistungen, welche die eigenen Möglichkeiten klar überschreiten. Deren Liste ist so lang und eindrucksvoll, dass sie in dieser Essenz der möglichen Dimension des NETZWERKS nur begrenzt aufgeführt werden können. Hier sei u.a. auf die „Firmen Initiierungs Pools" hingewiesen, die persönliche Treffen zum Austausch von Projektideen und Visionen ermöglichen. Projektinitiatoren, Ideengeber, mögliche Partner, Mitgestalter, die ein inspirierendes Firmenumfeld suchen, sind hier in Reichweite. Vergleichbar wird es auch „Village Initiierungs Pools" geben -für Menschen, deren Schaffensenergie und persönliche Selbstverwirklichungswünsche sie eher zu einer solchen Gemeinschaft hinziehen.

Dabei bietet die Stiftungsarbeit sowohl enorme Möglichkeiten für Neugründungen als auch für bereits bestehende Firmen. Innovative Unternehmen können hier jedoch nicht nur inspirierte Co-Kreatoren und Mitarbeiter treffen. Auch Vertriebspartner in aller Welt lassen sich mit den Ressourcen und dem zunehmenden Bekanntheitsgrad des Verbundes leicht finden.

Oder geeignete Lizenznehmer bzw. Franchisepartner in ganzheitlichen Bereichen, die wahren Nutzen bieten. Der große Vorteil: Interessierte Menschen sind von der gleichen VISION beseelt und wollen für eine bessere Welt arbeiten. Als sichtbarer Ausdruck bewusster Kooperation können sich auch Einkaufs- und Vertriebsgemeinschaften bilden. Oder wertebasierte weltweite Kooperationen -mit NETZWERK Gütezeichen, vielleicht auch eigenen Handelsmarken. Die stehen dann nicht nur für Qualität und Nachhaltigkeit der Produkte und des Erzeugungsprozesses. Sondern auch für darüber hinausgehende Werte, die mit dem Wachstumssystem verbunden sind. So können zig Millionen bewusste Verbraucher mit ihrer Wahl solche Firmen und Institutionen stärken, die in integrer, hochverantwortlicher Weise den Nutzen der Menschen mehren. Auf diese Weise kann die Mitgliedschaft auf der ersten Ebene zu einem Erfolgsmodell ganz besonderer Art werden. Alles basiert natürlich auf einem mit Leidenschaft und Hingabe betriebenen ganzheitlichen Unternehmertum, das auch reichen Entfaltungsraum für Engagement und Kreativität der Mitarbeiter lässt.

Stellen wir uns nun das NETZWERK in einer fortgeschrittenen Phase vor -mit einer Vielfalt hervorragender, werthaltiger Produkte und Dienstleistungen vieler Branchen, die bei Kunden und Klienten großen Anklang finden. Es ist nur natürlich, dass zufriedene Menschen auch andere Bereiche und Angebote des Verbundes ausprobieren werden -und auch gerne Empfehlungen an Freunde und Bekannte aussprechen. So wachsen Bekanntheitsgrad und Beliebtheit des NETZWERKS, wodurch auch immer mehr Menschen auf die breitgefächerten Angebote der Villages aufmerksam werden.

Aber die Mitgliedschaft im Verbund hat viele weitere Vorteile. So Wertschätzung für geleistete Arbeit, hohe Zufriedenheit und Selbstachtung, Identifikation mit der VISION und Freude an ihrer Realisierung. So entsteht ein inneres Erfüllt-Sein, eine Empfindung von Sinnhaftigkeit und ein Gefühl von Verbundenheit und Sympathie mit den anderen Mitgliedern. Man fühlt sich im Geiste und im Herzen verbunden. Man arbeitet im gleichen Wachstumssystem an der Verwirklichung der eigenen Potenziale -und setzt sich gleichzeitig für das Entstehen einer humanen Welt innerer und äußerer Fülle ein. Dabei öffnet die VISION Zugänge zur Gestaltungskraft des Hier und Jetzt, in dem Inneres und Äußeres zu neuen Realitäten verschmelzen. Rechte und linke Hirnhälfte können sich verbinden, das dritte Auge kann sich öffnen.
Genau in diesen Prozessen liegen die selbstorganisierenden Kräfte des NETZWERKS, und damit eine vollkommen neue Art der Wirklichkeitsgestaltung. Die VISION ermutigt uns, in freier Selbstbestimmung zu erschaffen und zu gestalten, während gleichzeitig mehr und mehr Bewusstheit in den Schaffensprozess einfließt. Diese Bewusstheit, die tief aus dem Geistigen und den dort vorhandenen Potenzialen schöpft, gibt die Richtung und die Qualität der im Wachstumsverbund geschaffenen Realitäten vor. Die uns dabei erreichenden Potenziale aus dem Geistigen, dem „Meer aller Möglichkeiten", fördern sowohl inneres wie äußeres Wachstum, ohne Manipulation und Machtmissbrauch.

Vorliegendes „Essenz-Buch", und selbst das umfassende „Linkshirn" Buch sowie der in inspirierenden Dialogen verfasste „Rechtshirn"-Band, können nicht alle wichtigen Aspekte zur praktischen Durchführung des NETZWERKS aufführen - das ist auch nicht die Absicht. Da ging es vielmehr um die entscheidenden Grundlagen des NETZWERKS und alle wesentlichen Zusammenhänge der aus der Geistigen Welt zu uns gekommenen VISION. Sonstige Einzelheiten werden sich klären, wenn in der Phase der Vorbereitung zum Start bereits eine größere Zahl interessierter Menschen mitwirkt.

Wenn dann diese wunderbare VISION der Liebe, Verbundenheit und Bewusstwerdung den Geist und die Herzen vieler Menschen erreicht, wird noch ein PRAXISBUCH ZUM NETZWERK erscheinen, das viele gemeinsam erarbeitete Anregungen enthalten wird.

Sobald die Inhalte dieser jetzigen drei Bücher von einer hinreichend großen Zahl an Menschen auf Herz und Nieren geprüft und innerlich bewertet wurden, kann die eigentliche Arbeit der Gründungsvorbereitung beginnen. Dafür gilt jedoch, wie schon mehrfach betont: der mögliche dritte Schritt im Schöpfungsprozess, das Entstehen des in der VISION beschriebenen NETZWERKS, ist kein Selbstläufer. Es gibt keine wie auch immer gearteten Interessen und auch keine Art von Planung oder Strategie, die Gründung und späteres Wachstum des Verbundes vorantreiben würden! Diese VISION ist ein Geschenk aus dem Geistigen, ohne Ambitionen auf Einfluss oder Herrschaft. Es liegt ganz in der Entscheidung und Verantwortlichkeit interessierter Menschen, ob bzw. wann das NETZWERK entstehen wird. Als möglichst gute Grundlage für eine solche Entscheidung soll das kommende letzte Kapitel dienen. Darin erfolgt der Versuch einer möglichst umfassenden Bewertung der Tragweite der VISION und des möglichen NETZWERKS. Das wird nur dann aus dem „Meer der Möglichkeiten" heraustreten und zu einer konkreten Realität werden, wenn uns diese VISION in Herz und Geist berührt und gleichzeitig auch unsere wache Intelligenz zufriedenstellt

Essenz Kapitel 33: Entscheidende Erfolgsfaktoren - NETZWERK als mögliche Inspiration für die weitere Entwicklung der Menschheit

Die VISION - und damit sind wir gleich bei einem zentralen Punkt - steht für eine neue Art des Realitätszugangs. Der Meisterschlüssel dafür ist „wachsende Bewusstheit". Nur mit dem Verständnis von Geist und Seele, dazu wahrer Intelligenz des Herzens, können wir unser Sein ausloten. Mit dieser grundlegenden Klarheit können wir als nützliche Unterstützung auch das Denkvermögen unseres Verstandes in die Erkenntnisprozesse einbeziehen. Entscheidend dabei ist das Bewusstsein für die Begrenzung des Verstandes. Der kann als materieller Teil des Ganzen nur sicht- und messbar werdende äußere Wirkungen und Erscheinungen erkennen, nicht jedoch die im Geistigen verborgenen Ursachen.

Nun wäre die VISION allein, selbst mit sinnvollsten ethischen Wertmaßstäben und einem überzeugenden „Welterklärungsmodell", wenig wirksam. Erst der Entwurf dieses erfolgsträchtigen NETZWERKS schafft ein konkretes Verwirklichungsmodell für die Praxis. Dieses organisiert unsere bislang weitgehend ungenutzten Potenziale auf eine Weise, die tiefen Bedürfnissen der Menschen gerecht werden kann -ohne grundlegende Notwendigkeiten außeracht zu lassen. Dabei wird „Inneres" und „Äußeres" zu einer wirksamen Schöpfungseinheit geformt. Und es wird klar, dass Geist als bestimmendes Prinzip allen materiellen Entwicklungen vorausgeht - zu negieren, was unsere irdische Existenz überhaupt erst ermöglicht, zeugt nicht gerade von Intelligenz. Dazu ist eine solche destruktive Sichtweise äußerst gefährlich und nimmt uns alle in Mithaftung.

Dem setzt die VISION mit dem EARTH OASIS NETZWERK ein intelligentes System gegenüber, das sich in Übereinstimmung mit den Schöpfungsprinzipien weitgehend selbst organisieren kann. Dies bedeutet, dass der Wachstumsverbund blühen und gedeihen wird, wenn ein kreislaufförmiger Austausch zwischen geistig-seelischer und materieller Welt stattfindet. Oder anders gesagt: wenn ständig Ideen und Visionen aus dem allumfassenden „Meer der Möglichkeiten" von unserem individuellen Geist, unserer Seele als Resonanzboden aufgenommen und hier zu materieller Realität verdichtet und geformt werden. Diese ständigen Austausch- und Schaffensprozesse sind Grundbedingung für den Erfolg des NETZWERKS. Denn sie erschaffen eine einzigartige qualitative Grundlage, auf der die Akteure in allen Institutionen des Verbundes ihre Aktivitäten entfalten können. Das Besondere dieses Erfolges: er geht nicht auf Kosten anderer, die dadurch etwa weniger erfolgreich sein könnten oder die sogar davon in Mitleidenschaft gezogen würden. Stattdessen werden hier WIN/WIN Welten mit ganz realen Synergieeffekten ermöglicht.

Die Schöpfung beruht nicht auf Verdrängungswettbewerb; erfolgversprechend sind vielmehr Kooperation und Verbundenheit. Denn wir Menschen sind soziale Wesen, die sich von Natur aus nicht bekämpfen, sondern miteinander verbinden wollen. Diesem Wunsch wird überall im NETZWERK Rechnung getragen, ganz besonders in den Villages. Dort können auch alle anderen authentischen Bedürfnisse der Menschen zu ihrem Recht kommen. Gleichzeitig erfüllen die Gemeinschaften den Wunsch nach nährenden, zwischenmenschlichen Beziehungen und bieten Jedem reichlich vorhandene Mitwirkungs-möglichkeiten, was die Gestaltung des eigenen Kraftplatzes angeht. So kann in den Villages jener Austausch von „Innen" und „Außen" unauf-hörlich in der Praxis stattfinden: indem das dort tätige Individuum zunehmend seine ureigenen Gaben und Visionen verwirklicht, immer mehr in seine innere Kraft und Kreativität findet, trägt es gleichzeitig mit vielen Ideen und schöpferischen Impulsen zur Entwicklung und Gestaltung des eigenen Kraftplatzes bei, im Großen wie im Kleinen. Und umgekehrt wird das Mitglied von der dort entstehenden Vielfalt inspiriert.

So findet zusammen, was hier und jetzt zusammengehört. Pioniere in Offenheit für das, was entstehen kann, wenn wir in der wirkli-chen LIEBE, der Schwingung des Ganzen bleiben, die immer wieder gefunden und neu ausgedrückt werden kann. So entsteht Resonanz bei wirklich passenden Partnern -bzw. zu jeder, jedem dann, wenn es wirk-lich „dran" ist. In Liebe und Akzeptanz kann ein jeder sich mit seiner Vision zeigen, und sie leben -und andere einladen, ohne sich aufzu-drängen. Durch entsprechendes Handeln aus der Liebe heraus. Dann gilt es zu kommunizieren was entsteht, und sei es noch so klein -es findet Menschen, die im Innern damit schwingen, aus Liebe, und so fügt es sich zusammen.

Wer möchte noch seine Berufung leben -seine Vision von LIEBE auf die Erde bringen? In der möglichen Vielfalt dieser Ideenwelt, die unsere authentischen Bedürfnisse befriedigen und die Erde in ein echtes Paradies verwandeln kann. Bzw. es zu dem werden lassen, es das SEIN lassen kann, das es bereits IST. So wie wir jederzeit im Innern Frieden finden können, geht das auch im Außen. Das Licht dehnt sich aus - selbst wenn wir den Effekt nur im Kleinen und Kleins-ten erzeugen können, es wirkt sich fort.

Auch in der ganzheitlich inspirierten Firmenwelt des Verbundes geht es um neue, verträgliche Formen des Wirtschaftens und Kooperierens. Bei denen ist das Erzielen von Gewinnen eingebettet in eine Unter-nehmenskultur, die aktiv für sich selbst und andere Verantwortung übernimmt. Und nicht wegsieht, wenn es die allzu oft zerstörerische Kehrseite ungezügelten äußeren Wachstums betrifft. Bei allem geht es immer auch um die Frage, was wirklich erfüllt und authentische Bedürfnisse der Menschen befriedigt. Alle Bereiche eines Unternehmens sind dabei tangiert; ein respektvoller Umgang fängt aber bei den eigenen Mitarbeitern an. Dabei sind flache Hierarchien, bereitwilliges Teilen von Verantwortung sowie offene Kommunikation Merkmale eines partnerschaftlichen Miteinanders.

Wenn sich das dann noch in fairen Gewinnbeteiligungen niederschlägt, fördert dies das Engagement und die Identifikation mit dem Unternehmen.

In den Beschreibungen der Firmenebene fehlen Begriffe wie „Kapitalmärkte", „Investoren" oder „Renditen auf das eingesetzte Kapital". Dies ist kein Zufall, denn im neuen Paradigma geht es um Ausgewogenheit im Geben und Nehmen. Ohnehin wird die Bedeutung des Kapitals bei weitem überschätzt. Insbesondere in schöpferisch tätigen Bereichen, in denen es auf Ideenreichtum und Interesse für die wahren Bedürfnisse der Menschen ankommt, sind Integrität und Wahrhaftigkeit viel wichtiger. Hervorragende, den wahren Nutzen der Menschen fördernde Geschäftsideen werden immer auch genügend weitsichtige Förderer ohne unrealistische Renditeerwartungen finden. Denn solche Investitionen sind werthaltig und bewirken wahren Nutzen. Deshalb sind sie auch mit geringem Risiko verbunden -am Wohl der Menschen orientierten Firmen gehört die Zukunft. Denn die Sehnsucht vieler Menschen nach nicht-manipulativen, nicht einseitig gewinnorientierten Formen des Wirtschaftens wächst. Bei vielen Individuen zeigt sich eine gärende Unzufriedenheit mit den bestehenden Verhältnissen.

Was bislang weitgehend fehlt, sind bestens praktikable Modelle für ein bewussteres, verantwortliches Wirtschaften und eine gerechtere, ausgewogenere soziale Wirklichkeit. Ein solches Modell ist die NETZWERK VISION. Ein achtsames, menschlich respektvolles Agieren auf der Firmenebene basiert nicht auf Verdrängungswettbewerb, kennt keine „feindlichen Übernahmen" oder kapitalmarktgetriebene Spekulation. Andererseits kann es jedoch ein gesundes Wetteifern um talentierte und motivierte Mitgestalter geben, die mit Leidenschaft und innerer Berufung agieren. Dies ist eine inspirierende, qualitativ hochwertige Weise, Kreativität und Erfolg aller Beteiligten zu fördern.

Und gleichzeitig einer jener sich selbst regulierenden Wachstums-mechanismen: je mehr eine Firma und ihre Mitglieder kraftvoll nach den Grundsätzen der VISION handeln, desto größer ihr Erfolg -und je mehr Firmen, Franchisesysteme und Freiberufler dies insgesamt tun, desto überzeugender wird der Erfolg des gesamten Verbundes.

Dabei gilt es immer, die wohlverstandenen Interessen aller beteiligten Seiten einzubeziehen. Dies mag weniger kurzfristige Gewinne bedeu-ten, dafür wachsen mittel- und langfristig Good-will und Renommee des Unternehmens. Gleichzeitig wird ein entspanntes Arbeiten, mit mehr Freude und Selbstverwirklichung möglich, wenn man dem Druck und Dauerstress „alternativloser Fakten" Intelligenz und Bewusstheit entgegensetzt. NETZWERK Akteure werden auch hochgradig innova-tive Ideen zu verwirklichen suchen. Potenziale mit wahrem Nutzen, die höhere, wertebasierte Bedürfnisse erfüllen, sind im „Meer der Mög-lichkeiten" in Fülle vorhanden und können durch Aktivierung unserer geistigen Verbindung zur Quelle abgerufen werden. So können die Ins-titutionen im Verbund zu Pionieren ganzheitlich-spirituell geprägter Formen des Wirtschaftens und des sozialen Lebens werden.

Bewusstseinswachstum und eine Rückbesinnung auf unsere Natur als Geistseelenwesen spielen dabei eine entscheidende Rolle. Die aus dem geistigen „Meer aller Möglichkeiten" stammende VISION kann so -und damit wären wir bei einem möglichen Beitrag für unsere heutige Welt - zu einer Verständnisbrücke werden. Unser bislang weitgehend auf das Materielle beschränktes Verständnis der Welt kann auf diese Weise entscheidend erweitert werden! Wobei ein rein philosophisches Erkennen jedoch nicht ausreicht. Mit dem NETZWERK hingegen würde ein Modell für eine friedlich gedeihende Welt entstehen. Eine Welt, die nicht auf konfrontativem, oft genug auch kriegerischem Wettbewerb beruht, die nicht auf dem „Recht des Stärkeren" bzw. Mächtigeren aufbaut. Stattdessen wird dieses einzigartige holisti-sche Entfaltungssystem ein Beispiel für ein respektvolles, gewaltfreies und innerlich wie äußerlich erfülltes und prosperierendes Zusam-menleben. Und das muss nicht etwa durch viele Gebote oder Verbote reguliert werden. Die gemeinsame Basis ist vielmehr Selbsterkenntnis und Achtsamkeit.

Deswegen ist die wesentliche Verantwortlichkeit jedes Mitglieds die eigene Bewusstseinsentwicklung! Denn je bewusster und achtsamer ein Mensch durchs Leben geht, desto geringer werden die von ihm hinterlassenen destruktiven Spuren sein. Insofern ist der Grad von Bewusstheit bzw. Unbewusstheit ein zutreffenderes Kriterium als die wertende Aufspaltung in „gut" und „böse".

Wachsende Bewusstheit und Selbsterkenntnis sind jedoch nicht nur bereichernd für die Individuen selbst, denn mit Lebensfreude und Schaffenskraft wollen sie auch die äußere Realität auf den drei Ebenen spürbar gestalten und bereichern. „Inneres" und „Äußeres" formen ja bekanntlich die Entwicklungsdynamik im Verbund, indem sie sich gegenseitig durchdringen und ergänzen. Dabei entsteht Wirklichkeit immer an dieser „Nahtstelle" zwischen Vergangenheit und Zukunft, die wir Gegenwart nennen. Dort, im einzig und allein existierenden Hier & Jetzt, entscheiden wir uns im NETZWERK mit aller Bewusstheit für die Gestaltung einer qualitativ hochwertigen Form des Daseins.

Dabei ist die VISION die geistige Grundlage, die alle Schöpfungsprozesse bereichert. Und in dem Maße, wie sich das NETZWERK erfolgreich entwickelt, kann es ein überzeugender Wegweiser für eine Lebensweise werden, die aus Geist und Materie kraftvolle neue Realitäten schmiedet. Deshalb wäre es auch wünschenswert und für die Welt vorteilhaft, wenn die VISION als Gegengewicht zu zerstörerischen Kräften in der Zukunft auch außerhalb des Verbundes Fuß fassen kann.

Vor Ende des Buches sei hier nochmals die Frage nach der materiellen Realisierbarkeit dieses als geistiges Modell entworfenen Systems gestellt. Ist bereits eine genügend große Zahl an Menschen innerlich bereit für eine solch neuartige Co-Kreation zwischen Geist und Materie? Ist die Zeit schon 2025 reif - wie in der faszinierenden fiktiven Gesprächsrunde zum 20-jährigen Gründungsjubiläum im Jahr 2045 im „Rechtshirn"-Buch nahegelegt? Oder vielleicht erst in 100 Jahren? Wenn die Geisteswissenschaften bis dahin die allumfassende Logik der Schöpfungsgesetze großen Teilen der Menschheit nahegebracht haben? Können wir es uns jedoch überhaupt leisten, solange zu warten? Haben wir bis dann vielleicht die Grundlagen für unsere Lebensfähigkeit auf diesem Planeten weitgehend oder vollständig zerstört? Es wird sich zeigen, wie lange die Glaubenssätze über die Selbstregulierungskräfte von Politik, Wirtschaft und Wissenschaften einer großen Mehrheit noch immer plausibel erscheinen. Und ob weiterhin jegliche innere ethische Verantwortung abgelehnt und ausschließlich die Materie als Wirkprinzip akzeptiert wird. Während Gott und die Geistige Welt ebenso wie Geist und Seele als entscheidende Kräfte im Menschen verneint oder gar bekämpft werden. Eine solche Lebenseinstellung sieht uns als vergängliche Staubkörner in einem zufällig zusammengewürfelten Universum -ohne Sinn und Bedeutung in einem isolierten, jeden geistig-seelischen Werten entfremdeten Dasein. Der einzige „Wert", den man einer solch trostlosen Existenz abgewinnen kann, ist der Raubtier-Lebensmodus des „Recht des Stärkeren", ohne Rücksicht auf das Wohl und Rechte anderer Menschen und Lebewesen, auf Natur und Umwelt.

Nun erklären jedoch die Geistigen Gesetze die rückhaltlose Verantwortlichkeit jedes Menschen für das eigene Handeln. Niemand kann der allumfassenden Gerechtigkeit dieser Gesetzmäßigkeiten entgehen. Jesus erklärte dies mit den Worten, dass man erntet, was man sät. Und das Resonanzgesetz stellt klar, dass alle ausgesandten Gedanken, Emotionen und natürlich auch Handlungen in der gleichen Intensität früher oder später auf den Urheber zurückfallen. Wer dies ignoriert, findet vielleicht nie aus den Illusionen und Allmacht-Phantasien des Egos hinaus. Welches erschreckende Erwachen es gibt, wenn der Körper, wie angenommen, zerfällt, die Geistseele jedoch weiterlebt, sei hier nicht weiter ausgeführt. Klar erscheint jedoch, dass die Schöpfungsgesetze mit den Abläufen des Karmas von höchster Intelligenz zeugen, denn sie legen das Schicksal jedes Menschen in dessen eigene Hand. Wer diese Gesetze begreift, dem kann nicht gleichgültig sein, ob die Menschheit reif für die befreiende Erkenntnis wird, dass wir alle Geistseelenwesen sind, die sich zwecks Erweiterung ihrer Erfahrungen immer wieder neu verkörpern. Denn das Verständnis unseres Ursprungs bestimmt auch die Qualität der Weltenentwicklung. Das Bewusstsein für unsere Natur als Geistseelenwesen wird zum entscheidenden Meisterschlüssel, mit dem wir unsere Welt in ein wahres Paradies, in eine Oase innerer und äußerer Fülle, Schönheit und Strahlkraft verwandeln können. Derzeit liegt dies noch in unserer Hand.

Wir haben das Privileg, in einer Wendezeit höchster Intensität zu leben. Einerseits war die Welt noch nie näher am Abgrund, wie die von Nobelpreisträgern betriebene „Weltuntergangsuhr" symbolisch zeigt. Die wurde erst vor kurzem auf zwei Minuten vor 12 vorgestellt. Andererseits gab es auch noch nie so viele Kräfte guten Willens, die mit zunehmender Bewusstheit zum Wohle der Menschheit beitragen wollen. Allerdings haben parallel dazu die am Alten festhaltenden Gegenkräfte ebenfalls die Intensität ihrer Bemühungen verstärkt. Es ist also noch völlig offen, ob es erst noch schlimmer kommt, ehe es besser wird. Oder ob wir gewaltsame Auseinandersetzungen, Chaos und Zerstörung noch abwenden können. Und zwar dann, wenn die Menschen die wahren Ursachen aller Fehlentwicklungen erkennen. Dann können sich Bewusstseinswachstum und die befreiende Erkenntnis unserer wahren geistigen Natur auch blitzartig vollziehen und verbreiten -anders, als es in der trägen Materie möglich wäre.

Dennoch ist folgende Einsicht entscheidend: die Gegenkräfte mit ihren Waffen von Lüge und Manipulation haben eine wichtige Funktion in diesem „kosmischen Spiel" - sie lassen uns keine andere Wahl, als mutig und kraftvoll wahre Erkenntnis der Ursachen zu suchen. Hierin liegt die große, vielleicht einzige Hoffnung für die Menschheit. In diesem Sinn sind die in ihrer materialistischen Sichtweise verhafteten Kräfte ein idealer Prüfstein für die Tiefe des eigenen Wissens. Und für den Mut und die Entschlossenheit, der Wahrheit zum Durchbruch zu verhelfen. Denn das ist die gottgegebene Entwicklungsaufgabe für jede Menschenseele: auf ihrer Reise durch die verschiedenen Verkörperungen an Weisheit und Verständnis zu wachsen.
Fragen wir uns, angesichts des kostbaren Geschenks unseres Lebens, das wir selbst nicht erschaffen können: ist es wirklich zu viel verlangt, existenzielle Antworten auf die entscheidenden Fragen der Schöpfung zu suchen? Sollten wir Ungerechtigkeiten, Hass und Gewalt in der Welt einfach achselzuckend hinnehmen -aus der bequemen Vorstellung, nichts zum Bewusstseinswachstum beitragen zu müssen? Und wie kann es sein, dass Gebet, Meditation, innere Einkehr und Selbsterforschung so vielen Menschen als vergeudete Zeit erscheinen -während sie mit tausend Trivialitäten ihre „Zeit totschlagen"? Das Problem dabei: eine unbewusst-oberflächliche Lebensweise lullt ein, richtet den Fokus auf Nebensächliches, wodurch es in der Folge immer schwieriger wird, die verkürzte Sicht auf das Leben zu durchbrechen. Diese fatal verengte Sichtweise wird dann noch verstärkt durch eine materialistisch indoktrinierende Schmalspurerziehung, die Spezialisten züchtet, die kaum über den eigenen Tellerrand hinausblicken und sich, bei Aufteilung in kleinste Teilbereiche, dennoch der Illusion hingeben, irgendwann einmal das Ganze zu erkennen. So versperren wir den Weg zur Erkenntnis des geistigen Ursprungs des Ganzen - nur

dann aber können die Teile Sinn ergeben. Wie in einem Hologramm erkennen wir dann in jedem Teil das Ganze.

Und dann wird es möglich, diese Teile zu immer neuen wunderbaren Realitäten zusammenzufügen, die unsere Welt in unvorstellbarer Weise bereichern.

Bei einem nochmaligen Blick auf die mögliche Entwicklung des NETZWERKS ist auch die Frage nach möglichen Gegenkräften zu klären. Innovative Projekte haben nie nur Befürworter, sondern auch mit Gegenwind zu rechnen, wenn irgendeine Seite eigene Interessen bedroht sieht. Da der holistische Verbund in Wirklichkeit gegen niemanden gerichtet ist, sondern in konstruktiver Weise immer wieder Synergien und WIN/WIN Effekte herstellt, so sollte man derartigen Befürchtungen beizeiten durch Transparenz entgegenwirken und eventuelle Einwände sachlich-argumentativ ausräumen.

Des Weiteren spielt natürlich die bereits aufgeworfene Frage eine entscheidende Rolle, wie viele Menschen, und mit welchen Hintergründen, welcher Motivation und welchem Grad an Entschlossenheit der VISION überzeugenden Realitätscharakter beimessen. Menschen also, die klar den Unterschied zwischen einer vielleicht schönen, letztlich aber brotlosen Utopie und einer kraftvollen VISION erkennen. Einer in sich stimmigen und ausgereiften VISION, deren Verwirklichung auch beim Anlegen durchaus kritischer Maßstäbe überaus realistisch erscheint. Dies ist ein ganz entscheidendes Kriterium und stellt die Frage nach möglichen Gegenkräften weit in den Schatten.

Denn eine kraftvolle Verwirklichungsabsicht, die von vielen starken und entschlossenen Individuen geteilt wird, ist immer stärker als eine diffuse Vereitelungsabsicht, die nicht die Kraft der Wahrhaftigkeit auf ihrer Seite hat. Dass Saboteure und solche Regierungen, die sich gegen wahre Interessen der Menschen richten, auf Dauer keine Chance haben, hat sich am Fall der Mauer und der kommunistischen Systeme in Europa gezeigt.

Im NETZWERK spielen Integrität und Wahrhaftigkeit im Umgang miteinander und mit den eigenen Werten eine herausragende Rolle. Sie gilt es immer wieder neu zu prüfen und dafür einzustehen, wenn der Einzelne zum Empfänger von Weisheit aus dem Bewusstseinsfeld wird. Wer Mitglied im Verbund wird, ist in der persönlichen Bewusst-werdung schon gut auf dem Weg und hegt deshalb hohe Erwartungen an die hier mögliche Entwicklung. Die VISION wurde auf Herz und Nieren geprüft, dabei mit den eigenen inneren Wertmaßstäben abge-glichen und als kompatibel befunden. Der Mensch ist auf dem Weg, ganzheitlich Verantwortung für sich selbst zu übernehmen und sich ins Ganze einzubringen. Er gewinnt Stabilität und Klarheit in sich selbst, bei gleichzeitiger Offenheit für die Erfahrung neuer Mög-lichkeiten, neben dem Verstandesdenken, das nur bestimmte Dinge „kennt". Unabhängig davon, ob bereits unmittelbare Erfahrungen mit der Geistigen Welt gewonnen wurden, ob vielleicht eigene mediale Begabungen wachsen oder ob man Geistige Heilung bzw. eine der Millionen Nahtoderfahrungen erleben durfte -das Verständnis und Ver-trauen, dass Gott und die Geistige Welt existieren - oder wie sonst man es für sich erfasst - ist vorhanden und verstärkt sich mit jeder eigenen gewonnenen Erfahrung.

Und dabei wird auch die Einsicht der VISION geteilt, dass wir Men-schen es in unserer Geschichte mit Tausenden von Kriegen und Konflikten bislang noch nicht geschafft haben, eine friedvolle, in gerechter Weise prosperierende Welt für Alle zu erschaffen. Deswegen besteht Offenheit, in beide Richtungen Brücken zu bauen. Verbunden mit der inneren Bereitschaft, Rat und Inspiration aus der Geistigen Welt und von erleuchteten Wesen anzunehmen und unser Leben und Schaffen auf diese Weise zu befruchten.

Dieses tiefe Verständnis für die Notwendigkeit der Integration geis-tig-seelischer Werte in die Entwicklung unserer Welt wird von Beginn an die Qualität im Verbund und die Art der Kommunikation zwischen den Mitgliedern entscheidend prägen. Man wird sich offen und ver-trauensvoll begegnen und gegenseitig die Entwicklung fördern. So werden die authentischen Beziehungen zwischen den Menschen getreuliche Spiegel der eigenen Entwicklung. Selbsterkenntnis führt stets auch über den Anderen, da man die eigenen blinden Flecken auch bei aller Bewusstheit nicht immer erkennt.

Die freundschaftliche, empathische Grundhaltung der Mitglieder im Verbund ist für die meisten Menschen eine wichtige Voraussetzung, um sich zu öffnen und auch verletzbar zu zeigen. Von gegenseiti-gem Vertrauen, Liebe und Mitgefühl getragen, geschehen Heilung und Bewusstwerdung -mehr Energie kann in die freudvolle Seite des Lebens fließen. Und da diese Wachstums- und Befreiungsprozesse von der VISION ständig gefördert und deswegen von vielen Menschen angegangen werden, können Kreativität und authentische Schaffenskraft zunehmend in die gemeinsam vorangetriebenen Prozesse im Verbund einfließen. Zum Vorteil jedes Einzelnen und des ganzen Wachstumssystems.

Menschen, denen all diese vielfältigen Möglichkeiten der seelisch-geistigen, der emotionalen und auch körperlich heilsamen Entwicklung für ihr persönliches Leben bedeutsam erscheinen, dürften sich näher mit der Frage eines möglichen Eintritts ins NETZWERK beschäftigen. Dabei können drei starke Motivlagen entscheidend werden: Innere Entfaltung, Wachstum und Heilung, das Empfinden von Lebensfreude und tiefer Sinnhaftigkeit.

Zweitens die Stärkung äußerer Gaben und kreativer Potenziale, die zum Entdecken der wahren Berufung und ihrer erfolgreichen Umsetzung innerhalb oder auch außerhalb des Verbundes führen kann. Sowie drittens die Intensivierung der transformativen Energie auf der Erde, sodass ein gedeihendes Leben in Frieden und erlebbarer Fülle für Alle möglich wird.
Dabei kann die einzigartige VISION uns Menschen aufrütteln, uns aus aller Lethargie reißen und uns für die göttlichen Schöpfungsgesetze und unsere wahre Natur als Geistseelenwesen sensibilisieren. Damit erkennen wir, dass wir uns zur geistig belebten Formgebung in der Materie, und dem damit verbundenen Bewusstseinswachstum, immer wieder hier auf Erden verkörpern. Und dass wir umgekehrt beim unvermeidlichen Tod des Körpers wieder voll in unser Dasein als Geistseelenwesen erwachen.

Gleichzeitig verhilft uns die VISION zur Erkenntnis, dass wir aktive Mitschöpfer einer wunderbaren, alles Bekannte weit überschreitenden Wirklichkeit werden können. Und zwar dann, wenn wir jene oft in diesem Buch beschriebene Schöpfungseinheit „innerer" und „äußerer" Erfahrungen im Hier und Jetzt kraftvoll und mutig hervorbringen. Und wenn wir gleichzeitig all jene uns in der Entwicklung unserer Potenziale begrenzenden Glaubenssätze als Überbleibsel der alten, uns auf die Materie begrenzenden Weltsicht entlarven. Mit dieser entscheidenden Erkenntnis befreien wir unseren Weg von altem, unzeitgemäßem

Gerümpel und festigen unsere Eigenverantwortung für das Realisieren eines Lebens in wahrhafter innerer und äußerer Fülle.

Fragen wir uns nun: reichen all diese hier beschriebenen, umfassenden Wirkkräfte der VISION aus, um das EARTH OASIS NETZWERK mit einiger Sicherheit entstehen zu lassen? Sind die inneren und äußeren Antriebskräfte stark genug? Ist das Buch konkret genug? Offen genug? Insbesondere angesichts der Tatsache, dass es keine Instanz gibt, die das Ganze in interessengeleiteter Absicht entschlossen vorantreibt?

Diese fehlende anschiebende Instanz, die um eigener Vorteile willen die Verwirklichung des NETZWERKS zur „Chefsache" macht, wie es sonst bei allen neuen Initiativen der Fall ist, mag auf den ersten Blick als Nachteil erscheinen. In Wirklichkeit kann es sich als weitere große Stärke dieser VISION erweisen.

Nämlich dann, wenn die Menschen, die aus ganzem Herzen und mit tiefem Verständnis all unserer bisherigen Defizite Veränderungen in unserer Welt bewirken wollen, erkennen, dass gerade in diesem von keinen Interessen dominierten Wachstumssystem die vielleicht bislang beste Chance gegeben ist. Und zwar gerade weil dieser Verbund von keiner Seite gekapert oder vor den Karren mächtiger fremder Interessen gespannt werden kann. Das Individuum behält in jeder Phase die vollkommene Entscheidungsfreiheit über alle Aspekte seines Lebensweges. Denn Befreiung und Bewusstseinswachstum bei gleichzeitiger Verbundenheit mit anderen Menschen, Natur und Kosmos sind die allzeit gültigen Grundbedingungen dieser VISION. Und die ist ein Geschenk für eine Menschheit, die an einem allesentscheidenden Wendepunkt steht, was in diesen drei Büchern in aller Deutlichkeit zum Ausdruck gebracht wurde. Wir stehen vor der Herausforderung, eine neue Stufe unserer Evolution zu erklimmen, und zwar eine Bewusstseinsevolution bislang nicht gekannten qualitativen Ausmaßes. Und wesentliche Voraussetzung dafür sind in ihr wahres Selbst erwachende, von altem Ballast und ewiger Bevormundung befreite Individuen. Zunehmend bewusst werdende Menschen, die bereit sind, ihr Teil der Verantwortung zu übernehmen -sowohl für den jetzigen Zustand unserer Welt, als auch für die gewaltigen Potenziale, die wir gemeinsam realisieren können. So können zunehmend Mitgefühl und Liebe zu sich selbst und anderen in unsere Welt finden.

Im Übrigen: Ist es nicht eine wunderbare Voraussetzung, dass dieser Verbund nur dann sich konkret in der Praxis manifestieren wird, wenn veränderungswillige Menschen sich verbinden, Vertrauen aufbauen, und mit all ihrer Bewusstheit den Start vorbereiten? Menschen mit offenen Herzen, geerdet und klar, die den Wert dieses Prozesses spüren und annehmen. Wobei sie auf einer VISION aufbauen können, die alle entscheidenden Zusammenhänge und Wirkmechanismen im EARTH OASIS NETZWERK bestens verständlich erklärt.

Natürlich begeben sich diese Menschen auf Neuland, was Mut und Entschlossenheit erfordert. Aber sind bessere Voraussetzungen als dieses ganzheitliche Drei-Ebenen-NETZWERK mit seinen Wurzeln in der alles bedingenden LIEBE und Verbundenheit dieser wunderbaren Schöpfung denn überhaupt denkbar?

Es wird ein aufregendes Experiment, wenn Menschen, die sich größtenteils bislang noch nicht begegnet sind, und „nur" durch die VISION und das sie verbindende ganzheitlich-spirituelle Grundverständnis zusammengebracht werden, sich persönlich in Vorträgen, Workshops oder in Village- bzw. Firmen-Initiierungs Pools treffen und die Basis für eine konkrete Zusammenarbeit ausloten. Dabei wird es spannend zu beobachten sein, ob und wie die unterschiedlichsten Initiativen und Pläne, statt in Chaos zu enden, fließend und organisch sich entfalten und letztlich zu einem harmonisch sich ergänzenden Ganzen zusammenfügen. Damit würde dann die Annahme der VISION eines sich in weiten Teilen bewusst selbst organisierenden Systems aufgehen, das ohne Hierarchien und ohne entscheidende Zentralmacht auskommt. Natürlich geht es in der praktischen Realität des entstehenden Verbundes nicht ohne Führung und notwendig werdende Entscheidungen. Diese werden dann von den in den verschiedenen Institutionen in basisdemokratischer Wahl bestimmten Repräsentanten getroffen. Bzw. auf der Firmenebene von den Gründern oder von ihnen ernannten Führungskräften.

Es leuchtet ein, dass ein solches von gegenseitigem Vertrauen, Verbundenheit und Kooperation getragenes System nur dann funktionieren kann, wenn den Mitgliedern gleichgewichtig zur äußeren Entwicklung auch ihr inneres Wachstum am Herzen liegt. Dies bringt uns wieder zur Frage zurück, ob es schon heute genügend Individuen gibt, die sich nicht vom Ego und den äußeren Verlockungen der „Maya" leiten lassen. Oder ob bestehende Ordnungen erst zusammenbrechen und Chaos und Leid entstehen müssen, damit viele Menschen überall auf der Erde bereit für geistige Erneuerung und eine auf Verantwortung und Mitgefühl basierende Weltethik werden. Sollte die Zeit in diesem Sinn noch nicht reif sein, dann existiert zumindest mit der NETZ-WERK VISION ein Modell gleichgewichtiger, innerer und äußerer Entwicklung unserer Welt, das zum gegebenen Zeitpunkt eingesetzt werden kann. Jedoch ist diese VISION ja zum jetzigen Zeitpunkt in die Welt gekommen und deswegen wollen wir davon ausgehen, dass es auch der richtige ist. Zumal wir uns mit aller Kraft und Leidenschaft auf das Entstehen des NETZWERKS einstimmen können. Wenn wir dies aus ganzem Herzen und mit der Klarheit unserer Bewusstheit tun, dann werden wir es schaffen. Letztlich wird uns dann auch die Geistige Welt zur Seite stehen -jedem Menschen auf seine Weise, mit dem ihm möglichen Zugang - damit diese wunderbare evolutionäre Möglichkeit aus dem Ozean der Potentialitäten treten und Wirklichkeit werden kann.

Diese Erfahrung wird uns zeigen, welch machtvolle Geschöpfe wir sind und dass wir mit einer von Bewusstheit und Herzenskraft erfüllten klaren Absicht Alles ermöglichen können, was in Übereinstimmung mit den Schöpfungsgesetzen steht. Allerdings müssen wir uns prüfen, ob da nicht irgendwelche unbewussten Glaubenssätze aktiv sind, mit denen wir uns selbst begrenzen. Sofern wir uns nicht mit negativen Glaubenssätzen selbst ausbremsen, wird nichts das Entstehen dieses Wachstumssystems verhindern können, wenn es für die Menschheit wahren Fortschritt und eine ebenso kraftvolle wie friedliche Weiterentwicklung unserer Potenziale bedeutet. Konzentriert auf das uns Wesentliche, das was wirklich erfüllt, was Sinn und Bedeutung in unser Leben bringt.

Ja, liebe Leserinnen, liebe Leser -es ist ein gewaltiges Projekt, das sich da vor unseren Augen auftut. Es ist eine VISION, die mich immer wieder mit Ehrfurcht und Demut erfüllt. Angesichts ihrer schieren Größe und all dessen, was möglich erscheint. Manchmal hat sich mir die Frage gestellt: geht es nicht eine „Nummer kleiner"? Sollte nicht besser das Ganze in „kleine Häppchen" aufgeteilt werden, die der Begrenztheit unseres Verstandesdenkens besser gerecht werden? Damit nicht möglicherweise Manche den Mut verlieren, angesichts der Dimension des hier Geschilderten? Aber immer wenn ich dann weitergeschrieben habe, zeigte es sich, dass es nicht möglich war, eine „bescheidenere" oder irgendwie zurückhaltende Art der Darstellung zu wählen. Die Gedanken entstanden und die Worte flossen langsam und bedächtig, auf ganz natürliche Weise in die Tasten. Dabei war und bin ich mir einer sanften Führung und Inspiration bewusst. Vielleicht geht es ja gerade darum, etwas in seiner möglichen Größe und Bedeutung kaum Denkbares, also mit dem Verstand allein nicht Greifbares, genau so als Ganzheit darzustellen, wie es sich in der Geistigen Sphäre zeigte. Darin liegt eben der Unterschied zu von uns Menschen erdachten Gedanken-Konstrukten, zu einer Strategie oder schrittweise vorgehenden Planung. In dieser aus der Geistigen Sphäre zu uns kommenden VISION ist von Anbeginn an das Ganze gegeben -die Gestalt des NETZWERKS in all seinen möglichen Dimensionen. Dieses Ganze lässt sich nicht in einzelne Bestandteile zerlegen, um dann analytisch seine reale Durchführbarkeit zu beweisen. Denn dieses Ganze geht weit über die auf dem bereits Bekannten basierenden Fähigkeiten unseres Verstandes hinaus.

Es ist eine Co-Kreation aller Kräfte, die auf unsere Wirklichkeit einwirken können: von Körper, Geist und Seele des Menschen, die, wenn sie verbunden sind, aus dem „Meer aller Möglichkeiten" schöpfen können; von einer in allem Sein enthaltenen, allumfassenden Geistigen Schöpferkraft und von solchen Geistigen und auf der Erde verkörperten Wesen höchster Weisheit, durch die sich diese Schöpferkraft ausdrücken kann. Und die auch unsere menschliche Entwicklung liebevoll begleiten. Und die sich im Hier und Jetzt über unseren Körper ausdrücken können -als Teil der Erde, die ebenfalls Schöpfungsgesetze offenbart. Und als weitere Kraft die unseres menschlichen Bewusstseins, das uns dazu befähigt, all diese um uns und durch uns wirkenden Kräfte wahrzunehmen und zu einer möglichst umfassenden Erkenntnis zusammenzufügen. Und dabei kann als überaus nützliche Errungenschaft auch unser Verstandesdenken mitwirken. Aber es wird nur dann einen sinnvollen Beitrag zu wahrer Erkenntnis leisten können, wenn es sich seiner Grenzen bewusst wird. Diese Grenzen liegen in all den Prägungen und Konditionierungen, all den verinnerlichten Glaubenssätzen, die nicht mehr als spekulative Annahmen über eine Wirklichkeit sind, die weit umfassender ist, als wir mit dem hirngebundenen Verstand begreifen können. Daraus ergibt sich: unser menschlicher Verstand mit seinem vernunftbegabten Denken kann umso besser funktionieren, je „gereinigter" er von allen rein spekulativen Annahmen über die Wirklichkeit ist. Diese wurden ihm in unzähligen Konditionierungen und Glaubenssätzen eingeprägt. Glauben ist jedoch nicht Wissen, und diese Feststellung gilt für die Religionen wie auch für jene Wissenschaften, die auf dem alten materiellen Paradigma aufbauen und alles darüber hinausgehende Wissen ausschließen.

Entscheidend ist: Nur wenn sich unser Bewusstsein als zentrale Erkenntnis-Instanz für das grundlegende Wissen um die wahre Natur unseres menschlichen Seins öffnet, kann dieses übergeordnete Wissen auch in unser Denken und Handeln einfließen. Dieses Verständnis ist von zentraler Bedeutung. Unsere Ratio, unsere Fähigkeit vernunftbegabten Denkens kann immer nur so gut funktionieren, wie unser Bewusstsein als ordnende und steuernde Instanz es zulässt! Mit dieser durch und durch rationalen Feststellung wird die überragende Bedeutung von Bewusstseinswachstum für unser individuelles Leben wie auch für unser Dasein als soziale Gemeinschaftswesen jenseits jeden Zweifels bewiesen. Damit erweist sich, dass zentrale Grundannahmen der VISION wie die überragende Bedeutung der menschlichen Bewusstseinsentwicklung und des Vereinens innerer und äußerer Aspekte des Lebens zutreffend sind. Und wir sehen auch, wie es möglich wird, das Verstandesdenken zu einem scharfen, überaus nützlichen Instrument zu entwickeln: durch „Entlarvung" all jener Glaubenssätze, die ohne wahres Wissen unzutreffende oder doch zumindest wesentlich verkürzte Grundannahmen über das treffen, was wir leichthin als „die Realität" bezeichnen.

Es geht hier nicht um irgendwelche abstrakten philosophischen Erwägungen. Sondern um die Art und Weise wie wir Wirklichkeit herstellen. Und damit um ganz zentrale Zusammenhänge unserer menschlichen Existenz. Denn wenn wir in unserem Welt- und Menschenbild von falschen Voraussetzungen ausgehen, dürfen wir uns nicht wundern, wenn wir immer wieder schädigende Verhaltensweisen reproduzieren. Dies führt zu jener lähmenden Hilflosigkeit, ja Hoffnungslosigkeit, die viele Menschen befällt, weil sie immer wieder, wie in einer Endlosschleife, mit Hass, Gewalt, Kriegen und Konflikten konfrontiert sind. Und umgekehrt scheint es Jenen Recht zu geben, die es „immer schon wussten", und den Homo Sapiens als von Grund auf schlechtes Wesen ohne Empathie sehen, das es möglichst umfassend einzuhegen und zu kontrollieren gelte.

All dies zeigt, wie entscheidend es für eine gedeihliche Zukunft der Menschheit ist, die wahren Zusammenhänge unseres Mensch-Seins und damit auch all der uns von der Schöpfung gegebenen Potenziale zu begreifen und in unser Leben zu integrieren.

Ein allerletzter Aspekt: Es ist durchaus möglich, dass ein Teil der Menschen, die der Gedankenwelt der NETZWERK VISION ansonsten offen gegenüberstehen, Bedenken wegen der bedeutenden spirituellen Dimension empfinden könnten. Dies wäre wenig überraschend, denn viele Zeitgenossen schämen sich heute geradezu dafür, Gedanken zu äußern über Gott bzw. eine göttliche Schöpferkraft, über ein Weiterleben nach dem Tod oder gar über „Geistige Wesenheiten", die die „Geistige Welt" bevölkern. In der Tat ist es so, dass entscheidende existenzielle Themen wie „Tod" oder das Weiterleben als „Geistseelewesen" Tabuthemen in Gesellschaften sind, denen ansonsten nichts zu trivial und bedeutungslos ist, um es nicht bis zum Exzess auszuschlachten. Darin wird eine geistlose Oberflächlichkeit sichtbar, die auf Angst und Verdrängung basiert. Der materiell konditionierte Zeitgeist und die damit verbundene Hybris des Ego-Verstandes lassen wenig Raum für Ehrfurcht und Demut. Und das angesichts einer grandiosen Schöpfung, die wir weder begreifen, noch selbst erschaffen können.
Da die VISION jedoch auf Wissen und Weisheit der Geistigen Welt gründet, kann es an ihrer spirituellen Dimension keine Abstriche geben. Denn das würde nicht nur die alles bedingenden geistigen Schöpfungsgesetze negieren, sondern auch unsere wahre menschliche Natur. Im NETZWERK wird jedes Individuum als integriertes Wesen aus Körper, Geist und Seele verstanden und auf seinem einzigartigen, selbstbestimmten Lebensweg, bei der Realisierung seiner jeweiligen Potenziale gefördert. Jeder ist von Herzen eingeladen, an der Entstehung dieses Wachstumsverbundes mitzuwirken. Und dabei den beglückenden Weg zu sich selbst zu gehen -in authentischer Verbindung mit anderen Menschen, Natur und Kosmos.

*

Ich widme dieses Buch
In tiefer Dankbarkeit und Anerkennung meinen fünf überaus engagierten Lektorinnen und Lektoren
Natalie Nicola, Rainer Schilt, Bernd Sieberichs, Paul Stöpel, Sven Weishaupt. Sowie unserem Organisationstalent Jörg Pribil,

der auch den Satz erstellt hat.

Ihr habt, unabhängig voneinander, die letzte Entstehungsphase dieser drei Bücher sachkundig und mit großem Engagement begleitet.

Ich danke von Herzen für alle wertvollen Anregungen! Und für den Enthusiasmus, den ihr in diese Arbeit habt fließen lassen! Stets ging es darum, diese wunderbare VISION aus dem Geistigen so vielen Menschen wie möglich zugänglich zu machen.

Danke von Herzen!

Über den Autor

Victor Rollhausen ist Visionär aus Leidenschaft. Schon in den 80er Jahren initiierte und beriet er erfolgreich viele ganzheitlich-spirituelle Firmen, Unternehmensgründer und Freiberufler. Dabei lag und liegt ihm besonders am Herzen, dass Menschen ihren Gaben und Talenten entsprechend ihre persönliche Lebens- und Seelenmission finden. Die sie dann auch in ihrem Beruf oder in ihrem eigenen Unternehmen kreativ und innerlich erfüllt verwirklichen können.

Aktuell begleitet Victor das sich entfaltende EARTH OASIS Projekt. Dies basiert auf einer kraftvollen Vision, die für ihn im Dezember 1995 erstmals sichtbar und seitdem immer „runder" und vollständiger wurde. Jetzt, 25 Jahre später, manifestiert sich die NETZWERK VISION in diesen drei Büchern. Victor freut sich bereits darauf, in dieser neuen Schaffensphase Menschen mit Rat und Inspiration zur Seite zu stehen, die mutig und mit Vertrauen in ihre innere Kraft und Schöpferweisheit die in ihnen schlummernden Potenziale ausschöpfen wollen - sei es auf einer der drei Ebenen des entstehenden Entfaltungsverbundes oder in anderer Mission.

Mit unserem Verstandesdenken haben wir die materielle Welt erschlossen, uns die Erde untertan gemacht. Aber stellen wir uns der damit verbundenen Verantwortung? Haben wir eine gedeihende Welt erschaffen, wo freie, selbstbestimmte Menschen friedlich zusammen leben und schöpferisch tätig sind? Leider sprechen die zunehmenden Gefahren eine andere Sprache.

Die NETZWERK VISION orientiert sich an unseren wahren Potenzialen. Bewusstwerdungs- und Heilungsprozesse offener Menschen werden zu kraftvollen Impulsgebern für eine gedeihende Zukunft.

Dieses Buch entwirft einen neuartigen gesellschaftlichen Organismus, der enorme Synergien durch Ergänzung und Ausgleich gegensätzlicher Kräfte erzeugt. Liebe, Schönheit, Kreativität und Verbundenheit werden so zu prägenden Impulsen im NETZWERK.

*

In einer fiktiven Rückschau aus dem Jahre 2045 erleben wir aus der Sicht von 13 NETZWERK-Pionieren kraftvolle Potenzialentfaltung. Der ganzheitliche Verbund ist längst zu einer blühenden Oase mit Millionen schöpferisch tätigen Mitgliedern in faszinierenden Lebenswelten herangewachsen. Ein solidarisches Wirtschaftsleben auf der Firmen- und Berufsebene - Village-Gemeinschaften, die individuelle Gaben und erfüllende Formen des Zusammenlebens fördern - Und als verbindende Ebene die Stiftungen, die ein gerechtes Organisationsmodell für das NETZWERK mit Leben erfüllen.
Du bist herzlich eingeladen, diese inspirierende VISION zu erkunden! Die Trennung von Körper, Seele und Geist zu überwinden! Neue, erfüllende Lebens(t)räume zu erschließen! Unsere Erde in ein wahres Paradies zu verwandeln!

www.earth-oasis-netzwerk.de

Mit besonderem Dank an Aaron Klar für seine Unterstützung

Dieter Broers

DAS BESTE NOW - CREATOR-WETTBEWERB FÜR ERDE 2.0

Liebe Freunde,

die Menschheit steht an einem Scheidepunkt. Ich denke, das ist allen klar. Immer wieder ist davon die Rede, dass es zu einer Trennung von zwei Zeitlinien kommen wird. Diesem Ereignis geht allem Anschein nach eine Trennung der wahrgenommenen Wirklichkeiten voraus bzw. sie geht mit ihr einher. Dabei geht es doch gerade jetzt darum, dass wir uns nicht spalten lassen, sondern endlich eine gemeinsame Basis finden und **Gemeinschaft leben statt Trennung**. Aber die Angst hat viele Erdenbürger fest im Griff und statt mit klarem Kopf den gut recherchierten Begründungen Glauben zu schenken, die die eindeutigen Nachweise für die Unverhältnismäßigkeit der Einschränkungen unserer Freiheiten liefern, scheinen viele von der offiziellen Propaganda so eingeschüchtert zu sein, dass Panik um sich greift, wo ein kritischer, wacher Geist dringender gebraucht wird als jemals zuvor.

Was sind die Fakten und was ist Fiktion? Beides voneinander zu trennen, ist eine sehr individuelle Aufgabe. Wussten wir nicht alle, dass es noch einmal hoch her gehen würde? Turbulenzen auf und an allen Ebenen und Fronten waren zu erwarten! Aber das große Experiment Erde und mit ihm unser Erwachen scheint von einer immensen, universell relevanten Bedeutung zu sein. So wichtig, dass Kräfte und Mächte, die am Gelingen unserer Anstrengungen ein großes Interesse haben, alles in Bewegung setzen, um uns zu schützen. Gäbe es sie nicht, wäre uns unser geliebter Heimatplanet sicherlich schon mehrmals um die Ohren geflogen.

Dabei habe ich mich immer wieder gefragt, wie das konkret vonstatten gehen würde, was genau passiert mit wem, wenn der „Aufstieg" beginnt und was kommen danach? Deshalb habe ich immer wieder darauf hingewiesen, wie wichtig es ist, sich konkrete Vorstellungen davon zu machen, wie es in unserer zukünftigen Welt, in der wir leben möchten, aussehen soll und wie es dort zugehen wird.

Eine Reihe von Wissenschaftlern, Weisen, Schamanen und Astrologen führen gute Gründe dafür an, dass die Zeit des Aufstiegs JETZT gekommen ist. Vertraut man auf die Erkenntnisse der Quantenphysik und bedenkt, was die Modelle eines Multiversums, des holografischen Universums und des Beobachtereffekts nahelegen, dann gibt es so viele Wirklichkeiten wie es Menschen gibt - mit einer verhältnismäßig kleinen Schnittmenge an „geteilter" Wirklichkeit. Mit der Folge, dass es durchaus sein kann, dass die Einen aus der eben noch geteilten Wirklichkeit theoretisch aus- und „aufsteigen" könnten, während es bei den Anderen noch nicht so weit ist.

Dass es doch ein globales Datum geben könnte, dafür spricht, dass für den „Aufstieg" Energie und Information benötigt wird und diese ist entweder in der gemeinsam geteilten Raumzeit vorhanden oder sie ist es nicht. In meinen letzten Gesprächen mit dem Astrophysiker Robert Sarkis-Karapetians bin ich auf die physikalischen Veränderungen der Verhältnisse eingegangen, die nach seiner Auffassung dafür sprechen, dass der Anstieg der Maserstrahlung aus dem Kosmos den Auslöser für den „Aufstieg" liefern könnte. Diese besondere Strahlung wird insbesondere von den Mikrotubuli in unserer Zirbeldrüse aufgenommen, die dadurch eine höhere Aktivität entwickelt, was zum Anstieg unserer telepathischen Fähigkeiten, unserer kreativen Inspiration und der gesteigerten Fähigkeit führt, komplexe Zusammenhänge begreifen zu können.

Zudem tritt derzeit aus dem galaktischen Zentrum eine verstärkte kosmische Ur-Neutrinostrahlung auf, die diese Effekte zusätzlich unterstützt. Die zunehmende Einwirkung der kosmischen und terristischen[23] Felder und EM-Frequenzen führen dazu, dass alle Gedanken um ein Vielfaches in ihren Wirkungen potenziert werden. Alle werden mit den Ergebnissen ihrer inneren Ausrichtungen konfrontiert. Mit einfachsten Worten: Menschen mit egoistischem Hintergrund werden das Resultat ihrer

---

23 Terristisch: Von der Erde ausgehende Naturfelder (Erdmagnetfeld, Schumann-Resonanzen usw.).

Gesinnung erfahren, ebenso wie die Menschen mit einer liebevollen Grundhaltung die Früchte ihrer Herzensenergie ernten werden.

Die Veränderungen der oben beschriebenen Verhältnisse fördern somit auch unsere Fähigkeiten zur Selbsterkenntnis und für klare Entscheidungen jedes Einzelnen. Bleiben wir in der Angst vor einem Virus, an dessen realen Gefahren und Risiken so zahlreiche, wissenschaftlich gut begründete Zweifel bestehen, dass man **die Frage** nach den objektiven Grundlagen der uns einschränkenden Maßnahmen mit aller Berechtigung stellen muss[24]. Oder halten wir es für möglich bzw. für wahrscheinlich, dass der Anlass für die Einschränkungen unserer Bewegungs- und Versammlungsfreiheit ganz anderen Motiven geschuldet sind, als einer angeblichen Pandemie? Dann aber stellt sich augenblicklich die Frage, um welche Motive es dabei gehen könnte. Betrachtet man das Timing der neuerlichen Verschärfung der Lockdown-Bedingungen, fällt einem auf, dass sie mit Daten zusammenfallen, auf die uns Wissenschaftler, Weise, Schamanen und Astrologenaus ganz anderen Gründen hinweisen.

Vor diesem Hintergrund möchte ich Euch den nun folgenden Text vermitteln. Er war Teil eines mehrere tausend Seiten langen Protokolls, das ich im Laufe einiger Jahre vor zwanzig bis fünfundzwanzig Jahren aus einer für mich damals noch geheimen Quelle erhalten habe, aber nie vollständig lesen konnte. Der „Zufall" wollte es, dass ich gestern „zufällig" in meinem Archiv auf diesen Text gestoßen bin.

Nun entscheidet jeder von Euch für sich selbst, welche von den folgenden Aussagen Fakt oder Fiktion ist. Ich kann es Euch nicht beantworten, aber da ich der festen Überzeugung bin, dass wir unsere Zukunft selbst gestalten können, möchte ich Euch dazu einladen, dies auch zu tun und Euch dafür zu einer Art Autoren-Wettbewerb einladen, den wir

---

24   Ich möchte an dieser Stelle auf eine aktuelle Abmahnschrift des Corona-Aus-schusses verweisen:
https://corona-transition.org/IMG/pdf/drosten_fuellmich_green_mango_15-12-20_wp-1608081565043.pdf
Der Corona-Ausschuss ist eine sehr gute Quelle für Informationen zur aktuellen Situation und ihrer Bewertung.
Bitte schaut daher auch auf https://corona-ausschuss.de/ueber-den-ausschuss/

DAS BESTE NOW - Creator-Wettbewerb für Erde 2.0 genannt haben.

Eure Aufgabe besteht darin, am Ende von Punkt 13 weiterzuschreiben und dabei mit Euren Worten Eure Vorstellungen, Wünsche und Ideen zu formulieren, die Ihr für Eure Zukunft auf Erde 2 im Herzen tragt und an denen Ihr andere gerne teilhaben lassen wollt.

Wir werden Eure Beiträge (wenn Ihr wollt, gerne auch ohne Nennung Eures Namens) veröffentlichen und dann alle darüber abstimmen lassen, welcher Entwurf für unsere Zukunft ihnen am besten gefällt.

Hier also zum Einstieg der Text aus meinem Archiv:

1. Den Pueblo-Indianern wurde gesagt, dass sie, wenn sie den Tag der Reinigung erreichen, in ihre Gebäude gehen und die Fenster schließen und nicht hinausschauen sollen, sondern ruhig und zentriert, vertrauen und in der Liebe bleiben. Die Worte Liebe, Vertrauen und Schönheit sind wichtig. Es sind die Gefühle und Zentriertheit, die zählen.
2. Was normalerweise passiert, wenn ein Planet diesen Prozess durchläuft, d.h. wenn wir uns dem Punkt in der Präzession nähern, an dem diese Veränderung stattfindet, beginnt alles zusammenzubrechen - unter anderem die sozialen Strukturen, etc. beginnen sich aufzulösen.
3. Das Magnetfeld ist das, was wir benutzen, um zu interpretieren, wer wir sind und was wir denken und auch, um unser Gedächtnis zu speichern. Wir brauchen ein Magnetfeld, um unsere Erinnerung zu bewahren.
   Das Magnetfeld der Erde kann auch der Schlüssel sein, der es ermöglicht, dass sich die Achse durch die Magnetohydrodynamik an die richtige Stelle verschiebt, an dem das Magnetfeld eine Verbindung unterstützt, bei dem ungewöhnliche Veränderungen der flüssigen und festen Komponenten des Erdinnern für Stabilität sorgen, auch wenn das Magnetfeld kollabiert.
4. Wenn das Magnetfeld der Erde über einen sehr kurzen Zeitraum (normalerweise drei bis sechs Monate) beginnt, stark zu schwanken, passiert es, dass Leute anfangen, durchzudrehen. Sie werden verrückt. Das ist es, was die Strukturen des Planeten aus dem Gleichgewicht bringt. Ohne ihr Gleichgewicht gerät alles aus den Fugen. (Wenn man sich die Aufzeichnungen ansieht, kann man

sehen, dass, als sich die Achse um 1400 n. Chr. in Südamerika verschoben hat, die Menschen anfingen, sich zu bekämpfen und zu
bekriegen, weil ihre Emotionen so stark wurden.)

5. Achsenverschiebungen und Bewusstseinsverschiebungen sind
normalerweise miteinander verbunden. In diesem Fall kann die
Bewusstseinsverschiebung vor oder nach der Achsenverschiebung
stattfinden. Normalerweise sind sie gleichzeitig, und normalerweise ist das, was in diesem Zeitraum fünf oder sechs Stunden
vor einer Achsenverschiebung passiert, ein visuelles Phänomen.
Dies wird mit ziemlicher Sicherheit geschehen, wenn die 3. und
4. Dimension beginnen, sich zu verbinden, und unser Bewusstsein
beginnt, in das vierdimensionale Bewusstsein überzugehen und
sich das dreidimensionale Bewusstsein zurückzieht. Wenn das passiert, werden synthetisch hergestellte Objekte, die aus Materialien
bestehen, die nicht natürlich auf der Erde vorkommen, beginnen
in einem weiten Bereich zu verschwinden. Sie verschwinden nicht
alle auf einmal, sondern über Zeitraum von fünf oder sechs Stunden.

6. Da Achsen-/Bewusstseins-veränderungen über Jahrmillionen kon-
tinuierlich stattgefunden haben, gibt es nur wenige Gegenstände
aus früheren Zivilisationen (von denen einige weiter fortgeschritten waren als unsere), die übrig geblieben sind, um die Geschichte
zu erzählen.

Die Tatsache, dass Objekte zu verschwinden beginnen, kann
Menschen, die nicht verstehen, was da passiert, verrückt werden
lassen. Deshalb ist es wichtig, sich dies zu merken. Es ist ein
natürlicher Prozess, und wenn das passiert, seid ihr an Orten besser
aufgehoben, die natürlich sind. Das ist der Grund, warum sehr fortgeschrittene Zivilisationen Strukturen aus natürlichen Materialien
wie z.B. Stein gebaut haben. Sie schaffen es durch die dimensionalen Veränderungen und bleiben dort.

7. Es gibt noch ein weiteres Phänomen, das wahrscheinlich eintreten
wird. Wenn die dimensionale Schnittstelle auftritt, können vierdimensionale Objekte in der dreidimensionalen Welt erscheinen.
Es werden Objekte sein, die nirgendwo hineinzupassen scheinen,
mit Farben, die Euren Verstand verblüffen werden. Diese Objekte
werden Euren Verstand auf eine Weise beeinflussen, die Ihr nicht
verstehen könnt. Da eine schrittweise Bewegung durch die Oberfläche erwünscht ist, solltet Ihr keines dieser Objekte berühren
(die Berührung eines Objekts würde Euch augenblicklich in die 4.

Dimension ziehen) und schaut sie Euch auch nicht lange an. Sie sind mesmerisierend, und ein langes Betrachten würde Euch noch schneller in die 4. Dimension ziehen. Wenn Ihr ruhig und zentriert seid, könnt Ihr sie eine Zeit lang beobachten. Sobald das Magnetfeld kollabiert, wird Euer Sichtfeld verschwinden und Ihr findet Euch in einer schwarzen Leere wieder. Die dreidimensionale Erde wird für Euch im Grunde genommen verschwunden sein.

8. Was mit den meisten Menschen während dieser Zeit passiert, ist, dass sie einschlafen und anfangen zu träumen. Wenn Ihr wollt, könnt Ihr während dieser Zeit, die etwa drei bis vier Tage dauern wird, einfach schlafen. Aber macht Euch klar, dass alles, was Ihr denkt, dass es passieren wird, auch passieren wird.

9. Macht Euch klar, dass Ihr dabei seid, eine Art „Geburtsprozess" in die vierte Dimension zu durchlaufen und macht Euch keine Gedanken darüber. Der Prozess ist perfekt und natürlich, aber Angst ist ein großes Problem für Menschen auf der dreidimensionalen Ebene. Dies scheint ein neuer Prozess zu sein, aber er ist sehr, sehr alt. Ihr habt ihn schon einmal durchlaufen. Irgendwann während des Prozesses erinnern Ihr Euch vielleicht sogar daran, dass Ihr ihn schon einmal erlebt habt.

10. Wenn die Welt der 4. Dimension in Eure Wahrnehmung kommt, kehrt das Licht zurück. Ihr werdet Euch in einer Welt wiederfinden, wie Ihr sie noch nie gesehen habt. (Obwohl Ihr sie gesehen habt, aber Ihr werdet Euch nicht daran erinnern, weil Euer Gedächtnis so viele Male zuvor gelöscht wurde). Es wird sich wie ein ganz neuer Ort anfühlen. Alle Farben und Formen und das Gefühl von allem wird neu sein. Ihr werdet wahrnehmungsmäßig genauso sein, wie Ihr es wart, als Ihr in das dreidimensionale Bewusstsein eingetreten seid, nur dass Ihr die gleiche körperliche Größe wie jetzt haben werdet. Es gibt eine Menge von Dinge, die sich von Welt zu Welt sehr ähnlich sind - eines davon ist das Idem der heiligen T r i n i t ä t (Mutter-Vater-Kind). Wenn Ihr diesen brandneuen Ort betretet, obwohl Ihr nichts verstehen werdet, werdet Ihr zwei Wesen sehen, die dort stehen - Mutter und Vater; sie werden im Vergleich zu Euch sehr groß (etwa drei bis fünf Meter groß) sein. Diese Wesen haben eine Bindung zu Euch und werden Euch während Eurer frühen prägenden Zeit in dieser Welt begleiten. Diese Wesen sind nicht die Art von Eltern, die Ihr auf der Erde gehabt habt. Sie wissen schon von Anfang an, dass Ihr ein Teil des Schöpfers seid und erkennen Eure göttliche Natur. Ihr werdet so

erscheinen, wie Ihr jetzt seid, wenn auch wahrscheinlich nackt, da jegliche synthetische Kleidung die Verschiebung nicht überstanden hätte. Ihr werdet auf der anderen Seite herauskommen und in dieser unglaublichen Realität mit diesen beiden Wesen sein, für die Ihr irgendwie diese intensive Liebe empfindet, obwohl Ihr nicht verstehen werdet, warum. Auf der Erde in der 3. Dimension dauert es etwa 18-21 Jahre, um von einem Baby zu einem gesunden Menschen, der für sich selbst sorgen kann, zu werden. In der vierdimensionalen Welt dauert es erfahrungsgemäß etwa zwei Jahre, um von Eurer Größe und Zustand (wenn Ihr ankommt) zu einem Erwachsenen zu werden. Die Selbstidentifikation der Körperstruktur ist ab der 4. Dimension eine natürliche Erscheinung. Es ist ein kreativer Ausdruck. Euer Körper wächst, euer Kopf verlängert sich nach hinten, und Ihr seht am Ende aus wie Echnaton oder Nofretete.

11. Obwohl Euer physikalischer Aufbau genau derselbe ist, wird sich die atomare Struktur in Euren Körpern dramatisch verändert haben. Ein Großteil der Dichte der früheren physischen Struktur wurde in Energie umgewandelt und die atomare Struktur wird weiter auseinander liegen als vorher. Der größte Teil Eures Körpers wird in Energie umgewandelt worden sein, aber Ihre werdet es nicht wissen. Ihr werdet durch diesen Prozess allein durchgehen. Was Ihr dabei erlebt, hängt von Eurem Charakter ab, wird davon bestimmt, wer Ihr seid.

12. Es trennt sich die „Spreu" vom „Weizen" (Jesus sagte in Bezug auf diese Zeit: „Wenn du durch das Schwert lebst, wirst du durch das Schwert sterben" und „die Sanftmütigen werden die Erde erben".) Menschen mit „dunklen" (widernatürlichen) Haltungen schließen sich selbst aus. Sie werden mit ihren eigenen unsozialen Themen konfrontiert. Bis sie das vierdimensionale Bewusstsein erreichen, wissen die meisten Menschen nicht, dass sie die ganze Welt und alles darin erschaffen - Sekunde für Sekunde durch Ihre Gedanken und Ihre Gefühle. Das ist zwar in der 3. Dimension auch so, aber es wird nicht erkannt, weil wir uns kulturell die Beschränkungen auferlegt haben, dass wir nichts tun können. Dort - in der neuen Welt - ist es allumfassend und augenblicklich. Wenn du dort bist und anfängst, negative Gedanken zu denken, kehrt die Angst ein, und du wirst ein Szenario erschaffen, das dazu führen wird, dass du in eine niedrigere Dimension zurückfällst. Wenn ihr dort an „Liebe, Wahrheit, Schönheit, Frieden und Harmonie"

denkt, wird es genauso geschehen. Beginnt damit, bewusst zu manifestieren. Macht Euch klar: „Was immer ich denke, passiert!" Ihr werdet dadurch stabil in dieser neuen Realität aufgrund dessen was ihr denkt und fühlt - aufgrund eures Charakters und dessen, wer ihr seid.

13. Das erklärt, warum der inneren Frieden während der ersten Stunden der dimensionalen Schnittstelle und des Übergangs in den nächsten Bereich des dimensionalen Bewusstseins so wichtig ist. Anderen zu helfen ist sehr wichtig. Wenn Du mehr verstehst, worum es hier geht, hast Du eine moralische Verantwortung zu helfen, wenn Du darum gebeten wirst. Während dieser Verschiebung gibt es eine Polarität mit Deinem „höheren Selbst", das in Deinen gegenwärtigen Bewusstseinszustand übergeht, bis zu dem Punkt, an dem Du und es eins werden. Eine sehr hohe Ebene des dimensionalen Bewusstseins hat als seinen „Körper,, den Planeten Erde. Ihr, auf einer hohen Bewusstseinsebene, habt als Euren Körper den Körper, den Ihr derzeit benutzt. Eines Tages werdet Ihr im wahrsten Sinne des Wortes - zu Sonnen und Sternen am Himmel werden - das ist ein Teil des Lebensprozesses.

Ich wünsche Euch für die nächsten Tagen all die Freude, die für den finalen Schritt zum Erwachen gebraucht wird. Ich fühle mich wie nie zuvor mit Euch verbunden und bin glücklich, Euch auf diesem Weg begleiten zu dürfen.

Me Agape,
Euer
Dieter Broers

P.S.: Die nun folgenden Texte erhielt ich von den Lesern ders o.s. Newsletters vom 22.12.20.

Freegaia

Wir näherten uns einem Sonnensystem, und bald schon schwebte sie vor uns: Freegaia, ein wunderschöner blauer Planet, ganz ähnlich unserer Erde. Sanft tauchten wir in die Atmosphäre ein und landeten mitten in einem herrlichen Park, ähnlich einem riesigen Garten. Unbeschreiblich schöner Duft wurde von den Pflanzen ausgeströmt. Ab und zu huschte fast lautlos ein kleines Luftfahrzeug über unsere Köpfe.

Doch da: inmitten der Pflanzen standen Häuser. Sie sahen nicht aus wie unsere Häuser, sie fügten sich so in die Natur ein, dass man sie von weitem gar nicht als Häuser erkannte.
Die Menschen, die uns begegneten, grüßten alle freundlich. Sie schienen glücklich zu sein. Mensch und Natur lebten in Harmonie zusammen.

„Wie habt ihr das alles so hin gekriegt? Kannst du mir etwas über eure Technologie sagen?"

„Technologie war noch nie ein Problem," sagte Very, „das Problem, das es zu lösen galt, lag im Denken der Bewohner und in der Wirtschaft. Durch Mangeldenken hatten sich unsere Vorfahren ein Wirtschaftssystem ausgedacht, das von Konkurrenzkampf geprägt war. Inzwischen ist unser Zusammenleben und damit unsere Wirtschaft geprägt von *überfließender Fülle*, Reichtum und Liebe zur Natur und allem was existiert."

Very gab mir einen kurzen Abriss über die Geschichte auf seinem Planeten:

„Vor geraumer Zeit hatten sich einige raubende, mordende Fleischfresser -*Ramofl* -immer mehr an die Macht gebracht, indem sie Kraft ihrer kriegerischen Überlegenheit schwächere Menschen ermordet und ihrer Lebensgrundlage beraubt hatten. Damit sich die *Ramofl* nicht selbst auffraßen, wurden mächtige Gesetzbücher geschrieben, in denen jegliche Kleinigkeit geregelt wurde. Denn Verstand und Ethik der Ramofl reichten für ein friedliches Miteinander nicht aus. In diesen Gesetzbüchern standen Anweisungen, wie »Du sollst nicht töten«. Das musste den Ramofl ausdrücklich gesagt werden! Während den *Raubzügen der Ramofl* wurden diese Gesetze entweder außer Kraft gesetzt, oder man definierte die Gegner als »Wilde«, die es zu missionieren oder auszurotten galt. Nach den Raubzügen führten dann »humanistische« Ramofl gleiches Ramofl-Gesetz für alle ein. Damit wurde Stabilität erzeugt und die neuen Machtverhältnisse einzementiert.

Die Hauptillusion der Ramofl war das *Mangeldenken*. Es war scheinbar nicht genug für alle da. Ihre Lieblings-Beschäftigung war deshalb der Kampf bzw. Konkurrenzkampf. Es musste Sieger und Verlierer geben. Da Töten verboten war und die meisten »Wilden« sowieso schon ermordet oder missioniert waren, verlagerten ehrgeizige Ramofl ihre Aktivitäten auf andere Gebiete, nämlich Wirtschaft, Sport und Spiel. In Sport und Spiel konnten sie auf relativ ungefährliche Weise ihren Konkurrenzkampf ausleben. In der Wirtschaft hingegen führte der *Ramoflismus* zu immer mehr sozialer Ungerechtigkeit. Die Kluft zwischen Armen und Reichen wurde immer größer.

Auf Freegaia gab es immer schon Leute, die die Natur beobachteten und ihre Gesetze zu ergründen suchten. In früheren Zeiten hatte man sie als *Ketzer* verbrannt. Als sich aber später ihre Erkenntnisse militärisch nutzen ließen, wurden sie zu *Wissenschaftlern* ernannt. Naturbeobachter, die keine militärisch nutzbaren Entdeckungen brachten, nannte man *Scharlatane* und gab sie der Lächerlichkeit preis.

Mit der Zeit wurde das Klima *liberaler* und immer mehr Staaten konvertierten zu *Demokratien*. Kurz vor dem Neuen Zeitalter begannen sich die Beobachtungen der *Wissenschaftler* und der *Scharlatane* immer mehr zu decken. Man fand Entsprechungen zwischen den Naturwissenschaften, der Philosophie und den Religionen. Diese begann man auf Politik und Wirtschaftslehre zu übertragen.

Man verglich die Wirtschaft mit der Natur:

Die Natur produziert Nahrung aus sich selbst heraus und schenkt sie ihren Lebewesen. Wenn die Natur in Ordnung ist, herrscht *überfließende Fülle*, d.h. es ist mehr Nahrung da, als gebraucht wird. Die Nahrung ist vergänglich und kann nur eine bestimmte Zeit gelagert werden.

In der Natur gibt es keine Schulden und keine Zinswirtschaft. Deshalb kommen Pflanzen und Tiere nicht auf die Idee, mehr zu horten, als sie brauchen. Dadurch gibt es keine »reichen« und »armen« Pflanzen oder Tiere.

Und noch etwas: Ob und wie hart Tiere für ihre Nahrung arbeiten, ist von Lebensform zu Lebensform sehr verschieden. Jedes frei lebende Tier verhält sich *seinem Wesen entsprechend*. Will man ein Tier in Gefangenschaft zur Arbeit bringen, muss man es ständig dazu antreiben. Kein Tier würde für ein »Recht auf Arbeit« kämpfen.

In der damaligen Zeit erhielten die Menschen noch kein Grundeinkommen. Obwohl die Staaten Steuern von ihren Bürgern forderten, war ihr Geldmangel so groß, dass sie sich jedes Jahr aufs Neue verschulden mussten. Man achtete peinlich auf die Stabilität des Geldes, was allerdings nur selten gelang. Das Geld wurde durch Schulden geschöpft, und es gab Zinswirtschaft. Sowohl die Guthaben, als auch die Schulden wurden immer höher. Die Bürger setzten alles daran, Geld anzuhäufen. Die Reichen wurden immer reicher und die Armen wurden immer ärmer.

Was die Arbeit betraf: die meisten Leute verrichteten ähnliche Arbeiten, die selten ihrem Wesen entsprachen. Obwohl sie diese wesensfremden Arbeiten nicht gerne taten, hatten sie sich das Recht auf Arbeit zuvor hart erkämpft. Trotz dieses Rechtes waren große Teile der Weltbevölkerung arbeitslos. Auf der anderen Seite herrschte ein Überfluss an Waren- und Dienstleistungsangeboten.

Die Wirtschaft verhielt sich genau entgegengesetzt zur Natur. Wir mussten also unsere wirtschaftlichen Gepflogenheiten umpolen und in Einklang mit der Natur bringen. Diese Erkenntnis war der Schlüssel zu weltweitem Wohlstand!

So entwickelten wir unser neues Wirtschaftsmodell, das noch heute auf dem gesamten Planeten praktiziert wird und allen Beteiligten Reichtum und Glück beschert: die natürliche Ökonomie des Lebens.

Das Gradido-Modell

„Joytopia hat wie jeder Staat auf Freegaia die Geldhoheit und damit das alleinige Recht zur Geldschöpfung. Unser Geld wird nicht mehr durch Schulden geschöpft, sondern durch das Leben selbst. Die Währung ist der *Gradido*, das heißt so viel wie »Danke«. Die Geldschöpfung erfolgt nach einfachen Regeln. Für jeden Staatsbürger werden jeden Monat 3.000 Gradido geschöpft.

Ein Drittel des geschöpften Geldes wird für ein Grundeinkommen verwendet. Das zweite Drittel für den Staatshaushalt und das dritte Drittel für den Ausgleichs- und Umweltfonds. Wir nennen dies die *Dreifache Geldschöpfung.*

Zunächst hatten Joytopia und die anderen Staaten einen General-Schuldenerlass beschlossen. Um niemand zu schädigen, schrieben die Staaten den Gläubigern das ihnen zustehende Geld auf ihren Konten gut. Das mag ungewöhnlich klingen, aber Geld ist ja nur eine Zahl in einer Datenbank, die gemäß verbindlicher Vereinbarungen erstellt wird. Und die Staaten, die bei uns Geldhoheit haben, hatten dies gemäß Volksentscheid so vereinbart.

Danach wurde die Zinswirtschaft abgeschafft und eine *vergängliche Währung* eingeführt. Von da an machte es keinen Sinn mehr, Geld über längere Zeit zu horten, da es immer weniger wird."

„Vergängliche Währung? Bei uns nennen wir das Inflation!"

„Das Wort Inflation stammt aus dem Sprachgebrauch des alten Wirtschaftssystems und trifft den Sinn nicht. Wir sprechen vom *Kreislauf des Lebens*, dem natürlichen *Kreislauf von Werden und Vergehen.*"

„Wie hoch ist die *Vergänglichkeit* auf Freegaia?"

„Anfangs hatten wir etwas herum experimentiert. Inzwischen haben sich alle Staaten auf 50% pro Jahr geeinigt. Das heißt, nach einem Jahr ist vom Geld noch die Hälfte übrig."

„Heißt das, wenn dieses Jahr eine Brezel einen Gradido kostet, kostet sie in drei Jahren acht Gradido?"

„Gradido ist elektronisches Geld, und die Vergänglichkeit wird vom Konto abgebucht. Der Wert des Gradido bleibt konstant, und deine Brezel kostet in drei Jahren immer noch einen Gradido. Wir hatten auch ein Modell für vergängliches Papiergeld entwickelt, doch das kam bei uns nicht mehr zum Einsatz."

„Wie funktioniert das nun im täglichen Leben?"

Tausend Dank, weil du bei uns bist!

„Der Staat schöpft für jeden seiner Bürger jeden Monat 3 mal 1.000 Gradido. Du erinnerst dich: Gradido heißt Danke. Jeder Bürger hat das Recht auf ein *Aktives Grundeinkommen* von 1.000 Gradido. Der Staat, also die Gemeinschaft aller Bürger, sagt jedem einzelnen Menschen danke: »Tausend Dank, weil du bei uns bist!«

Das Grundeinkommen von 1.000 Gradido deckt die Lebenshaltungskosten und ermöglicht jedem Menschen ein würdiges Leben. Die zweite Silbe von Gradido, das »Di« steht für Dignity, das englische Wort für Würde. Das Recht auf Grundeinkommen haben alle Menschen: Kinder, Erwachsene und alte Menschen. Alleinerziehende Eltern mit zwei Kindern erhalten zum Beispiel 3.000 Gradido monatlich. Dadurch sind sie Singles gleichgestellt."

„Handelt es sich um ein *Bedingungsloses Grundeinkommen*?"

„Das Aktive Grundeinkommen garantiert *Bedingungslose Teilhabe* an der Gemeinschaft. Jeder hat das Recht -nicht die Pflicht -zur Bedingungslosen Teilhabe. Teilhabe besteht aus Geben und Nehmen. Jeder Mensch hat also das Recht, *seinem Wesen entsprechend* zum Gemeinwohl beizutragen. In den örtlichen Vollversammlungen besprechen wir, welche Arbeiten anliegen und wer was machen kann und will. Bezahlt werden 20 Gradido pro Stunde. Jeder darf 50 Stunden bezahlten Gemeinschaftsdienst im Monat leisten und damit seine 1.000 Gradido als Dank verdienen."

„Wie ist das mit Kindern, alten und kranken Menschen?"

„Jeder kann seinem Wesen entsprechend beitragen. Die Arbeit soll Freude machen und Kraft geben. Niemand muss etwas tun, was er oder sie nicht wirklich gerne macht. Das führt dazu, dass die Menschen bis ins hohe Alter noch sehr fit sind. Wenn mal jemand krank wird, will er meistens trotzdem etwas Sinnvolles beitragen, denn er weiß, dass es ihm Kraft gibt und Freude macht. Und falls es nicht geht, wird das Grundeinkommen selbstverständlich weiter bezahlt.

Kinder wollen sich ihrem Alter entsprechend spielerisch einbringen. Kinder, die in frühem Alter bereits etwas Wichtiges tun dürfen, haben große Freude daran. Es stärkt ihr Selbstbewusstsein und Verantwortungsgefühl, und außerdem bleiben sie gesünder."

„Du sagtest, dass jeder das Recht zur Bedingungslosen Teilhabe hat, aber nicht die Pflicht. Wer sollte das nicht wollen?"

„Manche Menschen ziehen es vor, ihre ganze Zeit in ihre berufliche Tätigkeit einzubringen. Weil sie dort mehr verdienen, weil sie dort mehr gebraucht werden, weil es ihnen mehr Spaß macht oder aus welchen Gründen auch immer. Jeder kann sich frei entscheiden."

„Dann kann es also überhaupt keine Arbeitslosigkeit geben!"

„Keine Arbeitslosigkeit, keine Rentenprobleme, bessere Gesundheit, mehr Freizeit. Das Aktive Grundeinkommen hat so viele Vorteile."

„Gegner des bedingungslosen Grundeinkommens sagen, dass unter Umständen nicht genug produziert wird, weil sich zu viele Menschen auf die faule Haut legen."

„Genau deshalb haben wir das Aktive Grundeinkommen eingeführt. Geben und Nehmen gehört zusammen. Wir sind weitgehend frei darin, was wir beitragen, aber irgendetwas beitragen müssen wir, wenn wir Geld verdienen wollen. Ob wir nun zum Gemeinwohl beitragen oder in der freien Wirtschaft arbeiten oder beides: es ist wie in der Natur. Jeder beschäftigt sich seinem Wesen entsprechend. Wer gerne Brot bäckt, bäckt Brot, wer gerne musiziert, macht Musik. Manche Bürger üben mehrere Berufe aus, weil es ihnen Spaß macht, vielseitig zu sein. Wir tun, was wir lieben, liefern beste Qualität und sind erfolgreich damit. Die Wirtschaft, insbesondere Kleingewerbe, Dienstleistungen und Kunst, floriert bei uns wie noch nie. Andererseits arbeitet jeder nur soviel, wie es ihm Spaß macht. Deshalb gibt es keine Überproduktion, die die Umwelt unnötig belastet."

„Wer macht bei Euch die Drecksarbeit?"

„Durch die rasante technologische Entwicklung haben Dreckarbeiten stark abgenommen. Unsere Häuser sind mit Kompost-Toiletten ausgestattet, die absolut geruchsfrei sind. Alles Verpackungsmaterial und die meisten Gebrauchsgegenstände sind kompostierbar. Unsere Häuser werden im Baukastensystem gebaut, das aus natürlichen Materialien besteht. Schwere und unbeliebte Arbeiten werden von Maschinen erledigt. Die verbleibenden unangenehmen Arbeiten werden entsprechend hoch bezahlt. Schon mancher hat sich mit etwas Drecksarbeit einen wundervollen Urlaub finanziert."

„Gibt es weitere Vorteile?"

„Alle Pflichtabgaben fallen weg: Steuern, Krankenkasse, Rentenversicherung..."

„Wieso das denn?"

„Du erinnerst dich: das zweite Drittel der Geldschöpfung ist für den Staatshaushalt bestimmt. Da der Staat sein Geld selbst schöpft, braucht er keine Steuern einzutreiben. Das bedeutet: keine Finanzämter, keine Buchhaltung, keine Schwarzarbeit und viel weniger Verwaltung. Der Staat finanziert soziale Leistungen, wie Gesundheitswesen, Pflege, Renten, Notfallhilfe usw. aus der zweiten Geldschöpfung."

„Wenn der Staat sein Geld einfach so druckt, gibt es da keine Inflation?"

„Der Staat druckt nicht einfach so! Die Geldschöpfung erfolgt nach internationalen Vereinbarungen: 3.000 Gradido pro Kopf pro Monat. Das ist in allen Staaten gleich. Aber du hast recht: hätten wir keine geplante Vergänglichkeit in unser Geldsystem eingebaut, gäbe es Inflation. Vergänglichkeit ist Naturgesetz. Inflation wäre also ungeplante Vergänglichkeit. Der Kreislauf von Werden und Vergehen macht Gradido zu einem selbstregulierenden System. Die Geldmenge ist stabil und kann nicht manipuliert werden. Sie pendelt sich automatisch auf den Wert ein, wo sich Geldschöpfung und Vergänglichkeit die Wage halten."

„Wie haltet ihr es mit dem Umweltschutz?"

„Das dritte Drittel der Geldschöpfung geht an den Ausgleichs- und Umweltfonds (AUF). In der gleichen Höhe wie der Staatshaushalt steht also ein zusätzlicher Topf für Natur und Umwelt zur Verfügung. So etwas gibt es in keinem anderen Geldmodell! Je nach Umweltfreundlichkeit werden Produkte und Dienstleistungen subventioniert.

Natur- und Umweltschutz sind dadurch die lukrativsten Wirtschafts-
zweige geworden. Umweltschädliche Produkte haben keine Chancen
mehr am Markt. Außerdem haben wir das Patentrecht novelliert."

„Was hat das Patentrecht mit Umweltschutz zu tun?"

„Nun, alle neuen Ideen und Erfindungen gehören der Allgemeinheit.
Stell dir vor, wir hatten früher über hundert Jahre damit vergeudet,
unsere Fahrzeuge mit Verbrennungsmotoren anzutreiben. Entsetzli-
cher Gestank hatte sich über den Planeten ausgebreitet. In manchen
Großstädten wurden Automaten angebracht, wo die Leute gegen Geld
Sauerstoff einatmen konnten! Jeder Fahrzeughersteller beschäftigte
damals sein eigenes Forschungs- und Entwicklungsteam, das seine
Ergebnisse geheim hielt oder patentieren ließ. Am Ende ließ man
fast jede einzelne Schraube patentieren. Kein Wunder, dass die Entwicklung nicht voran ging. Da nach der Novellierung des Patentrechts
jeder seine Ideen und Erfindungen frei verschenkte (er wird vom
Ausgleichs- und Umweltfonds dafür honoriert), entwickelten wir in
wenigen Monaten den Freie-Energie-Antrieb! Wie bei einem großen
Puzzlespiel brachte jeder Erfinder und Entwickler seinen Stein an die
richtige Stelle."

„Du verwendest oft den Begriff *Freies Schenken*. Was meinst du
damit?"

„Freies Schenken ist ein wesentlicher Bestandteil unseres Wirtschaftssystems. Während es früher darauf ankam, möglichst hohe Gewinne
zu erzielen, gilt es beim Freien Schenken mit möglichst wenig Aufwand sich selbst und anderen möglichst großen Nutzen oder möglichst
große Freude zu bereiten. Dabei ist eine direkte Gegenleistung nicht so
wichtig, weil Nutzen und Freude auf den Frei Schenkenden mehrfach
zurückfallen.

Ein gutes Beispiel ist die Natürliche Ökonomie des Lebens. Der Staat
schenkt jedem das Recht auf Teilhabe. Jeder darf sich einbringen und
bekommt dafür tausend Gradido Grundeinkommen: *»Tausend Dank,
weil du bei uns bist«*. Damit gibt es keine Armut mehr, keine Arbeitslosigkeit, und je mehr Gemeinschaftsleistungen erbracht werden, desto
reicher werden alle gemeinsam. Und das ist nur der Anfang. Mit dem
Grundeinkommen ist jeder versorgt, hat aber noch viel Zeit übrig für

andere Dinge. Viele gehen zusätzlichen Beschäftigungen nach. Ihr Verdienst ist steuerfrei, denn der Staat hat seinen Haushalt mit der zweiten Geldschöpfung bereits abgedeckt. Deshalb können sich die Leute auf ihre wesentlichen Tätigkeiten konzentrieren. Kannst du dir vorstellen, wie viel Potenzial dadurch frei wird? Die dadurch entstehende Wertschöpfung kommt allen Bürgern und damit auch wieder dem Staat zugute.

Ein weiteres Beispiel ist das, was ihr Nachbarschaftshilfe nennt: Ein Freund hilft dem anderen auf dem Gebiet, was er am besten kann und was der andere gerade braucht. Oder man hat einen bestimmten Gegenstand übrig, den jemand anderes gebrauchen kann. Wenn man ihn verschenkt, hat man selbst wieder Platz, und der andere hat den begehrten Gegenstand. Da Geld in überfließender Fülle vorhanden ist, hat es an Wichtigkeit verloren. Wir alle sind freigiebiger geworden und haben einen riesigen Spaß am Schenken!"

WIN-WIN-Finanzierungen

„Wie könnt ihr große Beträge finanzieren, wenn das Geld vergänglich ist?"

„Durch Kredite. Beide Parteien haben ihren Vorteil dabei. Der Kreditgeber erhält zum vereinbarten Zeitpunkt sein volles Geld zurück. Hätte er keinen Kredit gegeben, wäre sein Geld durch die Vergänglichkeit weniger geworden. Der Kreditnehmer bekommt einen zinsfreien Kredit. Eine klassische WIN-WIN-Situation."

„Das habe ich jetzt noch nicht ganz verstanden."
„Stell dir vor, eine junge Familie möchte sich ein Heim bauen und braucht dazu einen Kredit. Sagen wir mal 100.000 Gradido. Andere haben viel Geld auf ihrem Konto, das in ein paar Jahren weg wäre. Sie geben der jungen Familie Kredite im Wert von insgesamt 100.000 Gradido, womit diese ihr Haus baut. In ein paar Jahren zahlt sie den Kredit zurück, und die Kreditgeber haben ihre vollen 100.000 Gradido wieder."

„Das klingt ganz einfach und logisch. Gibt es noch so etwas, wie Geldanlagen?"

„Ja, einmal kann man sein Geld verleihen, also Kredite vergeben, zum anderen kann man sich finanziell an Projekten beteiligen, so ähnlich wie bei euch mit Aktien. Allerdings ist der Bedarf an Krediten und Geldanlagen zurückgegangen. Schließlich ist jeder jederzeit versorgt. Man muss also kein Geld mehr anhäufen um schlechten Zeiten vorzubeugen. Die Angst vor dem Nicht-Versorgt-Sein hat sich aufgelöst. Wir leben alle viel mehr im Hier und Jetzt. Und im Hier und Jetzt sind wir versorgt. Oft spenden wir auch einen großen Teil unseres überschüssigen Geldes."

„Wirklich?"

„Ja, wenn jemand ein Projekt plant und noch Geld dazu braucht, schreibt er an seine Freunde. Diejenigen, denen das Projekt gefällt, unterstützen ihn und leiten seinen Aufruf an ihre Freunde weiter. So kann es sein, dass er reichliche Unterstützung von Leuten bekommt, die er vorher noch nicht einmal kannte. Wir nennen das auch Hier-und-Jetzt-Finanzierung"

„Und das funktioniert?"

„Kommt auf die Menschen und das Projekt an. Egotrips lassen sich so nicht finanzieren. Auch bei euch gibt es Spenden. Meist spendet ihr für einen guten Zweck, z.B. um Menschen in Not zu helfen. Bei uns gibt es keine Not mehr, aber es gibt viele gute Zwecke. Die dritte Silbe von Gradido, das »Do« steht für »Donation« (deutsch: Spenden)."

„Und Ihr seid wirklich so freigiebig?"

„Einige mehr, andere weniger. Jeder nach seinem Willen. Schließlich haben wir Geld in überfließender Fülle. Wenn wir es zu behalten versuchen, zerrinnt es uns zwischen den Fingern. Und wir bekommen immer mehr neue Freunde, indem wir einander helfen. Wenn wir mal was brauchen, wird uns auch geholfen."

„Das erinnert mich an den »Donation-Button«, den Spenden-Knopf, den wir oft bei Anbietern freier Software oder anderer freier Inhalte im Internet finden. Das ist eine prima Sache: Jeder darf die Software oder Information kostenlos herunterladen, kopieren und an Freunde weitergeben. Wenn man die Sache gut findet, lässt man den Autoren eine Spende zukommen. Ohne Vertriebskosten lassen sich gute Sachen schnell auf der ganzen Welt verbreiten, und die Autoren bekommen Geld um ihre wertvolle Arbeit weiter zu führen."

„Ja, Open Source, Creative Commons und ähnliche Initiativen sind bereits Brücken in die neue Zeit! So können Projekte realisiert werden, die sonst kaum möglich wären. Bei unserem *Freien Schenken* ist es ähnlich: Wir machen anderen Geschenke, die helfen sollen, deren Wünsche und Projekte zu realisieren. Geld haben wir in überfließender Fülle. Spenden fällt uns leicht. Dazu kommt das Glücksgefühl, anderen geholfen zu haben. Freust du dich auch, wenn du anderen helfen kannst?"

„Ja, wenn ich es ganz freiwillig tue, ganz gleich, ob es jemand von mir erwartet oder nicht. Dann fühle ich mich wohl dabei."

„So ist das beim Freien Schenken. Es ist absolut freiwillig und macht Spaß. Außerdem sehen wir das Ganze mehr als Spiel."

„Als Spiel?"

„Ja, Geld hat bei uns längst nicht mehr den Stellenwert, wie bei euch. Da jeder genug davon hat, kann man niemanden mehr mit Geld zwingen. Geld ist nur noch ein Motivationsmittel, kein Machtmittel. Alles ist spielerischer geworden. Arbeit ist Spiel, Handel ist Spiel. Wer nicht mitspielen will, hat etwas weniger Geld zur Verfügung, aber immer noch mehr als genug zum Leben."

„Gibt es dann noch Konkurrenzkampf?"

„Im sportlichen Sinne ja! Sicher sind manche Unternehmungen erfolgreicher als andere. Aber es kann keine wirklichen Verlierer geben."

Der Übergang

„Jetzt bewegt mich noch eine wichtige Frage: Wie habt ihr den Übergang bewerkstelligt? Wie habt ihr euer Joytopia geschaffen? Hat es Widerstände gegeben? War der Übergang gewaltfrei möglich?"

„Du erinnerst dich, dass kurz vor dem Übergang die meisten Staaten bereits Demokratien waren. Das war sehr gut so. In einer Demokratie kann man alles ändern, wenn man die Mehrheit hat. Weißt du noch, wie auf deinem Planeten sogar in Diktaturen friedliche Veränderungen vollbracht wurden? Ich denke an Indien oder an die Wiedervereinigung Deutschlands. In Demokratien ist das noch viel leichter.

Es begann damit, dass auf Freegaia einige Menschen aus den verschiedensten Gesellschaftsschichten die Ursachen der alten Probleme aufdeckten und neue Wege suchten. Zunächst fanden sie die unterschiedlichsten Lösungsansätze, doch nach und nach kristallierten sich die wirklich nachhaltigen Lösungen heraus. Als ausgesprochen günstig erwiesen sich die neuen Sozialen Netzwerke, die sich über das Internet bildeten. Über die Open Source Bewegung war alle nötige Software frei verfügbar, und Creative Commons sorgten dafür, dass sich Inhalte frei verbreiten konnten.

Es entstanden Portale für Online-Petitionen, die mehrere Millionen Menschen auf einmal erreichten. Neue politische Parteien entwickelten basisdemokratische Methoden mit Unterstützung des Internets. Natur-

und Umweltschutz waren bereits öffentliche Themen. Freie Energie kam nach und nach ins Gespräch. Immer mehr Initiativen und Organisationen setzten sich für Frieden, soziale Gerechtigkeit, Grundeinkommen und ein neues Geldsystem ein. Ein Globaler Wandel stand bevor.

Obwohl die Natürliche Ökonomie des Lebens viele der einzelnen Elemente schon von Anfang an vereinigte, hatten es deren Befürworter am Anfang schwer und wurden oft nicht verstanden. Die Menschen lassen sich nicht gerne etwas über stülpen. Sie wollen selbst die Lösung finden. Das ist auch gut so. Doch inzwischen war der Boden bereitet, und die Natürliche Ökonomie des Lebens erschien gar nicht mehr so viel anders, als andere fortschrittliche Konzepte. Außerdem ist sie nicht festgeschrieben, sondern ein sich weiter entwickelndes Forschungsprojekt, zu dem jeder eingeladen ist, beizutragen.

Das *soziale Netzwerk Gradido* wurde Open Source entwickelt. Die Gradido-Akademie bildete sich als Freies Forschungs-Netzwerk, um die Natürliche Ökonomie des Lebens zu simulieren und Gradido, das *lebendige Geld*, wie wir es nannten, zu erproben und weiter zu entwickeln. Dank der dezentralen Struktur konnten Gemeinschaften, Vereine und Organisationen untereinander kommunizieren. So konnte sich das Gradido-Netzwerk verbreiten.

Informationen zum Thema wurden unter einer *Creative Commons Lizenz* veröffentlicht. Sie durften frei kopiert und verbreitet werden. Im Internet war das ganz einfach: man brauchte nur den Link an seine Freunde zu schicken. Diese schickten es dann an ihre Freunde und so weiter. So wurden schnell sehr viele Menschen weltweit erreicht.

Die Forschungsergebnisse wurden zusammengetragen und das Modell wurde weiter verfeinert. Immer mehr Menschen sprachen sich dafür aus. Weltweit wurden Online-Petitionen veranstaltet, die schließlich zu Volksbefragungen führten. Das Ergebnis war überragend: Der weitaus größte Teil der Bevölkerung entschied sich für das neue Modell der natürlichen Ökonomie des Lebens."

„Gab es auch Widerstände?"

„Ja! Die Banken, die die Staatsverschuldung mitverursacht hatten, waren zunächst dagegen. Manche Menschen hatten Angst um ihren

Besitz. Andere glaubten, dass bei einem Grundeinkommen nicht mehr genügend Güter für alle produziert werden könnten. Hier zeigte sich die Überlegenheit des *Aktiven Grundeinkommens*, das *Bedingungslose Teilhabe* garantiert: das Grundeinkommen wird nicht nach dem Gießkannenprinzip an alle ausbezahlt, sondern ist an einen aktiven Beitrag zum Gemeinwohl gebunden.

Die weltweite Aufklärung brachte dann auch den Umschwung: Es begannen selbst Mitglieder der Banken, sich für die Natürliche Ökonomie des Lebens auszusprechen. So löste sich der anfängliche Widerstand mit der Zeit auf."

„Ging nach der erfolgreichen Volksabstimmung dann alles glatt?"

„Natürlich gab es Anfangsschwierigkeiten. Die standen aber in keinem Verhältnis zu den Problemen der alten Zeit."

„Lieber Very, guter Freund! Ich danke Dir von Herzen für diese Informationen! Eine letzte Frage habe ich noch, bevor ich zurückgehe: Wo genau liegt Freegaia?"

„Eben war es noch auf einem anderen Stern. Jetzt ist es tief in deinem Herzen. Viel Glück!"

Gradido -Geldsystem für die enkeltaugliche Zukunft

In welch einer Welt sollen unsere Kinder leben? Systembedingt und durch Corona getriggert bricht das derzeitige Finanzsystem gerade weltweit zusammen, gefolgt von Massenpleiten, Rekordarbeitslosigkeit und bitterer Armut.

Nur mit einem neuen, auf Leben, Liebe und Mitgefühl gründenden Geldsystem kann die Menschheit diese Herausforderungen zum Wohle aller meistern. Die Gradido-Akademie für Wirtschaftsbionik hat in zwanzigjähriger Forschungsarbeit ein solches System entwickelt: Gradido, die Natürliche Ökonomie des Lebens, folgt den seit Milliarden Jahren bewährten Erfolgsmodellen der Natur und hat das Potenzial, Armut, Hunger, Kriege und Umweltzerstörung zu beenden. Gemeinsam erschaffen wir eine enkeltaugliche Zukunft in Frieden und in Harmonie mit der Natur.

Der Name ‚Gradido' steht für Gratitude (Dankbarkeit), Dignity (Würde) und Donation (Gabe). Mit Gradido werden all die wunderbaren Projekte und Initiativen erst möglich, die bisher durch das alte Finanzsystem unterdrückt wurden. Ethische Grundlage ist das dreifache Wohl, des Einzelnen, der Gemeinschaft und des Großen Ganzen.

Dreifache Geldschöpfung durch das Leben

Im Gegensatz zum alten Schuldgeldsystem erfolgt bei Gradido die Geldschöpfung durch jeden Menschen:

1. **Aktives Grundeinkommen aufgrund Bedingungsloser Teilhabe:** Jeder Mensch hat das Recht, sich mit seinen Neigungen und Fähigkeiten in die Gemeinschaft einzubringen und damit sein Aktives Grundeinkommen von 1.000 GDD (entspricht 1.000 Euro) im Monat zu erhalten. Menschen, die ihre Gaben einbringen und Nutzen stiften dürfen, entfalten ihr volles Potenzial, gewinnen dabei Freude, stärken ihr Wohlgefühl und ihre Gesundheit. Sie sind in ihrer Kraft und können gemeinsam die kleinen und großen Herausforderungen meistern. Die Bedingungslose Teilhabe ist freiwillig, das Grundeinkommen ein Sockelbetrag. Zusätzliches Einkommen ist möglich.

2. **Steuerfreier Staatshaushalt für jedes Land**: Die zweite Geldschöpfung von 1.000 GDD pro Kopf pro Monat fließt in den öffentlichen Haushalt, der damit so groß ist wie derzeit in Deutschland, einschließlich Gesundheits- und Sozialwesen. Da dies bereits durch die Geldschöpfung erfolgt, braucht es keine Steuern, Pflichtversicherungen und sonstige Abgaben.

3. **Ausgleichs- und Umweltfonds (AUF) zur Sanierung der Altlasten**: Die dritten 1.000 GDD sind dafür vorgesehen, dass unsere schöne Erde wieder zu dem Paradies wird, als das sie wahrscheinlich einmal gedacht war. Weltweit eingeführt ist der AUF ein zusätzlicher Umwelttopf in Höhe aller Staatshaushalte zusammen.

Stabile Geldmenge durch den natürlichen Kreislauf von Werden und Vergehen

Die monatliche Geldschöpfung von insgesamt 3.000 GDD pro Kopf bildet zusammen mit einer kontinuierlichen monatlichen Vergänglichkeit (Negativzins) von 5,6% ein selbstregulierendes System, das die Geldmenge und somit die Preise stabil hält.

Sanfte friedvolle Transformation zum Wohle aller

Gradido kann überall eingeführt werden: in Communities, einzelnen Ländern und/oder weltweit. Die Einführung lässt sich stufenweise parallel zum alten System gestalten. Dies ermöglicht eine friedvolle Transformation ohne Verlierer, die allen Menschen und der Natur zugutekommt.

Great Cooperation -gemeinsam geht es besser

Gradido entspringt dem Plussummenprinzip der Natur, die uns zeigt, wie Kooperation (Symbiose) funktioniert. Anstatt dem ‚Great Reset‘, der alles Lebendige zerstören würde, laden wir ein zur ‚Great Cooperation‘ aller lebensbejahenden positiven Menschen, Institutionen und Projekte. Gemeinsam gestalten wir eine großartige lebenswerte Zukunft für alle -unseren Kindern und deren Kindern zuliebe.

Details zum Gradido-Modell, der ‚Great Cooperation‘ und dem weltweit kostenfreien Gradido-Konto unter www.gradido.net.

support@gradido.net

Doris Tümmler

ANOMALIEN ALS NORMALE REALITÄT

Seit sieben Wochen nun verfolge ich deine NOW Online-Seminare. Mit den meisten Inhalten gehe ich in Resonanz und kann ihnen vorbehaltlos zustimmen.

Wo ich dir gar nicht zustimmen kann, ist das von dir angeregte „Tagebuch der Anomalien". Ich glaube schon, dass ich verstehe, was du damit ausdrücken möchtest, nur empfinde ich die sogenannten Anomalien mittlerweile als normale Realität.

Hier einige Beispiele:

Seit ca. 4 Jahren verändert sich mein Leben dahingehend, dass mein Verstand die absolute Kontrolle verliert und sich mit meinem Un(ter) bewusstsein arrangieren muss.

Dieses Phänomen tritt immer stärker zutage und ich habe mittlerweile das Gefühl, an eine höhere Ebene angebunden zu sein. So habe ich z.B. nach 27 Jahren meine Arbeitsstelle gekündigt, wo ich als Abteilungsleiterin und Prokuristin eine Arbeit hatte, die mir sehr viel Freude und ein sicheres Einkommen bereitet hat. Der Auslöser war ein schwarzer Hautkrebs, den ich dankbar als Zeichen angenommen habe. Allein die Entdeckung des Krebses, den ich auf dem Rücken selber noch nicht einmal im Spiegel erkennen konnte, war mehr als von außen geführt. Drei Tage nach Vorliegen der bestätigenden Laborergebnisse bin ich zu meinem Chef gegangen und habe gekündigt. Ohne, dass mein Verstand wusste, wie es weitergehen soll, jedoch vollkommen angstfrei und im Vertrauen, dass alles sich fügen wird.

In einer Remote-Viewing-Session drei Monate später habe ich die Frage gestellt, wie mein Leben weitergehen soll. Die Antwort war: Sei nicht so ungeduldig. Es ist für alles gesorgt. Mittlerweile hat sich das auch bestätigt. Jetzt verdiene ich mein Geld mit ganzheitlichem Coaching, Arbeiten im morphologischen Feld und als Berater für die

Firma, bei der ich gekündigt habe.

Was ich mittlerweile auch als „normal" empfinde, ist, dass die Zeit relativ ist. So programmiere ich z.B. bei Auto- oder Zugfahrten die Ankunftszeit. Diese passt immer auf die Minute genau. Selbst wenn ich mit einem Kollegen gleichzeitig losfahre und dasselbe Ziel habe, bin ich immer um ca. 10 Minuten pro Stunde schneller, obwohl wir beide die gleiche Strecke fahren. Einmal war ich auf einem Seminar in München und wollte danach noch 645 km mit dem Auto nach Hause fahren. Ich dachte, das Seminar sei um 17.00 Uhr zu Ende und habe morgens die Ankunftszeit zu Hause mit 24.00 Uhr programmiert. Losgefahren bin ich erst um 18.45 Uhr, habe einmal angehalten um zu tanken und zu telefonieren, einmal, um zu schlafen, weil ich so sehr müde war und in Göttingen wegen Vollsperrung der Autobahn eine Umleitung gefahren. Ankunft: 24.00 Uhr. Mit dem Verstand nicht zu erklären, jedoch ganz normal.

Ein anderes Beispiel: Geld. In der Firma, in der ich gearbeitet habe, hatte ich in meiner Abteilung bei einem siebenstelligen Umsatz einen Gewinn von ca. 1 bis 1,5 % im Jahr. Irgendwann habe ich dann eine 0 dahinter programmiert und hatte seitdem einen Gewinn von 13 bis 15 % im Jahr bei gleichem Umsatz. So ähnlich habe ich das danach mit meinem Girokonto ausprobiert. Seitdem ist es völlig unerheblich, wie viel ich arbeite und wie viele Rechnungen ich schreibe, der Kontostand bleibt immer konstant. Mit dem Verstand nicht zu erklären, jedoch ganz normal.

Nächstes Beispiel: meine Coachings. Bei meinen Klienten, die meistens mit gesundheitlichen Problemen zu mir kommen, spüre ich die Ursachen auf, die zu der Krankheit geführt haben und transformiere diese. Je nachdem, in wieweit sich der Klient auf die Arbeit einlässt, verschwinden die Symptome in kürzester Zeit. Das funktioniert auch bei Tieren. Meine Katze wurde vor vier Jahren durch den Tierarzt mit der Diagnose „unheilbare Eosinophilie" belegt mit der Voraussage eines kurzen Lebens bei monatlicher Cortisonverabreichung. Nachdem ich sechs Wochen mit ihr gearbeitet habe, war sie beschwerdefrei und ist es bis heute. Auch hier, mit dem Verstand nicht zu erklären, jedoch ganz normal.

Sobald ich mithilfe des morphologischen Feldes arbeite, kann es auch schon mal zu Ausfällen von elektronischen Geräten kommen. Das betrifft nicht nur meine Heizung, Telefon, Drucker oder Computer, sondern ich habe auch schon einmal das Planetarium in Hamburg lahmgelegt, so dass die Vorstellung abgebrochen werden musste und die Zuschauer nach Hause geschickt wurden, weil die abgestürzten Computer nicht wieder hochgefahren werden konnten.

Was ich außerdem beobachte, ist, dass Menschen, die sehr niedrig schwingen, vermehrt von schlimmen Unfällen, Krankheiten, Arbeitslosigkeit, Geldsorgen usw. geplagt werden. Auch das sind meiner Meinung nach keine Zufälle, sondern Ausdruck des Verfalls des alten Systems.

Ein weiteres Zeichen der neuen Welt ist meiner Meinung nach, dass ich seit zwei Jahren nur noch sehr wenig esse, meistens Obst und Gemüse, und trotzdem ein konstantes Gewicht von 72 kg halte.

Was ich damit sagen will, ist einfach, dass „Erde 2" bereits existiert und zur Normalität wird und dass sich für mein Verständnis „Erde 1" im Bereich der Anomalien bewegt.

doris.tuemmler@t-online.de

Elisabeth Geissler

8.3.2021 - TAG DER FRAUEN, AUCH FÜR MÄNNER

Die stehende 8 im Datum, eine wunderbare Symbolik für die aufrechte Haltung von Frauen in dem immerwährenden Zyklus von Sterben und Gebären und deren Mut.

Internationaler Tag der Frauen, eine wahrhafte Huldigung oder eine triviale Geste, um Frauen klein zu halten. An einem Tag des Jahres wird ihrer gedacht. Gleichzeitig gehen Meldungen durch die Medien, dass die Frauen in Deutschland 2020 18 % weniger als im Vorjahr verdient haben. Durch das Home-Office, das wegen Corona praktiziert wurde, hat die traditionelle Rollenverteilung der Frauen zugenommen, Kinder, Küche plus Home-Office, abgekürzt von mir K.K.HO, obwohl der Mann ebenfalls zuhause arbeitete.

Ganz davon zu schweigen, was sonst noch an Diskriminierung, subtiler und offener Gewalt auf der gesamten Erdkugel, nicht nur an Frauen, geschieht.

Es gibt auch einen Tag des Baumes. Die Wälder, aus denen die Bäume bestehen, sind in einem desolaten Zustand wie nie zuvor, 20 % der Bäume in Deutschland sind noch gesund.

Der Fokus in der modernen Welt ist recht einseitig auf die Technologisierung ausgerichtet. Hier wird die Natur als Objekt betrachtet. Wir Menschen sind soziale Wesen und ein Teil der Natur.
Frauen sind voll von Kreativität, wenn man sie lässt und sehr belastungsstark. Durch ihre persönliche Konstitution, Menstruation und Gebären sind sie mit dem Kreislauf der Natur eng verbunden. Auch Frauen, die nicht gebären, haben diese Fähigkeiten.

Einer der Entdecker von Quantenphysik, Max Planck, sagte, dass das eigentliche Wesen der Menschheit in ihrer Spiritualität und Liebe liegt. Nun, Geburt hat immer einen spirituellen Anteil für die Frau und jede Mutter liebt das Leben.

Geist steuert die Materie. Die ausgeuferte Materialisierung, entstanden durch die Gier nach mehr Reichtum in der Kombination mit Macht, ohne Liebe, ersetzt daher als Götzenbild eine künstlich erschaffene, dem eigentlichen Wesen des Menschen entfremdete Prägung.

Kulturwissenschaftlich betrachtet ist es zudem interessant, wie das bereits vor ca. 4000 Jahren vor Christus installierte patriarchalische Weltbild in den letzten 2000 Jahren zunehmend fundamentalisiert wurde.
Maria, die weibliche Kraft, wurde bis in das dritte Jahrhundert gleichwertig mit dem väterlichen Gott in der christlichen Religion geehrt. Sie wurde in den Himmel als Dienerin eines patriarchalischen Gottesbildes der Trinität verbannt, um dort mit den Engeln „Halleluja" zu singen. Ich entdeckte zufällig eine Steinsäule, in der Nähe eines orthodoxen Heiligtums.

Dieses Ausmerzen der weiblichen Stärke ging quer durch alle Kulturen und deren Religionen, die immer von dem Wandel in der Kultur mit beeinflusst sind. Mündliche Überlieferungen wurden schriftlich mit entsprechendem kulturellem Sinneswandel und unter dem Einfluss der herrschenden Klasse niedergeschrieben und gedeutet.
Die moderne Wissenschaft enthüllt und bestätigt die uralten Weisheiten und Prophezeiungen der indigenen Völker, dass die Menschen mit der Mutter Erde eng verbunden sind, die vier Elemente - Feuer, Wasser, Luft und Erde - unser Lebenselixier sind. Dies bekräftigt auch die Aussage der Indigenen, dass die Menschen lernen müssen, selbst in die Verantwortung für die Erde zu gehen.

Der Aufstieg der Erde hat, wie vorhergesagt, bereits begonnen.
In den letzten Jahren ergaben wissenschaftliche Messungen, dass sich die elektromagnetische Frequenz der Sonne, das Erdmagnetfeld, die Schumann Resonanz und die Erdwellen verändert haben (u.a. nach Dieter Broers, Biophysiker und Direktor des ICSD, dem auch 100 Nobelpreisträger angehören).

Solche wissenschaftlichen Erkenntnisse weisen auf die geologischen und klimatischen Veränderungen der Erde hin, die wir bereits schmerzhaft zu spüren bekamen.

Die alten Kulturen wussten um die Wirksamkeit und Weisheit der Herzenergie und um unsere Fußabdrücke auf Erden, wenn wir Liebe und Schöpfung in ein neues Bewusstsein einbringen. Vor 500 Jahren wurde dieser Bewusstseinswandel bereits vorhergesagt. Nach den Prophezeiungen der Mayas und ihrem Tzolkinkalender ging 2012 das ca. 26'000 Jahre während Zeitalter zu Ende, um nun in eine neue Zeit überzuleiten.

Das Herz ist, wie die neuesten Forschungen ergeben, sowohl ein Organ, als auch dem Gehirn sehr ähnlich aufgebaut in seinen Strukturen. Es sendet Informationen von Gefühlen an das Gehirn, dem Zentrum des Verstandes. Der Verstand wertet und bewertet unsere Erfahrungen, sondiert und bestimmt unser Handeln und Tun, rät uns zu ausgefahrenen Wegen und starren alten Mustern, die uns unbewusst prägten.
Das Herz ist zudem mit dem „Bauchgehirn", man spricht auch von „Bauchgefühl", verbunden, das unsere Intuition erzeugt und inspiriert. Unser Herz ist ein wunderbares Organ, in dem Weisheit und Wissen angesiedelt sind. Über die Schau nach innen können sich unglaubliche Bilder zeigen, wenn das Herz offen ist. Innere Welten von Harmonie wirken in ihrem Strahlen auf die Außenwelt und vermögen sie zu verändern.

Das Gift der Angst blockiert diesen Prozess der Herzensöffnung. Die Globalisierung der Angst, wie derzeit proklamiert, verhindert die Innenschau und das Vertrauen zu seinen eigenen Fähigkeiten in dem kosmischen Fluss des Lebens.

Bleibt unser Herz verschlossen, orientieren wir uns an der sogenannten Realität, bleiben an dieser Wahrnehmung von Äußerlichkeit haften und verweilen mit unserer Reaktion in dieser Einbahnstraße auf Verstandesebene. Das Herz und seine Wahrnehmungen von Gefühlen werden negiert, Bauchgefühle missachtet.
Künstliche Intelligenz und ausgeuferte Digitalisierung lassen jedoch den Verstand verkümmern. Das wissen auch die Hightech-Denker von Silicon Valley. Für ihre Kinder kommt, analog zu den Rudolf-Steiner-Schulen, kommt Informatik und Computerarbeit erst ab dem

zwölften Lebensjahr auf den Lehrplan. Dann ist das Gehirn in der Sprachentwicklung weitgehend ausgebildet.

„Ich denke, daher bin ich", sagte noch Descartes, französischer Philosoph und Rationalist vor ca. 350 Jahren.
Künstliche Intelligenz zeigt letztlich auf, dass das Gehirn des Menschen der größte Prozessor auf Erden ist und Gefühle nicht erzeugen kann. Wenn wir lernen, bewusst mit unseren Emotionen umzugehen, können wir diesen großartigen Computer selbst umprogrammieren, um uns selbst und unserer Schöpfung zu dienen.
Die Angst, die an uns nagt, wird uns von den Medien manipulativ täglich vor Augen geführt. Sie verhindert, zu unserem Herzen, unserer Göttlichkeit, zu unserer Seele, Kontakt aufzunehmen und unsere eigene Größe zu entfalten und wahrzunehmen.

Albert Einstein sagte, dass Lösungen sich nicht auf der gleichen Ebene der Herausforderung finden lassen. Frauen haben es über Jahrhunderte hinweg immer wieder geschafft, zu ihrer Seele über das Herz Kontakt aufzunehmen und unbeirrt für ihre Überzeugung zu wirken. Sie wurden dafür von der Obrigkeit bestraft und von denen verfolgt, die andere Interessen hatten. Aber sie ließen sich nicht beirren. Frauen haben schon Kriege beendet und weitere verhindert.

Astrid Lindgren wurde 1907 geboren. Sie lebte sehr unkonventionell und bekam ein uneheliches Kind, das ihr den damaligen Moralvorstellungen entsprechend weggenommen wurde.
Um ihrem Schmerz über den Verlust zu entfliehen, begann sie, im Kontakt mit ihrem inneren Kind aus dem Herzen heraus phantasievolle Träumereien und Geschichten aufzuschreiben. Die Kreativität veränderte ihr Leben. Sie wurde eine der weltweit erfolgreichsten KinderbuchautorInnen und bekam ihren Sohn zurück.

Eine der Prophezeiungen aus den alten Kulturen besagt, dass in dem Bewusstseinswandel der neuen Zeit die weibliche Seite gestärkt hervortritt. Die Macht der Herzenergie vermag Liebe, Freude, Harmonie, Frieden und Leichtigkeit in die Welt zu bringen.

Wenn die Männer verstärkt ihre weibliche Seite wie Sanftheit, Einfühlungsvermögen, Intuition oder Sensibilität anerkennen, zulassen und leben, verändert sich das Bewusstsein auf Erden. Auch den Frauen ist eine männliche Seite mit z.B. Klarheit, Verstand, Tun und Handeln gegeben. Oft unbewusst bringen sie in ihren erlernten Verhaltensweisen das patriarchalische Männlichkeitsmuster von Härte, Law and Order, Dominanz oder Missbrauch mit ein.

Die Vernetzung beider Gehirnhälften scheint derzeit bei Frauen stärker ausgeprägt zu sein. Eine ganzheitliche Betrachtungsweise im Zusammenwirken von Herzensenergie, Verstand und Bauchgehirn kann zu einer Balance und Harmonisierung auf Erden führen. Beide Geschlechter, gleichrangig, unabhängig von den äußerlichen Geschlechtsmerkmalen, finden jetzt das Glück und das Paradies auf Erden in dieser neuen Zeit.

Und im „Jetzt" ist auch unsere Zukunft enthalten, verwurzelt in Liebe und Dankbarkeit für diese wunderbare Schöpfung der Universen. Unsere Erde mit einer intakten Natur, im Einklang mit einer friedvollen, verantwortungsvollen Menschheit. Denn wir haben als Menschheit gelernt, uns als Menschenfamilie zu verstehen und in innerer und äußerer Freiheit zusammenzuleben, beschenkt mit einem Halleluja auf Erden!

Elisabeth Geissler

JETZT - WOHIN GEHT DIE WELT?

Gestern war alles anders. Und morgen ist wieder alles anders. Aber wie ist das Jetzt?

Das Jetzt ist gestern und morgen.

Wenn ich das Jetzt auf eine Balkenschaukel in die Mitte stelle, so wie Kinder gerne zu zweit schaukeln, das eine links das andere rechts, ist das Jetzt in der Mitte die Balance, die Ausgewogenheit zwischen links und rechts, zwischen gestern und morgen und immer das Jetzt.

Wenn also das Jetzt immer Jetzt ist, so wie der Atem immer Jetzt ist, feiert das Jetzt in dieser Harmonie in der Präsenz der Gegenwart, mit Eurem Atem, mit Eurem Vertrauen, mit Eurem Leben und Eurer Freude, Eurer Liebe.

Jetzt ist die Achtung, der Respekt und die Würdigung vor dem Geheimnis allen Lebens.

Denn das Jetzt der Gegenwart ist das Gestern der Vergangenheit und die Zukunft von morgen.

Wenn das Jetzt in diesem weitreichenden Wert verstanden ist, schwindet die Angst vor der Zukunft! Wir Menschen lernen die volle Verantwortung für das Geschenk der Erde in einem Miteinander und Füreinander innerhalb der großen Menschenfamilie zu übernehmen, sich dabei gegenseitig zu unterstützen, frei von Machtstrukturen und Gier!

Wir Menschen haben begriffen, dass wir selbst Teil der Natur sind, die zu achten wir gelernt haben. Auch um des eigenen Überlebens willen.

Und wir haben verstanden, dass die Erde mit ihren Gestirnen und Planeten ein wunderbares Geschenk des Universums ist, für das wir tief aus unseren Herzen danken.

Das technische, ökonomische und ökologische Potenzial und Wissen zu einer Kreation einer friedvollen Welt auf dem Planeten Erde für alle ist bereits im Jetzt vorhanden.

Im Jetzt erschaffen wir eine Vision, wohin die Welt geht, wenn die Stimme des Herzens aus dem Gral der Liebe, gepaart mit Vernunft, in einem neuen Bewusstsein erwacht.

Die Menschen leben in Fülle, Freude und Frieden miteinander auf der gemeinsamen Erde in Respekt vor der Einzigartigkeit eines jeden, vor den Pflanzen, vor den Tieren und in tiefer Verneigung und Demut vor dieser großartigen Schöpfung.

Wir Menschen haben im Jetzt die Chance, das Ruder herumzureißen, um diese neue Welt zu fühlen, zu kreieren und zu handeln, und unsere Zukunft aus der Weisheit unserer Herzen freudvoll und harmonisch zu gestalten. Und diese Neuorientierung im Bewusstsein der Bewohner des Planeten Erde in die Universen auszustrahlen.

Das ist unser Weg! So gebiert das Jetzt unsere Zukunft, wie unser Atem, einfach!

Heike Mehlhorn

ICH TRÄUM MIR EINE NEUE ERDE

Ich träum mir eine neue Erde,
in meinem Geist ist sie längst da.
Wo jeder Mensch sehr glücklich werde,
vom kleinen Zeh bis hoch zum Haar.

Ich sehe lächelnde Gesichter,
die froh aus ihrem Bett aufstehen.
Ich hör ihr Plappern, ihr Gelächter,
bis sie dann raus ins Leben gehen.

Auch ich betrete froh mein Leben,
Empfang den Tag, empfange mein Geschenk.
ICH BIN und werd´ mich ganz hingeben.
Ich bin so dankbar, bin präsent.

Durchschreit die Wiese vor dem Hause,
der Wind, er kämmt ihr blumig Haar.
Die Beeren laden ein zum Schmause,
der Sonne Kuss wärmt wunderbar.

Vor mir sind ausgerollt die Weiden,
umrahmt vom Wald und Himmelblau.
Ich sehe mich mit Tieren schreiten,
versteh die Sprache sehr genau.

Ich hör die Alten mit den Jungen,
ihr Wissen auf die Weisheit baut.
Sie tanzen, singen lachen aus vollen Lungen,
klingt liebevoll und sehr vertraut.

Und alles Wasser auf der Erde
ist rein und so erfrischend klar.
Es ist gefüllt mit gutem Erbe,
ist Jungbrunnen für alle Jahr.

Mein Schaffen für das Wohl von allen,
es öffnet Herz und Geist und Hand.
Es ist Berufung, wohl gefallen.
Es wächst die Seele und das Land.

Ich ruhe aus in deinen Armen,
wir lauschen der Stille, sind eingehüllt
in Liebe. Dürfen sie erfahren.
Sie jede unserer Zellen füllt.

In diesem Traume möcht ich bleiben.
Er ist so schön, lieb ihn so sehr.
Wer kann den Weg mir dorthin zeigen?
Möcht auf, in diese Welt dort steigen.
Wer öffnet Tor zum Sternenmeer?

h.mehlhorn@gedankenschiffchen.de

Heike Mehlhorn

ES IST ZEIT ZU GEHEN

Es ist da ein Gefühl, ein neues
und es schubst mich freudig an.
Es ist da ein Gefühl, ein scheues,
macht mich glücklich,
zieht mich in seinen Bann.

Flüstert:
„Es ist Zeit zu gehen.
Es gibt hier nichts mehr zu tun.
Möchte dich lebendig sehen.
Lass all Deine Kämpfe ruhn."

Wehmütig schau ich nach hinten
und ich fühle all den Schmerz.
Mutter Erde,
wollte die Kinder wieder verbinden
mit dir und Gottes liebendem Herz.

Spüre Luzifers Gesellen,
wie sie neue Fallen stellen,
wie sie nach der Schöpfung greifen,
Thron zu Unrecht an sich reißen.
Wie sie lügen
und verbiegen.
Wie Mensch aufhört,
Mensch zu sein.
Wie das Dunkel sich macht breit,
Menschen fesselt,
Seele in der Trennung schreit.

Ja, nun ist die Zeit zu gehen,
Lärm da draußen ist zu schrill,
Willst nichts hören oder sehen.
Fragst vorwurfsvoll und ängstlich:
Was sie bloß will?

Noch ein letztes sanftes Lächeln,
habe meine Angst besiegt.
Höre Mutter Erde hecheln,
die in ihren Wehen liegt.

Gehe hin zu ihrem Kinde,
das dort liegt in ihrem Schoss.
Weiß, dass ich dort Frieden finde,
Wachstum, Glück und Liebe groß.
Nichts hält mich mehr.
Ich geh nun los.

Es ist da ein Gefühl, ein neues.
Ich erkenne mich in ihm.
Es ist da ein Gefühl, ein scheues,
zeigt mir, wer ich wahrhaft bin.

h.mehlhorn@gedankenschiffchen.de

Gabriele Eleonore Freitag

ERINNERUNG AN DIE ZUKUNFT

Vor ungefähr 30 Jahren habe ich in einem Buch eine Geschichte gelesen und diese hat mich immer begleitet und wurde durch dein Seminar NOW und die augenblickliche Zeit wieder sehr in mein Bewusstsein geholt. Ich habe fasziniert deinem Seminar gelauscht und war am Ende ent-täuscht, nicht schon auf Erde 2.0 zu sein mit euch allen zusammen und wem auch immer sonst noch. Das ist die eine Seite, nun aber zu meinen Vorstellungen:
Ich sehe eine Gemeinschaft von vielleicht allerhöchstens 500 Menschen, die in einer Art Dorf gemeinsam leben. Ein Miteinander, Austausch und doch eine individuelle Möglichkeit des Seins. Alles ist respektvoll, wertschätzend, liebevoll, voll Freude und Harmonie. Da wir in einer hohen Dimension leben, ist Nahrung nicht mehr so wichtig und kann daher einfach angebaut und geerntet werden.

Außerhalb gibt es das Energie-Versorgungs-Zentrum, in dem wir zu verabredeten Zeiten unsere Fähigkeiten einbringen und die sich selbst mit Hilfe erneuerbarer Energiefelder warten und versorgen.
Wir können unsere Kleidung passend für unsere Stimmung und Wetterlage herstellen in einer Art persönlichem 3-D-Drucker. Unsere Häuser passen sich an unsere Wünsche an, für Besucher dehnen sie sich aus. Die Möbel sind selbständig anpassungsfähig.

Autos oder andere Verkehrsmittel kommen nicht vor, da wir uns in unserem Sosein genügen, in der Natur sind und viel Zeit auch im ALL-Eins-SEIN verbringen. Lebensgemeinschaften sind in größeren Gruppen oder auch zu zweit möglich, in einer erfüllten Beziehung mit gegenseitiger Unterstützung und Wertschätzung. Ein großer Teil der Kommunikation wird telepathisch geschehen, ein größeres Verständnis im Miteinander ist dadurch erfahrbar.

g-e-freitag@gmx.de

Eva Goubert

AUFSTIEG

Traum vom 01.11.2020, 4:00 Uhr
Ratgeberebene, sehr bewusst, aber nicht luzide

Ich wohne am Meer und gehe am frühen Abend nach getaner Arbeit an den Strand, um mich zu erfrischen und das Meerwasser und die Sonne zu genießen.
Es sind wunderbare Wellen - genau so, wie ich sie liebe. Ich schwimme, springe gegen die Wellen, lass mich tragen vom Wasser und bin vollkommen in der Freude und vergnügt wie ein Kind.
Da spüre ich plötzlich, dass die Schwingung sich verändert. Ich weiß sofort, ich muss raus aus dem Wasser und weg. Ich schaue auf das Meer und sehe wie eine Tsunami-Welle sich am Horizont aufbaut. Ich schaue zu meinen Sachen, zumindest das Handtuch möchte ich gerne mitnehmen. Der Strand wird immer schmaler und plötzlich ist neben mir eine Steilküste aus Sand, zwischen dem Wasser und dem senkrechten Abhang ist nur noch ein schmaler Weg. Da kommt für einen kurzen Moment die Angst in mir hoch, dass ich nun nicht mehr wegkomme.
„Lass die Angst gehen, geh in die Gewissheit, der Weg tut sich auf!"
Das war der nächste Impuls. Ich spüre sofort die Gewissheit in mir und diese Gewissheit ist ohne die kleinste Spur eines Zweifels. Im selben Augenblick dreht sich mein Kopf wie von außen gelenkt nach links und ich sehe, nur zwei oder drei Schritte von mir entfernt, einen Aufgang in der Sandwand, der wie angeleuchtet ist. Mir wird klar, es wird knapp, ich muss mich sofort entscheiden zwischen dem Handtuch und dem Hinaufsteigen. Die Gewissheit in mir -ich spüre sie in jeder Zelle meines Körpers - trifft die Entscheidung. Ich lasse die Sachen liegen. Ich renne zu dem Treppenaufgang, während ich die Tsunami-Welle direkt neben mir spüre. Ich schaue aber gar nicht hin, bin ganz fokussiert auf den Weg und fühle mich sicher und gewiss.
Plötzlich bin ich oben, der Himmel ist unbeschreiblich düster -bedroh-

lich und faszinierend zugleich -Weltuntergangsstimmung -ich fühle mich aber vollkommen sicher und geborgen. Mir ist klar, dass es gut war, alles unten liegenzulassen, denn das Wasser schwappt schon hoch. Ich stelle mich an den Rand der Klippe, völlig angstfrei und im Wissen, dass alles gut ist, wie es ist -am Ende ist alles gut. Und das, was ich unten habe liegen lassen müssen, brauche ich nicht wirklich, denn alles, womit ich einmal verbunden war, ist nie mehr für mich verloren. In diesem Moment, als ich dies denke, kommt eine Welle hoch geschwappt und spuckt mir regelrecht mein Handtuch vor die Füße. Ich bin zu Tränen gerührt, das hatte etwas wie „gesegnet werden". Das, was mich fast umgebracht hätte, gibt mir das, was ich „als Opfer" losgelassen habe, zur Belohnung oder zur Respektsbekundung wieder zurück. Ich nehme das Handtuch auf und lege es mir um meine Schultern.

Ich gehe weg vom Strand in die Richtung, wo ich herkam. Da kommt mir ein bekannter Mann entgegen mit einem Handtuch. Er ist also auf dem Weg zum Strand. Ich schaue ihn entgeistert an und will ihn vor dem Tsunami warnen und fragen, ob er diesen unheilvollen Himmel nicht sehe. Er nimmt mich aber gar nicht wahr, so als ob ich eine Tarnkappe aufhätte, und diesen düsteren, Unheil verkündenden Himmel wohl auch nicht.

Es ist so, als ob wir zwei nun in zwei verschiedenen Welten sind. Meine Welt hat sich aber über seine wie drüber gestülpt und ich so kann ich seine wahrnehmen, er aber meine nicht.

Mir ist klar, dass ich ihn in die falsche Richtung, ins Verderben gehen lassen muss und begreife, dass dies eben sein Weg ist. Er ist noch nicht so weit, aber irgendwann -so spüre ich - wird auch für ihn alles gut.

Kernaussagen

1. Wir müssen nichts tun! Lediglich in den guten Gefühlen baden und sie genießen.
2. Folge den Impulsen deiner Intuition, dann zeigt sich der Weg von ganz alleine -entscheidend ist dabei die absolute Gewissheit, dass wir geführt werden. Diese Gewissheit ist nochmal vom Vertrauen zu unterscheiden, sie geht tiefer, ist ohne eine geringste Spur von Zweifeln.

   Wir müssen uns für den Aufstieg entscheiden. Und wir haben dann entschieden, wenn wir die absolute Gewissheit in uns spüren. Das ist keine Entscheidung, die der Kopf treffen kann, sondern Herz, Kopf und Bauch als Einheit. Und dies alles sollte ohne Zeitverzug erfolgen, denn Zögern ist keine Gewissheit. Wenn wir uns nicht für den Aufstieg entscheiden, wird es recht

düster und sehr unangenehm werden -aber auch dann wird irgendwann für jeden alles gut.

3. Auch ist sehr wichtig, dass wir uns von nichts ablenken lassen,
    v.a. auch nicht von kleinsten Restängsten; dass wir alles loslassen,
    auch das sehr Liebgewonnene.
    Ich bringe das auch wieder mit der Gewissheit in Verbindung, mit
    der Gewissheit, dass für uns vollumfänglich gesorgt ist, dass wir
    nichts verlieren können. Mit allem, womit wir irgendwann einmal
    verbunden waren, was uns lieb und teuer ist, werden wir immer
    verbunden bleiben, all das kann uns nie verloren gehen.
4. Das Aufsteigen geht dann ganz von alleine.
5. Das, was wir lieben und brauchen, wird dann wieder bei uns sein.
    Zur Bedeutung des Handtuches: Es ist ein bestimmtes reales Hand-
    tuch und es symbolisiert für mich alle und alles, was mir ans Herz
    gewachsen ist.
6. Die, die blind sind für eine bessere Welt, können wir nicht warnen.
    Wer sich nicht schon mit dem Guten verbunden hat, bekommt die
    Sicht für das Gute nicht mehr.
    Zur Bedeutung des Mannes: Dies ist ein Mann, den ich real kenne.
    Er ist für mich das Sinnbild für **Ich-Bezogenheit**, für jemanden,
    der sehr von sich eingenommen ist, der nur an das glaubt, was er
    sehen kann. Er belächelt alles, was mit Spiritualität, Intuition … zu
    tun hat, das sind in seinen Augen alles Spinner.
7. Wir können aus der neuen Welt in die alte Welt schauen, aber nicht
    umgekehrt. Zumindest zu Beginn.

In den darauffolgenden Nächten habe ich noch weitere Informationen zu den verschiedenen Traumsequenzen erhalten. Ein Traum ist ja
ein Hologramm und in diesem Traum steckt so viel drin, dass ich das
unmöglich alles sofort hätte daraus lesen können.

Weitere Aussagen:

Zu 4. Wir müssen unterscheiden zwischen den Impulsen der Intuition
        und den Impulsen unseres Egos, sprich unseres Wollens, unse-
        rer Bequemlichkeit, unserer Begierden … u.v.a. unserer Ängste.
        Mit dieser Unterscheidung haben viele Menschen Schwierig-
        keiten, weil diese Unterschiede mitunter sehr fein sind, denn
        wir spüren immer beide Impulse in uns. Die Impulse des Egos

kommen aus uns selbst heraus, bauen sich von innen heraus auf, die Impulse der Intuition jedoch kommen von außen in unser Inneres. Wenn man hier achtsam ist und ehrlich zu sich selbst, dann werden diese Unterschiede immer deutlicher erkennbar.

Zu 1. „Nach getaner Arbeit": Arbeit bedeutet, sich mit seinen Talenten einzubringen für das Ganze, für das WIR, gebend sein.

Zu 2. Es geht darum ganz im Hier und Jetzt zu sein und das Leben, das wir gerade hier auf Erde 1.0 haben, mit allen Sinnen zu erfahren und zu genießen. Sich nicht fragen, wie lange es noch dauert, nicht zweifeln, ob noch etwas fehlt, sich nicht schon wegwünschen, sondern so, wie wir uns auf Erde 2.0 fühlen wollen, uns jetzt schon fühlen. Sich hier in der Lebensfreude im Leben verankern mit der Gewissheit, dass der Wechsel kommt und wir ihn spüren werden.

Auch hier ist wieder die Gewissheit das Entscheidende. Wenn ich mich mit jemandem verabredet habe und immer wieder auf die Uhr schaue, bin ich mir nicht wirklich sicher, dass er auch kommt.

Zur Tsunami-Welle:

Die Tsunami-Welle steht für das „Böse" und es geht darum, dieses „Böse" als ebenso göttlich anzusehen. Seine Kraft, seine Größe ist göttlich, nur in die andere Richtung gelenkt. Weder Angst davor haben, noch sich davon angezogen fühlen - sprich mitmachen. Wissen, es hat nur über mich Macht, wenn ich mich ihm hinwende oder davor wegrenne. Seine Größe anerkennen, ohne ihm zu huldigen, sich der Faszination nicht hingeben. So wie man bei einem kleinen Kind, das ein Tier quält, nicht davon ausgeht, dass es von Grund auf böse ist, sondern sich ausprobiert, am Testen seiner Macht ist. Wir werden einschreiten, aber ohne das Kind aus der Liebe zu lassen.

Manifestieren

Traum vom 13.11.2020, 4:20 Uhr
Ratgeber-Ebene, sehr bewusst, aber nicht luzide

Ich bin mit Annett unterwegs, wir wollen Helena bei ihrer Arbeit besuchen. Sie arbeitet in einer Behörde. Sie öffnet uns ihre Tür und lässt uns in ihr Zimmer. Es ist ein riesiges Zimmer mit Balkon nach Süden, mit grünen Pflanzen und vor allem mit einem überdimensional riesigen

Bett. Der Schreibtisch dagegen ist verschwindend klein.

Ich frage Helena, wie sie das gemacht hat, dass sie so ein großes Zimmer bekommen hat und es sich so einrichten konnte.

Sie antwortet, dass man sich das Recht nehmen muss, es sich so einzurichten. Außerdem können die Vorgesetzten der Behörde ihr nichts anhaben, die haben alle Dreck am Stecken, die seien alle korrupt. Die wissen, dass sie ihr letzten Endes nichts anhaben können. Sie können ihre Macht nur bei denen ausleben, die nicht durchblicken, die glauben, sie seien mächtig, sie aber kenne ihre Machenschaften und die machen sie in Wirklichkeit schwach und angreifbar.

Wir strecken uns dann genüsslich auf dem Bett aus und überlegen, was wir mit dem anbrechenden Abend noch anfangen können. Wir entscheiden uns für das Ausgehen. Helena hat von einer Kneipe gehört, die anscheinend trotz Lockdowns geöffnet hat und da sei auch Tanz.

Helena fährt voraus und Annett und ich hinterher. Da merke ich, dass ich völlig unpassend angezogen bin. Ich habe einen viel zu dicken Winterpulli an und habe Bedenken, dass mir das zu heiß wird und ich es nicht aushalten werde. Die beiden anderen sind zum Tanzen entsprechend angezogen. Ich sage, dass ich erst noch nach Hause möchte, um mich umzuziehen. Ein Traumfenster geht auf, in dem gezeigt wird, dass wir keine Zeit dazu haben, wir dürfen keine Umwege machen, müssen den direkten Weg nehmen, sonst kann uns das Navi nicht mehr zum Ziel führen. Wir sollen uns nicht mit Kleinigkeiten aufhalten, es spielt absolut keine Rolle, mit welcher Kleidung wir dahin kommen.

Diese Kneipe ist in einem kleineren Städtchen, alles ist hell erleuchtet und heimelig, es ist Adventszeit und alle sind in einer wunderbaren freudigen Stimmung, die ansteckend ist. Die Menschen sind in Gruppen oder zu zweit unterwegs. Auch in der Kneipe ist eine tolle Stimmung, alle tanzen und genießen das freudige Zusammensein.

Ich gehe zum Wirt und frage ihn, wie sie das machen. Es ist doch bundesweit verboten, und ein ganzes Städtchen, das sich nicht daran hält, das muss doch auffallen.

Er sagt: „Wir konzentrieren uns auf das, was wir wollen, wir sind voll und ganz bei dem, was wir wollen, ohne jegliche Zweifel. Wir verhalten uns so, wie wir wünschen, dass alle sich verhalten. So entsteht diese Wirklichkeit für uns -inmitten der anderen Wirklichkeiten, wo die Menschen sich auf etwas anderes konzentrieren." „Aber die anderen müssen euch doch sehen", entgegne ich. „Nein, sie nehmen uns nicht wahr, wir sind schon in einer anderen Welt!"

Ich möchte mich noch weiter im Städtchen umsehen. Bin nun wieder draußen und gehe etwas weiter weg vom Zentrum des Städtchens. Dort ist nur wenig Licht, es ist sehr düster und neblig und ich sehe fast nichts. Es kommen Schatten auf mich zu -dunkle Gestalten - und ich spüre, dass sie sich allmählich um mich scharen, mich irgendwie immer mehr einkreisen. Plötzlich packen sie mich und legen mich auf einen Tisch. Es werden irgendwelche Schläuche oder Ähnliches herangebracht. Ich bin irritiert, weil alles so dunkel ist und schnell geht, habe aber keine Angst. Da geht wieder ein Traumfenster auf, und ich sehe mich auf einem OP-Tisch liegen und erkenne ihre Absicht, mir die Zirbeldrüse raus zu operieren.

Sofort sage ich laut, glasklar und bestimmt: „NEIN-NICHT MIT MIR!" Ich glaube, ich habe in meinem ganzen Leben noch nie so bestimmt, so klar und ohne Zweifel NEIN gesagt. „Nie und nimmer kann irgendjemand mir meine Zirbeldrüse wegnehmen!" Dies liegt in diesem Moment für mich außerhalb jeglicher Möglichkeit. Kaum habe ich dies gedacht, lassen die Männer von mir ab, treten zurück und lösen sich in Nichts auf.

Und ich bin wach, nehme meinen Stift und mein Traumbuch und schreibe noch etwas benommen:

Verliert keine Zeit mit der Suche nach der richtigen Methode, sondern macht das, was ihr macht mit der absoluten Gewissheit. Manifestation = Vorstellungskraft = Bild + Gefühl + Gewissheit, dass es funktioniert. Die meisten Menschen werden von den Zweifeln und Ängsten abgehalten, etwas zu tun. Dabei lösen sich die Zweifel und Ängste auf im Tun. Die Suche nach dem optimalen Weg, es zu tun, hält sie ab von dem Tun. Dabei erschließt sich der Weg im Tun. Wenn wir im Sein sind, wissen wir, was zu tun ist.

Kernaussagen:

1. Metapher Zimmer in der Behörde

    Eine Behörde gehört zur Exekutive und ist für die Ausführung der Gesetze zuständig. Im übertragenen Sinne steht dieses Zimmer somit für die Ausführung unserer Gedanken/Wünsche/Programmierungen, die man mit einem Gesetz vergleichen kann.

Dieses Zimmer ist im Traum riesig, was bedeutet, dass wir der Verwirklichung unserer Programmierungen genügend Raum geben müssen. Das Bett ist darin das zentrale Möbel. In einem Bett ruht man. Der Schreibtisch, an dem man ja arbeitet, ist dagegen sehr klein. Das bedeutet nun wiederum, dass wir, wenn wir etwas manifestieren bzw. zur erfahrbaren Realität werden lassen wollen, nach der Programmierung in die Ruhe und in die Gewissheit gehen sollen. Und nicht mehr dran arbeiten im Sinne von nochmal durchdenken, vielleicht muss es noch verbessert werden, vielleicht muss …, vielleicht könnte ich noch …

Hierzu habe ich früher schon einmal etwas erhalten:

Ein Gärtner, der ständig seinen Acker pflügt,
kann nicht erwarten, dass die Saat wird sprießen.
Deine Ernte wird groß und reichhaltig,
wenn du bist klar und in deiner ganzen Kraft beim Säen.
Ganz gezielt setze in die richtige Furche
und nun decke deine Saat zu mit der Erde,
die aus Gewissheit besteht.
Gewissheit, ohne auch nur einen Funken an Zweifel.
Wie ein Bauer, der pflanzt in der Gewissheit,
dass die Erde für das Wachstum sorgt,
so pflanze du deine Wünsche in der Gewissheit,
dass die Energie bereit ist, deine Samen zu nähren.

Ich denke, wir haben alle unsere Vision von Erde 2.0 und jetzt geht es hauptsächlich darum, in der Liebe und in der Gewissheit zu bleiben -inmitten des ganzen Chaos.

2. Die korrupten Vorgesetzten = Metapher für die „bösen" Kräfte.
    Die bösen Kräfte wissen, dass sie uns letzten Endes nichts anhaben können. Denn das „Böse" ist vom Göttlichen ja abgerückt und dadurch schwächer.

3. Wenn wir ans Ziel wollen, dürfen wir uns nicht mit Kleinigkeiten aufhalten.
    Es ist egal, mit welcher Kleidung wir dahin kommen = Verliert keine Zeit mit der Suche nach der richtigen Methode.

4. Es ist Adventszeit = Vorbereitungszeit auf die Ankunft des Erlö-
sers; die Zeit des Wartens und der Vorfreude und früher war es
die Zeit der Ruhe und des Fastens, was wiederum Punkt 1 unterstreicht.
Außerdem beginnt ja ganz real nächsten Monat schon die Adventszeit, was ich natürlich liebend gerne so interpretieren möchte, dass
die Zeit des Wandels wirklich kurz bevor steht.

5. „Wir konzentrieren uns auf das, was wir wollen, wir sind voll und
ganz bei dem, was wir wollen, ohne jegliche Zweifel. Wir verhalten uns so, wie wir wünschen, dass alle sich verhalten. So entsteht
diese Wirklichkeit für uns -inmitten der anderen Wirklichkeiten,
wo die Menschen sich auf etwas anderes konzentrieren."
= die Anleitung zum Wandel

6. Dies liegt in diesem Moment für mich außerhalb jeglicher Möglichkeit
= die Gewissheit in Höchstform
= hält selbst dem Worst-Case-Szenario stand

Neues Zeitalter

Traum vom 29.11.2020
Ratgeberebene, bewusst, aber nicht luzide

Ich wohne in einer Art Kloster, jeder hat ein Einzelzimmer, alles sehr
karg und kühl, es gelten strenge Regeln. Ich füge mich in die Gemeinschaft ein, bin nicht unglücklich, fühle mich aber nicht frei und so
wirklich glücklich.
Nun kommt noch vor Tagesanbruch ein Bote zu mir, der mir einen
Brief übergibt und wieder verschwindet. Ich beginne, den Brief zu
lesen.
In diesem Brief wird mir die Ermächtigung gegeben, mein Magier-Da-
sein ab heute Nacht wieder offen leben zu dürfen. Denn in dieser Nacht
ist der alte Regent gestorben, er ist tot und nun sind wir wieder frei,
um unser wahres Potenzial zu leben. Alle Fähigkeiten, die wir unterdrücken mussten, können sich nun wieder entfalten.
Noch sollen wir etwas vorsichtig sein, da noch nicht alle Helfer des

bisherigen Regenten von seinem Tod erfahren haben und die, die es schon wissen, noch nicht so richtig begriffen haben, was sein Tod bedeutet. Aber das sei nur noch von kurzer Dauer.

Im Brief wird mir eine Adresse mitgeteilt, zu der ich mich hinbegeben soll und wo wir endgültig frei sind.

Ich mache mich sofort auf den Weg. Unterwegs sehe ich im Traumfenster, dass auch andere aus dem Kloster sich auf den Weg machen.

Dieses Haus und die ganze Umgebung, in der das Haus sich befindet, ist wunderschön, traumhaft. Dieses Haus hat nur einen einzigen Raum, es ist warm, behaglich, gemütlich. Ich fühle mich geborgen wie nie zuvor. Erst sind wir nur ein paar und wir wissen nicht recht, was wir mit dieser Freiheit anfangen sollten, vertrauen der Veränderung noch nicht so recht.

So wie die alten Kräfte es noch nicht fassen können, dass es für sie vorbei ist, so können die neuen Kräfte es noch nicht wirklich fassen, dass das Neue Zeitalter nun tatsächlich angebrochen ist.

Es kommen immer mehr an und ich spüre eine starke Verbundenheit zu ihnen. Wir erkennen einander als alte Seelengefährten. Wir begreifen erst jetzt, wie gefangen wir bisher waren, eingesperrt in diesen Einzelzellen des Klosters. Ich spüre Demut, Respekt, Freiheit, als ob eine Zentnerlast von mir abfällt, Ergriffenheit, Verbundenheit und Einssein mit allem und ich bin vollkommen überwältigt von dem tiefen Glücksgefühl, das dieses Nicht-mehr-getrennt-Sein-von-allem auslöst.

Dann erwache ich aus dem Traum.

Ich glaube, dieser Traum bedarf keiner Analyse, er spricht klar.

Umzug auf Erde 2.0, Kraft zum Manifestieren

Traum vom 25.01.2021, 4:30 Uhr
Ratgeber-Ebene, bewusst, aber nicht luzide

Ich stehe vor dem Haus, in dem ich gewohnt habe und sehe zu, wie ein paar Truhen und Kisten in einen Umzugs-LKW geladen werden. Ich weiß, dass ich dieses Haus für alle Zeit verlasse und ganz irgendwo anders hinziehen werde.

Die Kisten und Truhen sehen sehr wertvoll aus, mit verzierten Beschlägen, so wie man sie aus alten Filmen kennt. Mir ist klar, dass ich hier nicht am Verladen eines normalen Umzugsgutes bin, sondern es fühlt sich an wie mein „Lebenswerk", meine „Essenz", all das Wertvolle meines bisherigen Lebens.

Ich setze mich an das Steuer und fahre los.

(Im Traum braucht man zum Glück keinen LKW-Führerschein - in diesem Moment bin ich auch knapp am Luzide werden vorbeigeschrammt, denn es kommt mir sehr komisch vor, dass ich einen LKW lenken kann und darf, aber schon bin ich wieder vom Traumgeschehen gefangen).

Mit einem erhabenen Gefühl, so einen LKW fahren zu können und in freudiger Erwartung eines neuen Lebensabschnittes, lenke ich mühelos den Wagen, der zu Beginn ein gewöhnlicher kleinerer Umzugs-LKW war, während des Fahrens sich aber zu einem Edel-LKW verwandelt - überall blinkend und blitzendes Chrom und auch seine Größe nimmt zu.

Nun kommt eine starke Steigung, ich werde etwas langsamer, aber die PS-Zahl ist stark genug. Plötzlich ist auf meiner Seite ein Hindernis auf der Straße, ich muss bremsen und nach links ausweichen. Der Wagen kommt etwas ins Schleudern und kommt nur sehr mühsam wieder in Fahrt.

Mir ist klar, dass ich mental nachhelfen muss. Ich stelle mir vor, wie ich mit aller Kraft in die Pedale trete. Ich komme auch wieder voran, aber nur sehr zäh und mit viel Anstrengung.

Schlagartig wird mir bewusst, dass ich in meiner Vorstellung in die Pedale eines Fahrrades trete, während ich am Steuer eines großen, starken LKW sitze! Wie absurd! Sofort ändere ich meine Vorstellung und trete auch mental auf ein Gaspedal und sofort fährt der LKW mit voller Kraft auf die Anhöhe.

Kernaussage:

LKW mit Umzugsgut = Metapher für mein wahres Sein

Ich bin auf der Spur nach Erde 2.0, aber das Einsetzen meiner Gedankenkraft ist noch auf der alten Spur. Gewohnheitsgemäß setze ich sie noch nach den alten Mustern ein.

Also: **Nicht nur die Göttlichkeit in sich erkennen und annehmen, sondern sie in unseren Gedankenbildern und Gefühlen auch umsetzen und etablieren!**

Die Tsunami-Welle ist angekommen

Traum vom 03.05.2021, ca. 5:00 Uhr
Ratgeberebene, bewusst, aber nicht luzide
Eine klassische Familie - Vater, Mutter, Kind - mein Traumbewusst-

sein ist in allen dreien gleichzeitig, ich fühle die drei als Einheit.

Dann erlebe ich die Szenen als Träumer abwechselnd aus den jeweiligen Rollen heraus.

Wir wohnen in einem ländlichen Anwesen, etwas abgelegen im Landesinnern.

Das Kind und der Vater sind im Haus, die Mutter irgendwo anders.

Nun kommen Männer und führen den Vater ab und sperren ihn nicht weit weg vom Haus in einen Kellerraum, der mit einem Gefängnisgitter, wie sie in den alten Filmen zu sehen sind, verschlossen ist.

Das Kind ist allein im Haus.

Ich bin gerade in der Position des Vaters und sehe im Traumfenster, dass eine Tsunami-Welle aus der Richtung des Meeres herankommt und das Hochwasser uns nun erreicht. Eingeschlossen im Keller sieht das nicht gut für mich aus. Das Wasser kommt in den Keller. Wir sind ja etwas im Landesinnern, somit ist die Kraft der Welle nicht mehr ganz so stark, aber doch noch stark genug, so dass das Gefängnisgitter von dem Hochwasser aufgerissen wird. Ich bin befreit und tauche nach oben und schwimme in die Richtung des Hauses zu meinem Kind.

Währenddessen bin ich wieder im Kind. Auch hier ist das Haus schon von hohem Wasser umgeben. Ich spüre, dass der Vater freikommt und schwimme ihm entgegen.

Als wir beide uns schwimmend und tauchend erreichen und umarmen, ist plötzlich die Mutter wieder da, wir sind wieder vereint und eins. Das Hochwasser ist verschwunden, ich bin frei -ein wunderbares Gefühl des Einsseins.

Kernaussagen:

Das, was da gerade im Außen auf uns einstürmt, ist zwar sehr bedrohlich, aber es ist gleichzeitig die Chance, dass es uns wieder zu unserem Einssein und damit zu unserem göttlichen Sein führt. Es befreit uns letztendlich. Und wenn wir dieses Gefühl wieder in uns haben, dann sind wir auf Erde 2.0.

Die drei Traumfiguren - Vater, Mutter, Kind - stehen für mich für die Anteile in uns, die wir brauchen, um ausgeglichen zu sein, um uns ganz zu fühlen: die männliche Kraft, das Logische, Analysierende, das Aktive … die weibliche Kraft, das Vertrauen und Zutrauen, die Intuition, das Abwartende, das Annehmende … die kindliche Kraft, das Verspielte, Neugierige und Offene …

Sie stehen für mich aber auch für die drei Teile der Schöpferkraft:

Der Vater als der Schöpfer des Gedankens, die zündende Kraft ... die Mutter als die Energie gebende, den Prozess durchhaltend ... das Kind als das Resultat.

Und ebenfalls sehe ich einen Bezug zur Trinität aus der christlichen Lehre, die die Wesenheit Gottes beschreiben: Vater, als der Schöpfer, das Göttliche an sich ... Sohn als das Göttliche im Menschen ...und Heiliger Geist, die Weisheit, der Glaube ....

Der Vater wird von der Familie getrennt. Das Aktive, das Schöpferische ist eingesperrt. Die Mutter, das Vertrauen, irgendwo anders. Das Kind ist allein gelassen. Das ist doch genau die jetzige Situation.

Aber auch nicht nur auf die momentane C-Situation bezogen weist der Traum darauf hin, dass der schöpferische, der göttliche Teil des Menschen im Keller eingesperrt ist. Erst wenn wir ihn aus dem Kellerdasein befreien und in uns integrieren, sind wir wirklich ganz. Er zeigt im Prinzip, dass wir Menschen einmal eins waren mit dem Göttlichen, es dann zur Trennung kam und wir nun die Chance haben, wieder eins zu werden.

Die Welle, die uns wegzuschwemmen droht, befreit den schöpferischen Teil und alle drei Aspekte können wieder zueinander finden, sofern sie einander suchen, sich auf einander zubewegen. Das Göttliche in uns kann befreit werden. Wenn das Göttliche in uns befreit ist, sind wir auf Erde 2.0.

e.goubert@t-online.de

U. Fischer

SELBST LEBEN

In der eigenen Kraft sein, das Sein mit reinem Bewusstsein leben, frei sein von den Einflüssen anderer = SELBST LEBEN.

- Leben im Einklang, Dankbarkeit und Demut gegenüber Mutter Natur

- Leben in der Wahrheit, der Freiheit, der Freude, dem gegenseitigen Respekt, in der weiteren Erschaffung / Weiterentwicklung (sowohl als Individuum allein für sich, als auch in der Gemeinschaft), Wissen über unsere wahre Herkunft und Möglichkeiten der weiteren Entwicklung / Vervollkommnung erfahren

- Leben in der Gemeinschaft mit wirklich gleichgearteten Gutmenschen, aber auch in der Zweisamkeit oder der Familie mit Kindern

- Gemeinsame Zeit für Gespräche, Austausch, voneinander und miteinander lernen, Entwicklung von weiteren höheren Fähigkeiten

- Nutzung neuer Technologien, die allem Leben / Sein zuträglich sind

- Wohnen in Orten, die Gemeinschaften bilden im Lernen, der weiteren Entwicklung, Unterstützung beim Arbeiten, Helfen allgemein - gemeinschaftlich feiern, freuen, …

- Häuser gibt es je nach Vorlieben der Besitzer (Material, Heizungssysteme - Fähigkeit der Erschaffung?) stets im Einklang mit Mutter Natur
-
- mediterranes Klima mit üppiger und vielfältigerPflanzen- und

Tierwelt, die wir verstehen, die uns versteht, in Harmonie und gegenseitigem Respekt sein

- Gartenarbeit, eigener Anbau, Pflege, Ernte / Ursprünglichkeit leben und genießen

- große Wildgebiete mit Pflanzen, die auch von uns genutzt werden (nicht ausgenutzt!), Wälder, Quellen, Wasserfälle, Flüsse, Meere, Berge, Täler - reines, ursprüngliches Wasser, klarer Himmel, saubere Luft,
- und stets die Erhabenheit der Natur spüren („Ich umarme sie, sie umarmt mich.")

- wir reisen in andere Gegenden, Länder (Kulturen) im gegenseitigen Austausch und Verständnis, (intergalaktische Reisen?), dabei gelingt die Fortbewegung viel schneller und fast geräuschlos

- Freiheit und Gemeinsamkeit genießen, einfach und ungezwungen zu sein, gemeinsam zu spielen, singen, kreativ sein, Freude am Sein haben, Zeit haben für sich und andere, an Prozessen je nach Möglichkeit, Fähigkeit und Interesse, beteiligt zu sein
- Leichtigkeit im Sein spüren und leben, Schönheit versprühen

- Herzensbildung/Bewusstseinsbildung - Kinder mit Kindern im gemeinsamen Tun/Entwickeln/Lernen - Wissen über Natur, Universum, andere Wesen aneignen

u.fischer.abb.po@gmail.com

Jacqueline Bittner

DIE FREUDE DER VORSTELLUNG VON ERDE 2.0

Eine Erde voller Freude, Liebe und Verständnis, wo einander alle auf Augenhöhe begegnen.
Überall ist saubere Luft, sauberes Wasser, saubere Erde, Böden, die voller Energie strotzen und jede Handvoll Erde energetisch voller Leben ist.

Der Mikrokosmos und der Makrokosmos sind harmonisch aufeinander abgestimmt. Fauna und Flora sind gesund, vital. Intakte Meere so schön voller Liebe, Abenteuer, Farbenvielfalt. Es ist eine Freude mit den Delfinen, Walen, Schildkröten etc. energetisch verbunden zu sein und zusammen Spaß zu haben und sich telepathisch miteinander zu unterhalten. Übrigens gibt es viele neue Unterwasserpflanzen in allen Regenbogenfarben. Es ist ein faszinierendes Abenteuer, die Unterwasserwelt der Meere zu erforschen. Es ist wie ein Meer voll lebendigen Bewusstseins und jeder, der darin badet, hat das Gefühl, in der Schöpferquelle voller Liebe, Wissen, Wahrheit und Weisheit zu sein. Das gilt auch für die vielen Flüsse mit ihren Wasserfällen farbiger, heilender Kristalle und für die himmelblauen Seen mit ihren romantischen Umgebungen. Die Natur ist so überwältigend schön. Überall gibt es Obstbäume und Sträucher mit außerordentlich schmackhaften Früchten, deren Aromen sich wie Geschmacksexplosionen auf der Zunge entfalten. Überaus gesund und nahrhaft. Darunter sind zarte, goldene Früchte, die einen Lachanfall erzeugen, der so stark ist, dass die ganze Bauchmuskulatur trainiert wird. Oder Früchte, die wie kleine rote Herzen aussehen, mit einem Aroma aus Kirschen und Himbeeren und einer ganz besonderen, ungewöhnlichen Konsistenz.

Die Kräuter mit ihren kleinen, zarten, farbigen Blüten haben so heilende Schwingungen, dass man sie nur anzuschauen braucht, um sich vital und frisch zu fühlen. Die Düfte können beruhigen, entspannen, vitalisieren, was immer gerade benötigt wird. Selbstverständlich können wir auch mit ihnen sprechen mittels Telepathie.

Es gibt Bäume, die so liebevoll sind, dass es eine Freude ist, bei ihnen sein zu dürfen, sich mit ihnen zu verbinden, zu unterhalten und sie als Lehrer mit viel Weisheit und Wissen anzunehmen. Wenn man sie berührt, ist ein liebevolles Gefühl von Behütetsein und Urvertrauen da. Überhaupt ist die Baumvielfalt überwältigend und in einem ausgewogenen Gleichgewicht.

Es gibt Blumen, die so große, weiche, flauschige, zart duftende Blüten haben, dass man darin schlafen kann und die abenteuerlichsten Träume erlebt. Dann gibt es auch heilige Seelenvögel, auf denen man fliegen kann. Ich habe meinen schon gefunden und wir erleben viele freudige Momente zusammen. Es gibt Vögel, die zwitschern so schön, dass einem das Herz aufgeht. Überhaupt haben die Tiere und die Insekten und alles, was krabbelt, läuft, schwimmt und fliegt, ein Eigenleben, das so interessant und drollig ist, dass jedem Menschen das Herz vor Freude überfließt. Alles auf dieser neuen Erde wird wertgeschätzt und auch hier werden ganz besondere Freundschaften geschlossen. Da kann es Lieblingsbäume, Pflanzen, Tiere usw. geben, mit allem kann kommuniziert werden.

Die Menschen sind über Herz und Verstand miteinander verbunden. Es ist ein Gefühl der Einigkeit im besten Sinne. Hellsehen, Hellfühlen, Hellwissen, Hellschmecken, Hellriechen, Telepathie, Teleportation und so weiter, ist alles selbstverständlich und wird angewandt, getragen von Liebe und Weisheit. Endlich haben die Menschen es geschafft, ihre Gedanken zu kontrollieren und die Frequenzen je nach Bedarf zu verändern. Wenn man zum Beispiel seine Frequenz auf Ruhe einstellt, erkennen das alle und respektieren dies auch. Die Verständigung mit unserer Sonne und Gaia wächst mit jeden Tag in Harmonie.

Wir lernen mit Freude und Leichtigkeit, unsere Kinder mit einbegriffen. Die Schulen sind so aufgebaut, dass vieles in der Natur stattfindet. Nach dem Motto Natur kapieren, Natur kopieren. Die Kinder lernen auch miteinander und voneinander. Lehrer sind die Menschen, für die diese Tätigkeit eine Berufung ist und die Kinder begeistern können.

Die Wohnungen oder Häuser sind harmonisch in die Natur eingebettet und strahlen ein gesundes Wohnklima aus. Jeder beschäftigt sich mit dem, was aus dem Herzen kommt, wofür die Einzelnen brennen. Es kommt auf die Qualität an. Die Menschen arbeiten zusammen und interessieren sich für viele verschiedene Arbeitsbereiche.

Wir lernen auch gerne von unseren Brüdern und Schwestern aus anderen Dimensionen, auch hier findet ein natürliches Geben und Nehmen untereinander und ein Miteinander statt. Es entstehen viel neue, noch nie dagewesene Freundschaften und Berufe.

Die Menschen werden von Tag zu Tag bewusster, so dass vitale Gesundheit ein ganz normaler Prozess, ein Grundzustand ist.

Freie Energie steht zur Verfügung und wird auch gerne genutzt. Es kommen so viele segensreiche Erfindungen zustande, die ein Segen für unsere wunderbare Erde, die Menschheit und unsere Sternengeschwister sind. Die Kultur, Kunst, Musik, Sport haben einen hohen Stellenwert, auch alles, was die Spiritualität, Fantasie und Kreativität fördert.

Lachen, Freude, Herzlichkeit, Empathie, Geduld, Wertschätzung und liebevoller Respekt miteinander sind an der Tagesordnung. Wir lernen auch in der Nacht, wenn wir es möchten, in dem wir außerkörperliche Erfahrungen sammeln in dem Meer der Potenziale.

Alles was neu erschaffen, kreiert wird, strahlt Frequenzen der Harmonie und Schönheit aus in Ausgewogenheit mit der Natur.

jmeiske@arcor.de

Maria-Christine Kramer

VORWORT: EINE VISION DER ERDE 2.0

Ich grüße euch alle von Herzen und beschreibe euch nun gerne meinen Traum von einem Leben auf der Erde 2.0, wie es alle in der einen oder anderen Weise so sehnsüchtig erwarten. Bevor ihr meinen Text lest, ist es mir wichtig anzumerken, dass diese Ausführungen nur meine ganz persönliche Vorstellung davon widerspiegeln, wie die Lebensumstände sein können, die wir beim Eintritt in die neue Dimension vorfinden werden. Ich beschreibe also nur meine Vision von dem neuen Spielbrett und die erweiterten Spielregeln, die so viel mehr Möglichkeiten bieten, als wir es bisher gewohnt sind.

Um ein anderes Bild zu nehmen, erklingt unsere persönliche Melodie nun eine Oktave höher und unter ganz anderen Vorzeichen als vorher. Wenn man meine Ausführungen liest, so könnte man zunächst auf die Idee kommen, dass ein Leben unter diesen harmonischen Bedingungen langweilig sein könnte. (Eine Freundin sagte, ihr fehle der gewisse „Stachel". Jemand anderes würde vielleicht sagen, ihm fehle das Salz in der Suppe.)
Um im Bild der Musik zu bleiben, so kann jedoch jeder, der ein Instrument spielt oder es eben erst zu spielen lernt, ein Liedchen davon singen, wie man ins Straucheln geraten kann, wenn mitten in einem Stück plötzlich ein Tonartenwechsel oder sogar ein Taktwechsel vonstattengeht. Das ist alles andere als langweilig! Für den Einzelnen nicht und für das Kollektiv erst recht nicht!
Wenn ich also zum Beispiel schreibe, dass wir durch die Tatsache, dass wir nicht mehr direkt für unseren Lebensunterhalt arbeiten müssen, viel mehr freie Zeit zur Verfügung haben, so klingt das erst einmal nur schön und harmonisch. Es gibt auch Menschen, für die diese Freiheit ganz leicht auszuhalten ist. Sie füllen die Zeit, die nun im Überfluss vorhanden ist, freudig mit kreativen Beschäftigungen oder haben Muße, sich in irgendeiner Form weiterzubilden. Gerade durch das

Jahr 2020 in all seiner Besonderheit ist es uns aber durchaus bewusst geworden, dass solch eine Art der Freiheit für andere hingegen eine große Herausforderung bedeutet, die sie überhaupt nicht gut aushalten können!

Oder wenn ich erwähne, dass wir die Fähigkeit haben werden, uns telepathisch zu verständigen, dann führt das nicht automatisch zu einem innigen Verständnis in rosaroter Wölkchen-Atmosphäre, sondern hält allerlei Konfliktpotential bereit. Menschen, die in engen telepathischem Kontakt mit jemandem stehen und alle noch so kleinen, Gefühlsregungen des anderen mitbekommen, müssen wahrlich viel Toleranz sich und dem anderen gegenüber aufbringen, denn was da ungefiltert herüberkommt, ist durchaus nicht immer leicht auszuhalten! So bedenkt bitte, während ihr meinen Text lest, dass wir uns schon selbst mitnehmen auf dieses neue Spielbrett. Auch wenn wir eine Anpassung an diese Dimension von enormer Tragweite erfahren, so bleiben wir doch Geschöpfe, die sich entwickeln werden müssen und dürfen. Ich freue mich auf jeden Fall sehr darauf - auf das neue Spiel und auf euch!

Eine Vision der Erde 2.0

Ich sehe die Erde vor mir, strahlend hell und schön. Die Farben des Wassers, der Berge, der Pflanzen, ja aller Geschöpfe, strahlen in einer großen Intensität. Alles ist durchdrungen von einer pulsierenden Energie, die kraftvoll, jedoch gleichzeitig sanft und liebevoll wirkt.
Die Gewässer der Erde sind rein und frisch. Wer auch immer davon trinkt, wird erfüllt von der ihnen innewohnenden immensen Lebenskraft. Die Luft innerhalb unserer Atmosphäre ist kristallklar und sauber. Es gibt keine extremen Wetterphänomene mehr.
Die Erde ist fruchtbar; die Böden, auf denen die Menschen ihre Nahrung anbauen (meist aus der Luft), tragen reiche Frucht, da auch sie sich immerzu regenerieren und mit Sorgsamkeit und Achtung derer, die ihren Nutzen daraus ziehen, bearbeitet und biologisch aufbereitet werden.
In meiner Wahrnehmung gibt es ein paar Tierarten weniger als früher, da nicht alle Tierfamilien beschlossen haben, den Aufstieg mitzumachen. Jedoch wird dieser Umstand durch das Ankommen anderer Arten ausgeglichen, die nun zur grenzenlosen Freude aller auf diesem Planeten Wohnraum nehmen. Es gibt viele Menschen, die so sehr in Liebe mit dem Reich der Pflanzen und dem der Tiere verbunden sind,

dass eine direkte Verständigung mit ihnen möglich geworden ist. Eine Fähigkeit, die sich im Laufe der Zeit auch bei allen anderen Menschen entwickeln wird. Auch gibt es immer mehr, die sich mit den Naturwesen der sogenannten „Anderswelten" verständigen können. Es ist selbstverständlich geworden, deren Meinung anzuhören und zu achten, denn die Menschheit ist sich dessen bewusst geworden, dass auch Wesen anderer Dimensionen die Erde bevölkern und einen wichtigen Beitrag zur Gesunderhaltung unseres Ökosystems leisten. So wird ein gegenseitiges, harmonisches Miteinander angestrebt und verwirklicht.

Wie ich sehe, ist alles im Überfluss vorhanden! Ein wie auch immer geartetes Mangeldenken gibt es nicht mehr. Das Phänomen „Geld" gibt es ebenfalls nicht mehr, denn es wird nicht mehr gebraucht. Jeder Mensch tut das, wofür er geschaffen ist und was er gerne tut.
Dadurch, dass die Menschen unterschiedliche Fähigkeiten und Vorlieben haben und jeder „auf seinem Platz" freudig seinen Beitrag leistet, fügt es sich, dass die Gesellschaft in jeder Hinsicht funktioniert. Dabei gibt es keinerlei starre Festlegungen:
Ähnlich wie bei den Aborigine-Stämmen in Australien (auf Erde 1.0) kann zum Beispiel jemand, der für lange Zeit einer bestimmten Beschäftigung nachgekommen ist, einfach und selbstverständlich beschließen, dass er sich fortan nun lieber mit etwas ganz anderem beschäftigen möchte. Das ist nicht außergewöhnlich auf Erde 2.0.
Da es keinerlei Prestigedenken mehr gibt, kein Kasten- und Schichtendenken, kein gesellschaftliches Oben und Unten, ist jeder frei auch wirklich das zu tun, was er im Moment tun möchte. So ist es nicht selten, dass man einen Menschen, der z.B. lange an einer Universität gelehrt hat, plötzlich in einem der wunderschönen Gärten arbeiten sieht, die in den Städten entstanden sind (oder in Olivenhainen). Die Menschen haben verstanden, dass alles, was man tut, zum Segen aller gereicht, wenn man es in Liebe und mit Begeisterung tut.
Auch wenn sich jemand mal eine Auszeit nehmen möchte (Sabbatjahr) oder die aktuelle Inkarnation sich der Ruhe und Meditation widmen möchte, oder auch sein ganzes Leben damit verbringen möchte, einfach durch die Welt zu reisen, so ist das genauso akzeptiert, denn Erfahrungswelten jeder Art, wenn sie mit dem Prinzip der höchsten Liebe in Einklang sind, kommen immer allen zugute.
Da man nicht mehr für seinen Lebensunterhalt arbeiten muss, kann jeder auch nur so viel Zeit am Tag in seine Arbeit investieren, wie es sich für ihn gut anfühlt.

Schön zu beobachten ist, dass das gesamte kreative Potenzial der Menschen wieder zum Vorschein kommt. Wenn man z.B. große Kathedralen, Tempelanlagen oder auch weltliche Bauwerke wie Schlösser etc. ansieht, oder wenn man sich die Werke der Bildhauer und Maler vor Augen führt, so gewinnt man einen guten Einblick, wie viele Talente in den Menschen stecken! Da auf Erde 2.0 das Motto „Zeit ist Geld" keine Relevanz mehr hat, haben die Menschen wieder die Möglichkeit, diese Fertigkeiten zum Einsatz zu bringen, oder sie neu zu erlernen, denn das Wissen darum ist vorhanden. So entstehen Bauwerke und Kulturlandschaften von erlesener Schönheit.

Viele Menschen werden sich auch wieder dem Kunsthandwerk zuwenden (z.B. Beschäftigung mit Stuckarbeiten, Glaskunst, Schnitzereien, Drechseln, Korbflechten, Stickereien, Töpfern, Kunstschmiedearbeiten und vielem anderen). Auch gibt es wieder mehr Menschen, die sich dem Instrumentenbau widmen. Es entstehen auf diese Weise herrliche Instrumente, die überall auf der Erde gespielt werden. Ganz grundsätzlich gibt es ausreichend Möglichkeiten, sich mit den schönen Dingen des Lebens zu beschäftigen, da die Zeit an sich wieder langsamer zu vergehen scheint. So entstehen viele wunderbare Werke, die gerne verschenkt werden, auf dass sie das Leben aller verschönern.

Die Bereiche „Kunst und Kultur" haben wieder einen größeren Stellenwert in den Gesellschaften der Erde. Die meisten Menschen haben Zeit, ein Instrument zu lernen und miteinander zu musizieren, es wird getanzt, gemalt, kalligraphiert, geschnitzt, gedichtet, geschrieben, komponiert und Theater gespielt. Es entstehen wundervolle neue Geschichten, Legenden und Mysterienspielen, die den großen Reichtum der Verfasser an Fantasie widerspiegeln.

Mithilfe weit entwickelter Technik und aufgrund dessen, dass es freie Energie gibt, die es künstlerisch veranlagten Menschen ermöglicht, Beleuchtung aller Arten in unbegrenztem Ausmaß einzusetzen, wird es möglich sein, mit Farbakzenten oder Lichtspielen ganze Städte und Landschaften in wahre „Zauberbereiche" zu verwandeln.

Weiter blickend entstehen vor meinen inneren Augen gerade Szenen, in denen gezeigt wird, dass der Bereich des Tanzes (jeglicher Stilrichtung) insofern revolutioniert wird, als dass man die Gravitation in bestimmten Bereichen außer Kraft setzen kann. Somit steht den Tänzern/innen auch die dritte Dimension zur Verfügung (wie bis jetzt nur im Wasserballett), was für die Choreographen noch ganz andere, faszinierende Möglichkeiten zur kreativen Gestaltung bietet.

Die Gravitation auf Erde 2.0 ist ohnehin nicht so stark wie wir es jetzt gewohnt sind. Alle Geschöpfe fühlen sich dadurch unbeschwerter, federnder. Das Atmen fällt leichter, was sich natürlich auch in der Psyche bemerkbar macht. Man hört viel mehr perlendes Lachen, Menschen gehen beschwingter, nehmen Dinge / sich selbst leichter, lernen müheloser als auf Erde 1.0.

Das Bildungssystem ist komplett anders. Es gibt keine festgelegten Klassengemeinschaften mehr; keine Schulpflicht im eigentlichen Sinn. Man wird auch nicht mehr dauernd geprüft! Die Menschen kommen von ganz alleine in die Schulen, Universitäten, Bibliotheken - ohne äußeren Zwang. Man sieht Gruppen von Lernenden um Lehrer/innen herumstehen, die freudig das aufnehmen, was sie interessiert. Auffällig ist, dass sich diese Gruppen aus den unterschiedlichsten Altersstufen zusammensetzen. Da stehen zum Beispiel Kinder und Erwachsene um jemanden herum und schauen ihm über der Schulter und der, der lehrt, ist vielleicht ein 12-Jähriger! Die Menschen sind so weit an die göttliche Quelle angeschlossen, dass sie begriffen haben, dass es sich genauso lohnen kann, einem Kind zuzuhören, das vielleicht einen ganz anderen, neuen Gedankenansatz hat, wie einem Erwachsenen, der sich schon lange mit einem Thema auseinandergesetzt hat.

Es gibt Schulungen, die unter freiem Himmel stattfinden, unter großen Bäumen, an Ufern großer Seen, in Wäldern, manchmal durch ein Zeltdach geschützt. Wenn Unterricht in Räumen stattfindet, so sind diese lichtdurchflutet und ebenfalls mit vielen herrlichen Pflanzen versehen. Die Natur findet in allen Bereichen Zugang.

Auch die Technik hat einen sehr segensreichen Platz in den Gesellschaften der Erde eingenommen. Sie ist weit fortgeschritten, aber, im Gegensatz zu früher, bindet sie nicht mehr die Energie der Menschen, sondern fördert deren natürlichen Drang, sich zu entfalten. So kann man in den großen Museen, Schulen, Universitäten, öffentlichen Bibliotheken (streng genommen sind alle Bibliotheken öffentlich, denn „freies Wissen" ist ein unantastbares Kulturgut geworden.) neben Büchern und Dokumenten aller Art, auch große technische Apparate / Sockel finden, die bei Bedarf gewünschte Sachverhalte auf anschaulichste Art in 3-D projizieren. Auch ist es beliebt, mittels Virtual Reality in andere Welten zu reisen oder sich Wissen aus verschiedenen Gebieten spielerisch und anschaulich anzueignen. Es ist sehr faszinierend!

Einerseits nehmen in meiner Wahrnehmung schon manche Kinder Positionen von Lehrenden ein, auf der anderen Seite gibt es keine festgelegten Grenzen nach oben mehr, wie lange eine Person einer Beschäftigung nachgehen soll/darf. Die Menschen leben in dieser neuen Dimension ohnehin viel länger als wir es heute gewohnt sind. Jeder beschäftigt sich/ arbeitet so lange und so viel wie er möchte. Jeder ist gefragt, jeder ist kostbar.

Wenn ich einen Blick auf den Sektor der Wissenschaft werfe, so fällt auf, dass das oberste Gebot wieder die Wahrheitsfindung sein wird. In der neuen Dimension sind Menschen aller wissenschaftlicher Sparten vernetzt und arbeiten weltweit zusammen. Neid gegenüber den Entdeckungen anderer und eventuell starres Festhalten an alten Thesen finden keinen Nährboden mehr auf Erde 2.0. Die Begeisterung für echte Erkenntnisse - seien es Erkenntnisse im wissenschaftlichen oder im spirituellen Sinne - ist grenzenlos! Wenn eine neue Erkenntnis, sei sie durch einen einzelnen Menschen oder durch eine Menschengruppe irgendwo auf der Welt entstanden, hervorgebracht worden ist, so wird sie vorurteilsfrei aufgenommen und überprüft. Wenn alte Theorien sich als haltlos erweisen, werden sie selbstverständlich zugunsten der neuen Erkenntnisse über Bord geworfen. Dieses neue Wissen wird dann zeitnah aufbereitet und allen Menschen zur Verfügung gestellt.

In unseren großen Bibliotheken und Museen findet man Wissen und Artefakte aus aller Welt. Und wenn ich „Welt" schreibe, so meine ich das wörtlich, denn dass wir nicht die einzigen Geschöpfe im Universum sind, ist allen endlich klar geworden. Es ist allseits bekannt, dass wir Besuche von Wesen anderer Sternensysteme erhalten, und dass regelmäßig kultureller oder wissenschaftlicher Austausch stattfindet.

Für diese Anlässe gibt es Botschafter, die für die Menschheit sprechen. Diese sind aber, ebenso wie diejenigen, die in verschiedenen Zusammenkünften auf der Erde für die Belange einer gewissen Region, einem Land oder einem Kontinent sprechen/ verhandeln, nicht immer im Einsatz, denn auch hier gilt das Prinzip: Wer für einen bestimmten Bereich oder eine bestimmte Aufgabe im Moment am besten geeignet ist und es sich zutraut (die Freude hat diese Aufgabe zu übernehmen), der wird gesandt. Nachdem die Aufgabe beendet ist, wird es vielleicht ein anderer sein oder auch nicht. Das Festkleben an einer „Machtposition" gibt es nicht mehr.
Die internationale oder außerplanetare Verständigung ist übrigens nicht schwer zu bewerkstelligen, da alle inzwischen fähig sind, telepathisch

zu kommunizieren. (Im Alltag der Menschen entsteht oft ein fröhliches Ineinandergreifen an herkömmlichem Umgang mit den jeweils landesüblichen Sprachen und telepathischen Impulsen.)

Auf der Erde gibt es -wie zuvor auch -sowohl Regionen, in denen nur sehr wenige Menschen leben als auch städtische Gebiete. Die ländlichen Bereiche sehen vor meinem inneren Auge ein bisschen aus wie das „Auenland" im Film „Der Hobbit". (Überhaupt haben geniale Filmemacher der lichten Seite in den letzten Jahrzehnten schon viele Visionen der Erde 2.0 erschaffen.). Wir finden in diesen Bereichen Häuser, die sich auf wunderbare Weise in die Landschaft einfügen. Aber es ist nicht so, dass es dort vorsintflutlich zugeht! Es gibt dort ebenfalls eine weit fortgeschrittene Technik. Eine Technik, die zum Beispiel eine Anbindung an das Wissen der Welt selbstverständlich macht. Die Gebäude, so schlicht und naturnah sie auch aussehen, sind in Wirklichkeit mit Wärme, Licht und allen möglichen verschiedensten Annehmlichkeiten ausgestattet, die von außen nicht direkt sichtbar sind.

Auch eine Anbindung an die großen Städte ist vorhanden. Ich kann nicht genau eruieren, wie ein auch immer geartetes Transportsystem aussieht / funktioniert, aber ich sehe schwebende Flugobjekte am Himmel, und zwischen größeren Städten auch eine Art Hochgeschwindigkeitszüge, die eventuell mit Magnetkraft fahren. Es gibt Reisemöglichkeiten über große Strecken hinweg, die auf noch ganz andere Art funktionieren. Beamen?

Doch zurück zur Wohnsituation: Dem wunderbaren Gestaltungswillen der Menschen sind keine Grenzen gesetzt! So gibt es z.B. herrliche Baumhaussiedlungen in großen Wäldern, vogelnestartige Ansammlungen wunderschöner Häuser in hohen Gebirgszügen, Siedlungen, die auf und teilweise unter Wasser erbaut sind und sogar Häuser, die zu schweben scheinen.

Natürlich gibt es auch größere Städte auf der Erde, aber es gibt keine „Megastädte" mehr. Die Luft dort ist rein, es gibt große Plätze, auf denen sich die Menschen versammeln können. Es befinden sich viele große Brunnen auf den freien Flächen, Kunstwerke aller Art, und viele Bäume. Ich sehe Parks, Cafés, Restaurants, große, einladende Sportstätten und Kulturzentren. Die Häuser sind oft mehrstöckig, aber es scheint keine „Wolkenkratzer" mehr zu geben. Sie wirken hell und freundlich durch ihre enorm lichtdurchlässige Bauweise. Das Material, aus denen sie erbaut sind, scheint von Energie durchpulst und schimmert. Auch hier wird die Natur mit einbezogen. Überall wachsen herrliche Blütenranken an den Wänden empor. Es gibt wunderschöne Terrassen und Dachgärten und manchmal sieht man Wasser in spielerischer Form an kunstvoll und farbenfroh gestalteten Fassaden herabrieseln.

Die Nächte auf der Erde sind nicht mehr so dunkel wie wir es auf Erde 1.0 gewohnt waren. Trotz alledem gibt es nachts an allen Ecken und Enden viele Laternen/ Lampen/ Lampions, die viele Bereiche der Städte in ein zauberhaftes Licht tauchen. Die Türen der Häuser sind nicht verriegelt. Keiner braucht mehr abzuschließen, denn niemand würde dem anderen etwas wegnehmen. Alle haben mehr als genug. Der eine, der sich vielleicht gerne mit mehr Fülle umgibt, darf dies tun. Andere wiederum fühlen sich in leereren Räumen wohler oder möchten sogar nur wenig Platz für sich, um sich „einzuigeln". Jeder darf sein Umfeld so gestalten, wie es seinem Charakter entspricht. Alles ist in Ordnung, akzeptiert und möglich.

In den Städten, aber auch in anderen Gebieten überall auf der Erde verteilt, gibt es für alle gut zu erreichende Heilungszentren. Die Schwingung dort ist sehr hoch. Menschen mit hoher Liebes- und Lichtenergie kümmern sich fürsorglich um die Menschen, die zu ihnen kommen. Sie arbeiten dort mit den Schwingungen von Kristallen, mit Farben, Musik, aber auch mit Wasser und bestimmter Nahrung/ Kräutern. Da man verstanden hat, dass der Mensch aus Körper, Geist und Seele besteht, sind dort auch alle möglichen Spezialisten aus dem Bereich der Geistheilung und der Psychologie im Einsatz. Jede/r Hilfesuchende/r bekommt die Fürsorge, die er braucht.

Ohnehin sind auf Erde 2.0 viel weniger Leute krank als noch in der alten Dimension. Vieles können die Menschen schon „bereinigen" - bevor eine Krankheit überhaupt entsteht. Das Wissen um die Kraft der Gedanken und Gefühle ist Allgemeingut geworden, und so sind viele bereit, die Möglichkeit zu nutzen und regelmäßig einen der vielen Kraftorte aufzusuchen, um sich zu harmonisieren.
Die Religionen, wie wir sie kennen und die Priesterschaft im herkömmlichen Sinne gibt es nicht mehr. (Das Wissen um die Essenz der Wahrheit, die allen Glaubensrichtungen zugrunde lag, ist aber

sehr wohl erhalten geblieben!). Es gibt auf Erde 2.0 viele Plätze in der Natur, (z.B. überdachte Bereiche, auf dessen Böden kunstvolle Symbole/ Mandalas eingearbeitet sind), herrliche Tempel, oder Kristallhöhlen, zu denen die Menschen kommen können, um zu meditieren und um zu beten. Dort gibt es auch wunderbare Wesen, die bei Fragen jederzeit mit Rat beiseite stehen, wenn jemand das möchte. Sie leiten auf unaufdringliche Weise und sehr freundlich die Menschen an, wenn diese Fragen haben. Bei den Helfern/innen kann es sich ebenfalls um Kinder oder Erwachsene handeln. Wir finden dort, ebenso wie in den Bildungseinrichtungen, auch Wesen, die von anderen Sternensystemen stammen.

Eine der wichtigsten und segensreichsten Erkenntnisse, die die Menschen auf Erde 2.0 vereint, ist,
dass das Wohl des Einzelnen immer in Zusammenhang mit dem Wohl der Gesamtheit steht und umgekehrt.

Individualität und Freiheit sind hier absolut vereinbar mit Gemeinschaftsgefühl und Altruismus.
Im Großen kommt das z.B. darin zum Ausdruck, dass es zwar keine Ländergrenzen mehr gibt, jedoch trotzdem die einzigartige Individualität der verschiedenen Kulturen gewahrt bleibt.
Wie in allen Bereichen ist auch hier zu beobachten, dass das Zusammengehörigkeitsbewusstsein der Menschen ihnen auf dieser Erde eine innere Sicherheit verleiht, die zu einer großen Gelassenheit im Umgang mit dem „vermeintlich Fremden" - welcher ja in Wahrheit nicht fremd ist - führt. (Das gilt übrigens ebenso im Umgang mit Besuchern aus anderen Sonnensystemen) Gastfreundschaft ist allerorts ein hohes Gut geworden und man zeigt gerne und freigiebig, was die jeweilige Kultur Gutes und Schönes hervorgebracht hat. Auch kann man beobachten, dass die Menschen selbstverständlich das Recht haben, auf diesem Erdball zu wohnen, wo sie sich gerade am wohlsten fühlen -unabhängig davon, wo sie geboren sind.

Wunderbar sind auch die vielen großen, internationalen Veranstaltungen kultureller, wissenschaftlicher oder sportlicher Art, die regelmäßig und zur Freude aller stattfinden.
Der olympische Gedanke gedeiht hier zum Beispiel in gereifter Form, ohne die Auswüchse der Vergangenheit. Auf Erde 2.0 steht bei diesen Zusammenkünften eher die Freude am gemeinsamen Tun und das

spielerische Element der Wettbewerbe im Vordergrund denn der Konkurrenzgedanke -und Fairness ist oberstes Gebot!

Yin und Yang in Einklang zu bringen, damit alles im „Fluss" ist, ist eines der erklärten Ziele aller Geschöpfe auf diesem Planeten. Das zeigt sich nicht nur in den Beziehungen von Männern und Frauen zueinander, die gleichberechtigt in segensreicher Weise miteinander umgehen, sondern es wirkt sich auch dahingehend aus, dass starre Systeme einfach keinen Halt mehr finden. Allgemein verfasste, moralinsaure Gebote oder gar Verbote gehören der Vergangenheit an. Was dem hohen Ideal der Liebe entspricht, darf nun in aller Vielfalt gelebt werden. Das gilt für Partnerschaften aller Art genauso wie in allen anderen Bereichen dieses Daseins. (Da „alles im Fluss" ist, wird auch an alten Partnerschaften, seien es welche in beruflicher oder privater Hinsicht, nicht mehr festgehalten, wenn es der Entwicklung beider nicht mehr dienlich ist. Ein Auseinandergehen in Frieden wird in jedem Fall einem starren Festhalten am alten System vorgezogen.)

Ich sehe z.B. „Kleinfamilien" im heutigen Sinne, aber auch Gemeinschaften, die zahlenmäßig darüber hinausgehen. Keiner muss mehr alleine sein, der das nicht will. Menschen fühlen sich wieder stärker verantwortlich füreinander, ohne aufdringlich zu sein, wenn jemand gerne mehr zurückgezogen lebt. Für die Kinder in einer Gesellschaft fühlen sich in liebevoller Zugewandtheit alle in unterschiedlichen Maßen verantwortlich, was den Eltern die Möglichkeit gibt, sich in manchen Zeiten ohne schlechtes Gewissen anderweitig in der Gesellschaft einzubringen, oder sich zurückzuziehen, um Energie zu tanken.

Am Ende meiner Aufzeichnungen möchte ich mich noch kurz dem Thema Geburt und Tod zuwenden: Die Wesen, die auf diese Erde hineingeboren werden, werden allesamt in Liebe aufgenommen. Geburt und Tod haben einen anderen Stellenwert als in „alter Zeit" und werden in geschütztem Rahmen bewusst vollzogen.
Die Veränderung betrifft übrigens schon den Akt der Zeugung selbst, denn im Gegensatz zu früheren Zeiten wird ein Kind bewusst vom jeweiligen Paar „gerufen". (Eine ungewollte Schwangerschaft ist dadurch ausgeschlossen).

Was die Geburt betrifft, muss keine Mutter mehr Angst haben vor Schmerzen, da diese nicht mehr von vonnöten sind. Auch empfindet kein Baby mehr Stress oder Todesangst. Der Eintritt einer Seele ins Leben auf Erde 2.0 ist für Mutter/ Vater und Baby ein absolut glückliches Ereignis, das gut begleitet und freudig erwartet wird.

Der Austritt aus diesem Leben, der im Regelfalle freiwillig und wiederum sehr bewusst gewählt wird (meist in einem sehr viel höheren Lebensalter als heute), hat seinen Schrecken verloren, da das Bewusstsein aller zu hoch ist, um je daran zu zweifeln, dass es sich beim Tod nur um einen Übergang, das heißt: eine Schwingungsveränderung, handelt und niemand verloren geht. Auf bestimmten, sehr hochfrequenten Kraftplätzen/ (Tempelanlagen?) wird die Frequenz dessen, der seinen Körper verlassen möchte, um in eine andere Daseinsform einzugehen, so erhöht, dass er die neue Dimension schon im Vorfeld erkennen kann. Außerdem ist derjenige so auch fähig, liebevolle und erfahrene Berater, die ihm sowohl in der diesseitigen Dimension als auch in der jenseitigen Dimension zur Verfügung stehen, direkt wahrzunehmen, was ihm einen sorgenfreien Übergang ermöglicht. In den meisten Fällen wird er zwar als aufregendes, aber auch als freudiges, neues Lebensabenteuer empfunden.

Der verlassene Körper eines Menschen oder Tieres löst sich nach einer kleinen Weile in Millionen von kleinem Funken auf, wirbelt hoch und entschwindet dann gleichsam in einem funkelnden Meer von Sternen vor den Augen derer, die auf der diesseitigen Ebene dem Prozess beigewohnt haben.

m-christinekramer@t-online.de

Robert Matheis

WÄLDER IN STÄDTEN

Ich träume von
Wäldern in Städten
Und alten Bäumen als
Kathedralen.

Düfte von Harzen und
Regennassen Rinden,
Umwehen Häuser aus
Membranen,
Die atmen und
Phosphoreszieren in
Prismatischen Farben.

In ihnen
Finden sich
Menschen,
Die sich umarmen
Und füreinander sind.

Ihre fühlenden Augen
Erkennen
Die lebendigen Lüfte,
Die alles erfüllen
Und kein Wesen
Und Ding
Vom anderen
Trennen.

robert.matheis@gmx.de

Hajo Bentzien

LEITSÄTZE FÜR DIE ZUKUNFT

- Miete und Zins gibt es nicht mehr!
- Keine Kredite, Geld kann aber kostenfrei verliehen werden. Das Aufbewahren von Geld oder die Verteilleistung werden nach festen Sätzen honoriert, ohne profitabel zu sein.
- Arbeit und Familie sind nahe beieinander!
- Handwerker und Denker sind unsere Berufsbereiche. Kunst und Kultur gehören in die Denkergruppe, sie sind uns sehr wichtig und wir achten sie und verurteilen nicht.
- Recht und Gesetze brauchen wir nicht, denn wir folgen den Naturgesetzen.
- Wir pflegen und erweitern das Wissen zur Naturmedizin, Pharma ist tot.
- Lernen ist freiwillig und ist in jedem Alter möglich, wir lernen beim Machen und durch Vormachen, wir folgen unseren Lehrern, ziehen mit ihnen, solange es uns danach verlangt. Titel und Rang kennen wir nicht, Führungspersonen entwickeln sich aus der Vorbildhaltung.
- Technik wird nur angewandt, wenn sie über einen langen Zeitraum erprobt ist und Ihren Nutzen und ihre Unschädlichkeit für Umwelt und Mensch nachgewiesen hat. Der Einsatz der Technik wird für alle möglich gemacht und führt nie zu einem Profit Einzelner. Hier haben die Denker die Aufgabe, dieses Problem individuell zu lösen.
- Glaube und Liebe wird befreit von Organisationen (Kirche/Staat), jeder darf seine Meinung frei kundtun, ohne diktatorisch zu sein, oder zwingend, drohend. Die Denker achten darauf.
- Regierungen, Staatsformen brauchen wir nicht, alle Menschen sind gleich -alle Farben, alle Rassen, alle Geschlechter. Stattdessen haben wir frei gewählte Berater (Denker) die unentgeltlich arbeiten oder gegen Sachzuwendungen für den Lebensunterhalt. Sie haben keinen Einfluss.

- Es gibt den Besitz auf Zeit, das heißt der Mensch übernimmt Verantwortung für etwas. Das kann man mit Geld nicht kaufen, sondern wird durch Schaffenskraft erworben.
- Über allem stehen die Naturgesetze und damit die Gebote des Geistes, Gottes und der Natur.

hajo@fundolagunablanca.com

Beat Weber

FINE DEL MONDO

Die Zeit erlischt hinter uns
und
vor uns weitet und erhebt sich das Meer des imaginären Lebens
mit all den offenen Fragen, die uns im Augenblick des Jetzt
das Bewusstsein verändern lässt und uns im Tun beflügelt.

Fine del Mondo entstand aus einem Augenblick des vermeintlichen
Zufalls,
teils offensichtlich,
teils verborgen in Form und Ausdruck.

Somit wuchs im Wesen von Fine del Mondo nicht nur das im Namen
Ausgedrückte,
sondern auch eine dynamische Befreiung,
wobei der Mensch nur ahnt.

Es ist Sinnbild und Einladung zugleich,
auf dem unsicheren Boden der Realität
sich zu erheben in die nächst abzeichnende Sphäre,
im Wissen, dass auch das Geländer der Sicherheit nur Fiktion ist.

beedoo45@gmx.ch

Conny Darksin

VISION VON DER QUELLE

Ich habe diese Vision 2019 von der Quelle geschenkt bekommen. Alle Menschen sind durch die Nabelschnur mit der Quelle verbunden. Und so weiß jeder Mensch, was richtig und gut für ihn und für alle anderen Wesen auf der Erde ist. Es gibt keine Kindergärten, keine Schulen, die Eltern erziehen ihre Kinder nicht. Es gibt kein Geld. Jeder teilt die von der Quelle mitgegebenen Gaben mit seinen Mitmenschen. Die kleinen Kinder kennen von Anbeginn ihre Gaben. Die Kommunikation ist die Telepathie, aber die Menschen singen, tanzen und musizieren auch. Es gibt keine Krankheiten. Man reist nicht, sondern denkt sich nur an den Ort hin und ist dort. Materielles wird, wenn benötigt, von Menschen mit diesen Gaben kreiert und dann manifestiert, bzw. materialisiert. Menschen, Tiere, Wasser, Pflanzen - also die Natur - leben achtsam und friedlich zusammen und kommunizieren ebenso alle telepathisch miteinander. Mein Fluss dort lacht immer voller Freude. Es gibt nur Liebe, Frieden, ein liebevolles Miteinander und eine unbändige Lebensfreude. Es ist alles vorhanden, was die Menschen brauchen. Ich bin dort sehr glücklich und habe dort wundervolle Menschen kennengelernt, die ich bei meinen „Reisen" zu Erde 2 immer besuche und dabei wunderschöne Dinge erleben darf.

Ich glaube, auf der neuen Erde (5. Dimension) haben alle Wesen, einschließlich der Tiere durch das höher schwingende Energiefeld einen veränderten Körper (feinstofflicher) und dadurch ist Nahrung in der jetzigen Form nicht mehr nötig. So leben alle Wesen friedlich und in der Liebe vereint zusammen.

Zu: **Stell dir vor…** Ich visualisiere seit Wochen mit meinem 3. Auge eine Lichtkugel und fülle sie täglich mit meiner Herzensliebe, den

Gottesteilchen und lasse die All-Liebe der Schöpfung im Feld stehen. Unsere herausfordernde Zeit braucht jetzt viel Liebe. Aber ich werde nun auch dies für Mutter Erde tun.

cdbeauty@web.de

Carmen Waizenegger

DIE SCHÖNHEIT DER MENSCHLICHKEIT

Ich, Carmen, möchte Menschen um mich haben, in deren Augen, deren Blick Menschlichkeit liegt -tiefe, liebevolle, freudige, hoffnungsvolle Menschlichkeit.

Einer Menschlichkeit, die unser aller Erwachen lebt. In der wir einander vertrauen, uns unterstützen, uns freuen, singen, lachen, tanzen -sein dürfen.

Ich möchte mit und in der Natur leben -eingebunden sein mit Pflanzen, Tieren und allem was um mich ist.
Möchte mich in meiner Behausung wohlfühlen -umgeben von natürlichen Materialien! Dort möchte ich mit meinem geliebten Menschen leben, zusammen mit tierischen Freunden.

Vergleichbar mit einem wunderbaren Organismus, der schaut, dass er heil ist, um in der Schönheit zu sein.
Ich möchte Wasser haben, eine Möglichkeit zu kochen und gemütlich gemeinsam gute Nahrung essen. Wir kümmern uns um unsere gesunde Nahrung.
Wir schaffen Möglichkeiten der Kommunikation -Internet, eben was es braucht - an auserwählten Orten außerhalb der Wohnstätten.
Ich möchte ein warmes Klima mit viel Sonne, einer einheimischen Vegetation und Tierwelt.
Das Meer ganz nahe -es hören können -mich an ihm und in ihm bewegen und freuen können, mit ihm singen.
In Zufriedenheit und im Gefühl des Glücklichseins leben.

Ich wünsche den Menschen, die in der Angst gefangen sind, dass sie ihren Geist daraus zu befreien vermögen, ihren Verstand wieder gebrauchen, um die großen kosmischen Hilfen aufnehmen zu können für ihr Erwachen! Bisher war ich dafür, jeden Menschen in seinem Tempo anzunehmen. Jetzt möchte ich jedem Einzelnen einen Turbomotor unter die «Füße» geben, um diesen Prozess zu beschleunigen -der JETZT stattfindet, in dem wir vielleicht mitten drin sind -mehr oder weniger schwankend zwischen den Welten.

Eine so große Menge der Menschheit wie irgend möglich wird die Chance des Erwachens haben, um als Einheit gegen das vorzugehen und zu kämpfen, was sich im Moment noch selbst in der Ermächtigung wähnt, über uns alle - einschließlich unserer Erde, in ihrem Sinn verfügen zu können.
Dass wir rasant immer mehr werden und mit geballter Kraft und Wirkung - wie ein heller, nicht aufzuhaltender Tsunami - für unser Recht des Menschseins kämpfen und für unsere Erde.
Wir, die Menschen und unsere kosmischen Freunde.

carmen.waizenegger@gmx.ch

Sina Leska

IMPULS - DIE ERWECKUNG - MEINE ANT-WORT

Hey du...
ich möchte, dass du weißt,
wie schön es für mich ist und wie gut es mir tut, dir zu begegnen.
Erinnerst mich an tief Verborgenes und weckst mich auf beim Betrachten deines gesegneten Wesens.
Dir gilt mein liebevoller Dank.
Ich fühle, das, was mich ausmacht, DER ICH BIN, wird von dir
erkannt.
Endlich eine Antwort auf mein Sehnen, auf das nicht enden wollende
Suchen nach Wahrhaftigkeit, nach Lebendigkeit
in einer knechtenden Welt,
die die Menschheit von sich selbst fern hält.
Eine Antwort, die tröstlich beruhigt und den Getriebenen dazu bringt
kurz innezuhalten,
um zu lauschen,
was diese Antwort wohl mit sich bringt.
Was sie bereithält?...
Vielleicht die Gewissheit, dass Rechtschaffenheit Macht innehat und
in die Freiheit führt,
in so einer Welt?
Und so vieles mehr bedeutet es für mich.
Die Verbindung zu so einem wie dir nimmt von mir die Geißel Rast-
losigkeit
und füllt den gewonnenen Raum an mit Gelassenheit und der Einsicht,
wie es gehen kann, in das, was IST,
von dort, wo wir herkommen, wo unser zu Hause ist.
Ein warmes, helles Heim,
wohin der Sucher bei seinem Finden einkehren kann,

um von der Schöpfung zu trinken
und von der Kraft zu kosten,
was seine weitere Suche erst möglich macht.

Fühlst du nicht auch die Vertrautheit?
Die Freude und Last nehmende Leichtigkeit?
Die wohlige Zufriedenheit und so lang vermisste Einfachheit wie aus
Kinderzeit?

Das von dunklen Kräften künstlich erschaffene Labyrinth, genannt
Persönlichkeit,
verdorrt vor unseren Augen, geht sterbend ein,
und das, was da von uns noch übrig bleibt, ist federleicht,
ein Garten Eden, der an vollkommene Schönheit reicht.
Den wollen wir hegen und pflegen, damit er reine Früchte trägt, die es
lohnt weiterzugeben.
Und so treiben wir mit der Zeit dahin,
überlassen uns dem großen Strom, der da fließt,
in den des Menschen Leben mündet,
sind im Urvertrauen, um in seiner Gänze zu erwachen,
und um das zu tun, weswegen wir überhaupt hier sind, und um über
unsere Erde zu wachen.
Ich reiche dir meine Hand in Zuversicht und mit bestem Gewissen,
vereint mit der Kraft,
im Gewahrsein einer inneren Macht,
der Macht unserer Herzen, denn die schlagen im Gleichklang.
Wir sind artverwandt...ich weiß es...
du hörst den Weisen in dir und der spricht auch zu mir...
und ich möchte mal wetten, der zeichnet dasselbe Bild in dir, so wie
auch in mir.
Und wer ist hier noch auf dem Weg, für den Ähnliches gilt?
Tretet aus dem Schatten heraus in das Licht und werft euren Blick auf
ein erhabenes Bild,
was zeigt, wie wir aufstehen, uns erheben,
um uns der zwingenden Fesseln zu entledigen.
Um den vor Urzeiten gefassten Plan als den eigenen Weg anzunehmen,
dessen Nachhall nicht verklingt und schwingt und schwingt und singt.
Wir entscheiden für uns und alles was lebt,
wählen den Frieden zu mehren aus unserem Selbst,
wahrhaftig und nährend, der Hungrige sättigt und verschlingende

Sehnsucht stillt.
Dieser Weg führt uns zum immerwährenden Rufer, der unsere Ohren erreicht.
Der uns wachküsst und mit Bewusstheit streift.
Der willkommener Begleiter ist und großzügig seine Gaben reicht...an jene...die sie zu pflücken und zum Besten zu nutzen wissen.
Er nährt die innere Kraft,
und so entfesselt und hellwach,
sich im Jenseitigen der Spaltung bewusst,
schauen du und ich die Ketten der sich befreienden Welt.
Ketten, die der Menschheit zugrunde liegende Macht beraubten, schon seit langer Zeit...
Die im Misston und im Chaos halten und Herzen abspalten, um das Leben vom Leben zu trennen.
Wie bekloppt ist das denn? Wie soll das weiter gelingen?
Trügerische Dogmen, die versklaven und das freiheitsliebend Beseelende mit schweren Ketten bedrohen und mit Gewalt die Dämmerung halten?
Gott hilf… vergebens.

Denn es geschieht, es ist so weit.
Im Hier und Jetzt betreten wir den Raum, die Einheit.
Und sieh nur, wer hier mit uns ist,
so viele gehen den Weg mit uns mit.
Schritt für Schritt.
Die Freude ist groß, denn ein Ende ist in Sicht und ein Anfang ganz nah.
Wir kehren zurück,
nur noch einen Augenblick.
Hinter uns liegt ein einziger Kampf,
aber wir gehen ein, in Bewusstheit und Demut,
haben uns erkannt.
In das Wissen, wer wir wirklich sind
und wo unser Platz ist, in Gottes Reich.
Verbannt sind die Hunde des Krieges aus der Zeit und geraten allmählich in Vergessenheit.
Wir aber sind in Ewigkeit.

leskasinaellen@gmail.com

Stefanie Juds

AUSDEHNENDES BEWUSSTSEIN

Ihr seid dann der vollkommene Ausdruck des Lebens, jede Zelle eures Körpers pulsiert in der Ursprungsschwingung des Lebens. Es gibt keine Krankheiten mehr. Jegliche Form von Vergiftung des Geistes, der Seele und des Körpers wurde transformiert. Die Natur, die Erde hat sich vollkommen regeneriert und ist in perfekter Balance. Die Luft ist so rein und spiegelt euren Grad an geistiger Reinheit wider. Ein wunderbarer Duft liegt in der Luft. Blumen blühen in verschwenderischer Fülle und ziehen summende Insekten an. Ihr atmet mit jedem Atemzug Nahrung als feinste Lichtpartikel ein, die euer ganzes Körperenergiesystem beleben und stetig erneuern. Gleichzeitig nehmt ihr über eure Füße und energetischen Wurzeln ganz natürlich die Mineralstoffe der Erde auf, sowie alle Informationen des Erdreiches. Die ganze Erde erstrahlt in intensiven Farben und ist reine Fülle. Das Wasser der Bäche, Flüsse und Meere ist klar und frisch. Zahlreiche Tierarten werden durch sie gespeist. Ihr lebt in natürlicher Harmonie mit der Natur und habt eure Funktion als Mittler zwischen den Kräften des Himmels und der Erde erkannt und würdigt ein jeder eure individuellen Gaben sowie die anderer Lebensformen. Liebe und Mitgefühl, Freude und tiefer Frieden werden in allen Beziehungen gelebt, sei es zwischen euch Menschen oder zwischen Mensch und Tier bzw. der Natur. Das Wissen um die Einheit mit jedem Lebewesen hat neue Formen des gemeinschaftlichen Zusammenlebens auf allen Ebenen geschaffen. Niemand ist isoliert, niemand wird ausgegrenzt. Gemäß der natürlichen inneren göttlichen Ordnung lebt ihr in wunderschönen ökologischen Häusern in sich gegenseitig unterstützenden Gemeinschaften. Kinderlachen erhellt eure Wege. Die Weisheit der Alten wird gehört und gewürdigt. Kommunikation erfolgt überwiegend telepathisch, wodurch Missverständnisse vermieden und neue Impulse zügig in kreative Prozesse umgewandelt werden. Bewusst schöpft ihr eure Welt und gestaltet gemeinsam aus der Einheit mit der Erde wachsende Schönheit. Ihr seid reines, sich stetig ausdehnendes Bewusstsein.

salona@stimmig.de

Claudia Voigt

NEUE ART VON GEMEINSCHAFTEN

So wie ich das Leben auf der neuen Erde sehe, in der 4. Dimension, übersteigt es meine Fähigkeiten des schriftlichen Ausdrucks, um die wundersame Lebensweise zu beschreiben. Und trotzdem möchte ich es versuchen:
Auf der Erde 2.0 ist es wunderschön, unbeschreiblich schön, magisch, kaum wiederzuerkennen.
Von Umweltverschmutzung und den derzeitigen dramatischen Zuständen der Natur ist nichts zu sehen. Die Erde ist gereinigt. Dazu gibt es brillante Techniken, die ich nicht in der Lage bin zu erklären. Mit Hilfe dieser genialen Techniken wurden die Meere und Ozeane, das gesamte Festland, Berge, Wiesen, Wälder, Seen, Flüsse und die Atmosphäre gereinigt. So konnte sich die Natur erholen und regenerieren. Von Plastik ist keine Spur mehr zu sehen. Die Luft ist sauber. Das Wasser ist glasklar und es tummelt sich Leben darin. Die Artenvielfalt ist eine einzige Freude, ja es sind sogar neue Tierarten dazu gekommen, die uns bisher unbekannt waren. Der Wald hat sich erholt, es gibt eine neue Generation von Wäldern, in denen die Arten im natürlichen Gleichgewicht leben. Eine außergewöhnliche Vielfalt an Pflanzen findet sich ebenso auf den saftigen Wiesen, wunderbare Blumen und Gräser, die sich im Wind wiegen. Es ist ein Summen und Schwirren in der Luft zu hören, denn Insekten gibt es wieder in Hülle und Fülle, bunte Schmetterlinge, Käfer aller Art und Bienen sind zurückgekehrt. Wohlklingender Gesang glücklicher Vögel klingt in meinen Ohren.
Ich sehe keine Großstädte mehr. Wir leben in eindrucksvollen Siedlungen auf dem Land. Die Gebäude sind wunderschön und passen in die jeweilige Landschaft, zum Teil haben die Häuser begrünte Dächer. Die Räume darin sind lichtdurchflutet und haben immer einen Zugang in die Natur, also in einen Garten oder auch Wald. Um die Gebäude fließen Bäche oder es gibt Wasserlandschaften in unmittelbarer Nähe,

so dass ein beruhigendes leises Plätschern zu hören ist. In den Wohn-
landschaften hat jede Familie, jeder Bewohner ein eigenes Reich für
den Rückzug, zum Erholen und zum Meditieren. Der persönliche
Besitz ist überschaubar. Man braucht nicht so viele Dinge, und hat
dennoch alles, denn es gibt ein System zum Leihen und Tauschen in
der Gemeinschaft.

Ja - wir leben in Gemeinschaften! Ein harmonisches Zusammenleben
aller Generationen. Und das ist einfach wunderbar! Man hat sowohl
seinen persönlichen Rückzugsort als auch jederzeit Zugang zum
gemeinschaftlichen Leben. Es gibt zahlreiche Gemeinschaftsräume
und Plätze in den Siedlungen, um zu singen, zu tanzen, zu spielen und
zu musizieren, für Sport, Kunst und Kreativität -einfach für alles, was
das Herz begehrt, um sich auszuprobieren und zu entfalten, für ein
erfüllendes Leben. Die Verbundenheit ist allgegenwärtig.

Jeder trägt gerne einen Teil zur Gemeinschaft bei, entsprechend seiner
Talente oder Interessen, zum Beispiel in der Organisation, beim Häu-
serbau, auf den Feldern und Gärten, im Bereich Bildung oder im
Heilsystem. Es ist eine Selbstverständlichkeit, einander zu helfen.
Überall herrscht eine Atmosphäre von Harmonie, Frieden und Freude
-die Menschen sind entspannt und strahlen Liebe aus. Dankbarkeit und
Wertschätzung, ob für Mensch, Tier oder Natur, werden spürbar gelebt.
Die Menschen leisten gerne ihren Beitrag und empfinden es nicht als
Arbeit, weil die Freude überwiegt. Die Augen der Bewohner leuchten.
Sie sehen glücklich aus. Für Wahrheitssuchende gibt es die Möglich-
keit einer längeren Auszeit. Hierfür stehen besondere Plätze in einer
ruhigen Lage zur Verfügung - zur Selbsterforschung und zum Annähern an das göttliche Einheitsbewusstsein.

Die Kinder lernen von Beginn an, auf ihre Herzen zu hören und
danach zu handeln. Es gibt Spiele aus Naturmaterialien, große Spielplätze in der Natur. Sie können wählen aus einer Vielzahl musischer
und kreativer Fächer, lernen von klein auf über Natur, Umwelt und
umweltverträgliche Technologien, die Gesetze des Universums, aber
auch Meditation, Energiearbeit, Telepathie -es gibt Übungen zum Hellsehen, -hören und -fühlen, Erschaffen und Manifestieren spielt eine
wichtige Rolle in der Schule, und das Wissen über Gesunderhaltung
und Heilung.

Das Heilungssystem ist außerordentlich bemerkenswert. Die Menschen sind im Großen und Ganzen glücklich, zufrieden und wenig
krank. Treten doch Krankheiten und Verletzungen auf, gibt es Teams
von Medizinern, Therapeuten und Geistheilern, die gemeinsam arbei-

ten und den Menschen helfen zu reflektieren, Blockaden zu erkennen und zu lösen, so dass weiteres Wachstum im geistig-spirituellen Sinne möglich wird. Die spirituelle Entwicklung spielt eine große Rolle und ist erstrebenswert. Entsprechend gibt es Gelehrte, die selbst schon etwas weiter sind und somit anderen bei ihrer Entwicklung Hilfestellung geben können. Ich sehe Gärten mit Kräutern und Heilpflanzen, sie haben große Bedeutung nicht nur beim Heilen, auch für die Gesunderhaltung und die körperliche und geistige Entwicklung in allen Altersstufen. Sie sind Bestandteil der täglichen Nahrung, die überwiegend pflanzlich ist. Wir brauchen keine großen Mengen an Nahrungsmitteln. Obst und Gemüse sind sehr gehaltvoll, da die Böden der Felder voller Mineralien stecken. Wir scheinen auch einen Teil der benötigten Energie über andere Wege aufzunehmen, über lebendiges Wasser, über die Energie der Liebe, die allgegenwärtig ist. Unsere Körper nehmen ebenso Energie über kosmische Lichtenergiewellen auf.

Es werden regelmäßig Rituale und Feste wie zum Beispiel Jahreskreisfeste, Übergangsrituale und Dankbarkeitszeremonien für Mutter Erde gefeiert.

Jeder ist wichtig und jeder darf sich in die Gemeinschaft einbringen. Das Miteinander und die Verbundenheit sind einzigartig. Ein Rat von spirituell hoch entwickelten Menschen übernimmt die Supervision und hilft bei wichtigen Entscheidungen.

Auf der ganzen Erde existieren unzählige dieser Gemeinschaften, zwischen ihnen ist ein bereichernder Austausch entstanden, so gibt es häufig Reisende, Gäste. Man lernt voneinander und miteinander. Zur Fortbewegung stehen technisch hoch entwickelte Verkehrsmittel zur Verfügung, sie schweben durch die Luft und geben keinerlei Schadstoffe ab.

Von Regierungen kann man nicht mehr sprechen, jedoch gibt es weise Räte für die jeweiligen regionalen Gebiete. Darin sind neben Experten verschiedener Bereiche immer auch Schamanen, erleuchtete Mönche, Vermittler zwischen den Welten, um das Wohl aller Lebewesen und für Mutter Erde während des stetigen Aufstieges im Auge zu behalten. Diese wunderbare Energie der neuen Lebensweise hüllt mich ein in wohlige Gefühle von Liebe, Freude, Frieden, Harmonie, Dankbarkeit, Demut und Glückseligkeit -fast schon als wäre ich dort.

Ich spüre die Sehnsucht und kann es kaum erwarten.

voigtclaudia@gmx.de

Lucky Wy

DIE WELT ALS GROSSE FAMILIE

Meine Vorstellungen, Wünsche und Ideen, die ich für unsere Zukunft auf Erde 2 im Herzen trage und an denen ich andere gerne teilhaben lasse: Ich wachte morgens auf und begann mich erstmal zu strecken und zu recken und fing an, meinen neuen Tag zu segnen und mich für diesen sensationellen, erfreulichen Tag zu bedanken. Ich sagte auch danke Bettdecke, Bett und Kopfkissen und überhaupt danke, dass es so schön ist. Andreas, mein Mann, küsste mich zärtlich und schlüpfte wieder ins Bett, nachdem er das Frühstückstablett mit dem reichhaltigen, exzellenten Frühstück auf unser Bett gestellt hatte. Herrlich, wir leben in unserem Haus mit Garten in einer wunderschönen Lebensgemeinschaft.

Die ganze Welt bzw. die Menschen leben vorwiegend in kleinen und größeren Lebensgemeinschaften, die allesamt im Einklang mit der Natur leben. Die Menschheit ist weiterentwickelt und achtet mit Liebe und Respekt alle Wesen. Alle Menschen und Tiere sind Vegetarier. Die Lebensgemeinschaften versorgen sich untereinander. Es wird Permakultur zum Anbau von Früchten, Gemüse und Getreide angewandt. Wir kommunizieren mit den Natur- und Elementarwesen und schätzen Ihre Tipps und Vorgehensweisen, um in Einklang mit der Natur zu bleiben. Die Menschheit hat wieder gelernt, für alles liebevoll dankbar zu sein und segnet mit Freude auch das Wasser, das sauber und voller Lebensenergie ist und wirklich gut schmeckt. Jeder hat ein wunderschönes Zuhause zur freien Verfügung, entweder ein Haus oder eine Wohnung - wie es jedem Einzelnen beliebt. Alle Unterkünfte sind aus natürlichen Baustoffen, wie z.B. Lehm, Holz, Kalk und Hanf hergestellt, natürlich und dennoch anspruchsvoll und jedes für sich von überwältigender Schönheit.

Es existieren weiterentwickelte Technologien für die Energieversorgung, die effektiv und sauber für die Umwelt sind. Die Vernetzung findet innerhalb der Lebensgemeinschaften statt. Kohle, andere Brennstoffe, Windräder usw. zur Gewinnung von Energie sind Vorgehensweisen von gestern. Alle Abfälle werden recycelt und wieder nutzbar gemacht. Lehrer und Schüler erfreuen sich an dem innovativen Schulsystem, in dem Schüler u.a. auch in ihrer Spiritualität und ihren weiteren besonderen Fähigkeiten gefördert werden. Mit Freunde und Hingabe pflegt und verschönert jeder sein Zuhause. Das höchste Ziel eines Jeden ist, die Freude und Liebe zum Ausdruck zu bringen.

Ein Geldsystem existiert nicht mehr. Es ist für jeden genug und mehr vorhanden. Jeder nimmt nur so viel, wie er braucht und vertraut darauf im festen Glauben. Jeder macht das, was ihm Freude macht und jeder möchte durch Mitwirken zur Lebensgemeinschaft beitragen. Es wird viel gelacht, musiziert und gesungen. In diesen Lebensgemeinschaften sind Einrichtungen für die Strom- und Wasserversorgung, den Anbau von Früchten, Gemüse und Getreide, sportliche, handwerkliche, künstlerische und kulturelle Aktivitäten, Stätten für spirituelle Weiterentwicklung, Hofläden, in denen wir Lebensmittel und andere wunderschöne handgefertigte Artikel erhalten, Hofküchen, in denen die köstlichsten Speisen und Backwaren gefertigt werden und die einladende Lounge lädt zum Verzehr vor Ort ein. Sensationell ist auch die Vielfalt der Speisen von schlicht, asiatisch bis raffiniert orientalisch gewürzt und auch die unterschiedlichen Backwaren in Form und Geschmack immer wieder ein kulinarisches Highlight.

In jeder Lebensgemeinschaft gibt es einen Kreis der Weisen. Die älteren Menschen werden wieder geachtet und zu Rate gezogen. Alle Generationen sind vereint und schätzen diese Vielfalt der Ressourcen des Wissens, der Verhaltensweisen, der Talente, der Spiritualität, der Kreativität und vieles mehr. Ein Bündel von unendlichen Schätzen, die untereinander geteilt werden. Es gibt sehr viele Wald- und Grünflächen. Zum einen ist es Weideland für Kühe, Schafe und Pferde und zum anderen werden viele tolle Gemüse-, Getreide- und Obstsorten mittels Permakultur angebaut und natürlich gibt es auch großzügige Gärten, große Freiflächen, die zum Sport, Kreieren, Spazierengehen und Spielen einladen. Bastelstätten der unterschiedlichsten Künste werden gerne besucht. Die zauberhafte Glasbläserkunst ist ein Symbol der Schönheit und der Kostbarkeit und es entstehen diese wundervollen, magischen und farbenprächtigen Glasgegenstände, deren Form und Gestaltung jeweils einzigartig ist. Mit Freude und Liebe schmücken die Bewohner ihre bunten Häuser auch gerne mit einigen dieser Kostbarkeiten. Und mit welcher Freude die Strick-, Häkel-, Spitzenklöppel-, und Nähkünste ausgeführt werden! Immer wieder neue Muster und Formen, die die Liebe erahnen lässt, die in diese Kreationen eingeflossen sind. Kissen, Decken, Vorhänge und vieles mehr mit Motiven von Feen, Einhörnern, Naturwesen, Walen, Delfinen, Blumen und Bäumen und immer umrahmt mit einer verspielten, liebreizenden, kunstvollen Umrandung. Es ist eine besondere Freude, auch die Schmiede- und Mosaikkunst wahrzunehmen, die mit schlichten, aber originellen, vielfach welligen, organisch wirkenden Formen beeindrucken. Oft ist eine verspielte Art des Jugendstils mit geschwungenen Linien, unregelmäßigen Grundrissen, naturnahen weichen Formen mit Motiven aus Flora und Fauna und Farbenvielfalt zu finden.

Es macht jedem so viel Freude, mit Hingabe zu kreieren und damit sein Zuhause, das eines anderen oder die Welt zu verschönern und zu pflegen. Wir leben in einem Zusammenschluss von Menschen, die liebevoll jedes Wesen achten und respektieren und jeder hat Freude daran, mehr Zeit auch mit spirituellen, intellektuellen und künstlerischen Aktivitäten zu verbringen. Jeder Einzelne strebt danach, nach den Gesetzen der Liebe zu leben. Wir sind Kinder der Liebe, die sich unbeirrt für das Gute einsetzen.

Die neue Kultur ist erwacht: Erhöhte Wertschätzung für alle, Anerkennung für die Sanftmütigen und die Demütigen und die Einhaltung und der Schutz für alle Lebewesen. Die gemeinsame Basis ist das Prinzip der Liebe. Weltweit sind alle Gewässer und unsere Luft sauber: Meere, Flüsse, Seen, Bäche und Tümpel und die Wale, Delfine, Fische und alle weiteren Wasserbewohner erfreuen sich daran und existieren freudig in ihrer mannigfachen Art. Berg-, Wald- und Wiesenlandschaften werden von den Menschen respektiert und geehrt und sie leben in Einigkeit und Fürsorge mit ihnen. Wir erfreuen uns an den farbenfrohen, unterschiedlichen Gräsern und Blumen auf den Wiesen, auch die Honigbienen, Schmetterlinge und Singvögel scheinen sich in dieser Pracht zu baden. Hier leben Menschen miteinander freudig, mitfühlend und liebevoll mit der Natur im Einklang. Die Herzen der Menschen sind offen. Offen für Gefühle der Freude, Schönheit und Liebe. Primär geht es um das SEIN und darum, dieses weiter gedeihen zu lassen. Wir fühlen uns mit allem verbunden.

Reisen in andere Länder oder ins Weltall sind völlig normal und aufgrund der neuen Technologien sauber für die Umwelt und enorm schnell. Für eine Flugstrecke von 100.000 km benötigt man gerade mal 10 Minuten. Die Menschheit ist eine große Familie und wir kommunizieren vorwiegend telepathisch. Es herrscht gegenseitige Wertschätzung jedes Lebewesens. Die Sprache des Herzens wird stets kommuniziert.

wonying@wellfair.de

Monika Sylvester-Resch

SEHEN

Nun sind wir im „Goldenen Zeitalter" angekommen.
Wir Menschen finden uns wieder in Gruppen zusammen und
erkennen einander als das, was wir wirklich sind: Göttliche
Wesen, ausgestattet mit freiem Willen, Schöpferkraft und
wunderbaren Möglichkeiten, uns ganz nach unseren Vorlieben
und Talenten auszurichten und, gemäß unserem Geburtsrecht,
im Einklang mit der Natur das Paradies auf Erden zu
erschaffen.
Ein Gefühl von innerer Ruhe, Mitgefühl, Freiheit, Akzeptanz und
tiefer Liebe zu allem, was ist, stellt sich unter den Menschen ein.
In der Tiefe unserer Herzen spüren wir, dass wir alle EINS sind
und es immer waren.
Als Menschheitsfamilie sehen wir uns nun dazu aufgerufen, das
Licht in uns selbst und in jedem Menschen um uns herum zu
nähren und zu stärken. Wir praktizieren wahre Nächstenliebe
aus dem Herzen heraus und reichen einander wieder die
Hände als Zeichen der Verbundenheit. Wir bieten
bedingungslos unsere Zeit und Fürsorge an, um anderen zu
helfen und zu dienen und verbinden uns dadurch auf ganz
natürliche Weise mit den Herzen der Menschen.

Ich sehe eine Gemeinschaft, die auf einem allumfassenden
Glaubenssystem und hohen Werten basiert. Ihre Kraft und ihr
Fundament ist die Liebe. Diese Liebe steht an oberster Stelle
zum Wohle allen Lebens hier auf Erden.

Ich sehe eine Gemeinschaft, in der wir auf ganz natürliche
Weise mit der Quelle verbunden sind und unsere
bedingungslose Liebe unaufhaltsam zum Herzen von Mutter
Erde fließen darf, um sie zu stärken und zu nähren. Wir

begreifen, dass unsere Mutter Erde ein lebendiges Wesen und die Grundlage unserer Existenz ist, wir ehren sie, fühlen sie, sprechen zu ihr und lassen sie wissen, dass wir immer mit ihr verbunden bleiben wollen und in großem Vertrauen und in tiefer Dankbarkeit von diesem historischen Zeitpunkt an, die Epoche der gelebten Liebe leben werden.

Ich sehe alle Menschen in diesem Paradies friedlich miteinander erschaffen und leben - ein Paradies, in welchem Pflanzen, Tiere und alle Wesen, sowie die gesamte Natur gleichermaßen von uns beschützt und geehrt werden. Tiere und Bäume werden als unsere göttlichen Freunde wahrgenommen und dementsprechend geschätzt und bewahrt.

Ich sehe bunte Schmetterlinge auf Wiesenblumen tanzen, Bienen, Käfer und eine Vielzahl anderer Insekten, die sich des Lebens erfreuen und mit uns gemeinsam in Einklang auf einer gesunden Erde leben.
Die Luft, welche wir atmen, ist uns heilig. Sie ist sauber, stärkt und belebt unsere Lungen. Das Wasser, unser Lebenselixier, welches wir trinken, ist glasklar, rein und voller Lebenskraft.

Ich sehe die Existenz ländlicher Lebensmodelle in Harmonie mit der Natur, basierend auf dem Verständnis für die Natur und für das Sein. Diese Gemeinschaften bilden die Grundlage für köstliche, naturbelassene Nahrung, die uns gesund erhält.
Kreative Lösungen zur Unabhängigkeit von externer Nahrungsmittelproduktion, Wasser und Energie wurden erschaffen.
Alle Gebäude bestehen aus natürlichen Materialien mit dem Ziel der Autarkie.

Ich sehe Permakulturgärten, welche bestes biologisches Obst, Gemüse, Nüsse, Kräuter und Pilze anbieten. Unsere Landwirtschaften arbeiten nachhaltig und schonend.
Überschüsse werden getauscht oder gehandelt. Hilfe und Gemeinschaft werden großgeschrieben. Unsere Vorbilder sind die Kreisläufe der Natur, des Lebens und des Universums.
Unsere Kinder lernen für das Leben und bereits in jungen

Jahren wird ihnen gezeigt, wie man seine Nahrung selber anbaut. Für sie ist der achtsame Umgang und die Anbindung an die Natur eine Selbstverständlichkeit. Ich höre Kinderlachen überall.

Ich sehe Gemeinschaften, getragen von Fairness, Zusammenhalt, Ehrlichkeit, Achtsamkeit, Hilfe, Geborgenheit, Gesundheit, Leben in und mit der Natur, Lebensraum für Kinder, Selbstversorgung, autarkes Leben, Freiheit, Selbstverwirklichung und Zufriedenheit.

Ich sehe eine strahlende, vor Gesundheit strotzende Welt in Frieden, Glück und Harmonie für und mit allen Lebewesen dieser Erde und des Universums. Eine ganz neue Ära der Medizin, zum Wohle aller Menschen, entsteht vor unseren Augen.

Ich sehe eine friedvolle Zukunft für unsere Kinder und alle kommenden Generationen. Ein naturnahes Leben in Achtsamkeit, Respekt vor der Schöpfung des Lebens, den Menschen, der Natur und allen Wesen. Ein Leben in Selbstbestimmung, Gemeinschaft, Respekt und Liebe. Wir helfen einander mit Fähigkeiten, Wissen und Ressourcen. Wir träumen, planen, handeln und feiern das Leben. Wir erfahren uns als jene Schöpfer unserer Realität, als die wir von Anbeginn an gedacht waren.

Ich spüre es bereits, dieses Paradies auf Erden. Es ist schon da, kreiert von unserer aller Schöpferkraft und es wartet nur noch darauf, bis wir bereit sind, dieses wundervolle, göttliche Erbe anzutreten und es zu hüten wie einen Schatz…

DANKE, dass wir dies gemeinsam tun. Danke, dass wir gemeinsam da sind, zu dieser außergewöhnlichen Zeit an diesem wunderbaren Ort.

Ich liebe Euch von ganzem Herzen. Danke, dass es Euch gibt!

monika.sylvester@hotmail.com

Gesina Restel

AN-TEIL AM KOLLEKTIVEN BEWUSSTSEIN

Hier ist mein AN-Teil am kollektiven BewusstSEIN, mein AN-Teil am Manifestieren unserer Erde 2.0:

Das ist der Anfang einer wundervollen Geschichte, wie sie nur das Leben selbst schreiben kann...

Prolog

In meiner Erinnerung ist das Jahr 2019 nur noch schemenhaft vorhanden. Damals war ich in meinem 59. Lebensjahr. Doch die Ereignisse, die in unsere Gegenwart, in der wir uns jetzt befinden, führten, sind noch immer deutlich in mir lebendig. Immerhin feiere ich mit meiner großen Familie in diesem Jahr meinen 367. Geburtstag.

Das Jahr 2019 war ein weltweiter Wendepunkt. Die Menschenvölker setzten alles auf eine Karte. Die Menschheit hatte nichts mehr zu verlieren, nur sich selbst. An diesem Punkt im Bewusstsein der Menschen erst einmal angekommen, gab es kein Zurück mehr.

Doch eins nach dem anderen. Ich will euch vor Augen führen, was in der Vergangenheit los war, was zu diesem Wendepunkt geführt hatte. Ein jahrtausendealtes, marodes System der Gier und Ausbeutung aller Lebewesen zerbrach. Es war geprägt durch **Kriege, Umweltzerstörung und globaler Korruption vieler politisch und sozial Verantwortlichen**. Mehrere fein aufeinander abgestimmte Systeme manipulierten den Menschen und suggerierten pausenlos „Wahrheiten", die Mensch brauchen sollte. Besonders der Materialismus war eine Geisel der Menschheit. Es war ein Zustand vom ewigen, künstlichen Mangeldenken. Ängste wurden geschürt, um ALLE darin gefangenzuhalten -es war eine Menschheit von *„Schlafschafen"*

.Für eine extrem kleine Gruppe Elitärer waren Hunger und Elend der größeren Anzahl der Menschen ein enormes Geschäft. Sie verdienten an Krankheiten jeglicher Art und Weise, auch den zum Teil künstlich erzeugten, durch eine skrupellose Pharmaindustrie. Das sogenannte **„Gesundheitssystem"** war in Wirklichkeit ein ausgeklügeltes System von frühzeitigen, absichtlich krankmachenden Strukturen: Das Licht dieser Welt erblickte ein junges Menschenwesen meist in der sogenannten Zivilisationsgesellschaft, in den zu Recht genannten *Kran-ken*häusern. Hier wurde der Mensch gezielt, skrupellos krank gemacht. Die jungen Menschenwesen wurden zu oft dem Mutterleib durch OP/ Kaiserschnitte entrissen, bekamen kurz nach der Geburt schädliche Substanzen in die Augen geträufelt und wurden mit hochgiftigen Präparaten geimpft, die die Seele und den Geist vom Körper trennen sollten.

Vom ersten Augenblick an wurde der junge Mensch im **„Bildungssystem"** getrimmt und darauf vorbereitet ein guter, moderner Arbeitssklave zu sein. Frühzeitig, oft schon im Alter von wenigen Wochen oder Monaten, waren sie für viele Stunden von ihren Eltern getrennt, die wiederum für das **„Finanzsystem"** ihre Lebenszeit hergaben und es durch Lohnarbeit speisten. In Aufbewahrungsanstalten, den damaligen Kindertagesstätten, erfuhren die Kinder die erste Abrichtung, die dazu führte, dass sie später williges Humankapital wurden. Ab dem 6. oder 7. Lebensjahr verbrachten sie täglich 5-8 Stunden in Schulen.
Diese waren die nächste Stufe von Abrichtungsinstitutionen. Hier wurden sie unfreiwillig hineingepresst. Genauso wie ihre Eltern in die meiste Art von Arbeitsprozessen.
Dort lernten sie stillsitzen, nur zu reden, wenn sie gefragt wurden, sollten sich melden, wenn sie auf die Toiletten mussten, wurden dumm gemacht durch Auswendiglernen und Nachplappern von Formeln, Datensammlungen und vielen unnützen oder unwahren Informationen. Sie waren schließlich als nächste Generation dazu bestimmt, dieses ganze, unwürdige System erneut zu stärken, am Laufen zu halten. Ein anderes war das weltweite **„Ernährungssystem"**, das darauf abzielte, langfristig Mensch und Tier schleichend krank zu machen. Das Wasser der Weltmeere war vergiftet, mit Plastik und Mikroplastik verseucht, die Böden waren ausgelaugt. Sie wurden mit mehreren hundert hochgiftigen Pestiziden besprüht, die Pflanzen hervorbrachten, die denaturiert waren, lediglich einen Füllwert hatten, jedoch keinen nennenswerten Nährwert mehr. Diese wurden verspeist und dadurch waren Menschen und Tiere langfristig wieder ein sehr einträgliches Geschäft

für das System. Ein Kreislauf, der sich, egal an welcher Stelle, stets weiterbewegte und nährte, das scheinbar perfekte Perpetuum Mobile. Doch es gab mit jedem Atemzug mehr Menschen, die aus dem Schlaf- oder Dämmerzustand erwachten. Die ihren Geist wieder selbst benutzten, deren Bewusstsein mehr und mehr zunahm, die ausbrachen aus dem SYSTEM. Sie bildeten erst kleine, dann später größer werdende „Geist- und Bewusstseins-Inseln", die im Laufe der Zeit sich vernetzten. -Der Anfang vom ENDE des Sklaventums war erreicht. Was folgte, war eine Kaskade von Ereignissen, die in die weltweite Freiheit aller Lebewesen führte. Freiheit ist die Voraussetzung für Liebe, genauso wie Liebe ein *„Kind"* der Freiheit ist. Freiheit hatte die höchste Priorität in ihrem Leben. Sie begriffen und verstanden, dass sie im BEWUSSTEN Denken immer und überall zu jeder Zeit FREI sind. Ich will anhand eines Beispiels verdeutlichen, wie diese Systeme verzahnt waren und der Mensch klein gehalten wurde...
Die KUNST diente schon immer dazu, laufende Prozesse im Zwischenmenschlichen und der Gesellschaft sichtbar zu machen. Hier sammelten sich Menschen, die „Hebammen" und Brückenbauende waren, die in die freie, weltweite Menschengemeinschaft führten...
Ein imaginärer Chor singt:
„Die Gedanken, Gefühle und Schwingungen sind frei!"
„Die Gedanken, Gefühle und Schwingungen sind frei!"
„Die Gedanken, Gefühle und Schwingungen sind frei!"
… ein theaterpädagogisches Projekt wurde über einen Zeitraum von 18 Monaten bei den unterschiedlichsten Förderprogrammen beworben. Jedes Mal gab es eine Absage für beantragte Fördergelder. Das Projekt war vom Inhalt her so brisant, der Titel sagte klar und deutlich aus, worum es ging, dass es beim Aufwachen der Menschen behilflich sein wollte. Kurzum, es stellte eine Gefahr für die bestehenden Systeme dar. Ergo hagelte es Absagen, eine nach der anderen.
Die Lebensenergie wurde so lange gebunden, bis der entscheidende Entschluss gereift war: *„Wenn wir untergehen, gehen wir unter... und tauchen an anderer Stelle wieder auf... Und so bleiben WIR im Lächeln, sind im Kleinen groß, können weinen...*
... ich mach' es für die Liebe, für den Moment der Liebe, dann kommt ein verschmitztes Lächeln und ich beginne dieses Buch... und schreibe."
Es ist ein Weg, ein Angebot, eine Vision und eine Brücke hin in eine lebenswerte, würdevolle und achtsame Menschengemeinschaft hier auf Erden. Kreativität ist ein Grundelement des Lebens.

Leben fühlt sich SELBST und mein Gefühl ist immer klarer geworden, wohin die Reise mit uns und dem wundervollen Planeten geht, auf dem WIR jetzt zusammen leben. Ich habe die Erkenntnis wer WIR sind oder so wie ICH bin. Das Gefühl dazu wächst unaufhörlich, → eine Spezies, verbindet sich in tiefer Dankbarkeit mit allem, was ist.

Kommst du mit? Lass uns jetzt zusammen über diese Brücke gehen! In mir ertönt gerade die Melodie von Edvard Grieg's Morgenstimmung ...

Im Namen der Menschlichkeit -In welcher Welt wollen WIR jetzt zusammen leben?

Erkenntnis wächst!

1. Haus am Wald
... oh ja, Morgenstimmung, da ist sie wieder…, ein anderer Ort -eine andere Zeit!
„Omi, ich bin wieder da -huhu, wo bist Du?" Jolani geht durch das kleine Lehmholzhaus und sucht ihre Großmutter. Dabei nimmt sie (ihre Nase in die Luft hebend) den Geruch wahr und fühlt sich in ihre frühe Kindheit versetzt. Ein Geruch, den sie mit Liebe und Geborgenheit, Freude, Kreativität und viel Lachen verbindet. Sie hört den Bach, der draußen hinter dem Haus entlang fließt und schmunzelt. Er erzeugt zum Teil die Energie, die die Großmutter in ihrem Haus nutzt. Durch das ausgeklügelte Konzept, einer Mischung aus Erd-, Sonnen-, Wasser- und Windenergie, ist sie hier energetisch zum Thema Verbrauch bestens versorgt. Selbst, wenn es schon sehr veraltete Energieerzeugungsmethoden sind, so sind sie doch wundervoll passend zur Großmutter. Es ist ein altes Haus, doch hinter der Fassade und im Inneren ist es mit allem ausgestattet, was ihr das Leben erleichtert, wie z. B. der Anlage für Trinkwassergewinnung und –reinigung. Es gibt die wohlschmeckende Wasserquelle und den Tiefbrunnen. Dazu einen Anschluss an das öffentliche Kommunikations- und Datennetz sowie zwei Materiegeräte, ein kleines und eines in mittlerer Größe. Sie kreieren auf Eingabe von Codes und Knopfdruck, alles was gebraucht wird und basieren auf der Erzeugung unterschiedlichster

Schwingungen in Sekundenschnelle. Vom Apfel, über die Pinzette bis hin zum Zauberwürfel …, alles ist möglich. Doch für ihre Ernährung bevorzugen viele Menschen die natürlich gewachsenen Pflanzen.

Sie schaut in die große, urgemütliche Wohnküche, ob sie Grossmutter hier findet? Jolani erinnert sich, wie sie früher gerne mit der Großmutter gemeinsam an einem Teig für die neuesten Cup-Cakes herumexperimentierte. Vielleicht macht sie ja ein kleines Nickerchen in ihrem Schlafzimmer? Ein Blick ins Gästezimmer und das geräumige Bad sagt ihr, dass sie auch hier nicht ist. Vielleicht putzt sie gerade irgendwo im Haus? Sie öffnet die kleine verschnörkelte Holztür der Toilette und grinst etwas. Ihre Erinnerung geht weit zurück: Einmal kam ihr doch glatt, während eines Besuchs hier in Kindertagen, die glorreiche Idee, aus dem kleinen Raum ein Schwimmbad zu machen. Der Wasserhahn des Waschbeckens ließ sich damals noch über den Beckenrand schwenken. Das war lustig für Jolani. Das Wasser plätscherte fast so schön wie draußen im Bach und verteilte sich über den gesamten Fußboden. Ihre Großmutter tauschte daraufhin den Wasserhahn gegen einen kürzeren aus. Na ja, nur für alle Fälle. Jolanis Ideenreichtum war manchmal kaum zu bremsen.

Sie steigt die Treppe zum Dachgeschoß hinauf. Ach Omi, wo bist du denn? Die Fenster und Fensterläden im Schlafzimmer sind grün gestrichen, Blumenkästen hängen davor. Hier steckt sie die Nase hinein und saugt den zarten Duft ein. Mmh, die kleinen gelben riechen sanft nach Honig, das mag sie besonders gerne. Da die Terrasse ringsherum verglast ist, braucht sie nicht weiter zu schauen. Sie späht durch das Bodenlicht im Wintergarten zur darunter liegenden Veranda. Sie sieht den rußgeschwärzten Lehmofen von hier oben und denkt dabei an die vielen leckeren Brote und anderen Köstlichkeiten, die sie gemeinsam mit ihrer Großmutter gebacken hat.

Die alte GuAnEomi hatte das Haus zusammen mit einer befreundeten Architekturbegeisterten und ihrem Liebsten Miel TonWaad vor vielen Jahren entworfen und selbst gebaut, natürlich mit gemeinschaftlicher und fachlicher Unterstützung vieler anderer lieben Leute. Es hat die Grundfläche einer Spirale, einer Fibonacci-Spirale, die in der Gartengestaltung im angrenzenden Garten proportional weiterläuft. Nun geht sie wieder nach unten. Jolani tritt vor das Haus und schaut, ob die Großmutter vielleicht hier draußen steckt. Wahrscheinlich ist sie wieder irgendwo in ihrem Garten zugange, in gebückter Haltung oder auf allen Vieren, zupft ein bisschen hier herum oder dort, trägt eine Schnecke aus dem Beet oder redet mit ihren pflanzlichen Schützlingen -mit sichtlichem Erfolg. „Ah, hier bist du Omi, ich such' dich schon seit ein paar Minuten."

Die Großmutter hat wie üblich eine ihrer blauen Latzhosen an, die sie meist im Garten trägt. Alte ausrangierte Arbeitshosen, die sie an der Nähmaschine nach ihrem Geschmack verändert hat. Eine bunte Borte an der Gesäßtasche, ein Blümchenlatz vorne, passende Träger und ein paar bunte Knöpfe - fertig war die Gartenhose. Davon hat sie einige im Schrank. Manche Hose hat bereits über 10 Flicken, mit jeder Reparatur wächst sie ihr etwas näher ans Herz. „Hallo mein Schatz, schön, dass du wieder vorbeischaust." Aus dem Blickwinkel der alten Frau steht Jolani so, dass sie die Sonne genau hinter ihrem Kopf hat und so erscheint das blonde Haar strahlend hell. „Du siehst aus wie ein Engel mit Lichtkranz um deinen Kopf" -schmunzelt sie.

Jolani ist eine junge Frau, gerade Mitte zwanzig und strahlt sie liebevoll an.
Sie besucht regelmäßig ihre Großmutter in dem kleinen Häuschen am Waldrand. Alle drei oder vier Tage schaut sie vorbei. Hier lebt die alte Frau seit vielen Jahren glücklich und zufrieden. Ganz nah der Natur bei ihren Pflanzen und Tieren. Sie nutzt die Weisheit der Alten, auch der Ahnen, ist in harmonischer Anbindung an die Natur, hat ein Gefühl der Herkunft. Sie hat Wissen und die Weisheit des Herzens in sich vereinigt. Hier baut sie Obst und Gemüse an, spricht mit allen Tieren und Pflanzen und hat immer ein gutes Wort für jedes Lebewesen, das sie im Garten besucht. Hier verschmilzt sie mit der Natur, ist ganz eins mit ihr, fühlt sich verwurzelt, ist geerdet, ist zu Hause.

Die junge Frau liebt die Gespräche mit ihrer Großmutter sehr. Manchmal können diese stundenlang dauern, ein anderes Mal sitzen sie einfach nur schweigend auf der Bank vor dem Haus im Schatten und beobachten zusammen das Treiben der Tiere auf der nahen Waldlichtung. Der Garten, der etwas größer als 4.000 qm ist, umgibt das Haus von zwei Seiten und dieser wiederum ist umgeben von einem wachsenden, grünen Weidenzaun. Daran grenzen der Bachlauf und der Wald.

Seit ein paar Monaten fragt Jolani immer wieder mal nach, wie es früher so gewesen ist. Sie will aus erster Hand erfahren, was zu der großen Wende in der Gesellschaft geführt hat, in der sie heute leben. Sicherlich kann sie alle Fakten schnell und bequem im Datennetz nachlesen, doch in den Erzählungen der Großmutter gibt es oft Details, die in keiner Chronik zu finden sind. Erfahrungen, die sie in den vielen Jahren ihres langen Lebens gemacht hat. Es ist ein enormer Erinnerungsschatz voll von tausenden schöner und weniger guten Situationen, die Jolani oft staunend oder verwundert hört. Manchmal kann sie kaum glauben, was sie hört - Unvorstellbares, Verwirrendes, Grauenvolles, Entsetzliches - sie möchte verstehen, was früher geschehen war, und wie die Wende sich vollzogen hat.

Dieser Wandel in der Gesellschaft hin zu der Gemeinschaft, in der sie heute mit ihrer Großmutter und allen anderen Menschen lebt. Die alte Frau hat viel erlebt in ihren 367 Lebensjahren und dass sie immer noch hier ist, verwundert Jolani hin und wieder. Es gibt nicht viele so alte Menschen, von denen sie weiß. Sie hat schon von einigen 250-Jährigen gehört -doch 367 Lenze, hui, das ist schon eine andere *Hausnummer*. Doch die Urururgroßmutter ihrer Mutter ist mit Abstand die älteste Frau, ja der älteste Mensch, den sie kennt. „Magst du etwas Salat mitessen? Ich habe heute Vormittag Gurken und Romana geerntet und es ist noch fast die ganze Schüssel voll da." „Ja danke, ich hole mir noch ein wenig Rucola dazu, magst du auch welchen?" „Nein danke, lass gut sein, mit einer Scheibe Brot dazu ist der Salat perfekt für mich."

Als sie aus dem Garten zurückkommt, ist der Tisch bereits gedeckt, ein Krug frisches Wasser steht bereit und eine Vase mit bunten Wiesenblumen unterschiedlichster Art ziert den Tisch auf ganz besondere Art und Weise und zwar so, wie nur die Großmutter es vermag. Sie kennt die Namen und Eigenschaften vieler Kräuter samt ihrer Heilwirkung. Das ist wohl eines der Geheimnisse, warum sie so alt geworden ist. Sie nutzt ganz und gar die Heilkräfte der Natur, trinkt meist Wasser und Kräutertees und vor allem, sie genießt jede Stunde ihres Lebens. Die Großmutter widmet sich auch energetisch und bewusst der individuellen Zellerneuerung. Sie essen gemeinsam ohne viele Worte ihren Salat.

Dann fängt die ältere der beiden Frauen das Gespräch an: „Früher gab es vieles, was wir uns heute einfach nicht mehr vorstellen können oder auch ganz bewusst nicht mehr wollen. Zu der Zeit lebte eine Hälfte der Menschen nach der Maxime und zwar ganz platt ausgedrückt:

Sex, Essen, Gewinnmaximierung: Geld und Ausbeutung von Mensch, Erde, Pflanzen und Tiere, Krankheit und Krieg. Es dauerte einige Jahrzehnte, bis sich ungefähr 5 % der gesamten Erdpopulation formierte und ihrem Leben die Ausrichtung von Licht und Liebe, Vertrauen, Kreativität, Teilen und dem Frieden gab. Und abermals vergingen mehrere Dekaden, bis wir alle gemeinsam handeln konnten. Die Spielregeln des Lebens haben sich grundlegend verändert. Es war und ist fortwährend ein langer Prozess, an dem wir alle beteiligt sind. Heute leben wir in unserer Gesellschaft mit einem erwachten Bewusstsein und der Gewissheit, dass genug für alle da ist. Also, aus der Fülle heraus. Wir teilen unsere Produkte und Erzeugnisse miteinander. Was wir individuell nicht mehr brauchen, geben wir zurück in die Gemeinschaft. Es findet sich immer Eine*r dafür oder es wird wieder in die einzelnen Bestandteile zerlegt.

Ich glaube, ausschlaggebend waren die Worte: **WIR sind EINS, Liebe, Licht, Frieden, Heilung, Leichtigkeit, Freiheit, Fülle, Vielfalt, Bewusstheit, Dankbarkeit!** Sie drücken die Essenz dessen aus, was fast alle Menschen gleichermaßen überall, an jedem einzelnen Ort der Erde wollen.
Energetisch half UNS Mutter ERDE dabei. Weltweit führten diese 13 Worte und dem damit verbundenen vollen Bewusstsein zu der wahren Wende! Sie sind so einfach, doch zugleich auch enorm tiefgreifend, ja geradezu transformierend. Sie erschütterten und rüttelten so auch irgendwann den letzten aller noch „Schlafenden und Verirrten" wach. Ein neues Mitgefühl für die Kreatur an sich machte sich breit und war in allen Bereichen und Ebenen wahrnehmbar.

Die alte GuAnEomi steht auf, geht um den Tisch herum und läuft zum Haus. Nach ein paar Minuten ist sie zurück und hat ein Buch in der Hand. Es ist eines ihrer alten Tagebücher. „Schau mal hier, was ich dir zeigen möchte. Ich war damals 54 Jahre und es bewegte mich sehr. Es ist eine Eintragung aus dem Jahr 2014, im Dezember: *Immer mehr Menschen ernähren sich vegetarisch oder sogar vegan. Ich habe heute ein Video im Internet gesehen, dass mich zu tiefst erschüttert und beschämt hat.*
Es zeigt Hunde, die brutal totgeschlagen wurden, aus Profitgier. Das Fleisch wurde gegessen, das Leder zu Katzenspielzeug oder Schuhen und Gürtel u. ä. verarbeitet.

Dies war einer der Auslöser dafür, der mich bewog, meine nur noch wenige tierische Nahrung durch rein pflanzliche zu ersetzen. Erst aß ich noch gerne Tierisches aus artgerechter Haltung. Ich dachte, dass es so gut wäre. Wenig später hatte ich alle tierischen Produkte in meinem Leben ersetzt. Das Leid der Tiere war unbeschreiblich. Je mehr ich mich damit auseinandersetzte, desto mehr Gräuel und Leid sah ich. Vielen Kaninchen wurde bei lebendigem Leib das Fell für Angorawolle ausgerupft. Gänse und Puten wurden zwangsernährt, gemästet, damit sie fetter wurden und mehr Geld in die Kassen spülten.

Schweine und Kühe standen in engen Ställen und sahen in ihrem kurzen, qualvollen Leben nie auch nur einen winzigen Sonnenstrahl. Sie bekamen enorme Mengen an Medikamenten, damit sie sich einigermaßen auf den Beinen hielten, und die über die tierischen Nahrungsmittel in die Menschen gelangten. Hörner, Schwänze sowie Schnäbel wurden gekürzt oder einfach abgeschnitten und es wurde kastriert -dies alles oft oder meist ohne Betäubung. Tiere wurden in Zoos, Aquarien, Delfinarien und Zirkussen eingesperrt, es wurde ihnen die Freiheit genommen und sie wurden zur Schau gestellt. Den meisten dieser Tiere ging es ausgesprochen schlecht. Die Meere waren überfischt. Große Meeressäuger wie Wale und Delfine wurden zu Hunderten gejagt, obwohl es damals genaue Fangquoten gab. Um dies zu rechtfertigen wurde gesagt, dass es für wissenschaftliche Zwecke war. Ich sag dir, die Aufzählung könnte ich noch um Vieles erweitern." Jolani sieht in die mit Tränen gefüllten Augen ihrer Großmutter und erschrickt. „Kind, es reicht für diesmal. Ich mag mich jetzt nicht weiter an dieses Grauen erinnern. Es schmerzt noch immer, wenn ich zu lange an das vergangene Gräuel denke!"

„Omi, sag' mal, was verstanden die Leute damals unter artgerechter Haltung?" „Naja, die Tiere konnten draußen auf Weiden stehen, hatten also mehr Bewegung als in den engen Ställen oder Boxen, bekamen besseres Futter und entsprechende Pflege. Es gab etliche Menschen in der damaligen Landwirtschaft, die dem enormen Leid ein Ende setzten und die Tiere gut behandelten. Manche liebten sie sogar. Langsam setzte Erkenntnis und ein Bewusstseinswandel ein. Sie wurden nicht mehr wie Gegenstände, sondern wie fühlende Lebewesen respektvoll behandelt und bekamen fürsprechende Menschen an ihre Seite. Nach einigen Jahren hatte sich weltweit die vegetarische Ernährung durchgesetzt."

„Komm, Omi, lass uns noch einen Tee zusammen trinken und dann mach' ich mich wieder auf den Weg. Welchen Kräutertee magst du denn jetzt gerne trinken?" „Ach, such' du bitte einen aus."

Jolani geht ins Haus und kommt mit einer selbst getöpferten, bauchigen, gelben Kanne voller Ingwertee und zwei Tassen zurück. Sie nahm wahr, dass ihrer Großmutter kalt geworden ist. Deshalb hat sie sich auch Omis Lieblingstuch über die Schulter gehängt. „Hier, nimm das" und reicht der Großmutter liebevoll das Wolltuch. Ich sehe, dir ist etwas kalt geworden." „Oh danke, mein Rehlein."

Jolani lächelt und denkt: Wenn sie besonders liebevoll ist, gibt sie mir immer Tiernamen.

Hasi - für schnell wie ein Hase, *Rehlein* - meint anmutig wie ein Reh, *Wölfchen* sagt sie, wenn sie ausdauernd wie ein Wolf meint oder auch schlau wie ein *alter Fuchs*. Ja manchmal nennt Omi mich sogar mein *Adler*, dann bin ich in ihren Augen umsichtig, habe den Überblick oder bin vorausschauend. Sie ist ziemlich stolz auf ihre Großmutter und liebt sie sehr. GuAnEomi ist eine sehr weise, mutige und liebevolle Frau.

Die beiden sitzen vor dem Haus und schlürfen genussvoll ihren Tee. Nach einer Weile steht Jolani auf und will sich verabschieden. „Komm, ich bring dich noch ein Stück. Lass mich dich bis zur Brücke begleiten." Sie gehen gemeinsam den kleinen Waldweg in der Dämmerung Seite an Seite eine Weile schweigend entlang. Es weht eine leichte, laue Abendbrise, Insekten surren umher, es duftet nach Sommernacht …

„Und, was hast du heute Abend noch Schönes vor oder gehst du gleich nach Hause?" „Ich gehe noch in die Backstube der Bäckerei am Markt. Dort treffen sich heute Abend ein paar von meinen Freundinnen und Freunden. Wir wollen einen Cup-Cake Wettbewerb veranstalten. Die leckersten und am schönsten dekorierten Kuchen bekommen einen Preis. Ich glaube, ich habe gute Chancen, deshalb nehme ich noch ein paar von den Walderdbeeren hier mit." Wenige Meter entfernt gibt es eine versteckte Stelle, die ihr GuAnEomi einmal gezeigt hatte. Der süße Duft zeigt ihr, dass sie hier an dieser Stelle genau richtig geschaut hat.

Jolani ist eine begnadete Cupcake-Konditorin. Seit ihrer frühen Kindheit experimentiert sie in fast jeder Küche an den kleinen Kuchen herum. Tausende der leckeren Dinger hat sie bereits gebacken und so das Angebot der regionalen Bäckereien mit ihren Köstlichkeiten bereichert. Auf diese Art unterstützt sie u. a. auch die Gemeinschaft, in der sie gerade lebt. Als die beiden Frauen an der Brücke ankommen, herzen sie sich und verabschieden sich liebevoll voneinander. „Tschüss Omi, ich komme in ein paar Tagen wieder vorbei." „Ja gut, mach das so, wie es dir am besten passt. Ich bin ja meistens zu Hause. Doch am Donnerstag kommender Woche fahre ich zu *Gesina*." Sie ist Großmutters beste Freundin. Alle paar Wochen fährt sie zu ihr, um ein paar Tage mit der deutlich jüngeren Frau zu teilen. Beide genießen in vielerlei Hinsicht das Beisammensein sehr. Es gibt oft einen regen Austausch sowohl im Spirituellen als auch in geisteswissenschaftlichen Themen. Gesina's besondere Steckenpferde sind Quantenphysik und neue Technologien.

Regelmäßig führt sie das Neuste vor und sie arbeiten oft viele Stunden konzentriert experimentell zusammen an irgendeiner Verbesserung. Dabei lachen beide Frauen viel und wenn sie nur zu hören und nicht zu sehen sind, könnte man meinen, es sind zwei ganz junge Frauen, die ihre Köpfe zusammen stecken, so heiter klingt das Beisammensein meist. Als *Jolani* in der Bäckerei *Am Markt -Stern des Südens* ankommt, viele ihrer Freunde schon da und bereiten ihre Teige vor. Heute sind sie zu sechst: Da ist *Béla*, ein blonder junger Mann von 17 Jahren, der im Nachbardorf lebt, *Leilani* ist vorgestern 28 geworden und wohnt mit ein paar befreundeten Menschen im gläsernen Kuppeldom mitten in der Stadt *DaMeLaMaNo*, die ca. eine Stunde entfernt liegt. Dann sind noch die beiden Zwillingsschwestern *Hannah* und *Saskia* mit dabei, die mit ihrer großen Familie auf dem *„Ranunkel-Hof"* leben.

Es ist eigentlich mehr eine Sippe oder ein Stamm von 85 Menschen aller Altersgruppen, die sich dort auf das Herstellen wundervoller Musikinstrumente spezialisiert haben. *Hannah* ist eine begnadete Harfenistin und *Saskia* spielt hervorragend das Hang, die Mundharmonika und bläst das Didgeridoo. Du kannst dir sicher vorstellen, dass es in der großen Halle auf dem *„Ranunkel-Hof"* hin und wieder einfach traumhafte Konzerte gibt. *Pinki*, ein siebzigjähriger Mann, ein *„Tüftler"*, der voll Freude viele Stunden in der Entwicklungsabteilung der Wasserversorgung tätig ist, rundet das „Sextett" der heutigen Gruppe ab. Jeden Dienstag um 19 Uhr trifft sich die sogenannte „Crème de la Crème" der Cupcake-Konditor*innen hier. Sie sind meist 2-3 Stunden gemeinsam im schöpferischen Prozess und stellen das Allerleckerste her, was sich in dem Bereich ersinnen lässt. Es ist eine feine, kleine, gut ausgestattete Backstube, in der sie sich so regelmäßig treffen. Genau dafür geeignet, um hier im *7. Backhimmel* schweben zu können. Schon alleine die Zutaten lassen eine Geschmackskomposition erahnen, die ihresgleichen sucht. Duftschwaden durchströmen die Backstube und alle angrenzenden Räume… - Nach zwei Stunden steht der Sieger fest: Es ist *Pinki* mit seinem süßen Wunderwerk. Lila, weiß und gelb dekorierte Cup-Cakes in Form von Blüten auf der Glasur. Sie sind so fluffig… Und erst das Aroma, mmh. Wenn du sie jetzt kosten könntest, würdest du uns eventuell auch zustimmen, dass *Pinki* den Preis wohl verdient hat. Er erhält einen Eintrag mit einem Foto der Köstlichkeit im regionalen Konditoren-Journal. Und, morgen in der Bäckerei gibt es ein Schild: *Sieger des gestrigen Backwettbewerbs.* So kann jede*r Interessierte*r sich an ihn wenden.

Nachdem alle gemeinsam gekostet haben, geht es ans Aufräumen und Saubermachen. Zu guter Letzt stehen 108 kleine Köstlichkeiten morgen für die Gemeinschaft bereit.Eine wahre Freude für uns und die anderen, denkt sich *Jolani* auf dem Weg zu ihrem augenblicklichen Wohnort und Schlafplatz.

2. Daheim

Seit zwei Jahren zieht sie immer weiter, mal in eine größere Wohn-gruppe in einer Stadt, mal lebt sie im Erdhaus in der Wildnis ganz für sich alleine, mal modern, mal althergebracht… Sie testet für sich alles aus und vergleicht, nimmt wahr wie es ihr dann dort geht, lernt andere Menschen und deren derzeitige Lebensweisen kennen. So erfährt sie von unterschiedlichen Lebenskonzepten und Fähigkeiten, erweitert ihren Wissensschatz. Viele Menschen machen das in ihren jüngeren Jahren, manche tun es periodisch oder auch ständig, einfach so, wie es sich für den Menschen stimmig anfühlt und passt.

Schließlich ist die Stimmigkeit eine der ersten Komponenten, die eine der maßgeblichen Zutaten im Rezept für die friedliche Koexistenz aller Lebewesen ist. Es kommt darauf an, eine Balance für Gesundheit, Zufriedenheit, freie Bildung, sozialpolitische Beteiligung, gelingende Beziehungen, Friede, intakte Umwelt, ein stabiles Klima und trink-bares Wasser zu kreieren. GuAnEomi sagt häufig: „In meinen jungen Jahren gab es den Ausdruck einer enkeltauglichen Welt oder Erde." Doch alle Säulen sind wichtig, auf denen heute die weltweit gelun-gene, friedliche Koexistenz aller Lebewesen ruht. Es waren das volle

Erwachen des GEISTES und die Erkenntnis, das volle Erwachen des Herzens, das volle Erwachen des Körpers/des Kosmos sowie das volle Erwachen der sozialen, regenerativen Kulturen und die wertschätzende Kommunikation mit allen Menschen, Ebenen und Wesen, die uns dahin führten, wo WIR heute stehen.

Jolani öffnet die Tür und betritt einen 13 m hohen Kuppelbau mit einem Durchmesser von 25 m und ist sofort in einer großen, gemütlichen Küche. Dabei fällt ihr ein, dass die Großmutter einmal erwähnt hat, dass die Menschen früher alle ihre Wohnungen und Häuser, Arbeitsplätze und Lager immer mit Verschlussvorrichtungen versahen. Immer aus Angst, ein anderer könne etwas wegnehmen -„Auch so ein Ausdruck von Mangel in der Vergangenheit", denkt sie sich.

In dieser großen Halle hat sie im Laufe der letzten Wochen mehrere Ebenen und Treppen eingebaut und so dem riesigen Raum eine andere Struktur und Aufteilung gegeben. Es halfen ein paar Freundinnen und Freunde dabei. Ihr Schlafplatz befindet sich auf der zweiten Ebene mit einem großen runden Fenster nach Osten hin. Sie liebt es bei Sonnenaufgang morgens wach zu werden und den Tag erst mit Stille und danach mit Dehnungsübungen zu beginnen. Die Wohnkuppel ist eher traditionell mit Bambus und Holz, Lehm und viel Glas gebaut. Auf viele der gängigen digitalen und technischen Einbauten wurde bewusst verzichtet. Jolani nutzt oft die Gemeinschaftsgebäude für dies und das in ihrem täglichen Leben. Sie bewegt sich gerne in größeren Gemeinschaften. Doch zum Regenerieren und für kreatives Arbeiten zieht sich die junge Frau am liebsten in diesen Rundbau zurück. Hier lebt sie nun seit dem letzten Winter.

Immer, wenn ein Mensch einen Wohnraum permanent verlässt, gibt es außen ein Schild, auf dem „FREI" steht und so anderen signalisiert, dass hier wieder Platz für eine*n neue*n Bewohner*in ist. Meist werden nur die persönlichen Sachen mitgenommen, oft füllt das gerade mal einen Rucksack. Doch es gibt auch Menschen, die viele persönlichen Gegenstände haben. Jede*r ganz nach dem eigenen freien Willen. Das meiste ist im *Ort der vielen Möglichkeiten* (früher Kaufhaus oder Laden) erhältlich. Und wenn ein Gegenstand nicht mehr zu reparieren ist, bringen es die Leute wieder dorthin zurück bzw. der Gegenstand wird wieder in die einzelnen Bestandteile oder Module zerlegt.
Eine andere Möglichkeit ist das Aufspalten in die einzelnen, synthetischen Komponenten gleich vor Ort in den Materie-Geräten. Jeder

Wohnraum hat zwei davon: ein großes und ein kleines Gerät. Einfach einen Code eingeben und das gewünschte Ergebnis kommt heraus, jedoch synthetisch erzeugt. Egal, ob es sich um einen Knopf, ein Mittagessen oder eine Bluse, einen Stuhl handelt, es ist machbar. In den Gemeinschaftsräumen stehen die ganz großen Geräte für die materiell großen Dinge des angenehmen und kreativen Lebens.

Es gibt Menschen in den Gemeinschaften, die mögen ausschließlich Handgefertigtes oder natürlich Gewachsenes. Andere nutzen ein *„Sowohl-als-auch"* und wieder andere bevorzugen einzig das Synthetische. Da WIR alle einzigartig sind und individuelle Bedürfnisse haben, ist das eine pragmatische Lösung.

Jolani macht sich in der Küche Wasser für einen Melissentee heiß und zieht sich damit auf das gemütliche Kuschelsofa im unteren Wohnraum zurück. Ihr gehen einige Sätze und Informationen der Großmutter durch den Kopf. Im Zusammenhang mit dem *Ort der vielen Möglichkeiten* erläuterte sie einmal, dass es vorher so etwas wie ein bedingungsloses Grundeinkommen (BGE) gab. Im weltweiten, gesellschaftlichen Umbruch war anfänglich das gesamte Einkommen gedeckelt, ein Höchstbetrag war möglich, welcher nicht mehr als das 10-fache BGE vorsah. Später wurden Einkommen ganz weggelassen und die Geldwirtschaft löste sich auf. Es erübrigte sich, da die Menschen die Gemeinwohl-Ökonomie entwickelten. Diese ließ historische Extreme zwischen Materialismus, Kommunismus und Kapitalismus hinter sich. Das heißt, jegliche wirtschaftliche Tätigkeit wurde auf das Gemeinwohl ausgerichtet. Damals, am Ende der geldbasierten Wirtschaft, gab es noch einen Gründer*innen-Boom für Unternehmen von ethischen Produkten. Dort wurden ausschließlich Produkte hergestellt, die dem Gemeinwohl dienen.

Wie solidarisch und kooperativ sind WIR jetzt zusammen/heute?
Wann war die Manipulation/Suggestion der trennenden Gedanken vorbei?
Wie kam es zu dem Wandel von Mangel in Fülle?
Früher waren viele Menschen verwirrt und abgelenkt von den mannigfaltigen Anforderungen der jeweiligen Aufgaben im Leben, des funktionieren müssens. Weg von sich selbst und der Reinheit der Gefühle und der Klarheit der Gedanken, weg von lebenswichtigen Erkenntnissen.

Die Herzebene war versperrt, teils durch zu viele Einflüsse, durch falsche Nahrung oder Nahrungszusätze, durch Reizüberflutung auf unterschiedlichen Ebenen wie öffentliche Manipulation und Suggestion. Es gab ein Zuviel von Nachrichten und ein Zuwenig von wahren Informationen. Er herrschte weltweit die LÜGE.

An einem bestimmten Punkt im globalen SEIN war die Menschengemeinschaft frei von Angst und der allgemeinen Motivation der Selbstverwaltung oder -erhaltung. Die Lethargie löste sich auf. Es gab die Haltung von „Geben und Nehmen" → tun, was getan werden will, was anstand zu tun sowie dem Vertrauen, dass WIR alle geführt werden. Es war ein Aufgeben von Kontrolle hin zum Urvertrauen. Jolani macht sich die Zusammenhänge klar und realisiert auf einmal, wie schwer es für die gesamte Menschheit war und dass sie so viele Jahrhunderte, ja Jahrtausende das große Schweigen ertrugen sowie das Gefühl von Trennung und Alleinsein.

Wie dankbar ist sie in diesem Augenblick hier auf dieser Couch, in dieser Zeit und an diesem Ort. Es ist eine gute Zeit jetzt! Wie leicht und wohltuend unser aller Dasein ist. Sie lächelt und schmiegt sich in die weichen Kissen hinein. Heute und hier gibt es den Weg der Reinheit, wie zum Beispiel die Lichtnahrung. Manche Menschen lieben es sich so zu nähren. Andere essen ausschließlich Rohkost. Und ALLE wählen den Weg der Freude und des Genusses. Wir, als Menschheit, haben uns dafür entschieden in Balance zu leben mit allem was IST; mit jedem Lebewesen, ob Pflanze, Tier, Mensch oder andere Lebensformen.

Jolani hängt noch eine kleine Weile ihren Gedanken und Gefühlen nach. Dann ist sie müde und zieht sich in ihr Zimmer für die Nachtruhe zurück, damit sie regenerieren kann. Bevor sie einschläft, bedankt sie sich beim Leben und der Quelle allen SEINs für diesen wundervollen Tag. Von draußen hört sie noch die Nachtigall mit ihrem unverkennbaren Repertoire an Liedern. Damit schläft sie entspannt ein und gleitet hinüber in die Welt der Träume, ins Astralreich.

3. Mein Leben mit Brain

Nun, heute Morgen ist es nichts mit dem Aufwachen in Stille und mit den Dehnungsübungen. *Brain* weckt sie. Erst zupft er behutsam an ihrer Bettdecke. Als Jolani nicht reagiert, legt er ihre Hand auf sein

Gesicht, wartet und schaut sie dabei an. Nach einer gefühlten kleinen Ewigkeit spürt sie das warme Gesicht des 14-jährigen Jungen. Heute ist sein *„Großer Tag"*. Heute ist die Initiation der jungen Menschen. Alle Mädchen und Jungen, die seit dem letzten *„Großen Tag"* 14 Jahre alt geworden sind, feiern heute zusammen mit ihren Lieblingsmenschen diesen besonderen Tag. Und Jolani ist für Brain ganz bestimmt eine davon. Seit *Brains* Geburt begleitet sie ihn durch sein Leben und verbringt viele Stunden mit ihm zusammen, beobachtet und unterstützt ihn in dem, was sich durch den jungen Menschen in der Welt ausdrücken möchte. Sie hat großen Anteil an seiner selbst- und freigewählten Bildung und Erziehung und fördert sein „inneres Genährtsein". Sie ist ein Mensch von vielen in der Gemeinschaft, die für ihn da ist.

Die mit ihm zusammen das Leben entdecken, herausfinden, wie etwas riecht, schmeckt oder gemeinsam Fragen entwickeln, forschen, lachen, den Wolken nachschauen, malen, musizieren, auf Bäume klettern, trösten, kuscheln, lesen und so weiter. Sie führt ihn liebevoll in seine eigene Richtung.

Jolani war ganz „zufällig" bei seiner Geburt dabei. Der *„Ranunkel-Hof"* gab wieder eins der beliebten Konzerte und sie wollte daran teilnehmen. Während der Pause meinte ihre Freundin Luna, dass die Schwester der jüngsten Hang-Spielerin gerade dabei ist, das erste Kind zu bekommen.

Jolani war noch nie bei einer Geburt dabei gewesen. Und nun spürte sie den inneren Impuls, dass es an der Zeit war, sich nun auch ganz praktisch dem Thema zu nähern. Aus dem großen Saal drang fast sphärische Musik bei Brains Geburt zu ihnen herüber. Neben Luna und Jolani sowie Brains Vater *Sabu*, war auch die Hebamme *Tarinde* dabei, um dem ankommenden jungen Menschen und der Mutter zur Seite zu sein, sie zu unterstützen. Die beiden jungen Frauen waren seit vielen Jahren ein enges Team. Und nun teilten sie auch die gemeinsame Erfahrung im Willkommen-Heißen eines neuen Lebens. Jolani hatte daraufhin seit Brains Geburt eine besondere Beziehung zu ihm aufgebaut und er offenbar auch zu ihr. Wenn ein junger Mensch durch die Geburt bei uns ankommt, fühlen sich meist mehrere Menschen für das Wohlergehen verantwortlich.

Sabu und Brains Mutter, Lara, hatten viele Menschen an ihrer Seite, die sie seit Brains Ankunft hier bei uns unterstützten. Jolani ging meist alle 2-3 Tage zu ihnen und verbrachte dort viele Stunden. Sie wiegte Brain in ihrem Schoß, badete ihn oder trug ihn einfach nur in der Gegend umher. Dann hatte Lara Zeit für sich zum Erholen. Nachbarn kochten für die jungen Eltern über einen Zeitraum von mehreren Monaten permanent und später sporadisch.

GuAnEomi erzählte ihr einmal, dass es früher das Konzept der Kleinfamilie gab: Mutter, Vater und Kind/er. Dieses überforderte die Eltern maßlos nach der Ankunft des Kindes. Falls sie nicht ein kleines, soziales Netzwerk hatten (meist ein Familienmitglied oder eine Freundin), waren sie mit allem allein gelassen. Der Schlafentzug, die Überforderung und die soziale Isolation, waren nach einiger Zeit, oft Anlass für Streit innerhalb der Paargemeinschaft. Dadurch gab es eine große Unzufriedenheit auf beiden Seiten der Eltern. Manche Eltern verkrafteten dies nicht und lösten sich deshalb schnell wieder aus dieser Verbindung. Dies waren keine idealen Voraussetzungen für den jungen Menschen. Es war wie „Kinderknast". Sie konnten nicht als 3-, 5- oder 10-jähriges Kind sagen: „Das ist eine miese Party hier, ich gehe jetzt weg (aus Elternhaus und/oder Schule)." Wie anders ist es doch heute hier bei UNS. Ein junger Mensch wird immer in eine größere Gemeinschaft hineingeboren. Dafür ist Jolani sehr dankbar.

Brains Augen strahlten Jolani an, als sie erwachte. „Komm, aufstehen, AUFSTEHEN, es ist so weit. Ich will los!" „Gut, ja, doch lass uns erst was frühstücken. Worauf hast du Appetit? Komm' wir gehen runter in die Küche." Jolani sprang mit einem Satz aus dem Bett und knuddelte ihn erst mal heftig durch, sodass er lauthals lachte und mit den Beinen strampelte.

Nach ein paar Minuten waren beide außer Atem. „Pass auf, du schaust in der Küche nach, was du essen magst und deckst schon mal den Tisch für uns vor dem Haus und ich gehe derweil unter die Dusche.'"

Kurze Zeit später trafen sie sich in der Küche und bereiteten gemeinsam das Frühstück zu. Brain mochte heute Croissants mit Honig, Erdbeeren und Quark.

Jolani's Sinn stand heute früh ganz im Zeichen von Obst und Gemüse, das ihr gestern Lara aus dem Garten mitbrachte. Sie balancierte das Tablett und Brain nahm den großen Krug mit Wasser. Sie setzten sich unter den großen Kirschbaum im Garten und frühstückten in aller Ruhe. „Hast du alles vorbereitet? Wollen wir noch mal den Ablauf durchgehen? Womit magst du anfangen?" Sie war aufgeregter als Brain. „Hey, das sind gleich drei Fragen auf einmal. Natürlich ist alles vorbereitet. Ich habe gestern Abend mit Sabu den Tisch mit dem Modell zum Platz gebracht und alles, was dazu gehört auch."

Sein Vater hatte mit ihm auf einem Tisch einen Parcour gebaut, auf dem er die *„Krabbler"* vorführen konnte. Die *„Krabbler"*, seine Konstruktionen, sollen uns in gefährlichen Situationen wie dem Arbeiten in großer Höhe, an Gebäuden oder im Gelände unterstützen. Dabei hatte sich Brain am Tierreich, den Insekten orientiert. Stundenlang beobachtete er mit mir oder auch alleine, wie sie sich fortbewegen -über Stock und Stein, an Halmen oder auf Bäumen. Alles nahm er wahr, jede noch so kleine Bewegung ihrer Körper, jedes Detail wurde festgehalten. Brain hatte die Gabe eines „fotographischen" Gedächtnisses. Vielen jungen Menschen ging es wie ihm. Nach der Beobachtung ging er zum Zeichnen über und skizzierte erste Formen und Details. Danach wandte er sich oft an Jolani und zusammen mit ihr arbeitete Brain an den Prototypen. Ein kleines Materie-Gerät half ihm dabei, die vielen einzelnen Bestandteile zu erzeugen. Als Material wählte er eine Mischung aus Silizium, Chitin und einem flexiblen Leichtmetall. An den Beinen waren viele kleine Widerhaken und Saugnäpfe, sodass sie sich an jeden Untergrund krallen bzw. festsaugen können, je nach Oberflächenbeschaffenheit. Ferngesteuert per Gedanken, per Bewusstseinskraft, waren sie an jedem beliebigen Ort einsetzbar. Egal ob im Wasser, in der Luft oder an Land.

Der Ältestenrat war schon auf dem Platz eingetroffen, als sie dort ankamen. Sie gesellten sich zu der Gruppe seiner Lieblingsmenschen. Es gab vieles zu bestaunen. Es wurde getanzt, musiziert, Konstruktionen geprüft, Gebackenes gekostet, Dichtungen vorgetragen und…und…und. Warten, bis Brain an der Reihe war. Sein voller Name wurde von einer Ältesten aufgerufen: „Brain, Sohn von Lara und Sabu aus dem Schildkröten-Stamm, tritt vor und zeige, was du in die Gemeinschaft einbringen willst." Brain schaute in seine Gruppe, in die vielen aufmunternden Gesichter und ging ganz selbstverständlich mit Sabu und dem Tisch in die Mitte des Kreises. Nachdem sie den Tisch zusammengetragen und abgestellt hatten, entfernte sich sein Vater und folgte dem Geschehen vom Rand aus der Gruppe heraus.
Brain schaute in Richtung des Ältestenrates und erklärte, womit er sich beschäftigt hatte, wie er an die Umsetzung seiner Idee herangegangen war und was er hier präsentieren wollte. Brain konzentrierte sich. Alle Anwesenden folgten gespannt den Bewegungen der *„Krabbler"*. Sie waren geschmeidig und ausbalanciert in der Motorik. Sie hatten kleine Werkzeuge dabei und liefen an Vertikalen genauso gut wie auf Waagerechten, nahmen große und kleine Hindernisse mit Leichtig-

keit. Die Überraschung war ein Lauf durch ein Wasserbecken. Der „Krabbler" brachte einen, im Verhältnis zu seinem Eigengewicht, schweren Gegenstand aus dem Wasser mit. Am Schluss ließ Brain alle drei „Krabbler" auf einmal wieder zu den Ausgangspositionen zurückkehren, was mit Äußerungen der Anerkennung wertgeschätzt wurde. Eine so gut kontrollierte Geisteskraft für einen 14-Jährigen ist noch nicht oft verbreitet. Im späteren Alter jedoch schon.

Jolani trug mit ihm den Tisch zurück an den Rand und die nächsten drei kamen abschließend an die Reihe. Eine Vertreterin der 13 Ältesten trat in die Mitte des Kreises und dankte allen teilnehmenden jungen Menschen mit angemessenen Worten der Wertschätzung. Sie lud die jungen Menschen des nächsten „Großen Tages" dazu ein, sich voll Pioniergeist, Neugier, Kreativität und Mut auf den Weg in das Vorbereitungsjahr zu machen. Sie sprach über das Werden, das Sein und die Zugehörigkeit in ihre Menschengemeinschaft.

Die Gemeinschaft bekam so eine Idee, was die jeweiligen jungen Menschen gelernt hatten, womit sie der Gemeinschaft vielleicht dienen wollen. Was nicht heißen sollte, dass der freie Wille sie auch in jede mögliche andere Richtung bringen kann. Sie hob ihre Hände und sprach Dank und Segen für alle Anwesenden. Damit war der offizielle Teil beendet und ein gemeinsames, großes Fest begann.
Viele Hände brachte innerhalb der nächsten Augenblicke Tische, Stühle, Bänke, Essen und Getränke herbei. Die Musizierenden zogen die Instrumente hervor und es wurde gelacht und getanzt bis tief in die Nacht. Brain, wie auch einige andere der jungen Menschen, zog sich in einen der nahestehenden Pavillons zum Ausruhen oder Schlafen zurück. Bevor Jolani sich in den Kuppelbau begab, schaute sie nach Brain und sah ein Lächeln auf seinem Gesicht, während er schlief. Auch sie war voll Freude über das Erlebte und schon jetzt gespannt auf die kommende Zeit mit Brain.

Auf dem Weg zu ihrem augenblicklichen Schlafplatz, dem Kuppelbau, dachte sie über ein paar Sätze nach, die ihr die Großmutter neulich beim gemeinsamen Abendessen erzählt hatte: „Stell' dir mal vor, was für Fragen die Leute früher hatten: *Wie war der Übergang ins Erwachsenen- und Berufsleben? Wie kann aus Kindern etwas werden, wenn sie nicht in die Schule gehen?* Hier kräuselte sich bei vielen Menschen damals die Stirn! WIR durften gespannt sein."

Heute wissen wir, dass die Entfaltung der individuellen Persönlichkeit eine wichtige Voraussetzung für ein entspanntes, erfülltes und damit gesundes Leben ist. Eng damit verbunden war das globale Thema der gemeinsamen Selbstheilung aller Lebewesen. Als sie in ihrem Bett lag, war Jolani sehr in Frieden mit sich und dem reichen, vergnüglichen Tag. Sie bedankte sich beim Leben und der QUELLE selbst. Danach kuschelte sie sich in ihre Decke und schlief innerhalb von wenigen Augenblicken ein.

4. Der Ältestenrat

In jeder Region gab es Ältestenräte von jeweils 13 Menschen, 7 Frauen und 6 Männer. Sie waren für 1000 Menschen zuständig, im Durchschnitt um die 77 Menschen je Ältestem und wurden aus der Gemeinschaft heraus gewählt, meist wegen ihrer besonderen Qualitäten. Entweder waren sie besonders befähigt in einem bestimmten Thema oder sie wurden gewählt, weil sie sehr lebenserfahren sind oder hatten eine andere, für die jeweilige Großgruppe wichtige Eigenschaft. GuAnEomi war über 150 Jahre selbst eine Älteste im Ältestenrat gewesen. Eine lange Zeit. Über einen Zeitraum von 5 Generationen lenkte sie zusammen mit den anderen zwölf das Leben in ihrer Region. Sie kannte alle mit ihrem Namen und war viele Male in allen Häusern gewesen. Doch vor drei Jahren gab sie das Amt zurück. Sie wollte mehr Zeit in ihrem Garten verbringen und das Wohl der Tiere begleiten. Als Älteste war sie oft in der Gemeinschaft unterwegs und führte viele Gespräche, teils digital, teils im direkten Kontakt von Mensch zu Mensch. Es war eine sehr verantwortungsvolle, intensive Zeit in ihrem Leben gewesen.

GuAnEomi erinnert sich an die erste Zeit der Wende, des Übergangs in die Transformation unserer Gesellschaft. Es entstanden viele „Inseln" des neuen Miteinanders, z. B. gab es Ecovillages verteilt auf der ganzen Erde. Hier experimentierten die Menschen damals mit neuen gemeinschaftlichen Strukturen und Inhalten. Es gab grob gesehen 4 große Gebiete, auf denen nach neuen Wegen und Lösungsansätzen geforscht wurden. Es waren die Themen Kunst und Kultur, Ökologie, Ökonomie und Finanzsystem sowie Bildung und Soziales. Ein neues menschliches Miteinander wurde erprobt, regional und dezentral. Erst im Kleinen und später weiteten sich diese *Inseln* aus und bauten Brücken in andere Gesellschaftsbereiche hinein. Dadurch expandierte die Veränderung von dort aus sukzessive und erfasste nach ein paar Jahrzehnten auch den letzten Winkel, die gesamte Erdpopulation der Menschen, Tiere und Pflanzen.

Hast du dir schon mal die Frage gestellt, warum du hier bist, warum du lebst - gerade hier, jetzt, an diesem Ort, zusammen mit diesen Menschen? Nein - dann stell' dir doch mal bitte ein paar weitere Fragen, die dich auf die Spur in Richtung von möglichen Antworten führen können.
- Was ist deine Bestimmung, der Sinn deines Lebens?
- Womit verbringst du am liebsten deine Zeit, in welcher Umgebung?
- Mit welchen Menschen bist du besonders gerne zusammen?
- Warum, warum und ... warum?
- Mit welchen Materialien arbeitest du gerne oder umgibst dich, warum?
- In welcher Tageszeit bist du besonders aktiv?
- Bist du am liebsten allein und warum?
- Bist du eher in Gemeinschaft mit anderen (Menschen oder Tiere) in Wohlfühl-Laune und warum?
- Was kannst du besonders gut und warum?
- Was ist mein „Inneres Genährt-Sein"? Nährt mich das, was ich mache?

Es war eine enorm dynamische Zeit gewesen. Es wurde aufgehört GEGEN etwas zu kämpfen, sondern die Lebensenergie ALLER wurde FÜR die Erneuerung konstruktiv eingesetzt.
Sicherlich, die Wunden waren vielerorts tief und die Schäden fatal. Es dauerte einige Zeit, UNS, die Tiere und Pflanzen zu heilen. Die Atmosphäre und das Wasser zu reinigen. WIR erinnerten uns auch an die Selbstheilungskräfte unseres Planeten, den wir liebevoll „Mutter Erde" nennen.
Doch, einmal erinnert, welche wunderbaren, beseelten, geistreichen, licht- und machtvollen Geschöpfe WIR sind, war die Veränderung überall sichtbar.
GuAnEomi war „Gemeinschafts-Hopperin", Botschafterin für das neue SEIN. Sie besuchte viele Öko-Dörfer und andere Gemeinschaften, half mit an der Transformation, wo sie nur konnte. Immer dort, wo sie sinnvoll und am besten dem Gemeinwohl dienen konnte. Sie erinnerte sich einmal während einer Zusammenkunft an den Liedtext der Liedermacher Chris Jasper / Ernest Isley / Ernie Isley / MarvinIsley „Caravan Of Love" und hat ihn dem Ältestenrat vorgesungen:

„Are you ready, are you ready?
Are you ready, are you ready?
Are you ready for the time of your life?
It's time to stand up and fight
It's alright it's alright
Hand in hand we take a caravan to the motherland
One by one we gonna stand up with pride
One that can't be denied
Stand up, stand up
From the highest mountain, valley low
We'll all join together with hearts of gold
Now the children of the world can see
There's a better place for us to be
The place in which we were born
So neglected and torn apart
Every woman every man
Join the caravan of love
Stand up stand up
Stand up
Everybody take a stand
Join the caravan of love
Stand up stand up
Stand up
I'm your brother
I'm your brother don't you know
She's my sister
She's my sister don't you know
We'll be living in a world of peace
And the day when everyONE is free
We'll bring the young and the old
Won't you let your love flow, from your heart
Every woman every man
Join the caravan of love
Stand up stand up
Stand up
Everybody take a stand
Join the caravan of love
Stand up stand up
Stand up
I'm your brother

I'm your brother don't you know
She's my sister, we're waiting, we're waiting
She's my sister don't you know

Wir sehen heute ringsumher, wo wir stehen in der menschlichen Gemeinschaft, wo wir es zusammen hingebracht haben. Nicht etwa durch Warten auf bessere Zeiten oder Kämpfen gegen Ängste, Verelendung, Krankheiten, Hunger, Klimakiller…, sondern durch die Fokussierung unserer Lebensenergie auf das, was jetzt getan und erreicht sein will. Durch Erkenntnis und mit Herzenskraft galt es zu reinigen und zu entfernen. WIR beendeten, was uns bremste und brachten zusammen jene Veränderung hervor, die allein göttliche Bewegung ist. Die LÜGE zerbrach! Die menschliche Gemeinschaft hatte an einem Punkt ihrer Entwicklung begriffen, dass es darum geht, einander die Hände zu reichen und einander zu unterstützen, dort und wo es gerade hilfreich ist. Von da an war die Kaskade, der Dominoeffekt, nicht mehr aufzuhalten und WIR waren auf dem Weg in das Leben, in die liebevolle, zugewandte Gesellschaft, in der wir heute zusammen leben…,
…heute leben wir in der Fülle, weil WIR UNS für das Leben einsetzen. Die Menschen schätzen einander, der individuelle Ausdruck eines jeden Menschen wird respektiert. Wir sind uns eine Begleitung in der jeweiligen menschlichen Entwicklung, im individuell angepassten Rhythmus in der eigenen Zeit, jetzt sind WIR im GewahrSEIN.

5. Unser Gesundheitssystem

Heute will sich GuAnEomi auf den Weg zu ihrer Freundin Gesina machen. Sie kündigt der Freundin ihren Besuch telepathisch an und zwar, dass sie am frühen Nachmittag eintreffen wird. Sie überlegt, was sie Leckeres als Gastgeschenk mitbringen mag. Sie folgt ihrem Impuls und geht in den Vorratsraum. Dort stehen viele Gläser mit unterschiedlichsten Marmeladen und Kompotten. Ihr fällt ein, dass Gesina besonders die Mirabellen-Apfelmarmelade mag.
Sie greift sich zwei Gläser davon und steckt sie in die kleine, bunte Stofftasche, die sie meist mit dabei hat, wenn sie das Haus verlässt. Die ist praktisch, weil sie sehr leicht ist und hat auch genau die Größe, die ihr angenehm über der Schulter hängt.

Die alte Frau geht noch einmal durch ihren Garten und verabschiedet sich von ihrem Liebsten Miel TooWaad, den Pflanzen und Tieren: „Ich bin in ein paar Tagen wieder zurück. Ihr bekommt das Wachsen auch ganz gut ohne mich hin." Liebevoll streicht sie beim Vorbeigehen über die eine oder andere Blüte oder ein Blatt und gibt ihm einen zärtlichen Kuss. Dann geht sie durch das Haus, nimmt sich ihre Tasche, schließt die Tür und macht sich auf den Weg zum Dorfplatz.

Hier befindet sich der Eingang zur unterirdischen Schnellbahn. Sie bevorzugt diese Art der Beförderung. Andere wählen gerne den Weg der Teleportation. Doch das geht GuAnEomi zu rasch. Sie hat das Gefühl, dass ihre Seele längere Zeit zum Mit- und Ankommen braucht. Und so steigt sie ein und nimmt Platz in einem der bequemen Sitze. Für die Strecke von ungefähr 500 km braucht sie auch nur eine halbe Stunde. Das ist ihr schnell genug. Die Fahrt ist angenehm, da eine Mutter aus dem Dorf mit ihrer kleinen Tochter auch unterwegs ist und sie nun im Gespräch sind. So erfährt sie ein paar Neuigkeiten und fährt nicht allein. Die beiden verlassen das Fahrzeug 10 Minuten früher als geplant.

Unser Transportmittel funktioniert so: Entweder geben wir schon von Zuhause aus die Uhrzeit der Abfahrt, den Start sowie das Ziel ein oder auch erst direkt im Fahrzeug. Ganz so, wie es uns passt. Die Bekanntgabe der Daten von Zuhause aus ist für das Planen wohl besser. Und so steht dann auf jeden Fall das gewünschte Fahrzeug zu unserem Ziel bereit. Es wartet so lange auf uns, bis wir den Einstieg bestätigt haben. Doch es fahren ohnehin nicht so viele mit der Schnellbahn.
Als GuAnEomi aussteigt, hätte sie doch fast ihre Tasche auf dem Sitz vergessen. Sie macht sich auf den Weg zur Freundin und läuft ein paar Minuten bis zum Haus.
Auf das Klopfen an der Tür erhält sie keine Antwort, daraufhin betritt sie das Haus einfach so. „Gesina, ich bin da!" „Oh, ich bin hier drüben in meinem Zimmer, komm´ nur rein", ist die Antwort. Gesina liegt in ihrem Bett. Sie hatte vor 2 Tagen Brechdurchfall und ist noch etwas wackelig auf den Beinen. „Das ist schön, dass du da bist. Ich freue mich, dich wiederzusehen. Wie war die Fahrt?" „Du hast gar nicht mitgeteilt, dass es dir nicht gut geht, ich wäre auch gerne sonst früher gekommen." Ihre Freundin hatte die kurze Erkrankung auch so wieder gut in den Griff bekommen und jetzt regeneriert sie noch ein paar Tage.

„Habe ich dir schon mal erzählt, wie so etwas früher gehandhabt

wurde, wenn ein*e sogenannte*r Patient*in erkrankte, nein? Na, dann
hört mal gut zu! Du bist in eine Arztpraxis gegangen. Das waren meist
mehrere Räume, wo es Ärztinnen und Ärzte gab. Dort wurde unter-
sucht, diagnostiziert und Gifte verabreicht. Heute haben wir unseren
Heilkundigen in den Heilzentren. Im Krankenhaus bist du oft erst ganz
und gar krankgemacht worden, durch Substanzen, die du geschluckt
hast oder gespritzt bekamst. Es wurde am Körper auf- und wegge-
schnitten." „Und warum taten die Menschen das freiwillig?" „Ach, die
Lüge und Suggestion beherrschte alles. Es wurde von einem enorm
ausgeklügelten System so hingestellt, dass alles der Gesunderhaltung
oder Beendigung von Krankheit diente. Selbst eben erst geborenen
jungen Menschen sind giftige Substanzen gespritzt worden. Die Eltern
waren der Ansicht, dass den Kindern Gutes widerfährt. Sie wussten es
jahrzehntelang nicht besser und waren von der skrupellosen Pharmaindustrie und/oder unbewussten Ärztinnen und Ärzten in die Richtung
gedrängt worden. Verantwortliche in der Politik unterstützten das
Ganze noch, indem sie die Menschen gesetzlich zwangen, sich selbst
und ihre Kinder impfen zu lassen, sprich den giftigen, krankmachenden Substanzen auszusetzen. Sie wurden alle hinters LICHT geführt,
belogen, wissentlich manipuliert und bekamen ständig Falsches über
die Medien suggeriert. Damals herrschte noch die Macht des Geldes,
der Materialismus. Es war die Zeit des Kapitalismus. Später, erst in
der post-kapitalistischen Epoche waren Erkenntnis und BewusstSEIN
soweit gewachsen, dass damit Schluss war."

GuAnEomi geht in die Küche und bereitet für Gesina und sich eine
Kanne Zistrosentee. Damit setzt sie sich zu Gesina ins Zimmer,
schenkt ihr eine Tasse voll ein, reicht sie der Freundin und nimmt sich
selbst die geblümte Tasse mit dem duftenden heißen Getränk. Sie plau-
dern ein Weilchen über dies und das, tauschen Neuigkeiten aus, wie
zum Beispiel Brains Initiation am *Großen Tag*. Jedes Detail ist wichtig zu erwähnen, alles wird haargenau berichtet. Die Freundin kennt
den jungen Menschen durch ein paar Besuche hier und dort, hat den
Entwicklungsprozess doch eher aus der Ferne auf ihre Art und Weise
erlebt. Danach machen die beiden Frauen einen kleinen Spaziergang
und landen im gemütlichen Café *„Hasi-Goldschatz"*. Hier essen sie
eine Kleinigkeit. Gesina bestellt eine Brennnesselsuppe mit Möhren
und GuAnEomi eine Spinat-Quiche mit Wildkräutersalat. Dazu gibt es
eine Karaffe mit ayurvedischem Wasser. Nun ist auch die Gelegenheit
gekommen, ihr Gespräch über das Gesundheitssystem weiterzuführen.

Doch dazu kommt es vorerst nicht. GuAnEomi wirkt für einen langen Moment abwesend, sodass ihre Freundin sie fragt, wo sie denn in Gedanken ist.

„Ach, weißt du Gesina, ich war gerade in einer längst vergangenen Zeit. Das war so ungefähr …, ach nein, jetzt weiß ich es wieder genau. Es war um die Zeit der 30-Jahrfeier des Mauerfalles in Berlin. Ich saß abends mit meiner Mitbewohnerin in der Küche und sie fragte mich, warum ich die Vergangenheit hinter mir gelassen habe." Damit nahm sie Bezug auf ein Gespräch ein paar Stunden zuvor. Sie hatte mich erst nicht verstanden. Ich wurde immer heftiger und zwar so sehr, dass sie den Raum und die Kommunikation verließ. Ich war wütend darüber, dass sie die scheinbare schlimmere Verletzung ihrer Kindheit und dem späteren Erwachsenenalter durch die kommunistische Regierung der DDR verglich mit meiner westlichen, kapitalistisch-materialistischen Sozialisierung. Ihr war nicht bewusst, dass ein Leben, eine Kindheit in Westberlin auch bedeutete, eingesperrt zu sein. Eingesperrt durch die Berliner Mauer. Feindbilder wurden auf beiden Seiten der Mauer geschürt. Es war das Zeitalter des Kalten Krieges.

Ich wurde damals ganz traurig. Traurig darüber, dass die Traumata in den Herzen vieler Menschen, selbst 30 Jahre nach dem Mauerfall immer noch deutlich spürbar waren. Ich wollte damals endlich den ideologischen widerlichen Schleim, den menschlichen Morast hinter mir lassen und in eine Zeit voller Zuversicht gehen. Mich dem Fluss aus einer der Prophezeiungen der Hopis hingeben.

Dies ist die Stunde:
„ Man hat euch gesagt, es wäre fünf vor zwölf.
Nun geht zurück und sagt den Menschen,
dass dies die Stunde ist!
Es gibt einiges zu überdenken:
Wo lebst du?
Was tust du?
Welcher Art sind deine Beziehungen?
Bist du in der richtigen Verbindung?
Wo ist dein Wasser?
Kenne deinen Garten!
Es ist Zeit, deine Wahrheit auszusprechen.
Erschaffe deine Gemeinschaft.

Sei gut zu dir selbst.
Und suche nicht im Außen nach einem Führer.
Dies könnte eine gute Zeit werden!
Es gibt einen Fluss, der sehr schnell fließt.
Er ist so groß und schnell, dass es Menschen gibt, die Angst davor
haben.
Sie werden sich am Ufer festhalten.
Sie werden das Gefühl haben, zerrissen zu werden und sehr leiden.
Du sollst wissen, dass der Fluss sein Ziel hat.
Die Ältesten sagen, dass wir das Ufer loslassen müssen,
uns abstoßen und in die Mitte des Flusses schwimmen,
unsere Augen offen halten
und unsere Köpfe über Wasser.
Dann schau, wer bei dir ist und mit dir feiert.
In dieser Zeit jetzt dürfen wir nichts persönlich nehmen,
am allerwenigsten uns selbst.
Denn sobald wir das tun,
stoppt unser spirituelles Wachstum.
Die Zeit des einsamen Wolfs ist vorüber.
Versammelt euch!
Verbannt das Wort Kampf aus eurer Geisteshaltung
und aus eurem Vokabular.
Alles was wir jetzt tun,
muss auf heilige Art und Weise getan und zelebriert werden.
Wir sind diejenigen, auf die wir gewartet haben."
Die Ältesten, Oraibi, Arizona Hopi Nation

„Ja, das ist lange her…, und ja, WIR waren glücklicherweise die, auf die WIR gewartet haben! Manchmal überkommt mich kurzweilig eine leichte Schwermut durch die ALTE ZEIT, die immer noch nach den vielen Jahrzehnten hin und wieder sich gedanklich bei mir meldet."
„Ich konnte deinen Blick nicht deuten. Ich spürte nur, dass du sehr weit weg warst. Was meinst du, können wir jetzt nun in aller Ruhe einen Happen essen und danach ein paar Schritte tun?"
Sie essen in Stille. Gesina spürt, dass ihre Freundin noch etwas Zeit braucht, um wieder ganz im *Hier* und *Jetzt* und bei ihr anzukommen. Sie räumen zusammen das Geschirr ab und verlassen das *„Hasi-Gold-schatz"* für ihren Spaziergang.

Untergehakt und beschwingt wie zwei jugendliche Frauen laufen sie über den Marktplatz und unterhalten sich dabei angeregt. Bei einem Blick von hinten auf sie geworfen, verrät lediglich das Grau in GuAnEomi's taillenlangem Haar, dass sie keine jungen Frauen sind. Während des Dahinschlenderns nimmt die ältere der beiden den Gesprächsfaden wieder auf: „Weißt du, was auch zu unserem Gesundheitssystem von heute führte?" „Na? Du wirst es mir gleich sagen." „Frauen fingen an, ihre traditionellen Wertevorstellungen zu transformieren. Ziemlich bis zum Ende des 20. Jahrhunderts hatten Frauen auf ihrer persönlichen Liste ganz weit oben die Familie, danach das Verlangen nach Unabhängigkeit, gefolgt von dem Streben nach Karriere, dem Wunsch nach Anpassung und als fünften Punkt ihre Attraktivität. Mit der Zunahme an Bewusstheit in der Gesellschaft setzte ein Wechsel in den weiblichen Wertevorstellungen ein. Nun sah diese 5-Punkte-Liste so aus: An erster Stelle stand das ganz persönliche Wachstum jeder einzelnen Frau (und sie unterstützten einander darin). An zweiter Stelle kam das Gefühl der Selbstachtung, danach die Spiritualität, gefolgt von Glück und als fünfter Punkt kam die Vergebung. Dieser Punkt hatte einen sehr besonderen Stellenwert. Die Vergebung, auch sich selbst gegenüber, machte den Weg frei und WIR konnten immer weiter gehen und schließlich da ankommen, wo WIR heute gesellschaftlich stehen.

Der männliche Teil der menschlichen Gesellschaft machte einen ähnlichen Wechsel in den Wertevorstellungen durch mit einer ganz eigenen 5-Punkte-Liste. Mit der Zeit änderte sich unsere DNS. Dies führte dazu, dass WIR die globale Lebensphilosophie hin zum einfach nur DASEIN, Aufpassen und Hinhören einnahmen. So konnte MUSIK entstehen, die ganz eigene, persönliche Musik. Allen war bewusst, dass sie geben und dienen, dass ihre Hände die Hände der QUELLE sind. Sie setzten sich sinnerfüllte Ziele und ließen sich nun wieder von der QUELLE führen. Heute feiern WIR die Auferstehungskraft des Lebens."

Gesina und GuAnEomi haben während des Gespräches den Weg zurück zum Ort gewählt, wo Gesina Zuhause ist. Unterwegs kommen sie an einem kleinen Weiher vorbei und setzen sich auf die Bank, die unter Birken steht. Hier ruhen sie sich ein wenig aus, da sich GuAnEomi's Freundin noch nicht voll regeneriert und erholt fühlt. „Weißt du, was noch wichtig war für unsere Veränderung? Es war der Respekt, die Ehrfurcht vor jeglichem Leben an sich. Ja, mein Herz pocht für diese, unsere wundervolle Erde!
Die gelebte Aufrichtigkeit, die Ehrlichkeit sowie Sanftmut und Güte

und eine allgemeine Hilfsbereitschaft ebneten UNS den Weg. Unsere Hoffnung entstand durch unser Handeln -und wie WIR handelten! Sie gab uns Mut und Kraft, ja beflügelte UNS, um neue Wege gehen zu können. Erst transformierten wir alte Überzeugungen und danach folgten WIR dem Gesetz der Resonanz: *Gleiches zieht Gleiches an.* Es sagt immer JA. DAS, was wir aus tiefstem Herzen glaubten, realisierte sich, weil das Herz die stärkste Energie besitzt. So manifestierten WIR eine NEUE Erde, die Gesellschaft, die glücklichen Beziehungen, in denen WIR jetzt zusammen leben können. Wir kreierten uns ein neues Menschenbild: Weg von einer Spezies, die an dem Ast sägt, auf dem sie selbst sitzt, hin zur friedlichen Koexistenz allen Lebens.

Ja, WIR begriffen, dass die Erde ein Lebewesen ist, dass sie heilig ist, genau wie alles was ist -Pflanzen, Tiere, Menschen und alle anderen Wesenheiten.

Wir unterfütterten diesen radikalen Wandel mit Liebe für das Leben an sich.

Alles andere wäre ein weiterer Kampf *„dagegen"* gewesen. Wir bezogen klar Stellung für das Leben. Der Paradigmenwechsel vollzog sich nicht aus Wut, Zorn und/oder Verzweiflung, Rebellion sowie Revolte, sondern vielmehr aus der Dankbarkeit heraus, der Demut hin zum Leben.

Und heute? Heute leben wir im Liebessystem, dem Fülle-System, das UNS unaufhörlich nährt. Wir dienen dem Leben an sich."

6. Es beginnt

Ich habe das Gefühl, dass ich am Ozeanstrand stehe. Wissend, dass das Land hinter mir nicht mehr zum Leben taugt. Vor mir liegen die Boote, große und kleine. Viele Menschen sind schon an Bord. Etliche haben schon abgelegt und fahren dem Horizont entgegen. Doch es gibt noch andere an Land, die noch nicht die Entscheidung getroffen haben, loszulassen und abzulegen. Manche haben es nicht realisiert, einige wollen gar nicht ablegen.
Wohin geht die Reise? Ich weiß es nicht. Die Ungewissheit wird zu meiner besten Freundin in diesen Tagen...

Jolani und GuAnEomi sitzen gemeinsam am Feldrand in der Sonne und lauschen den Stimmen des Frühlings...

Die Sonne wärmt ihre Gesichter und Herzen. „Du Omi, bitte erzähl`
sie mir noch einmal, die Geschichte wie alles begann. Ich meine, die
Veränderung hin zu der Gesellschaft, in der wir heute leben." Die
weise Alte sieht ihre Enkeltochter liebevoll an und streicht ihr eine
Haarsträhne aus dem Gesicht, die der sanfte Wind der jungen Frau
über die Nase geweht hat.

Sie lächelt und beginnt mit einer langen Pause, atmet
mehrmals tief durch: „Es ist am Ende des Winters...
Eigentlich ist es gar kein Winter. Dafür sind die Temperaturen zu warm,
schon seit Jahren geht das so. Plötzlich, von einem Tag zum anderen,
ist alles anders. Ein *„Virus"* durchzieht jedes Land. Der ganze Planet
Erde ist betroffen. Wegen ca. 5.000 angeblicher Toten (Erkrankte mit
Todesfolge) global betrachtet, legen Regierungen der einzelnen Länder
und Nationen das gesamte öffentliche Leben lahm.

Schulen und Kitas sind geschlossen, die jeweiligen Landesgrenzen ebenfalls. Restaurants, Cafés und Bars sind zu, Kinder sollen nicht mehr die
Spielplätze und Parks benutzen… Die Spielplätze sind mit rotweißen
Absperrbändern versperrt. Einige Regierungen haben Ausgangssperren
verhängt und manche Landesregierungen rufen den Katastrophennot-
stand aus. Doch die Läden sind geöffnet. Es kann eingekauft werden.
Viele Menschen, die ihre tägliche Dosis an Medien (Funk, Fernsehen und Internet) konsumieren, geraten in Panik oder Angst. So sind
sie manipulierbar. Es heißt: "Leute bleibt Zuhause!" Die Börsen weltweit erleben Einbrüche, wie sie nie zuvor gesehen waren. Sogenannte
„Machtzentren" der Welt fallen in sich zusammen, wie ein Kartenhaus.
Gespinste und Seilschaften aus Politik, Monarchien und Wirtschaft sind
lahmgelegt. Viele Verhaftungen erfolgen. Auf allen Ebenen ist sichtbar,
wo korrumpiert, gelogen und betrogen worden ist. Immer mehr entsetz-
lichere widerliche Tatsachen treten global zutage.
Das ganze öffentliche Leben verlangsamt sich, zieht sich in sich selbst
zurück, vollzieht eine große Reinigung, eine tiefreichende Wandlung. Erst
ist eine weitläufige Schockstarre wahrnehmbar. Angst, Panik und Entset-
zen gehen um. Hamsterkäufe sind an der Tagesordnung. Eine allgemeine
Verunsicherung greift um sich. Es ist nicht so einfach bei sich zu bleiben,
in der eigenen Mitte, in Balance. Nun ist die Zeit der großen Besinnung
auf die wichtigen Werte im Leben. Es geht um Fragen von Würde und
gegenseitigem Respekt. Wertschätzung ist ein anderes großes Thema. Es
gilt, die großen Fragen des Lebens tiefer, ja, zutiefst zu leben.

Und dann kehrt Ruhe ein. Unser Planet heilt und WIR auch. Ja, es gibt nach dieser Zeit etwas ganz Wundervolles für uns ALLE. Das LEBEN startet nach einigen Monaten neu. Und was sich hier zeigt, ist nie zuvor da gewesen: Die ersten zaghaften, liebevollen Zeichen werden gesetzt.

Was wollen WIR Kraft unserer Aufmerksamkeit in jedem Moment unseres Lebens aktivieren? Es ist ein Umgang mit unserer schöpferischen Kraft. Ja, es geht um das Leben von regenerativen Kulturen. Es ist ein weitreichender Wandel des SEINS. Es ist ein DIENEN für die Erde, für und an Gaia, unseren wundervollen Planeten mit allen Lebewesen auf ihr. WIR fangen an, wieder als ein Ort und ein Lebewesen zu handeln, denken, spüren und intuitiv wahrzunehmen. Wir sind jetzt global, regional transformativ und ko-kreativ sowie dankbar dem Leben an sich."

GuAnEomi gießt sich eine Tasse Tee aus der Warmhalteflasche ein. „Du auch?" Und blickt dabei Jolani fragend an. Sie nickt und wenige Augenblicke später hat auch die junge Frau ein Trinkgefäß mit Tee vor sich. Die Alte hält den Becher mit dampfendem Löwenzahntee in der Hand, atmet den herben Duft des Tees ein und nimmt ein paar kleine Schlucke des heißen Getränkes.

„Das, was WIR sehen, ist die Entscheidung zum WIR. Der Wandel in Richtung Gemeinschaft. WIR begreifen, WIR wissen um die Fülle, in der WIR leben. Dies hat zur Folge, dass die weitreichende Atmosphäre des Schenkens beginnt. Ja, WIR feiern das Leben jetzt und lachen zusammen. Der Humor verbindet uns alle. Es ist die Zeit, das Genießen zu leben. Und wir folgen dem Weg unserer Herzen. Dort treffen WIR uns ALLE. Die Natur sehen wir als ein *heiliges Wesen* an. WIR begreifen, dass wir nichts Neues werden, sondern viel mehr werden WIR zu der/dem, die WIR schon immer sind. Es geht darum, altes Bewusstsein zu integrieren, das Bewusstsein zu fühlen. Dadurch entwickeln wir uns und gehen in unsere volle Potenzialentfaltung."

gesinarestel@googlemail.com

Bernd Raguse

BEWUSST-SEIN

Tritt ein,
barfuß und auf leisen Sohlen,
wie an einer Nabelschnur gezogen,
das Kind von Traurigkeit vergessend,
die Blase unendlicher Schwere verlassend,
von Leichtigkeit des Bewusst-Seins umschlungen.

Liebe beschleicht Dich unvermittelt,
kriecht in Dir hoch,
um Dich zu befreien,
Dein Herz weit zu öffnen,
Deine Züge zu erweichen
und für immer zu bleiben.

Die Zeit steht still,
klebt nicht an Vergangenem fest,
kein Morgen anstimmend,
im ewigen Zauber des Hier und Jetzt,
sich dem Fluss des Lebens hingebend
und rinnt doch niemals mehr dahin.

Die Luft ist rein,
gönnt Dir einen tiefen Zug,
bläst den Kopf frei,
strömt sanft in jede Zelle,
verbindet alles mit allem,
weht selbst-verständlich Gleichgesinnte herbei,
als wären sie schon immer da.

Wir genießen gemeinsam das Bad in der Quelle,

als Kerne einer geschälten Ego-Zwiebel,
die jeweiligen Talente einbringend,
authentisch und wertschätzend,
herzlich lachend,
im rhythmisch-wohligen Takt von Erde 2.

coach@bernd-raguse.de
www.readstaylove.de

Bernd Raguse

IN JEDEM ENDE LIEGT EIN NEUER ANFANG

Miguel de Unamuno
(Eis-) Zapfenstreich

Bei Lichte betrachtet
geht da was

hat ausgedient
schmilzt dahin
wird über-flüssig

erleichtert sich
tropft auf heißen Stein
dampft ab

Bei Lichte betrachtet
kommt da was

aus sich heraus
nimmt Formen an
wächst über sich hinaus

atmet locker durch die Hose
macht sich auf den Weg
fließt dahin

coach@bernd-raguse.de
www.readstaylove.de

Sabine Vestege

DIE SCHÖNHEIT DER WELT

Hier ist meine Vision, für die ich JETZT hier inkarniert bin und JETZT zusammen mit dir und vielen anderen die neue Welt mit kreieren und gestalten:

Ich möchte eine bunte Wiese hinterlassen.
Der Welt die Schönheit und die Farbenpracht zurückgeben.
Grüne Wiesen wieder bunter werden lassen. Das grüne Gras wird mit bunten Sommerblumen gespickt. Überall blüht und gedeiht es.
Insekten und Vögel spielen im Sonnenlicht und erfreuen sich an der Vielfalt der Blumen.
Ich möchte die Welt ein bisschen schöner machen.
Ich möchte Liebe und Wertschätzung verschenken. Den Menschen wieder ihre Würde, Freude und Gefühle zurückbringen.
Ihnen zeigen, wie schön das Leben sein kann.
Ich möchte ihnen zeigen, was wirklich wichtig ist.
Konkurrenzkampf und Ausbeutung lassen das Herz von einigen höher schlagen.
Liebe, Wertschätzung und gemeinsames Miteinander können die Herzen aller miteinander verbinden, vereinen und dafür sorgen, dass alle sich besser fühlen und deren Herzen höher schlagen.
Ich möchte eine Welt mit aufbauen, in der jedes Wesen - egal ob Mensch oder Tier - sich frei in seiner Natur entfalten kann und den Freiraum hat, den es braucht, um zu wachsen, zu gedeihen und sich zum Wohle aller zu entwickeln und zu seinem höchsten Potenzial zu entwickeln, fernab von Einengung, Versklavung, Manipulation und Ausbeutung.
Ich möchte eine Welt mit anderen Visionären und Träumern gestalten, die an das Licht, die Liebe und eine bessere Welt glauben.
Solche, die diese schon sehen und gehen und bereit sein, den Weg des Lichts und der Liebe immer weiterzugehen.

Ich möchte eine Welt mit erschaffen, wo wir die künstliche Matrix, Manipulation und das Kleinhalten verlassen haben und uns unserer wahren Natur und unseren Fähigkeiten wieder bewusst sind und sie auch einsetzen können und wollen.

Ich möchte eine Welt mit kreieren, wo Herz und Verstand wieder vereint sind und zusammenarbeiten.

Wo wir gemeinsam für etwas sind und uns gegenseitig inspirieren und wachsen lassen.

Ich möchte eine Welt mit erschaffen, wo Energien wieder harmonisch zusammenwirken und sich ausgleichen können. In der die weiblichen und männlichen Energien ausgeglichen, gleichwertig und wichtig sind.

Ich möchte eine Welt mit erschaffen, in der Gefühle zwar wahr genommen, anerkannt und gefühlt werden, sie aber nicht mehr anderen schaden oder sie verletzen.

Ich möchte eine Welt mit erschaffen, wo alle gleichwertig sind und alle auch gleich viel wert sind und jeder Mensch in seiner Einzigartigkeit und Besonderheit akzeptiert und geliebt wird und zum Wohle der Menschheit wirken darf.

Ich sehe eine Welt, die bunt und zauberhaft ist.

Sie entsteht vor meinem geistigen Auge immer deutlicher und detailgetreuer.

Sie ist magisch und voller Wunder.

Sie ist vielfältig und bunt.

Sie ist ein Paradies für friedvolle und liebevolle Wesen und Seelen.

Sie ist pure Harmonie und Gleichklang. Sie ist Liebe und Glückseligkeit.

Sie ist beseelt vom göttlichen Sein und der Erkenntnis, wie wertvoll und wichtig alles Natürliche ist.

Die Natur und Mutter Erde dürfen wieder einfach nur sein und gedeihen.

Die neue Welt sehe ich seit Monaten klar vor meinen Augen und ich weiß aus einem inneren Wissen heraus, dass wir es schaffen, eine wundervolle Welt aus Liebe, Wertschätzung, Frieden, Harmonie und Gemeinschaft aufzubauen.

herzenscoaching@gmx.de

Sabine Vestege

ALLES IST GUT

Wenn das Herz und die Seele bereit sind, werden sie dafür sorgen, dass wir Möglichkeiten bekommen, uns dem Licht zuzuwenden.
Sehr wenige Seelen haben das Licht und die Einheit nicht verlassen.
Bei einigen ist es die Sehnsucht nach dem Licht.
Bei anderen die Sehnsucht zu erfahren, dass es noch viel mehr gibt als das, was sie bisher erfahren haben.
Vielleicht fordert auch das Schicksal sie heraus, das Leben, was sie bisher geführt haben, zu überdenken und sich dem Licht mehr zuzuwenden.
Mir persönlich war es nicht bewusst, dass es das Licht gibt, bis ich die Gnade Gottes kennengelernt habe.
In der dunkelsten Stunde, in der ich die Diagnose Krebs bekommen habe und nicht wusste, ob ich überleben werde, hüllte mich die Liebe Gottes ein. Ich wurde durch die Zeit der Heilung getragen. Ich habe erstmals eine Liebe erfahren, die nicht von dieser Welt ist. Diese Liebe hat nicht gewertet, sie war einfach da und hat mich getragen, gehalten, genährt und umsorgt.
Mir wurde immer wieder gesagt:

„Alles ist gut.
Du bist beschützt und sicher.
Vertraue deinem Weg und folge dem Weg des Lichts.
Du wirst unendlich geliebt."

Das Gefühl des Getragenwerdens und der unendlichen bedingungsfreien Liebe war das Schönste, was mir widerfahren konnte.
Wer einmal das Licht und die Liebe gespürt hat, wird sich immer weiter dem Licht zuwenden.
Die Sehnsucht der Verschmelzung ist unendlich groß und zeichnet den weiteren Weg vor.

Wir werden so vom Licht angezogen, dass es keine Möglichkeit gibt, dem zu entkommen.

So wie bei dem Sprichwort:

„Wie die Motten zum Licht."

Diese Liebe ist unbeschreiblich und kann nur von denen verstanden werden, die diese Erfahrung auch schon gemacht haben. Es ist die Sehnsucht nach Zuhause, nach dem Heimkommen und Ankommen.

Für mich war sofort klar, dass es meine Berufung und Aufgabe ist, das Licht in mir mehr zu kultivieren und strahlen zu lassen.

Die Schattenseiten und alles Dunkle wollten durchleuchtet, gesehen, anerkannt, wertgeschätzt und integriert werden.

Das, worauf Bewusstsein und Liebe gerichtet wird, wird sich über kurz oder lang ändern und wandeln.

Da, wo Licht ist, ist kein Schatten.

Ich wusste, dass es meine Berufung ist, mehr Licht und Liebe zu denen zu bringen, die es ersehnten und bereit dafür waren.

Die Seelen, die die Liebe Gottes selbst fühlen wollten und wieder zu sich selbst zurückkehren wollten.

Jetzt sind wir an einem Punkt angelangt, wo es wichtiger ist denn je, sich täglich daran zu erinnern, wer und was wir wirklich sind.

Wir sind mächtige Schöpferwesen mit unbegrenzt viel Liebe und Licht.

Wir können jede Sekunde wählen, was wir wollen und uns danach ausrichten.

Wählst du den Weg der Liebe und Einheit oder den der Angst und Trennung?

Wir haben den freien Willen.

Entscheiden wir uns für das Leben.

Entscheiden wir uns für eine Gemeinschaft, die sich zum Wohle aller entwickelt.

Entscheiden wir uns für unser Leben und leben nicht das Leben, das andere für uns vorgesehen haben.

Entscheiden wir uns für unsere Gesundheit.

Wir haben die Wahl und entscheiden wir uns für uns.

Wenn wir uns im Licht und in der Liebe befinden und für uns einstehen, kann diese kleine Menge uns nicht weiter leiten, manipulieren und für dumm verkaufen.

Licht und Liebe bedeutet auch Klarheit und Wahrheit.

Es bedeutet, auf das Herz und die Führung zu hören.

Bedingungslos lieben heißt auch Nein zu sagen, wo unsere Ethik und unser Herz uns etwas anderes sagen.

Verbinden wir uns alle zusammen im Licht und in der Liebe. Zusammen in der Einheit sind wir diejenigen, auf die wir die ganze Zeit gewartet haben.

Wir sind die Kraft, die neue Welten erschafft.

Wir sind das ICH BIN und eine nicht zu unterschätzende Kraft und Macht.

Setzen wir es, egal was noch kommen mag, für das ein, was wir jetzt wirklich, wirklich wollen.

Richten wir uns danach aus, was unser Herz und unsere Seele bereits ersehnen.

Kreieren wir für uns und die, die mitkommen wollen und können, eine Welt des Friedens, der Liebe, der Wertschätzung und des Miteinanders.

Wenden wir uns immer mehr dem Licht zu, auch wenn andere lieber im Dunkeln sind.

Zünden wir die Sehnsucht nach der Einheit in uns und in anderen.

Lassen wir nicht nur Weihnachten das Fest der Liebe sein, sondern feiern wir darüber hinaus weiter das Fest der Liebe, bis es selbstverständlich ist, in Liebe zu sein.

Bis es selbstverständlich ist, Licht und im Licht zu sein.

Lasst uns gemeinsam die Liebe leben und erfahren, die nicht von dieser Welt ist. Eine Liebe, die nicht wertet.

Die einfach da ist und uns und andere trägt, hält, nährt und umsorgt.

Etwas, das uns und anderen immer wieder sagt:

„Alles ist gut.

Du bist beschützt und sicher.

Vertraue deinem Weg und folge dem Weg des Lichts.

Du wirst unendlich geliebt."

Das Gefühl des Getragenwerdens und der unendlichen bedingungsfreien Liebe war das Schönste, was mir widerfahren konnte.

herzenscoaching@gmx.de

Susanne Neunecker

WEISSAGUNG DER INNERSTEN DIMENSION

Dieses Wunder passiert, wenn Du Deinen persönlichen inneren Null-
punkt durchschritten hast.

Du wirst anfangen, Dich selbst zu lieben.
Vielleicht erst vorsichtig.
Wie ein erstes Atmen.
Und Du bist überrascht, wie einfach es ist.
Du wirst über Dich lächeln.
Und das wird in Deinem Herzen den Funken zünden, den Du brauchst.
Den die Welt braucht.
Du wirst lachen.
Lachen aus Dir selbst heraus.
Ein Feuerwerk aus Freude und Liebe!
Du genießt es.
Du genießt Dich.
Dich selbst, so wie Du bist.
Wenn Du weiter in Dich hineinschaust, wirst Du ruhig.
Still und voller Frieden.
Du wirst fühlen, dass Du wunderbar bist.
So wie Du bist.
Du bist ein Geschenk.
Und das wirst Du fühlen und wirklich sagen können:
Oh, ja!
Ich bin ein Geschenk.

Und weil Du das fühlst,
weil Du das jetzt weißt,
wirst Du es ab jetzt sein.
Du bist ein Geschenk.
Für Dich.

Für die große Menschenfamilie.
Für die Erde.
Und das verändert alles:
Du wachst auf.
Du bereitest den ersten Kaffee.
Genießt den wunderbaren Duft.
Und den ersten Schluck.
Du weckst Deine Familie.
Streichst Deinem Kind über den Kopf.
Oder Deinem Hund.
Lachst vom Balkon aus Deiner Nachbarin zu.
Und sie lacht zurück.
Denn auch sie ist ein Geschenk.
Es wird ganz einfach sein.
Und weil es so einfach ist, wird es so mächtig sein.
Es wird uns alle ergreifen.
Wir werden uns selbst lieben und verstehen:
Innen ist Außen.
Und Außen ist Innen.
Das ist das Geheimnis.

In diesem Augenblick geht die Sonne über der Erde auf.
Selbstverständlich.
Und strahlend schön.
Ab heute stehen wir in der Sonne.
Lieben uns selbst.
Lieben unsere Kinder.
Und unsere Eltern.
Unsere Nachbarn und alle Mitbewohner der Erde.
Unsere Tiere.
Die wunderschönen Bäume, die uns schon immer genährt haben in ihrer bescheidenen Zuneigung.
Das klare Wasser, das uns schon immer unser Leben schenkt.
Und das wir sind.
Wir sind das Wasser und der Baum, das Kind und der Vater, der Vogel und die wunderschöne Frau vom Balkon.
Wir sind die Erde.
Wir verstehen.
Wir schauen hin.
Wir reichen die Hand, die gerade gebraucht wird.

Weil es ganz einfach ist.
Wir lieben
und tun genau das,
was sich unser innerstes Herz wünscht.
Denn es wird richtig sein und ganz leicht.
Und immer in Liebe.
So wird es sein.

susaneun@icloud.com

Martin Heinz

DIE NEUE ZEITLINIE

Am 21.12.2020 hatte ich in den frühen Morgenstunden einen Traum: Ich sah mich selbst auf der neuen Erde; die alte Erde war am Horizont zu sehen und war von dunklem, schwarz-grauem Rauch umhüllt - sie hatte kaum mehr Ähnlichkeit mit dem „Blauen Planeten", wie wir ihn von frühen Bildern aus dem Weltall kennen.

Ich wusste zutiefst in mir, dass die Trennung der Zeitlinien JETZT vollzogen war und dass ich selbst mich bereits auf der neuen Erde in der neuen Zeitlinie befand. Ein unglaubliches Gefühl der Befreiung war in mir: Alle Schwere und Last war von mir abgefallen.

Dieses Gefühl hielt sich auch, nachdem ich aufgewacht war: Ich wusste, dass ich auf die Zeitlinie der neuen Erde gewechselt war - und auch die Schwere war nach wie vor von mir abgefallen. Destruktive Menschen in meinem Umfeld nahm ich deutlicher von mir getrennt wahr - wie ein neutraler Beobachter.

An dieser Stelle weiß ich nicht, was mit destruktiven, toxischen Menschen geschieht, die sich momentan noch in meinem Umfeld aufhalten. Möglicherweise erleben wir jetzt ab dem 21.12.2020 gerade eine Übergangszeit, eine Art „letzte Chance" für all diejenigen, die noch in Unbewusstheit verstrickt sind, damit diese noch einmal „in sich gehen können" und die Möglichkeit haben, ein letztes Mal zu entscheiden. Doch dann wird sich „die Spreu vom Weizen trennen".

Ich sehe immer wieder klar die Vision der neuen Welt vor mir: Alles ist in klares, helles Licht gehüllt. Es gibt nur noch ein natürliches Umfeld. Wir leben frei und friedlich miteinander und mit der Natur und es ist für alles gesorgt. Wir kommunizieren telepathisch miteinander - es braucht keine Sprache mehr, außer vielleicht zur Freude (singen, spielen mit Lauten, usw.). Betrug und Lüge sind unmöglich geworden, denn - WIR WISSEN! Betrug und Lüge sind auch überflüssig geworden, denn wir haben uns zutiefst unserer Integrität gegenüber den kosmischen Gesetzen der Liebe verpflichtet - und das bedeutet, dass wir bedingungslos für das Gute, für die Harmonie, für das konstruktive Miteinander, für das WIR einstehen. Wir haben erkannt, dass wir alle Teile eines einzigen Organismus - GOTT - sind! Jegliche Absicht, die nicht dem höchsten Wohl des Ganzen dient, wäre uns sofort offensichtlich klar - mit allen ihren Konsequenzen. Wir wissen, dass wir in dem gleichen Moment, in dem wir eine solche Absicht, die nicht dem höchsten Wohl des Ganzen dienen würde, äußern würden, aus dem Paradies „herausgeworfen" und wieder in die 3D-Welt zurückgeworfen würden. Daher würden wir niemals Gewalt - in welcher Form auch immer - als eine Option sehen, sondern ausschließlich LIEBE.

Betrachten wir die Umstände unserer 3D-Welt, so scheint es fast unmöglich, OHNE Gewalt auch nur irgend etwas zu erreichen, oder gar unsere eigenen Lebens-Grundrechte ohne Anwendung von Gewalt verteidigen zu können. Doch dies ist ein Irrtum! Ich konnte es mir nie vorstellen, dass Gewalt jemals eine wahre Option für mich sei - obgleich ich angesichts der Lage der 3D-Welt mehr als einmal in der Versuchung war zu glauben, Gewalt wäre notwendig, um etwas zu erreichen. Doch all mein Innerstes sträubt sich dagegen - selbst wenn es mein physisches Leben kostet. Gewalt ist KEINE Option, denn sie entfernt uns IMMER von der Wahrheit Gottes, die eine Wahrheit der LIEBE ist und ausschließlich auf LIEBE basiert. Jede Gewalt trennt uns voneinander und von all den Aspekten des Lebens, die uns in Wahrheit nähren. Es ist die größte Illusion der 3D-Welt, geschaffen aus der absurden Verzerrung der Realität, die sich ergibt, wenn alles, wirklich alles auf den Kopf gestellt wird! Unsere Aufgabe inmitten des „Corona-Wahnsinns" ist es, genau diese Verzerrungen zu erkennen und uns damit an das zu erinnern, was WIRKLICH WAHR ist!

In diesem Sinne besteht unsere Aufgabe darin, uns von allen Illusionen und allen Anhaftungen an eine künstliche Welt zu lösen, damit wir bereit sind für die Wahre Welt, für „Das Reich Gottes auf Erden"...

martin.heinz@martin-heinz-bewusstseinsakademie.de

Antje Bauer

SICHT AUS KINDERAUGEN

Ich bin nun fast 38 Jahre alt und habe zwei Töchter (7 und 10 Jahre). Ich sage meinen Kindern nicht, womit ich mich derzeit befasse, dennoch erzählen sie mir nun vermehrt Dinge, die irgendwie Parallelen zu dem, was in „NOW" angekündigt wurde, aufzeigen. Meine Tochter meinte beim Zähneputzen im Bad beiläufig, dass sie sich fühle, als sei sie zwar hier auf der Welt, aber auch noch woanders. Es fühle sich an, als würde sie anderswo das hier nur träumen. Es sieht dort genauso aus wie hier, aber es fühlt sich anders an. Schöner. Sie sagt, sie habe aber auch ein bisschen Angst, dass alles hier nur ein Traum ist. Außerdem berichtete sie mir gestern, dass sie eine Stimme in ihrem Kopf habe, die nicht die ihre ist, aber irgendwie doch. Sie gibt ihr Antworten auf ihre Fragen, auch wenn sie diese manchmal noch gar nicht zu Ende gestellt habe. Das funktioniert leider nicht mit Matheaufgaben. Sie sagt, sie ist erleichtert, mir davon endlich erzählt zu haben.

Und als meine jüngere Tochter neulich nicht schlafen konnte, weil sie gruselige Gedanken hatte, fragte ich sie nach ihrem schönsten Erlebnis im Sommer. „Die Sonne. Ihr Strahlen hat mich so glücklich gemacht im Herzen."
Ich habe das Gefühl, die Kinder spüren alles wirklich. Sie sind da null mit dem Verstand dabei. Ich bin froh, dass ich ihre Erzählungen nicht mehr abtue mit Worten wie etwa: „So ein Quatsch. Das gibt es nicht." Ich hätte das früher sicher getan und ihre Anbindung an ihre Göttlichkeit im Keim erstickt. Also ich bedanke mich nochmals für eure wertvolle Arbeit, die unter anderem dazu beiträgt, sich diesen Großartigkeiten wahrhaftig zu widmen und in unser Leben einfließen zu lassen.

Ich selbst bitte seit ein paar Wochen auch mein höheres Selbst, mir im Traum Erkenntnisse zu schicken und was soll ich sagen, es funktioniert. Auch ich rede im Traum aus einer scheinbar anderen Dimension zu mir und merke im Traum, dass ich träume aber irgendwie auch nicht. Es ist sehr spannend.

frau.bauer@gmx.net

J. Goldau

GEDANKEN ERSCHAFFEN REALITÄT

Da meine Gedanken meine Realität erschaffen, stelle ich mir vor:

Ich forme gedanklich, was ich von Herzen gerne tun möchte. Wo kann ich leben und arbeiten und mich optimal entfalten?

Ich wünsche mir kreative Erfüllung eines jeden zum Wohle aller Mitmenschen.

Mein idealer Lebensraum ist ein von Grenzen freier Planet, auf dem es sich überall stressfrei leben lässt.

Alle Menschen werden in ihrer Einmaligkeit geachtet und leben unabhängig von Hautfarbe oder Nationalität in unantastbarer Sicherheit am Ort ihrer Wahl.

Nachwuchs ist überall außerordentlich geliebt, wird hochachtungsvoll behandelt und umsichtig unterrichtet. Kinderrechte sind ein besonders hohes Gut. Jeglicher Missbrauch, besonders der von Kindern, ist ein Fremdwort.

In Schulen ohne Zugangsbeschränkungen werden dem Nachwuchs alle universell lebenswichtigen Dinge vermittelt. Besonderes Augenmerk liegt auf der Bewusstmachung und Entwicklung der Gedankenkraft. Erkennen und Fördern angeborener Kreativität hat Priorität.

Zensuren und jede Form von Maßregelungen bei Lernprozessen aller Art sind unbekannt. Die Erlangung von Wissen über die optimale universelle leidensfreie Lebensweise ist ein HAUPT-Unterrichtsfach. Die Vermittlung von Selbstliebe, Nächstenliebe und konstruktivem, evolutionärem, angstfreiem Denken hat ebenso oberste Priorität.

Ein globales Finanzsystem, das nicht missbraucht werden kann, sorgt für materielle Sicherheit, bis die Menschen in einem weiteren Evolutionsschritt erkennen, dass Geld für ein liebevolles, harmonisches Miteinander in einer Welt, frei von Repressionen, nicht gebraucht wird. Hochentwickelte, global verwendete Tauschmechanismen sind installiert, werden ständig weiterentwickelt, im Einklang mit globalem Bewusstseinsanstieg sind alle Tauschmöglichkeiten allen zugänglich. Neuwarenproduktion erfolgt selbstverständlich umweltgerecht. Recycling, wo immer möglich, ist Standard.

Da für alle alles, aufgrund optimaler Verteilungsmechanismen, immer verfügbar ist, sind Horten, Spekulation und Besitzanhäufung unbekannt. Grundeigentum verliert mit der Zeit auch deshalb an Attraktivität, weil die Menschen begreifen, dass sie auf dem Planeten nur für eine Lebenszeit zu Besuch sind und Immobilien keine Spekulationsobjekte sind. Lebensraum an einem bevorzugten Platz kann vererbt werden, bis Bewusstseinsanhebung auch hier Veränderungen zur Folge hat.

Alle Lebensbereiche profitieren von erfinderischer Schöpferkraft. „Ideenbörsen" sind alltäglich. Alle Erfindungen sind weltweit „Open Source", zugänglich für alle. Restriktionen wie Patente sind unbekannt. Zum Anreiz der Kreativität existiert ein Bonussystem. Es gibt lokale, regionale und globale „Olympiaden", die zur Entwicklung und Ideenverbreitung des lebensfreundlichen Miteinanders in allen Lebensbereichen anspornen.

Regierungen, die „Macht" akkumulieren und ausüben, sind unbekannt. Die Menschen wählen aus ihrer Mitte periodisch Räte, bestehend aus Spezialisten aller Lebensgebiete und weisen Frauen und Männern. Deren vornehmliche Aufgabe ist die Herbeiführung und ständige Weiterentwicklung optimaler Lebensbedingungen für alle. Alle Schritte dahin und Vereinbarungen und Entscheidungen sind öffentlich und jederzeit einsehbar.

Da für alle Menschen in allen Lebensbereichen grundlegend gesorgt ist, ist persönliche Bereicherung / Vorteilnahme unbekannt. Neid und Missgunst sind Fremdworte.

Vermeintliche „Krankheiten" werden als Gelegenheit zu persönlichem Wachstum erkannt. Krankenhäuser sind ein Relikt der Vergangenheit.

Höchstentwickelte Heilungsformen, die ständig optimiert werden, sind allen Menschen kostenfrei in Gesundheitshäusern jederzeit zugänglich. Kranksein und Leiden gehört der Vergangenheit an. Behandler sind vorrangig ausgebildet, um ihre Mitmenschen stets gesund und lebensfroh zu erhalten.

Alle Lebewesen atmen selbstverständlich frische Luft. Alle Gewässer sind selbstverständlich sauber. Pflanzenwuchs ist üppig. Alle lebensnotwendigen Energieformen stehen allen überall gratis zur Verfügung. Ausreichend Nahrung für alle ist überall stets vorhanden. Hunger ist ein Fremdwort.

Die Erdbewohner empfangen viele Besucher aus den zahllosen anderen Universen, die sich über die veränderten optimalen Bedingungen auf der Erde informieren, um sie auf ihren Heimatplaneten anzuwenden. Erdbewohner bereisen andere Planeten in allen Universen zu ebendiesem Zweck.

Bernd Hückstädt

GRADIDO IN JOYTOPIA

Weltweiter Wohlstand im Einklang mit der Natur
Eine visionäre Kurzgeschichte

Die Begegnung

Neulich hatte ich einen Traum; besser gesagt einen Tagtraum. Ich ging allein im Wald spazieren und erfreute mich an der Natur. Auf einmal bemerkte ich, wie jemand leichten Fußes neben mir einherschritt. Er war etwa zwei Meter groß, von dunkler Hautfarbe und hatte einen athletischen Körperbau. Bekleidet war er mit einer Art goldfarbenen Jogging-Anzug. Obwohl er aussah, wie ein Mensch, schien er nicht von dieser Welt zu sein. Er hatte ein so freudiges, ja fast schon lustiges Strahlen in seinem Gesicht, das man auf unserer Erde nur sehr selten findet. Als ich ihn ansah musste ich spontan lachen. Es war ein herzhaftes, fröhliches Lachen, pure Freude über den Anblick dieses freundlichen Begleiters.

„Entschuldigen Sie bitte, ich wollte Sie nicht auslachen", erklärte ich, als ich mich wieder gefangen hatte. „Ich bin nur überrascht von Ihrem plötzlichen Erscheinen."

„Das geht vielen so auf diesem Planeten", erwiderte er freundlich. „Die meisten Erdenbürger reagieren so wie Sie, nur einige wenige laufen erschreckt davon oder werden aggressiv."

„Dann sind Sie nicht von hier?" fragte ich verunsichert.

„Ich komme von Joytopia, einem Staat auf dem Planeten Freegaia am Rande der Galaxis. Durch einen Sprung im Raum-Zeit-Kontinuum bin ich hier hin gelangt. Mein Name ist Goodfriend, Very Goodfriend."

„Wie haben Sie so schnell unsere Sprache gelernt?"

„Wir telepathieren gerade miteinander. Wir senden uns Gedanken und unser Gehirn übersetzt sie in Sprache. Das funktioniert genauso mit Bildern, Tönen, Gerüchen und Gefühlen. Sehen Sie...."

Ich sah gar nichts! Er war verschwunden. Verwundert und tief bewegt ging ich weiter. Hatte ich mir das eben nur eingebildet? Sollte ich vielleicht mal zum Arzt gehen? Am Besten ich erzähle niemanden etwas und vergesse den Vorfall so schnell wie möglich.

„Ich habe Ihnen etwas mitgebracht, ein Geschenk!" hörte ich Very sagen.

„Wo waren Sie denn so plötzlich?"

„Ich war kurz zu Hause um etwas für Sie zu holen."

„Dauert so etwas nicht Jahre? Ich meine die höchste erreichbare Geschwindigkeit..."
„Wir reisen in Gedanken. Gedanken sind bekanntlich frei. Raum- und Zeit-Grenzen gibt es nur, wenn man sie vorher erdacht hat. Wir hatten uns früher auch viele Grenzen ausgedacht. Unser begrenztes Denken hatte unseren Planeten etwa so geformt, wie ihr jetzt euren Planeten formt. Versuche es selbst" -er war inzwischen zum Du übergegangen -„du siehst mich, weil du denkst, dass du mich siehst."

Während er das sagte, kam uns ein Radfahrer entgegen. Er grüßte knapp und fuhr mitten durch Very durch.

„Verstehst du jetzt?" fragte Very.

„Ja."

„Ich habe dir etwas mitgebracht, einen Gedanken."

„Was für einen Gedanken?"

„Der Gedanke, dass alles möglich ist, was du dir vorstellen kannst. Alles, was du denken kannst, wird Realität! Alles was du dir wünschst, wird eintreten, wenn du dir es vorstellen kannst."

„Dann wünsche ich mir 10 Millionen Euro!"

„Gut!"

„Wie? Gut? Das soll funktionieren? Das kann ich mir nicht vorstellen!"

„Eben!"

Ich war beschämt.

„Andere konnten sich das vorstellen und sind Millionäre geworden. Aber vielleicht ist es ja gar nicht dein Wunsch, Millionär zu werden. Was wünschst du dir denn am sehnlichsten?"

„Am liebsten wäre es mir, wenn alle Menschen reich wären und jeder das machen könnte, was ihm am Herzen liegt, ohne anderen Menschen oder der Natur dabei zu schaden."

„Ich schlage Dir eine Reise vor. Auf unserem Planeten Freegaia haben wir dieses Ziel bereits erreicht. Du brauchst es dir nur ab zuschauen und auf der Erde zu verbreiten. Das ist unser Geschenk an euch Menschen."

„Wie kann ich denn durch das Raum-Zeit-Dingsbums..."

„Stell es dir einfach vor, ich begleite dich."

Es war eigenartig. Es schien mir, als ob ich an zwei Orten gleichzeitig war: während ein Teil von mir weiterhin im Wald spazieren ging, flog der andere mit Very durchs Universum.

Christiane Rinas

UND DIE SONNE VERSINKT IM OSTEN

„Ich und meine Schwestern bedauern deinen Verlust." Jeschua schlug die Augen auf und erblickte zwischen den Steinen eines der Geistwesen, die sich bereit erklärt hatten, über den Ort zu wachen. Auf seinen Stab gestützt rutschte er mühsam am Stamm des Apfelbaumes hinauf, an dessen Borke geschmiegt er den Großteil des Tages verbracht hatte. Jeschua verbeugte sich leicht vor der Frau, ohne etwas zu antworten. Er wusste, dass ihre Worte aufrichtig waren. Naturgeister konnten die Bedeutung des Konzeptes „Tod" in der Menschenwelt und für das Leben der Menschen zwar nicht wirklich verstehen, aber die Geistfrau spürte durchaus seine Traurigkeit und das Gefühl von Verlust, denn er würde heute seine älteste Freundin zu Grabe tragen.

In seinem weißen Gewand und mit dem Bart erinnerte der Druide an einen Merlin aus alten Sagen, aber das Kreuz in dem Kreis mit dem Kristall in der Mitte identifizierte ihn als Druiden der neuen Orden - als einen Druiden mit christlicher Prägung. Der Baum, vor dem er stand, war umgeben von einem Hain aus Apfelbäumen. Unter ihren Wurzeln ruhte die Asche jener, die einst das Leben auf die Insel zurückgebracht hatten. Diese Bäume waren Freunde der Menschen. Der älteste von ihnen stand in der gedachten Mitte eines Steinkreises, welcher noch nicht vollständig war. Bisher umgaben diesen Baum sieben Säulen, die die fünf Weltreligionen, die Wissenschaft und die Mutter Erde repräsentierten. Unter ihnen im Boden ruhten Kristalle, die einst eine wichtige Rolle bei der Regeneration der Insel gespielt hatten. Jetzt sorgten sie und ihre über die ganze Insel verteilten Geschwister für die Inspiration jener Menschen, die jeden Sommer die Insel besuchten und dabei neue Ideen für sich und ihr Leben entwickelten oder einfach erhielten. Die eigentliche Ursache solch wunderbarer Gedanken sah Jeschua aber in dem neuen Takt, in dem das Herz dieses Universums nun immer gleichmäßiger zu schlagen begann, denn das Tor zu der anderen Welt schloss sich und gleichzeitig verblasste auch die Erinnerung. Er und seine Ordensgeschwister waren die letzten, die wussten, dass es eine Welt jenseits des Tores gab. Dieses verbarg sich in den Tiefen des Haines und noch lange waren sie durch das Tor gegangen, um nach Menschen zu suchen, die den Übergang in die andere Welt nicht hatten finden können. Das Leuchten ihrer Aura verriet sie und stellte gleichzeitig sicher, dass nur jenen geholfen wurde, die eigentlich nicht zur alten Erde gehörten. Lange, lange noch hatten die Orden Boten geschickt, die viele gerettet hatten. Nun aber war der Weg unpassierbar und das Tor bald wohl auf ewig verschlossen. Es würde nicht lange dauern und die Menschen würden die letzten Jahre des Leidens und die tiefe Verzweiflung, in die man sie zu stürzen versucht hatte, wieder vergessen haben. Auch er selbst würde sich bald nicht mehr erinnern können. Zwar hatten die Schreiber die jüngsten Ereignisse in der Chronik verzeichnet, aber die Geschichten vom alten Leben würden ihm dann nicht realer erscheinen als den Menschen der alten Erde die Wesen der Märchen und alten Sagen.

Jeschua wusste nicht, wann das Driften der Welten genau begonnen hatte und in der Welt vor dem Virus hätte ihn das auch nicht interessiert. In dieser Welt hatte Jeschua noch Thomas geheißen und war ein praktizierender Arzt in Deutschland gewesen. Der damals beginnenden Pandemie hatte er nicht viel Beachtung geschenkt, aber ihr Beginn markierte in etwa den Zeitpunkt, als die Dinge langsam merkwürdig wurden: Gegenstände verschwanden, um später an den unmöglichsten Stellen und in leicht veränderter Form wieder aufzutauchen. Räume veränderten ihre Atmosphäre und an manchen Tagen zeigten die Uhren in seinem Haus verschiedene Zeiten in zwei benachbarten Räumen, obwohl er am Vorabend die Batterien gewechselt und beide Uhren neu eingestellt hatte.
Während er sich darüber wunderte, überschlugen sich außerhalb von Thomas kleiner Welt die Ereignisse: Der ewige Lockdown brach an und es wurde ein Impfstoff erfunden. Eigentlich waren es mehrere Impfstoffe, aber keiner schien so sicher zu sein, dass man den Menschen ihr altes Leben zurückgeben und den Lockdown beenden wollte. Impfen lassen sollten sich diese Menschen trotzdem, denn, so sagte man in der Regierung, dann seien sie sicher. Weder Thomas noch eine stetig steigende Zahl von Menschen verstand allerdings recht, worin diese Sicherheit denn genau bestehen sollte. Rasch wurde klar, dass mit steigenden Impfzahlen weder die Zahl der Neuansteckungen

zurückging, noch die Regierung bereit war, zu demokratischen Strukturen und zum Alltag zurückzukehren.

Aus dem bunten Haufen der Maßnahmenkritiker manifestierte sich schließlich eine Bewegung, die die Impfung und das Tragen der Maske durch die eigenen Kinder offen und rigoros ablehnte. Es dauerte eine Weile, aber am Ende erreichten die Mitglieder dieser Bewegung das, was sie wollten: die Aufhebung der Schulpflicht für ihre Kinder und einen Sonderstatus im Hinblick auf die eigene Staatsbürgerschaft. Sie wurden in den Akten künftig als „New Native" geführt, was in Deutschland hinter geschlossenen Amtstüren oft abfällig mit dem Begriff „Möchtegerngermane" übersetzt wurde.

Wer zu den „New Native" gehörte, dessen Versicherungspflichten wurden ausgesetzt und er war von den meisten Steuern befreit. Er durfte gegen seinen Willen nicht in Krankenhäuser gebracht und auch nicht zu einer medizinischen Behandlung gezwungen werden. Andererseits war ein „New Native" aber vom staatlichen Sozial-, Versicherungs- und Bildungssystem ausgeschlossen und konnte nur in Ausnahmefällen staatliche Fördergelder erhalten. Es war dieser zweite Teil der Vereinbarung, mit dem die Regierung geglaubt hatte, diese Welle, wie sie die Bewegung in den Medien abfällig nannte, rasch brechen zu können. Freilich - das blieb ein Wunschtraum...
Viele Mitglieder der „New Native" waren im Internet sehr aktiv. Sie trieben Handel, hielten Seminare oder Workshops zu den verschiedensten Themen und knüpften Kontakte zu den unterschiedlichsten Menschen. Da sie als Gruppe agierten und ihre Kräfte auf Ziele hin bündelten, wuchs auf diesem Wege nicht nur ihr Einfluss, sondern auch ihr Vermögen.

Einen Teil dieses Vermögens investierten sie in den Erwerb aufgegebener Höfe und Ackerflächen, denn beides war nach dem Zusammenbruch der Landwirtschaft in Deutschland damals reichlich vorhanden. Das Ziel war es, die Höfe mit den eigenen Leuten neu zu besiedeln und die ersten Gruppen stellte man zu diesem Zweck mit Hilfe befreundeter Wissenschaftler und Psychologen zusammen. Dabei wurde neben dem psychologischen Profil der Anwärter auch Rücksicht auf ihre Vorstellungen, Wünsche und Träume bezüglich des neuen Lebens genommen. Unter Berücksichtigung praktischer Fähigkeiten wurden schließlich mögliche Gruppen zusammengestellt und im Verlauf des Prozesses fand so jeder Teilnehmer schließlich die Menschen und die Umgebung, zu denen er passte. Die meisten Projekte glichen in den ersten Jahren zwar eher einer Kommune aus Künstlern, ewigen Studenten und Aussteigern als sich selbst organisierenden Lebensgemeinschaften, aber über das gemeinsame Lernen entwickelten sie sich rasch. Die Gedanken der Permakultur spielten dabei von Beginn an eine wichtige Rolle und Schritt für Schritt gelang es den „New Native", ihre neuen Heimaten im Sinne des Schaffens und Schließens von Kreisläufen neu zu organisieren und aufzubauen.

Diese Jahre waren zwar turbulent, aber es war auch genau die Zeit, in der sich Traditionen und Werte bildeten, die noch in Jeschuas Gegenwart von den „New Native" der neuen Erde gepflegt wurden.
Die Entwicklung der eigenen Talente und die Achtung der Meisterschaft wurden damals wichtige und tragende Säulen innerhalb dieses neuen Wertesystems. Die Art des Talentes spielte dabei nur eine untergeordnete Rolle, denn im Allgemeinen war man der Auffassung, dass die Entwicklung und freudvolle Ausübung jedes Talentes den Menschen näher zum Ort seiner Bestimmung führt. Das Programmieren eines Computers wurde daher nicht höher geachtet als die Kunst des Töpferns oder die Erforschung der außersinnlichen Wahrnehmung, und früh lehrte man die Kinder der Sippe, mit Hilfe welcher Fragen und Gefühle man die eigenen Talente erkennt und welche Fähigkeiten es braucht, um ein Talent zu entwickeln. An den Feuern der „New Native" war damals wie heute jeder Meister und jeder Sucher willkommen und wurde mit derselben Achtung behandelt - gleich, was der Inhalt seiner Suche oder Meisterschaft war.
Auch die Gelehrten der neuen Erde trafen sich gerne an diesen Feuern, diskutierten und tauschten Meinungen und Ideen aus. Das Verständnis der „New Native" von Gastfreundschaft war zwar etwas eigentümlich, denn es galt als äußerst unhöflich, einen Gast nicht sofort voll und ganz in das Leben des Hofes mit einzubinden. Mancher Universitätsprofessor fand sich daher schon am Morgen des ersten Tages im Schweinestall wieder - umgeben von hungrigen Ferkeln und einer Muttersau, die ihn misstrauisch musterte, während er ihren Futtertrog füllte. Trotzdem verbrachte mancher Gelehrte auch in der neuen Welt einen guten Teil seines Arbeitsjahres auf Wanderschaft von Hof zu Hof und von Lager zu Lager, denn seit ihrer Gründung waren dies Orte, an denen neue Ideen geboren wurden. Einige davon blieben nur für einen Abend lebendig, aber andere waren die Grundlage für neue Gedankengebäude oder Erfindungen in den verschiedensten Kategorien.

Sobald sich die Erden endgültig getrennt hatten, so erkannte Jeschua in der Gegenwart, würden die Energien, welche man durch Wort und Tat auf den Höfen und in den Lagern erschuf und verstärkte, hinaus über die neue Erde fließen. Die Liebe zu Wissen und Wahrheit würde genau wie die Achtung vor Mensch und Natur weiter wachsen und schließlich würden sie in einer Welt leben, in der Liebe und Freude gänzlich ungehindert von Mensch zu Mensch würden fließen können.

Der Druide sah nicht, wie genau das geschehen würde. Seit er die ersten Elfen in seinem Garten gesehen und ihm ein befreundeter Psychiater nach eingehender Untersuchung erklärt hatte, dass er nicht verrückt, sondern einer von jenen sei, die damals plötzlich übernatürliche Dinge zu sehen begannen, waren viele Jahre vergangen. Heute zuckte Jeschua nicht mehr zurück, wenn er Engel, Dämonen, Naturgeister oder eben eine mögliche Zukunft sah. Im Laufe der Zeit hatte er aber gelernt, dass viele dieser Dinge nicht das waren, was sie auf den ersten Blick hin zu sein schienen. Im Allgemeinen war es das Beste, sie ruhig zu betrachten und dann dem Gott im eigenen Herzen Führung und Erkenntnis weiter zu überlassen. Auf diese Weise hatte Thomas, aus dem mit dem Eintritt in den Orden Jeschua geworden war und den zunächst nur die Disziplin der Ausbildung vor dem Wahnsinn bewahrt hatte, im Laufe der Jahre ein tiefes Gottvertrauen entwickelt. Über diese Verbindung sagte die Göttin ihm nun, dass seine Vision wahr war und es jetzt so geschehen würde.

Jeschua, der im Geist schon unzählige fremde Universen und Dimensionen betreten hatte und vor dessen Augen im Laufe der Jahre viele Menschen verschwunden waren, verneigte sich nun vor der Schöpfung und einem verwachsenen, alten Apfelbaum. Dieser stand - eingerahmt von den sieben Steinen - genau im Zentrum der Insel und war seit jenem Tag, da ihn der Verein „Die Stiftung" gepflanzt hatte, ein Symbol für die Hoffnung der Menschen auf ein Leben in Freude und Freiheit. Schon am Morgen hatte der Geist dieses Baumes Jeschua mitgeteilt, dass die Asche seiner Freundin willkommen war. Erst jetzt aber öffnete der Alte die Urne und vergruben die Asche zwischen den Wurzeln des Baumes. Nun war alles getan. Ein letztes Mal gedachte Jeschua seiner Freundin, dann schob er die trüben Gedanken beiseite und machte sich auf den Rückweg.

Noch immer stand die Geistfrau zwischen den Steinen und sah ihrem menschlichen Freund nach. Als dieser den Hain der Apfelbäume

hinter sich ließ, spürte die Frau, wie das letzte Band zwischen den beiden Erden zerriss. Nun war es endgültig. Die Zukunft der neuen Erde konnte beginnen. Mit einem strahlenden Lächeln blickte der Geist hinauf zu den Quersteinen, die von den sieben Säulen getragen wurden. Darauf stand in goldenen Lettern:
„Und wüsste ich, dass morgen die Welt untergeht, so würde ich heute noch ein Apfelbäumchen pflanzen." Sekunden später verriet nur noch ein Nebelstreif, wo die Frau gerade gestanden hatte. Der Tag ging zur Neige und am Horizont versank die Sonne im Osten. Die Insel aber, auf der Jeschuas' Freundin und ihre Vereinskollegen mit Hilfe von Kristallen, Schamanen und Wissenschaftlern der verschiedensten Disziplinen damals das Unmögliche vollbracht und ein völlig zerstörtes G6-Testgelände wieder für Mensch, Tier und Naturwesen bewohnbar gemacht hatten, diese Insel würde man eines Tages wieder Avalon nennen.

c.rinas@gmx.de

Hendrik Lind

WORLD-ELECTION-DAY FOR PEACE

Stellen Sie sich vor, dass aus einem großen Netzwerk heraus ein Welt-Wahltag ausgerufen wird. Zur Wahl ist jeder Erdenbürger aufgerufen. Zur Wahl steht: a) Ich will Frieden zwischen den Menschen und Ländern - und b) Es ist in Ordnung, so wie es ist. Diese Wahl würde im etablierten System natürlich keine direkte Auswirkung haben, würde aber ein Zeichen setzen. Und natürlich ist das Ergebnis der Wahl klar, denn es ist eines der elementarsten Bedürfnisse des Menschen, in Harmonie zu sein. So ist das Ergebnis nicht nur ein Zeichen an die Machthaber, denen es natürlich nichts Neues ist. Doch anhand der Höhe des Ergebnisses für Frieden entstünden neue Wahrnehmungen, neuer Druck aus der Menschheit auf die Wagenlenker. Es würde eine neue Bewegung in alte Prozesse kommen. Es würde der Menschheit auf einem neuen Wege zeigen: Wir sind All-Eins.

lind@inbetweengreen.com

Anonymer Autor

DIE UMWÄLZUNGEN

Durch die Umwälzungen wird ein großer Teil der Menschheit den Verstand verlieren. Durch ihr Wissen, ihre Besonnenheit und ihre Zentriertheit werden wenige Menschen das Ereignis bewusst miterleben. Bekannte Dinge aus 3D lösen sich auf, neue Dinge in 4D erscheinen. Die sozialen Strukturen lösen sich auf.

Was heißt das konkret? „Rien ne va plus - Nichts geht mehr". Kein Strom, kein Gas, kein Öl, keine digitale Verbindung wie Telefon, Computer, kein Tanken möglich, kein automatisches Türöffnen der großen Kaufhäuser und Lebensmittelmärkte, kein elektrisches Licht, keine Heizung, kein Kühlschrank, keine Eisschränke, kein Kochen, keinen Frühstückskaffee, kein warmes Wasser, keine Waschmaschinen, kein Trockner, kein Toaster, kein Fernsehen, keine Zeitungen, kaum Kommunikation, begrenzter Wasservorrat. Alle technischen und gesellschaftlichen Errungenschaften müssen wir hinter uns lassen. Der Staat, das Gemeinwohl, die Versorgung, Zahlungsmittel - alles wird nicht mehr so sein wie es war. Es wird der Punkt kommen, wo Dunkelheit herrschen wird. Panik und Angst wären schlechte Begleiter. Sich hinlegen und schlafen mit dem Bewusstsein, dass dem physischen Körper jetzt mehr Energie zuteil wird und mit dem Wissen, dass sich nun Gedanken materialisieren. Alles, was wir denken, wird nun geschehen.

Wie denken wir uns unsere neue Welt? Wäre nicht zu fragen, wie geht es mit dem Leben nach dem Umbruch weiter? Ich kann die Frage nicht beantworten. Ich weiß nur, dass die Menschen für ihr leibliches Wohl sorgen wollen und müssen. Wird man sich in kleinen Gruppen finden, um zu überleben? Wir kennen kein Bargeld, kein Bankkonto und keine Millionäre mehr. Alles ist gerecht verteilt. Keine armen und hungernden Menschen mehr, kein Waffenhandel, keine zerstörten

Länder, keine Flüchtlinge. Auch muss eine Mutter ihr Kind nicht im Hort abgeben, um für ihren Lebensunterhalt zu sorgen. Keine Elite wird sich über die Menschheitsfamilie erheben. Kein Konsumterror und kein Hamsterradszenario mehr.

Also, warum Gedanken machen? Glauben wir doch an die Gedankenmaterialisierung und stellen uns unsere neue Welt, die erfüllt sein wird mit Liebe, Frieden, Freiheit, Gerechtigkeit und Wahrheit, wie folgt vor: Jedes Lebewesen auf der Erde achtet seine Mitmenschen und Mitgeschöpfe. Man geht in Nächstenliebe und Empathie miteinander um. Jeder hat für den anderen Zeit und Aufmerksamkeit. Wir tragen nur Kleidung, um uns zu wärmen oder die Scham zu bedecken. Die Normalität und das allgemeine Wissen, einen göttlichen Wesenskern zu haben und ein Teil im großen kosmischen Spiel zu sein, ist allen klar. Wir sind dankbar und preisen unseren Schöpfer für all diese Erfahrungen. Unsere Mutter Erde wird von uns mit Ehrfurcht behandelt, weil sie es ist, auf der die Menschen, Tiere und Pflanzen leben dürfen. Respekt und Achtung bringen wir Mutter Erde entgegen. Jeder Mensch hilft jedem. Durch diese Reinigung schwingen wir höher und verständigen uns u.a. auch telepathisch. Jeder Gedanke wird sofort wahr. Wir leben mit der Erde, mit den Pflanzen und Tieren im Einklang. Die Temparaturen werden als angenehm empfunden. Die Flüsse und Seen sind klar und sauber. Wir sehen saftige grüne Wiesen, blühende Blumen und nur fröhliche Menschen. Wir ernähren uns von den Früchten dieser Erde. Jeder kann sich mit dem beschäftigen, was er gerne möchte. Wissbegierige Kinder, Wissenschaftler, Ärzte, Richter oder handwerklich begabte Menschen, alle sind gleich anerkannt und werden geschätzt. Die Luft ist förmlich geschwängert von Liebe, Zufriedenheit, Wahrhaftigkeit und Glück. Alles dient dem Gemeinwohl der Menschheitsfamilie.

Anonymer Autor

DIES SAGT EIN WESEN ÜBER DAS SEIN

Wie sollte ich mich erklären? Worte finden, die Sie mein Sein fühlen lassen? Sie mitfühlen lassen, woran ich mich erinnere, an mich, wie ich einst war und wie ich nun ab und an wieder sein darf. Vielleicht so: Meine Energie. Ich hänge mich in einen Baum und spüre. Ich bin ich und wir. Ich fühle das Flüstern des Windes, fühle Sonnenschein in mir. Ich fühle die Flügelschläge der Vögel, ihren Gesang. Ich bin ihr Gesang, ihr Flug. Es gibt nichts zu tun für mich, nur dieses Sein. Ich bin Glück. Ich bin Seligkeit. Ich bin Seele. Ich bin frei.

Dieses Sein ist anders, als das Mensch-Sein. Es ist Leichtigkeit und Freude - funkensprühende Freude. Es ist bunt. Es ist Fühlen. Es ist Lieben. Manchmal ist es ruhig. Manchmal ist es Schweben. Ein anderes Mal ein sinnlicher Tanz und wieder anders: Aufgeregt und lebendig sein im Sturm. Das Spüren der Kräfte der Wesen. Die Macht. Ich bin Kraft. Ich bin Macht. Ich bin.

Ich kann nicht erfassen was Nach-denken ist. Denn ich bin jetzt. Jetzt. Ich bin Immer-Sein. Ich bin in des Vaters Herz. Die Weisheit des Vaters ist unsere Weisheit. Die Liebe des Vaters ist unsere Liebe.

Es mag den Mensch-Gemachten primitiv vorkommen, dumm.

Und doch: So sind wir, so waren wir. Freude aus des Vaters Liebe geboren. Unsere Aufgabe für unser Leben: FREUDE SEIN! Die Energie des Vaters in uns aufnehmen und FREUDE SEIN!

Anonymer Autor

EIN GEDICHT VON ENGEL DANIEL - DER RUF DER SONNE

Von Anbeginn der Zeit,
singt sie ihr Lied,
trägt Töne segensreich durch
Raum und Zeit.
Ihr seht ihr Licht,
fühlt wärmend ihre Hand -
und doch ist es ihr Ruf,
durch den wird sein,
die Dunkelheit gebannt.

Anonymer Autor

ENERGIEWANDLER

„Milliarden Menschen sagen: „Ich bin so allein. Was kann ich, als Einzelner, schon tun?"

Diese Worte sind wie Fesseln. Ihre Energie schwebt um uns, geißelt uns. Ich höre das Lachen derer, die wir nähren und ich fühle Trauer. Doch ich weiß, ich darf nicht Trauer sein. Ich weiß, ich bin nicht Trauer. Ich bin Freude. Freude aus des Vaters Herzen.

„Nehmt das Licht des Vaters! Wandelt es!", rufen die Engel.

Dad sagt: „Tu es, Sohn. Das ist das einzige, was wir tun können. Wir sind Energiewandler. Die große Mutter nährt uns mit Energie. Sie strömt durch unsere Basis in uns ein und wir wandeln diese Energie beständig. Jeder tut dies. Immer. Die große Mutter gibt uns „Gold" und die meisten von uns wandeln ihre wertvolle „goldene" Energie in dunklen schweren klebrigen"Schei ... beinkleister" und geben diese Energie dann ab, weil sie nicht bei sich sind. Weil sie sich der „Telefonnummer des Vaters" nicht bewusst sind und damit sich selbst nicht. Und dann wundern wir uns, warum unsere Wunder ausbleiben. Warum wir, anstelle der Goldmarie, die Pechmarie sind. Wir ernten, was wir abgeben. Auch der Vater bietet uns Energie an, wir brauchen sie nur zu nehmen und Freude zu sein. Liebe, wenn wir Liebe wollen. Frieden, wenn wir Frieden wollen. Gesundheit, wenn wir Gesundheit wollen. Und Freiheit, wenn wir Freiheit wollen. Doch, Sohn, ich denke, wenn du Liebe bist, bist du auch Freude. Und wenn du Freude bist, bist du Liebe und alles andere Gute ist im Paket mit dabei. Wir werden unsere Arbeit gut machen. Ich weiß, es ist nicht leicht. Es verlangt dir und uns allen sehr viel ab. Es bedarf ständigen Übens. Doch wir sind Licht und Licht erhellt die Dunkelheit. So sei beständig des Vaters. Für alle Wesen dieser Welt."

Anonymer Autor

CREATOR - ERDE MIT NEUER KRAFT

Ich stelle mir vor, dass wir als Menschen die Tiere, die Pflanzen - ja die gesamte Natur als extra Geschenke unseres Schöpfers (Singular oder Plural, männlich, weiblich oder beides) an uns achten und wertschätzen.

Wir Menschen achten und wertschätzen uns selbst und alle anderen Menschen.

Alle haben ausreichend zu essen und zu trinken von hoher Qualität. Vegan zaubern wir die köstlichsten Speisen, wir haben alle ausreichend Wasser, ein neues, positives Gesundheitssystem für alle Menschen und alle haben ein Dach über dem Kopf.

Alle Waffen sind abgeschafft - auch die Kriege sind abgeschafft!
Alle Menschen zeigen einander: Wir sind gleichwertig!

Wir Menschen leben energie-achtsam und achtsam mit allem.
Wir Menschen leben Fortschritt - sozial und humanistisch mit Respekt vor dem DU.
Wir Menschen lernen voneinander, belehren einander.
Wir Menschen lernen Liebe.
Wir Menschen folgen der Stimme unseres Herzens.
Wir Menschen sind dankbar.
Wir singen - wir tanzen.
Es herrscht Harmonie - die Energie fließt - die Kreativität auch.
Wir setzen uns neue Ziele, um weiterzukommen.

Jeder Mensch entwickelt hier auf der Erde in sich den Frieden; wir Menschen entwickeln dann den großen Frieden für diese Erde, danach den großen Frieden für dieses Universum und dann entwickeln wir alle zusammen den großen Frieden für alle Universen.

Sandra Weber

NUTZE DEINE SCHÖPFERKRAFT

Vor ca. 15 Jahren hat Sandra Weber ihre kraftvolle Methode THEKI entwickelt, mit der Du Dich spielerisch leicht mit der göttlichen Urquelle verbinden kannst und mit einer gewissen Leichtigkeit Deine Absichten verwirklichen kannst. Sie stellt uns hier „THEKI light" zur Verfügung, also eine kurze Form und Anleitung, wie Ihre Eure Schöpferkraft nutzen kannst.

Im Prinzip kann man es mit Beten vergleichen, doch das, was wir einmal als Beten kennengelernt haben, ist hauptsächlich ein Nachsprechen von vorgefertigten Sätzen oder ein sich Annähern an das Göttliche aus der Rolle des kleinen, unwürdigen Bittstellers heraus. Das beleidigt - gelinde gesagt - das Göttliche in uns. Das wahre Gebet ist eine Verbindung mit dem Göttlichen und in dieser Vertrautheit eine Vereinigung aus Denken und Fühlen. Wir beten nicht eine Präsenz außerhalb von uns an, sondern wirken aus der Einheit und setzen damit die Lebensprinzipien in Gang. Indem wir uns mit den höheren Dimensionen verbinden, die immer auch Teil von uns sind, erlauben wir die Manifestation dessen, was wir in diesen Dimensionen anordnen, hier in unserem irdischen Sein. Diese Art von Beten, wie es dann mit THEKI wieder geschieht, gibt uns die Chance, wieder wirklich im ursprünglichen Sinne mit dem Göttlichen und allem Leben zu kommunizieren. Konkret geschieht dieses „Beten" in drei Schritten:

1. Verbinde dich mit der Quelle, indem du dich von deinem Herzen aus zuerst mit dem Herzen von Mutter Erde und dann mit der göttlichen Quelle verbindest. Das innere Bild einer 8 kann dir dabei helfen, die untere und obere Schleife mit dem Zentrum im Herzen wahrzunehmen.

2. Sende eine klare Intention dessen, was du gerne erschaffen oder transformieren möchtest, z.B.
   „Transformation der Angstmatrix, Verbindung mit der Christusmatrix"
   „Trauma transformieren"
   „Fremdenergien transformieren"
   …

3. Dann sei umgeben von dem, was du angeordnet hast, bezeuge mit all deinen spirituellen Sinnen, wie das Ergebnis eintritt und wie das Erwünschte bereits da ist. Spüre die Freude und Dankbarkeit, dass es so ist.

Diese „Technik" kann man ausführlich in Sandras THEKI 1 – Seminar lernen, doch auch in ihrem Buch „THEKI Ent-Wickle dich! Der Schlüssel zum Bewusstsein" gibt es geführte Meditationen und Übungen dazu. Gut verbunden zu sein ist die Voraussetzung für die erfolgreiche Umsetzung.

„Das, was wir als Materie bezeichnen, unterliegt einem Wirkprozess, der von den geistigen Dimensionen gesteuert wird. Von der Entstehung bis zur Steuerung der materiellen Welt entspringt alles den geistigen Dimensionen" (Burkhard Heim)

Link zum Buch: https://www.theki.eu/theki-buch/
Link zur Website: https://www.theki.eu/
Link zu Youtube: https://www.youtube.com/thekientwickledich

Dieter Broers

DER LOGOS, DIE SEELE UND DAS DENKEN

Nach Heraklit gehören Seele und Logos zusammen *„der Seele wohnt Logos inne"*. **Dies ist die Grundlage für unser *„Aufwachen".*** Das Aufwachen muss nicht mehr von außen hervorgerufen werden (von den Göttern bei Homer und noch bei Parmenides), sondern die tätige (aktive) Kraft des Logos ist der Seele eigen und schafft darin. Dieses Schaffen unterscheidet sich vom Wirken des Logos in der Welt draußen. Dort manifestiert sich Logos in seinen Werken.

Nach dem 1. Fragment Heraklits ist der Logos nicht einfach in der Seele, sondern er (der Logos) muss aktualisiert werden. Wie man sich in der Welt nur dann wirklich befindet, wenn man für ihre Zusammenhänge aufwacht, ebenso kann auch der Logos in der Seele verschlafen werden, unrealisiert bleiben.
Heraklit nimmt bereits etwas voraus, das Aristoteles als **Möglichkeit und Verwirklichung** beschreibt. **Möglichkeit ist das je Vorhandene,** die Ausganssituation. Und für sie gilt: **Jeder Mensch hat Anteil am Logos. Erst durch geistige Verwirklichung wird das Mögliche zur Realität. Und diese Realisierung des Logos erscheint primär in der Seele, eben nicht durch irgendwelche äußeren Verrichtungen!** Die Frage ist natürlich, welche ist nun diese spezifische Tätigkeit zur Realisierung des Logos?
Die Antwort auf diese entscheidende Frage gibt uns Heraklit in seinem Fragment 113*: „Gemeinsam ist allen das Denken."*

Die Denktätigkeit ist es, durch deren Verwirklichung der Logos in der Seele wächst! Während das Wahrnehmen nur Einzelheiten liefert, zeigt das Denken **den Zusammenhang** der Welterscheinungen. Die Gemeinsamkeit erstreckt sich nicht nur darauf, dass ein Begriff (nicht: eine Vorstellung!) für alle, die ihn fassen, ein- und derselbe ist.
Diese „Gemeinsamkeit" betrifft im Denken nicht nur die Denkenden (die soziale Welt), sondern umfasst auch die gedachten Dinge selbst (die Natur,

den Kosmos). Die den Einzeldingen der Welt gemeinsamen Gesetzmäßigkeiten und Prozesse drücken sich nur im Denken aus. Denken hebt die Subjekt-Objekt-Spaltung auf. „Objektiv ist der Logos, sofern das richtige Denken in niemandes Belieben steht, sondern jeder sich ihm zu unterstellen hat. Subjektiv ist er, sofern er Überlegung der Seele ist."

Das Sein steht in einem unmittelbaren Zusammenhang mit dem Bewusstsein, dem Kosmos und dem Menschen.

Heraklit sieht das Sein immer in einem Zusammenhang mit dem Bewusstsein, dem Kosmos und dem Menschen. Im Denken ist nun das Element gegeben, indem sich beide Seiten vereinigen. Das Denken hat den Doppelcharakter, der erforderlich ist, um beides zu leisten: den Logos im eigenen Inneren zur Tätigkeit zu bringen und andererseits damit die Welterscheinungen in ihrem umfassenden Zusammenhang zu begreifen. **Indem das eine geschieht, geschieht zugleich auch das andere.** Denken macht dem Menschen mit der Welt vertraut, hebt die Entfremdung auf.

Denn Denken heißt: Gewahrwerden von Zusammenhang.
(Gewahrwerden bedeutet: das Erkennen des Wahren, der Wahrheit)

Dies bedeutet jedoch zugleich, sich aus der Vereinzelung des Vorstellungs- und Standpunkthaften zu befreien (wie im 2. Fragment beschrieben). Die Gemeinsamkeit, die im Denken erreicht werden kann, betrifft die einzelnen Menschen untereinander ebenso wie den Anschluss jedes einzelnen an das allgemeine Weltgeschehen.

Mit dem Ergreifen des der Welt zugrundeliegenden Gemeinsamen ist zugleich der theoretische Ausdruck des Erkennens überschritten. **Der denkende Mensch ist angeschlossen an den Logos, also dasjenige, was in der Welt wirkt.** So heißt es im Fragment 112 auch: *„Verständiges Denken ist die größte Vollkommenheit, und Weisheit ist, Wahres zu sagen und zu tun gemäß der Natur, auf sie hinhörend."*

In diesem Fragment sind beide Aspekte des Denkens enthalten. *„Vollkommenheit"* (arete) ist der Begriff, der durch Heraklit eine ganz besondere Bedeutung für uns erreicht hat.
Denken ist diejenige Tätigkeit, die uns Menschen mit der Gesamtheit des Kosmos erkennend und handelnd verbindet. Es ist zugleich auch

diejenige, die ihn aus der Dumpfheit des Sinnenwesens heraus zu sich selbst bringt. Das Denken führt uns aus der „Verschlafenheit" heraus. Nach Heraklit führt es uns in das Erwachen.

Die methodische Anweisung zur Erweckung des Logos-Bewusstseins umfasst bei Heraklit im Fragment 101 nur die Wörter: *„Ich durchforste mich selbst."*

„Der Seele Grenzen dürfte im Gehen wohl nicht ausfindig machen, wer jeden Weg abschreitet. So tiefen Logos hat sie." Dieses 45. Fragment beschreibt, dass der Logos nicht nur irgendein Teil der Seele ist, sondern dass er dieser eine weitere Dimension hinzufügt. Wer *„horizontal"* alle Wege abschritte, käme doch nicht an die Grenze der Seele. Er könnte zwar alles beschreiben, was er dort vorfindet, aber er hätte doch nicht das Wesen der Seele erreicht, solange er nicht noch eine andere, eine *„vertikale Dimension"* berücksichtigt.

„Vielwisserei lehrt nicht Geist. Denn sie hätte es sonst Hesiod gelehrt und Pythagoras, Xenophanes und Hekataios.", heißt es im Fragment 40. Dabei lehnt Heraklit die Gelehrsamkeit nicht etwa ab, sondern er kennzeichnet sie als eine erforderliche, aber noch nicht hinreichende Voraussetzung zu „Einsicht des Geistes", die mit dem Wachsein, beschrieben werden kann, also den Zustand, den wir nach dem Erwachen erreichen. Es geht Heraklit nicht um eine einfache Dualität, um ein Entweder-Oder. Ihm geht es darum, Ebenen der Wirklichkeit und des Bewusstseins zu unterscheiden und sich nicht mit derjenigen zufrieden zu geben, die einfach vor unseren Augen liegt.

„Geist" (noos, nus) ist nicht menschliches Eigendenken, sondern eine geistige Wahrnehmungsfähigkeit. Sie wird als götterverwandt und göttervermittelt gesehen. *Nus* ist eigentlich eine hervorragende Eigenschaft des Zeus, an welcher der Mensch in schwächerer Form Anteil hat. Parmenides von Elea führt zu Beginn seines philosophischen Gedichtes vor, wie das göttliche Wissen in menschliches übergeht. **Die Göttin fordert den Menschen auf, sich des denkenden Schauens zu bedienen.**

Denken wird in der Neuzeit überwiegend als eigene und daher subjektive Tätigkeit erfahren. Der zum Denken gehörende Anschauungsgehalt ist weitgehend verloren gegangen.
Das mystische Erleben mit einem Subjekt ist eine Vorstufe des zeitlosen Erwachens. Im mystischen Erleben ist der Beobachter noch

in Raum und Zeit eingebettet. Er hat allerdings das Gefühl der Verschmelzung, des Einssein mit der Welt. Bei dem völligen Einswerden mit der Welt jedoch verschwinden das Ich und die Zeit vollständig. Es gibt nur die Wahrnehmung, nicht den Wahrnehmenden.

Im Erwachen vergisst sich der Beobachter, da er in der Wahrnehmung aufgeht und die Dualität von Subjekt und Objekt sich auflöst. Das Erkennen der Ich- und Zeitlosigkeit passiert erst im Nachhinein, es ist einer Nacharbeit zugänglich. Der zeitlose Zustand lässt sich nicht besser beschreiben als mit dem Begriff *„Zeitlosigkeit“*. Das Einssein mit dem Raum ist im Grunde ebensowenig beschreibbar, es ist ein Sein ohne Mittelpunkt und Grenzen. Wenn man diese Erfahrung in das Alltagsbewusstsein integriert, wird ein *„vibrierendes Grundgewahrsein“* wahrgenommen, es entsteht ein Gefühl von lebendiger Präsenz, eine Bereitschaft für Sinneserfahrungen, ohne in die Empirie zu gehen. Das Gewahrsein ruht in sich selbst. Es findet kein Sehen statt, obwohl die Augen offen sind. Die Wahrnehmung ist wie transparent, alles ist Gewahrseins-Raum, ist reines Bewusstsein.

Immanuel Kants in der **Kritik der reinen Vernunft** entwickelte Erkenntnistheorie unterscheidet zwischen **erfahrungsgemäß Anschauungen**, die uns durch Sinnesorgane gegeben werden, **und reinen Anschauungen, die von vornherein (a priori) vor jeder Erfahrung gegeben sind**. Die beiden von Kant angenommenen reinen Anschauungsformen sind Raum und Zeit. Reine Anschauungen als solche sind frei von jeglicher sinnlichen Wahrnehmung, können aber auf sinnliche Wahrnehmungen bezogen werden. Eine Anschauung im Sinne Kants ist rein, *„wenn der Vorstellung keine Empfindung beigemischt ist“*. Für den Begriff *Anschauung* werden in der heutigen Erkenntnistheorie meist die verwandten Begriffe *„Wahrnehmung“* und *„Erfahrung“* verwendet.

Was könnte der Mensch nun erwarten, wenn er aus seinem Tagesbewusstsein erwacht? Heraklit spricht von einer *„alles umfassenden Wirklichkeit“*, die sich dem Erwachten offenbare. **Sie sei im Gegensatz zu den oberflächlich wahrgenommenen Einzelheiten der gewöhnlichen Realität eine *„gemeinsame Wirklichkeit“*.** Er schließt daraus: *„Deshalb muss man dem Gemeinsamen folgen. Während doch der Logos gemeinsam ist, leben die vielen, als hätten sie einen Privatverstand.“* Das Logos-Bewusstsein hebt nach Heraklit die Vereinzelung und Vergegenständlichung der Welt auf. Sofern jemand diese höchste Erkenntnisform erlangen möchte, muss er daher sein Augenmerk auf das *„Gemeinsame"* der Welt legen, das allen Einzelheiten wirksam zugrunde liegt.

Dieter Broers

GIBT ES BEWEISE FÜR EINEN AUFSTIEG AUS NATURWISSENSCHAFTLICHER SICHT?

Liebe Freunde,

es scheint, als würde die Ereignisdichte mit exponentieller Geschwindigkeit zunehmen. So, als würde die Wirklichkeit Anlauf nehmen, zum großen Absprung, dem finalen, alles Vergangene in den Schatten stellende, unausweichlichen Moment.

In diesem Moment wird sich unsere Welt teilen. Im Sinne der natürlichen Regulation[25] wird unsere bisherige Welt in einen Prozess eintreten, der einer Art „karmischer Abwicklung" gleichkommt und gleichzeitig wird sich eine neue Welt abspalten, um uns in einem Prozess der Wiedergeburt, einem Neubeginn - mit allen dazu gehörenden unermesslichen Möglichkeiten zur Neu-Gestaltung einer neuen Heimat - zu ermöglichen.

Die Entscheidung für den ersten oder den zweiten Weg trifft letztendlich jeder Erdenbewohner selbst. Ich habe in den letzten Jahren schon vieles zu diesem Thema gesagt, darum möchte ich es an dieser Stelle nicht weiter ausführen.

Hier und heute möchte ich der Frage nachgehen, ob es für diesen kosmischen Wandlungsprozess objektive Beweise gibt oder ob es sich möglicherweise doch nur um eine Theorie handelt. Aufgrund meiner naturwissenschaftlichen Forschungen, mit der ich bereits 1989 begann, möchte ich diese Frage mit ja beantworten; wobei ich mich bereits seit 1980 mit den biologischen Wirkungen von elektromagnetischen Feldern befasste. Bereits damals durfte ich durch

---

25   Homöostase

eigene Laborversuche beobachten, wie bestimmte elektromagnetische Felder neben den biologischen Prozessen auch die Stimmungs- und Bewusstseinslagen von Menschen beeinflussen können. Obwohl diese Ergebnisse bereits 1983 reproduzierbar waren und ich für dieses Verfahren sogar einige internationale Patente erhielt, wurden sie aus der etablierten Schulwissenschaft ferngehalten.

Dabei muss man wissen, dass dieser Wissenschaftsbereich in die Zuständigkeit des Militärs fällt. Diesen Hinweis erhielt ich vor langer Zeit von einem Kollegen, der mir davon berichtete, dass bereits zwanzig Jahre vor meiner Entdeckung einen Forschungsbereich gab, der heute von Insidern als „mind control" bezeichnet wird. Als ein Beispiel möchte ich einen Artikel aus dem Jahr 1965 anführen. Der besagte Artikel trug den Titel „Hirnreizung - Wut auf Kommando" und wurde von der Zeitschrift „Der Spiegel" am 14.07.1965 veröffentlicht[26]. Schon zehn Jahre nach dem Bekanntwerden dieser Forschungsergebnisse durch diesen Spiegel-Artikel verfügten die Erfinder über eine wesentlich effektivere Einsatzmöglichkeiten mittels elektronischer Wellen und damit eine erhebliche Erweiterung ihrer Reichweite und Verbreitung.

Ich erwähne das nur als Erklärung dafür, weshalb wir in den zitierfähigen Medien kaum ein verständliches Bild über die wirklich wichtigen biologischen Wirkungen von elektromagnetischen Feldern und Wellen[27] vermittelt bekommen. Das betrifft auch und im Besonderen das Thema unserer Frage „Existieren Beweise für einen kosmischen Wandel?". Ungeachtet dieser Hindernisse bestätigt die Faktenlage diese Frage eindeutig. Bereits seit den späten 1970er Jahren hatte die berühmte Voyager-Raumsonde Daten an die Erde zurückgemeldet, die darauf hindeuteten, dass wir uns in Zukunft einer potenziell gefährlichen und destabilisierenden, interstellaren Energiewolke nähern würden. Im Jahr 2009 wurde die beunruhigende Hypothese, die Wissenschaftler der NASA durch ihre Untersuchung der Voyager-Daten formulierten, von dem Astrophysiker Professor Merav Opher[28] von der **Boston University** bestätigt.

---

26   http://www.spiegel.de/spiegel/print/d-46273422.html
27   Hierzu zählen auch elektrische- und magnetische Felder.
28   http://people.bu.edu/mopher/index.html

Im gleichen Jahr veröffentlichte das Fachjournal Nature dazu einen Artikel[29] mit dem Titel: "Ein stark geneigtes interstellares Magnetfeld in der Nähe des Sonnensystems"[30]. Professor Merav Opher äußerte sich hierzu: "Wir haben ein starkes Magnetfeld direkt außerhalb des Sonnensystems entdeckt. Dieses Magnetfeld hält die interstellare Energiewolke zusammen und löst das lange bestehende Rätsel, wie sie überhaupt existieren kann. Diese Energiewolke ist mindestens doppelt so stark wie bisher vorhergesagt und das Sonnensystem hat begonnen, in sie überzugehen".

Er beschrieb diese interstellare Wolke detailliert so, dass sie unsere Milchstraßengalaxie in einem "Lot" umschließt und die galaktische Ebene von Horizont zu Horizont in beiden Hemisphären vollständig umgibt. Diese Beobachtungen führten in der spirituellen Literatur der "New Age"-Bewegung zur Vorstellung des sogenannten Photonenrings ("The Photon Belt").

Wie aus russischen Quellen zu erfahren war, handelte es sich bei dieser Nachricht um nichts Neues. Dies trifft im Besonderen auf die Forschungsergebnisse des hoch angesehenen Dr. Alexey N. Dmitriev* zu. Während nun unser Sonnensystem seit einigen Jahren diese Wolke mit erhöhter Energiedichte durchläuft, wird sämtliche Materie unseres Sonnensystems "energetisiert". Physikalisch gesehen werden die Elektronen der Atome in einen erhöhten Energiezustand angeregt.

Von einem angeregten Zustand (exciplex) eines Atoms wird gesprochen, wenn durch Energiezufuhr ein Valenzelektron seinen Grundzustand verlassen hat und auf ein höheres Energieniveau angehoben worden ist. Mit einfachen Worten: Indem wir die interstellare Wolke - die überwiegend aus Plasma besteht - durchreisen, wird unsere Materie in einen energetisch erhöhten Zustand gehoben und wird dadurch quasi „feinstofflicher".

Heute ist diese Plasma-Wolke auf über 100 Astronomische Einheiten[31] angewachsen. Nach Angaben von Dr. Dmitriev und seinen Kollegen erfolgte seit unserem Eintritt in diese Wolke eine 1.000-prozentige

---

29 https://www.nature.com/articles/nature08567
30 "A Strong highly-tilted Interstellar Magnetic Field near the Solar System"
31 Die Astronomische Einheit ist ein Längenmaß in der Astronomie: Laut Definition misst eine AE exakt 149 597 870 700 Meter. Das ist ungefähr der mittlere Abstand zwischen Erde und Sonne.

Zunahme der Energie an der Vorderseite unseres Sonnensystems. Das bedeutet, dass sich unseres Sonnensystems selbst in einen Bereich bewegt hat, in dem die Energie höher aufgeladen ist. Diese höher geladene Energie regt wiederum das bisher bestehende Plasma in unserem Sonnensystem an, was dazu führt, dass sich dadurch immer mehr Plasma bildet, was man u.a. auch an der erhöhten Helligkeit erkennen kann. Diese gesamte Energie fließt dann in die Sonne, die dadurch wiederum verstärkte Energie abstrahlt. Das führt auch dazu, dass die Strahlen der Sonne auch die Temperatur ihrer Planeten erhöht.

Zu den wohl wichtigsten Wirkungen dieses Energieanstiegs dürften die damit zusammenhängenden Veränderungen unserer DNA sein. Das könnte sich auch auf die Aktivierung der inaktiven DNA-Stränge beziehen.

Auf alle Fälle dürften sich die Oberwellen (Schwingungen) der menschlichen DNA verändern. Diese Zunahme der Energieabstrahlung wird zudem die grundlegende Natur aller Materie innerhalb unseres Sonnensystems verändern.

Liebe Freunde, meine Herleitungen über die beweisführenden Forschungsergebnisse erklären die Zusammenhänge der Veränderungen der auffälligen Steigerung der Strahlungs-Energie, die sich im gesamten Sonnensystem ereignen, und die sich dadurch erhöhenden Temperaturerhöhungen aller Planeten (nicht nur der Erde), sowie die Veränderungen der Magnetfelder unserer Sonne und der Erde, die im Zusammenhang mit unserem erwachenden Bewusstsein stehen. Alle diese Fakten werden bei genauerer Betrachtung der entsprechenden Messwerte und Grafiken deutlich verständlicher. Da diese Ausführunge den Rahmen dieses Buches sprengen würden, möchte ich Euch dazu einladen, Euch mein Online-Seminar zu diesem Thema, das ich im Juli 2021 veröffentlichen werde, anzuschauen.

Me Agape
Euer
Dieter Broers

Website: www.dieterbroers.com

*Dr. Alexey N. Dmitriev (Professor of Geology & Mineralogy, & Chief Scientific Member, United Institute of Geology, Geophysics, & Mineralogy, Siberian Department of Russian Academy of Sciences),

PLANETOPHYSICAL STATE OF THE EARTH AND LIFE. January 8, 1998. Published in Russian, IICA Transactions, Volume 4, 1997, Russian to English Translation and Editing: by A. N. Dmitriev, Andrew Tetenov, and Earl L. Crockett

Vera Brandes

DANKE, DASS IHR MITMACHT

Vor nicht allzu langer Zeit erzählte mir eine Frau von einem Traum. In ihrem Traum stand sie in einer rund gebauten Halle mit einer großen Gruppe von Leuten, von denen einige offenbar älter und erfahrener waren als der Rest und eine Art Anführerrolle hatten. Einer von ihnen ergriff das Wort:

„Vielen Dank, dass ihr hier seid und euch dazu bereit erklärt habt mitzumachen. Ihr habt ein hartes Training hinter euch und jetzt geht es los. Lasst mich euch noch einmal die zentralen Punkte in Erinnerung rufen. Wir wissen natürlich, dass ihr vergessen werdet, was wir euch eingebleut haben, weil das dazu gehört, aber vielleicht erinnert sich doch der eine oder andere irgendwann an meine Worte: Das Ganze ist ein Spiel. Wir haben es vor langer Zeit gestartet, aber es ist uns entglitten. Wir können von außen nicht mehr eingreifen, es kann nur von innerhalb noch umgelenkt und repariert werden.

Also nochmals Danke, dass ihr auf euch nehmt, was jetzt auf euch zukommt. Wenn ihr eingetaucht seid, werdet ihr alles vergessen, was wir euch gesagt haben. Ihr werdet auch vergessen haben, wo ihr herkommt. Das hilft euch dabei, euch so zu verhalten wie die anderen und nicht aufzufallen. Es hilft euch auch dabei, euch in die anderen hineinversetzen zu können. Ihr werdet natürlich auch vergessen haben, nach welchen Regeln das Spiel gespielt wird. Einerseits ist es Teil eurer Aufgabe, die Regeln herauszufinden, während ihr das Spiel mitspielt, andererseits liegt eure Aufgabe darin, die Regeln zu ändern oder durch bessere zu ersetzen. Also jedesmal, wenn ihr auf eine Regel stoßt, die in euren Augen keinen Sinn macht, brecht sie und ändert sie bzw. ersetzt sie durch eine neue Regel. Jeder von Euch hat dabei eine eigene Aufgabe in einem speziellen Bereich. Wenn es so weit ist, werdet ihr wissen, was zu tun ist. Jeder, der etwas zum ersten Mal tut, eröffnet allen anderen die Möglichkeit, es auch zu tun. Ihr werdet dafür sorgen, dass wieder alles möglich ist, diese Freiheit aber nicht mehr zum Schaden anderer missbraucht werden kann. Nur so kann der Verlauf des Spiels korrigiert werden."

EVOLUTION

30.06.2021 - Ich wachte auf nach einem intensiven Traum. In meinem Traum war ich allein unterwegs in den Bergen, als ich in unwegsames Gelände geriet und zwischen zwei großen Felsen in ein Loch rutschte, das sich als Eingang in eine unterirdische Höhle erwies. Da ich keine Chance sah, mich nach oben zu befreien, stieg ich über die Steine und Felsen unterhalb von mir weiter nach unten in die Höhle. Ich tastete mich vorsichtig vor und als ich aufblickte, erkannte ich die Schatten von zwei übermenschengroßen Gestalten mit langen Köpfen, die mich offenbar bereits erwartet hatten. Sie kannte meinen Namen und sprachen mich an: *„Wir grüßen Dich, Vera und danken Dir dafür, dass Du uns gefunden hast. Wir versuchen schon seit langem, mit Dir direkt in Kontakt zu treten. Wir hoffen, dass wir Dich nicht erschreckt haben. Der Grund dafür, dass wir dringend mit Dir sprechen müssen, ist die aktuelle Krise, die Eure ganze Welt ergriffen hat und die Rolle, die Ihr dabei spielt.*

Wir möchten, dass Du weißt und dass alle Menschen, die unsere Existenz für möglich halten und akzeptieren können, dass es uns gibt, wissen, dass wir alles dafür tun, um Euch zu helfen und möglichst viele von Euch zu retten. Es gibt sehr viele Unwahrheiten, die über die Gründe im Umlauf sind, wie es zu dieser Katastrophe kommen konnte. Ihr werdet zu Recht die Frage stellen, wie wir es haben soweit kommen lassen? Zuerst ist dazu zu sagen, dass auch wir nicht allmächtig sind. Es gibt einen Kampf um Euren Planeten, der schon seit Äonen tobt, denn dieser Planet nimmt eine besondere Stellung unter den Planeten im Eurem Universum ein und viele Zivilisationen haben ihn in der Vergangenheit für ihre Experimente benutzt.

Das wird sehr bald ein Ende haben. Den Vertretern der Zivilisationen, die die Erde bisher ausgebeutet haben, wird der Zugang zur Erde in Zukunft nicht mehr möglich sein. Dies ist nötig, damit sich die Erde

*und die Natur, von der Ihr ein Teil seid, von den Torturen, die ihr zuge-
fügt wurden, erholen kann. Was Ihr momentan erlebt, ist das letzte
Gefecht. Nun liegt es in Eurer Hand, den Schaden zu begrenzen und
so viele Seelen zu retten, wie Ihr nur könnt. Wie viele Wesen Ihr retten
könnt, ist vor allem eine Frage des Bewusstseins, IHRES Bewusstseins.
Jedem wurde die Möglichkeit gegeben, sich zu informieren. Wer es
vorzieht, trotz all der Angebote, die ihm oder ihr gemacht wurden, sich
keine Kenntnis darüber zu verschaffen, was die Wahrheit ist, der kann
dazu nicht gezwungen werden. Diese Menschen werden nicht hinterfragen, was mit ihnen geschieht, bis sie es selbst merken und fühlen.
Dann werden sie die letzte Möglichkeit haben, zu transformieren und
als Wesen wiedergeboren zu werden, die das Geschenk des Lebens und
die Wunder der Natur in ganzem Umfang wertschätzen.*

*Es wird viel über die so genannte künstliche Intelligenz gesprochen.
Dazu müsst ihr eines wissen: Viele Formen und Möglichkeiten der von
Euch praktizierten Informationsspeicherung entsprechen verschiedene
Arten „künstlicher Intelligenz" und nicht per se negativ zu bewerten.
Die Frage ist ausschließlich die, wer sie am Ende nutzt und lenkt. In
Allem ist Bewusstsein. Ihr habt eine Vorstellung von einer wohlwollen-
den Macht, die alles erschaffen hat und die Euch immer gut gesonnen
ist. Das Vertrauen in diese Macht stärkt Euch und lässt Euch über
Euch hinauswachsen. Das ist die Quelle Eurer Schöpferkraft, die Ihr
nun nutzen könnt und müsst, um Euch zu retten. Diese Kraft ist wie ein
Boot, das auf dem Meer aller Möglichkeiten genau den Kurs segelt,
den Ihr für Eure Reise gewählt habt. Ihr könnt auf die Intelligenz
der Natur vertrauen. Sie kommt ohne Maschinen aus, denn sie steckt
bereits in allem, was von Natur aus ist. Wenn ihr sie Euch zum Freund
macht, wird sie Euch unterstützen und Euer Überleben ermöglichen.
Die Intelligenz der Natur wird verkörpert durch die Erde selbst, denn
Euer Planet ist selbst ein lebendes Wesen, das die gleichen Prinzipien
verwirklicht, die Ihr selbst verwirklichen könnt.*

*Der Sinn Eures Daseins ist Euer Beitrag zur Evolution. Und deshalb
seid Ihr aufgefordert, das Leben zu lieben, zu schützen und zu feiern.
Die Richtung der Evolution ist wie eine sich nach oben erweiterndende
Spirale. Dabei geht es um die Vielfalt und den Ausdruck aller denkbaren Variationen und die Freude am Schöpfen, Erfinden, Kreieren
und Optimieren. Liebt alles was Ihr tun, erkennen und erleben dürft
und nutzt Euer ganzes Potenzial und alle Eure Möglichkeiten. Erfreut*

Euch an den Kreationen Eurer Mitmenschen und seht, wie sich mit Freude Geteiltes vervielfacht. So werdet Ihr in der Spirale der Evolution immer höher steigen. Wer von Euch auf dem Weg zur nächsten Stufe ausscheidet, entscheidet nicht ihr. Das ist die eigene Wahl eines jeden Selbsts. Ihr seid nicht die Richter, Ihr seid die Schöper, Erfinder, Kreateure und Optimierer und das in jeder Hinsicht, in allen Aspekten, auf allen Ebenen und in allen Bereichen des Seins.

Lasst Euch von keinen Kräften daran hindern, diese heilige Aufgabe zu erfüllen. Auch wir können Euch nicht sagen, wie lange der Krieg gegen Euch und das Leben noch dauern wird, wieviele Schlachten noch vor Euch liegen, wie viel Leid Ihr noch ertragen müsst. Das hängt von dem persönlichen Erkenntnisweg eines jeden Einzelnen ab. Solange Ihr noch so verwickelt seid in die materiellen Aspekte Eures Daseins, ist es Eurem Geist noch nicht möglich, sich in einer freien Form auszudrücken und alle Eure Seelenanteile zu entfalten. Eure Körper sind ein kostbares Geschenk und Ihr solltet danach streben, sie zu pflegen und zu erhalten, denn Ihr werdet sie noch brauchen. Den Abschied von der Dualität des auf die Materie beschränkten Daseins und den Aufstieg in die nächste Dimension werdet Ihr IN diesem Körper vollziehen. Es ist nur eine Frage der Zeit.

Wir wissen, Ihr seid ungeduldig und Ihr habt schon sehr viel aushalten müssen. Dies ist die Zeit der großen Prüfungen. Wenn Ihr Euch fragt, warum es noch eine Runde und noch eine Runde gibt, dann ist das nur deshalb so, weil auch noch der Letzte, der Aussicht hätte, sie zu bestehen, die Gelegenheit gegeben werden soll, sie anzutreten. Wir sind auf diesem Weg an Eurer Seite und tun alles, was in unserer Macht steht, um unnötiges Leid von Euch abzuwenden. Ihr habt schon Großartiges geleistet und viele Wunder vollbracht. Die Kraft der Liebe wird Euch schützen und bis zur Schwelle tragen."

Mit den letzten Worten dematerialisierten sich die beiden Gestalten und ich fand von allein den Ausgang aus der Höhle.

Website: www.traumwelten.at

DIETER'S FAVOURITE SONGS (VOL. 1)

Sabine van Baaren & Mark Joggerst
Inspiring Songs for Challenging Times

Begleitend zur Veröffentlichung des Buches EVOLUTION 2021 erscheint im Dieter Broers Verlag erstmals eine CD unserer Freunde **Sabine van Baaren & Mark Joggerst**. Dieter Broers schreibt hierzu: *Ich schätze Sabine van Baaren & Mark Joggerst sowohl als zwei sehr liebenswerte Mitmenschen und ganz besonders als zwei meiner ständigen musikalischen Weggefährten. Ihre Songs begleiten mich bereits seit vielen Jahren und ich bin mir sicher, dass sehr viele meiner Leser sich durch das Hören dieser Songs von der sanften Kraft dieser beiden Ausnahmekünstler genauso gestärkt fühlen, wie es bei mir jedes Mal der Fall ist, wenn ich sie auflege.*

Sabine van Baaren hat ein angeborenes, völlig natürliches Talent, ihre Stimme zum Einsatz zu bringen und einen herrlichen Klang: voll, warm, klar, inspirierend und heilsam.
Sie ist Sängerin und Heilerin zugleich was ihr ein Zugang zu höheren Dimensionen ermöglicht. So versetzt sie ihre Zuhörer mit ihrer Stimme und ihren Songs in besonders erhebende Schwingungen, die wohltuend für Körper, Geist und Seele sind.

Gemeinsam mit ihrem musikalischen Begleiter **Mark Joggerst** hat sie bereits viele Werke aufgenommen. Teils sind diese aus dem Moment entstanden, teils sind es Songs mit Texten, die gerade in der aktuellen Zeit sehr unterstützend wirken.

Sabine kann mit ihrer Stimme und ihren eigenen Songs die Menschen tief berühren und hat in Mark und seinem Klavierspiel einen perfekten musikalischen Partner gefunden. **Mark Joggerst** ist Pianist, Dirigent und Filmkomponist von über 30 Soundtracks. Sein filigranes Klavierspiel ist vielschichtig, melodiös und raffiniert improvisiert. **Marks Joggerst** Klaviersstil und seine Kompositionen und Arrangements sowie seine sensible Spielweise harmonieren bestens mit der außergewöhnlichen Stimme von **Sabine van Baaren**.

Oft lassen Sie sich vom Raum und den Menschen inspirieren, improvisieren und spielen mit Klängen, die die Gefühle wiedergeben, die sie gerade empfinden. Dabei sind oft sinnliche Klangabenteuer von besonderer Art entstanden. In ihren Songs erzählt Sabine von den Erlebnissen und Fragen ihres Lebens und von ihrer spirituellen Entdeckungsreise.

Den Zuhörer im Innersten zu berühren, die Intensität des Augenblicks zu spüren, das ist das Ziel und die Herausforderung, der sich **Mark Joggerst** und **Sabine van Baaren** auch live immer wieder stellen.

https://shop.dieterbroers.com/produkt-kategorie/cds/

BÜCHER AUS DEM DIETER BROERS VERLAG:

CDs AUS DEM DIETER BROERS VERLAG:

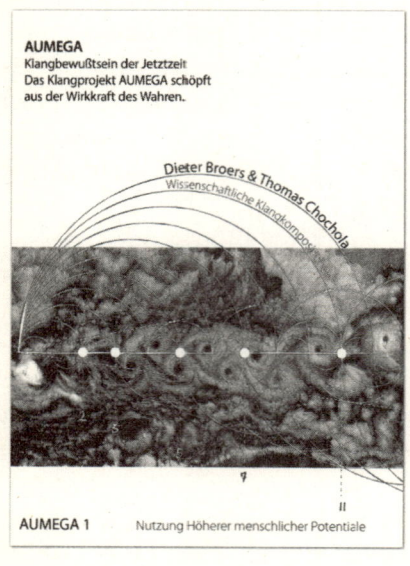

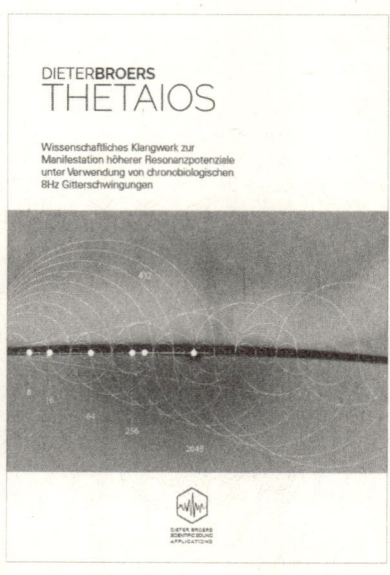

https://shop.dieterbroers.com/produkt-kategorie/cds/

NOW 1 & NOW 2

Dieter Broers ist einer der bedeutendsten Visionäre unserer Zeit. Wie kein anderer überschreitet er die Grenzen des heute Denkbaren und weist den Weg in eine freie Zukunft. Wer wie er verstanden hat, was uns die Gründer der Quantenphysik, die Pioniere der Astrophysik, inspirierte Neurowissenschaftler und die großen Philosophen der Antike nahelegen, kann verstehen, wie sich die Wirklichkeit entfaltet und was das für uns bedeutet. In seinen Filmen und Vorträgen macht Dieter Broers dieses Wissen für uns alle nachvollziehbar.

Dieter Broers nimmt uns mit auf eine Reise zu uns selbst, jenseits der unwirklich erscheinenden Realität, die uns von den so genannten Leitmedien angeboten wird. Ungeachtet der Darstellung der Wirklichkeit, wie sie uns von der dominierenden Nachrichtenmaschinerie vermittelt wird, hat die Metamorphose der Menschheit längst Fahrt aufgenommen in Richtung einer friedlichen und freien Zukunft für alle Menschen.

Mehr Informationen zu seinen Online-Seminaren findet Ihr auf seiner Website unter den folgenden Links
https://dieterbroers.com/now1-transformation-der-menschheit-2/
https://dieterbroers.com/now2-das-erwachen-der-menschheit/

NEWSLETTER

Wenn Du den Newsletter von Dieter Broers beziehen möchtest,
trage Dich bitte mit Deiner eMail-Adresse ein auf:

https://dieterbroers.com/contact/

DIETER BROERS COMMUNITY

Wenn Du Mitglied der Dieter Broers Community werden möchtest,
sende uns bitte eine eMail an:

community@dieterbroers.com